沙坪沟超大型斑岩钼矿床

周涛发　任　志　袁　峰　范　裕　张达玉　著

科学出版社
北　京

内 容 简 介

本书以野外地质观察研究为基础，结合室内各项现代分析测试技术，对大别造山带东段发现的沙坪沟超大型斑岩钼矿床进行了系统深入的地质地球化学研究，以斑岩成矿系统理论为指导，从含矿岩浆系统的起源演化、热液蚀变与矿化系统、流体演化与成矿机制等方面进行了全面揭示，并与东秦岭－大别钼矿带其他斑岩钼矿床和全球产于不同环境的斑岩钼矿床进行对比，揭示了沙坪沟钼矿床陆内三元超富集巨型斑岩成矿系统的特征。本书还分析了沙坪沟钼矿床的成矿条件，提出了找矿方向。

本书内容丰富，资料翔实，方法先进，论证严密，条理清晰，可供矿床学和矿产勘查领域的研究人员、本科生、研究生、教师以及地球科学相关领域的科技工作者及研究人员阅读参考。

图书在版编目（CIP）数据

沙坪沟超大型斑岩钼矿床 / 周涛发等著 . —北京：科学出版社，2023.6
ISBN 978-7-03-075561-2

Ⅰ . ①沙…　Ⅱ . ①周…　Ⅲ . ①钼矿床－地质地球化学－研究－金寨县
Ⅳ . ① P618.65

中国国家版本馆 CIP 数据核字 (2023) 第 085149 号

责任编辑：王　运　柴良木 / 责任校对：邹慧卿
责任印制：吴兆东 / 封面设计：图阅盛世

科学出版社 出版
北京东黄城根北街16号
邮政编码:100717
http://www.sciencep.com
北京建宏印刷有限公司 印刷
科学出版社发行　各地新华书店经销
*
2023年 6月第　一　版　开本：787 × 1092　1/16
2023年 6月第一次印刷　印张：15 3/4
字数：374 000

定价：239.00元

（如有印装质量问题，我社负责调换）

序

钼矿是我国的优势矿产资源，在世界上占有非常重要的地位。我国钼矿床时空分布广，形成背景复杂，有多个重要的钼矿成矿带，近年来随着沙坪沟、汤家坪等多个大型–超大型斑岩钼矿床的陆续发现，实现了东秦岭–大别造山带内生金属找矿的重大突破，钼多金属矿床的成矿作用研究与找矿勘查引起了国内外学者的广泛关注，以东秦岭–大别钼矿带为代表的产于陆陆碰撞造山带中的斑岩钼矿床成矿系统的深入研究具有重要的理论价值和找矿意义。合肥工业大学周涛发教授课题组在国家自然科学基金项目和中国地质调查局地质调查工作项目的支持下，聚焦斑岩钼矿床的关键科学问题，进一步开展了沙坪沟超大型钼矿床的岩浆成因与演化、岩浆–热液演化过程、热液蚀变特征及脉系组合特征、成矿流体演化过程、矿床形成过程、成矿机制、成矿条件、成矿潜力评价等研究，深入揭示了该斑岩钼矿床成矿系统的特征。他们通过多年的研究工作，查明了沙坪沟地区岩浆岩的时空分布规律，限定了中生代两次岩浆活动的时代，确定了岩浆岩三端元混合源区和岩浆结晶分异演化机制，厘定了多阶段矿化–蚀变关系，识别出15种脉体及其与蚀变的耦合关系，阐明了钼矿床的成矿流体的性质、来源和演化过程，发现了Mo在流体中以含氯络合物形式迁移的地质和地球化学证据，揭示了温度、氧逸度下降和流体沸腾产生的相分离是Mo沉淀的重要机制。他们的研究进一步提出沙坪沟钼矿床和周边的铅锌矿床是同一巨型热液系统演化的产物，构筑了沙坪沟超大型钼矿床陆内三元超富集成矿模式，并揭示了沙坪沟钼矿床这一巨型斑岩成矿系统的主要特色，指出了该区今后的找矿方向。相关研究全面系统地揭示了沙坪沟超大型钼矿床的特征与成因，获得了很多创新性认识和新的研究成果，显著推进了沙坪沟钼矿床成矿系统以及大别造山带成矿作用的研究进程。在此基础上撰写的《沙坪沟超大型斑岩钼矿床》一书，系统翔实地介绍了上述研究成果，该书中的很多认识不是仅由地球化学分析推理得出，而是基于大量扎实的野外矿床地质观察、编录，结合室内测试与综合分析得出，有理有据。相信该书的出版将深化区域成矿作用研究程度，进一步推动斑岩钼矿床的研究，对区域找矿预测也有重要的参考价值和指导意义。

中国科学院院士
中国工程院院士　常印佛

2023年3月17日

前　言

我国钼矿资源储量丰富，钼矿床分布广泛，截至2021年，已发现钼矿床（点）1114个，查明钼资源量约2708万t，在世界排名第一。斑岩钼矿床是我国钼矿床的主要类型，近20多年来，陆续发现不少大型－超大型斑岩型钼矿床，其中Mo资源量（高于工业品位）超过50万t（超大型）的矿床有陕西金堆城、河南洛阳东沟、河南鱼池岭、河南千鹅冲、安徽沙坪沟、黑龙江岔路口、黑龙江鹿鸣、内蒙古曹四夭等。东秦岭－大别钼矿带目前控制储量累计已经达到1000万t，近年来成矿学研究产生了大量的研究成果，但是对该钼矿带中钼矿床形成的动力学背景始终存在争议。一些学者认为晚三叠世成矿期的脉状矿床都与华北克拉通和扬子克拉通碰撞后的陆内造山局部伸展过程有关，晚侏罗世的成矿作用被归因于中国东部地区大规模的岩石圈拆沉，早白垩世的成矿作用与Izanagi（伊佐奈岐）板块和太平洋板块俯冲产生的弧后拉张有关。也有学者认为，晚三叠世的矿床形成于弧后拉伸环境，而其后的斑岩钼矿床都与华北克拉通和扬子克拉通的陆陆碰撞造山过程有关。近年来，东秦岭－大别钼矿带有越来越多的斑岩钼矿床被发现报道，显示了带内斑岩钼矿床仍有很大的找矿潜力，其成矿过程、成矿机制、控矿因素、成矿规律等研究亟待开展，以便为在相似的碰撞带中寻找超大型斑岩钼矿床提供理论支持。

东秦岭－大别钼矿带内的斑岩钼矿床，以位于大别造山带东段（安徽金寨）的沙坪沟超大型斑岩钼矿床为主要代表，其Mo资源量达到2.46Mt，是亚洲已探明的最大斑岩钼矿床。该矿床的发现经历了工作人员半个多世纪持之以恒的勘探。找矿工作始于20世纪50年代末，1958~1959年，安徽省地质矿产勘查局313地质队在沙坪沟地区北部的大银山、小银山一带发现了小而富的中低温热液脉型铅锌矿点；1969~1970年间，安徽省地质矿产勘查局313地质队在沙坪沟地区开展了铅锌矿普查找矿工作，编制了1∶10000地质图（面积为30km^2），提交了《银沙多金属矿普查评价报告》，认为该区为寻找铅锌铜多金属成矿远景区；70年代末至90年代末，安徽省地质矿产勘查局313地质队先后4次进入银沙（银山－沙坪沟）地区，开展了区域地质调查、地球物理及地球化学探查、槽探及钻探等工作，编写了《安徽省金寨县银沙地区铅锌多金属普查报告》，提出辉钼矿化与爆发角砾岩体有明显的成因联系，特别是局部地区深部已有明显集富成矿现象，可与斑岩型钼铜矿相类比；90年代末，安徽省地质矿产勘查局313地质队在银沙地区发现了一系列规模较小，工业价值较低的热液脉型铅锌矿床，局部地区铜、钼等元素有明显富集的现象；2007~2011年，安徽省地质矿产勘查局313地质队先后进行了“安徽省金寨县沙坪沟铌钼矿普查”，“‘安徽省金寨县沙坪沟钼矿普查’续作”和“安徽省金寨县沙坪沟斑岩型钼矿详查”的工作，最终发现和勘探了沙坪沟超大型斑岩钼矿床。

对沙坪沟矿床前人已开展不少研究，但是，一些关键矿床学问题，如岩浆形成与演化，岩浆–热液演化过程，热液蚀变特征及脉系组合特征，成矿流体演化过程，矿床形成过程、成矿机制、成矿条件、成矿潜力评价等方面亟待加强研究，特别是需要开展斑岩钼矿床成矿作用的系统深入的对比研究和成矿系统特色凝练，包括东秦岭–大别钼矿带内部斑岩钼矿床之间，国内不同钼矿带之间，以及与国内外著名大型–超大型斑岩钼矿床的对比。因此，迫切需要对沙坪沟钼矿床开展深入研究，并在此基础上进行综合分析与对比，建立沙坪沟钼矿床成因模式，提取成矿系统特色，进行成矿潜力评价。自2010年以来，在国家自然科学基金及行业科研基金的资助下，我们围绕上述科学问题，在前人研究的基础上，以成矿系统理论为指导，通过大量深入的野外地质观察和编录、室内分析测试和综合研究，对沙坪沟超大型斑岩钼矿床的成矿系统开展了比较系统的研究，进一步整理和归纳形成了本书的内容。

本书是在合肥工业大学矿床成因与勘查技术研究中心、东华理工大学核资源与环境国家重点实验室、安徽省矿产资源与矿山环境工程技术研究中心承担的国家自然科学基金重大国际（地区）合作交流项目“长江中下游成矿带陆内斑岩–矽卡岩型铜金矿床和玢岩型铁矿床的成矿系统研究”（批准号：41320104003）、国家自然科学基金青年科学基金项目“大别山沙坪沟Mo-Pb-Zn成矿组合流体演化过程精细刻画：矿物和流体包裹体原位成分制约”（批准号：42102097)、中国地质调查局地质调查工作项目“环扬子成矿系列与成矿作用”（项目编号：1212011121115）、中国地质调查局地质调查工作项目“长江中下游成矿带中段深部地质调查”（项目编号：1212011220243、1212011220244）等项目的研究成果以及任志博士研究生学位论文的基础上总结而成。参加项目的主要成员有周涛发、袁峰、范裕、任志、张怀东、张达玉、王世伟、李先初等，研究生钟国雄、宋玉龙、林锋杰、范羽、刘一男、肖鑫、洪浩澜、陈雪锋等也先后参加了部分研究工作。

本书由任志和周涛发撰写和修改，并由周涛发进行统稿。袁峰、范裕和张达玉等也参与了撰写和修改过程。

研究工作得到了合肥工业大学资源与环境工程学院、中国地质科学院矿产资源研究所、安徽省地质矿产勘查局313地质队等的大力支持，得到了常印佛院士、吕庆田教授、张怀东高级工程师、董树文教授、王波华高级工程师、Noel White教授、Pete Hollings教授、David Cooke教授等的指导和帮助，书稿中还引用了安徽省地质矿产勘查局313地质队的很多勘探资料和前人的研究成果，在书稿撰写和出版过程中还得到了多位专家学者的大力帮助，在此一并表示衷心感谢！

衷心感谢常印佛院士为本书作序！

衷心感谢国家自然科学基金委员会和中国地质调查局的项目资助！

目　　录

第 1 章 区域地质概况

1.1 区域地质背景

秦岭－大别造山带又称中央造山带，通常包括西秦岭、东秦岭和桐柏－大别山造山带。大别造山带是其东段，西经南阳盆地与秦岭相连，东为郯－庐断裂带所截，南北分别以襄樊－广济断裂、栾川（明港－固始）断裂为界，呈一东宽西窄的楔形地质块体（图 1.1），总体构造格局由 NE 向和 NW 向断裂带控制。该造山带形成于中生代扬子古板块向华北古板块的俯冲碰撞作用，经历了多次与造山作用有关的聚合－拼贴过程，是一个发生了复杂变形变质作用的构造带（徐树桐等，1992；董树文等，1993；Li et al.，1993，2000；Hacker et al.，1995；Ames et al.，1993；Ernst and Liou，1995；Zheng et al.，2003；王清晨和林伟，2002；张国伟等，2003）。本书综合前人观点，兼顾到区域成矿作用，将大别造山带自北而南划分为以下几个构造单元（图 1.1）：①北淮阳构造带；②北大别变质杂岩隆起带；③南大别高压－超高压变质带；④随县－宿松变质杂岩带。

本区斑岩钼矿床主要分布在北淮阳构造带，因此，本书着重介绍北淮阳构造带的地质背景，对另外的三个构造带仅简略介绍。

1.1.1 北淮阳构造带

北淮阳构造带地跨皖豫两省，大体上分布在晓天－磨子潭断裂以北、栾川（明港－固始）断裂以南地区，西经南阳盆地与东秦岭相连，东止于郯－庐断裂带，构成近东西向长约 380km，宽 20~50km 的狭长地带，属于秦祁昆成矿域秦岭－大别－苏鲁成矿省桐柏－大别多金属成矿带（彭智等，2005）。习惯上以商城－麻城为界将北淮阳构造带分为东段（安徽境内）和西段（河南境内）（杜建国，2000）。

1.1.1.1 地层

北淮阳构造带发育了两套前中生代岩石地层单元（图 1.1），即震旦纪—泥盆纪裂陷－洋盆阶段火山－碎屑岩组成的类复理石地层单元和石炭纪—二叠纪残余洋盆阶段含煤碎屑岩组成的类磨拉石地层单元。前者主要包括角闪岩相—绿片岩相变质的苏家河岩群—庐镇关岩群—佛子岭岩群—龟山岩群及其相当层系，原岩建造主体代表了震旦纪—泥盆纪秦岭－大别洋盆近邻北淮阳俯冲带前缘的类复理石沉积环境；后者指低绿片岩相轻微变质的梅山

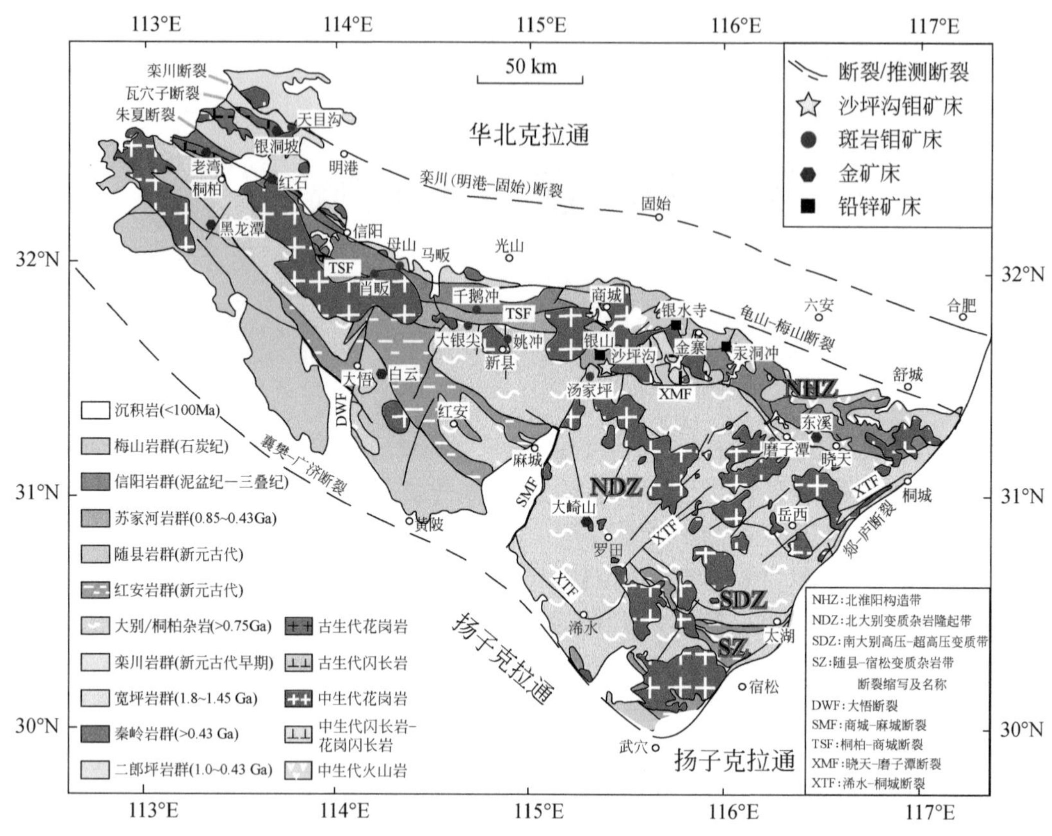

图 1.1　大别造山带地质与钼、金、铅锌矿床分布简图

据 Wang et al，2014b 修改

群和杨山群及其相当层系（陈刚等，2003）。在北淮阳构造带缺失二叠纪—三叠纪的构造层记录。在早–中侏罗世，区内形成巨厚的粗碎屑沉积建造，其中的中侏罗统凤凰台组具有磨拉石建造性质，这套岩石组合与造山带中南北大别地块的差异隆升有关。至新生代，区内仍处于裂陷环境，接受河湖相沉积（杜建国，2000）。

1. 新太古界—古元古界大别杂岩（Ar_2–Pt_1）

大别杂岩分布于桐柏–桐城断裂以南，在北淮阳造山带较少出露，仅在金寨斑竹园一带有零星露头。

20 世纪 90 年代以来，1 ∶ 50000 区调和科研成果将其解体为变质表壳岩和变形变质侵入体两部分，其中变质表壳岩主要为磁铁石英岩、磁铁角闪岩、大理岩、部分磁铁变粒岩、斜长角闪（片麻）岩；变形变质侵入体主要由英云闪长质片麻岩、二长花岗质片麻岩组成，是成分相当于 TTG①岩套的灰色片麻岩，具岛弧火山岩的特征，属岛弧环境下形成的钙碱性岩石组合（郑祥身等，2000）。

①奥长花岗岩（trondhjemite）、英云闪长岩（tonalite）、花岗闪长岩（granodiorite）。

这两套岩石组合都经历了多期变形－变质作用和混合岩化作用的叠加改造，形成不同层次的构造岩，变质作用程度达角闪岩相—麻粒岩相。大别杂岩同位素年龄多在 1800~2400Ma 之间，未见大于 2500Ma 的年龄数字。

2. 中元古界庐镇关岩群（Pt_2l）

分布于晓天－磨子潭断裂带北侧，金寨—舒城一带长约 100km，宽约 20km 的带状范围内，地层走向为北西—北西西—近东西向，向西可与河南境内的苏家河群相对比（包含定远岩组和浒湾岩组），主要岩石类型有黑云变粒岩、浅粒岩、斜长角闪岩、大理岩、云母片岩、石墨片岩等，为一套变中基性火山－沉积岩组合。

3. 新元古界—下古生界佛子岭岩群（Pt_3–Pz_1f）

分布于晓天－磨子潭断裂带北侧的霍山—金寨一带，为一套中浅变质岩系，原岩为类复理石建造，为一套砂－砂泥－泥质沉积，属大陆边缘半深海－深海槽盆相类复理石建造。

北淮阳东段的佛子岭岩群从下而上划分为：祥云寨组（主要为石英岩）、黄龙岗岩组、潘家岭岩组（主要为绢云石英片岩，以含石榴子石、绿泥石为特征）、诸佛庵岩组（主要为云母片岩）。

佛子岭岩群向西至河南境内称信阳群，属海相火山岩－杂砂岩建造，具稳定陆缘的半深海－深海相沉积特点。

4. 上古生界泥盆系—石炭系（Pz_2D–C）

上古生界包括泥盆系花园墙组和石炭系杨山群，属一套残海或湖泊相沉积，经历了海西—印支期和燕山期构造改造，具有轻微变质，但原岩特征清晰，相对其下各构造层，属原地系统。

构造带内仅出露杨山群胡油坊组、杨山组，分布于金寨皂河—银水寺一带，总体呈北西向展布。胡油坊组岩性主要为长石石英砂岩、泥质粉砂岩、泥灰岩等，含丰富的植物化石，在金寨全军、沙河店粉砂质泥岩和粉砂岩中所产植物化石时代为中－晚石炭世；杨山组仅见于金寨龚店柿树园钻孔中，为一套含煤的石英砾岩、变质含铝石英砂岩等，其岩性与河南固始一带的杨山组相似。

5. 中侏罗统三尖铺组、凤凰台组

分布于响洪甸—龙河口一线以北、防虎山以南的霍山、六安一带的中生代“红盆”中，为一套陆相红色岩系，属山麓洪积相、湖相、河流相沉积，是在干燥气候条件下形成的类磨拉石建造。

三尖铺组分布于金寨江店、六安独山、霍山三尖铺、但家店一带，为一套巨厚层砾岩、砂砾岩，具有自下而上为底砾岩→砂岩→砾岩夹砂岩的沉积特征，自东向西粒度变粗、厚度变小，多不整合于前侏罗纪变质地层之上。

凤凰台组由一套红色厚层－巨厚层砾岩、砂砾岩组成，分布于金寨江店、龚店，三尖铺组和凤凰台组呈渐变过渡关系。

6. 上侏罗统毛坦厂组、黑石渡组

毛坦厂组是金寨、霍山、晓天三个火山构造单元中火山地层的主体，黑石渡组仅分布于霍山和晓天地区。

毛坦厂组在金寨、霍山、晓天三个地区有一定的差异，在金寨地区被命名为金刚台组（J_3j），为一套安山质、英安质、流纹质火山熔岩及火山碎屑岩，其岩性组合为安山岩－英安岩－流纹岩；霍山－舒城和晓天地区称为毛坦厂组（J_3m），以安山质、粗安质、粗面质熔岩、碎屑岩为主，夹多层碎屑沉积岩，岩性组合为安山岩－粗安岩－粗面岩；晓天地区为一套安山岩－粗面岩组合。

7. 下白垩统晓天组、望母山组和响洪甸组

晓天组分布于晓天火山沉积洼地中，该组分为上、下两段。下段为碱性橄榄玄武岩、粗面质熔结凝灰岩、熔岩，夹有凝灰质砂岩、砾岩；上段为形成于火口湖的正常湖相沉积岩，主要为青灰色页岩、泥灰岩，顶部为粗面质砾岩。晓天组含大量的动植物化石。

望母山组产于晓天火山沉积洼地中，主要岩性为粗面质熔岩、碎屑岩，其与晓天组无直接接触关系。

响洪甸组是产于霍山火山沉积洼地中的一套与晓天组、望母山组相当的火山岩，其下部为一套砂砾岩、碱性玄武岩，向上为粗面质、响岩质熔岩和碎屑岩，底部砂砾岩与毛坦厂组呈不整合接触。

8. 新生界古近系—第四系

分布于霍山火山沉积洼地北部的古近系戚家桥组为一套山麓河湖相、河流相的粗碎屑沉积岩，岩性主要为砂砾岩，其与下伏地层呈不整合接触。

第四系主要为松散的砂、砾、黏土堆积，受地貌控制。

1.1.1.2　构造

北淮阳构造带虽遭受了晚白垩世以来走滑断陷作用的叠加改造，但其主导构造仍主要表现为逆冲推覆的构造特征，庐镇关岩群和佛子岭岩群为主体的前泥盆纪构造岩片逆冲推覆在梅山岩群、杨山岩群等晚古生代构造岩片之上，这两套前中生代构造岩片向北在不同区段分别逆冲推覆于合肥盆地南缘侏罗系粗碎屑沉积岩系之上（陈刚等，2003）。

1. 褶皱构造

北淮阳构造带内发育基底褶皱，主要包括诸佛庵复向斜，其为佛子岭岩群内的大型复式褶皱构造，属北淮阳构造带的主干构造，其核部为潘家岭组，走向为 NWW—EW 向。

2. 断裂构造

北淮阳构造带断裂构造主要分为两组，即 NWW 向和 NE 向。

1）NWW 向断裂

NWW 向断裂主要有栾川（明港－固始）断裂、桐柏－桐城断裂、金寨断裂。

（1）栾川（明港－固始）断裂

栾川断裂是华北板块与北淮阳构造带的分界断裂，沿断裂带重磁异常特征明显，向西在河南境内为栾川岩群与宽坪岩群的分界线，向东于商城一带隐伏于新生代地层下，经防虎山终止于郯－庐断裂。

该断裂带控制了北淮阳燕山期火山岩带的北部边界，在该断裂带中自西向东分布老湾金矿、皇城山银矿、白石坡银多金属矿、马畈金矿、银水寺铅锌矿等一系列矿床，表明该断裂带是北淮阳的一条重要的控岩控矿断裂。

（2）桐柏 – 桐城断裂

桐柏 – 桐城断裂是北大别变质杂岩带与北淮阳构造带的分界断裂，也是合肥后陆盆地和北淮阳中生代火山岩带的南部边界。西起河南桐柏，向东经磨子潭到桐城被郯 – 庐断裂所截，全长约 500km。该断裂在地表表现为向 NE 陡倾的正断层，向下逐渐表现为向南缓倾的逆冲断裂，北边的龟山 – 梅山断裂向南逆冲，最后回到晓天 – 磨子潭断裂的下方，这种构造组合反映了后碰撞期板块继续汇聚的态势。该断裂在重磁异常图上为十分明显的梯度带，具有清晰的线状遥感影像，断裂带以发育宽数百米到数千米的强烈变形的糜棱岩为特征，并混杂有不同期次的构造岩片、构造角砾岩等构造岩，反映其经历了多期次构造变形。在断裂带南侧的青山—桐城一带断续分布有大小不一的镁铁质 – 超镁铁质岩块（体），徐树桐等（1994）认为其具“蛇绿混杂岩”性质，是扬子陆块与华北陆块印支期缝合带位置。

北淮阳东段的晓天 – 磨子潭火山沉积盆地的形成明显受该断裂的控制，中生代岩浆活动频繁，显示该断裂对区内成岩成矿具有重要的控制作用。

（3）金寨断裂

金寨断裂带是北淮阳褶皱带内的一条大断裂，它向西在河南商城附近与信阳 – 防虎山断裂汇合，向东至舒城南港被郯 – 庐断裂所截。该断裂带由数条近于平行的断裂组成，主断面倾向南西，倾角 45°~70°，上陡下缓，总体走向 300° 左右，出露宽度 100~1000m。地貌上表现为一条直线型的脆性破碎带，在航卫片上呈清晰的线性构造特征，航磁异常图上表现为 NWW 向负异常陡变带。

断裂带中构造岩发育，主要有构造片岩、糜棱岩、碎裂岩、构造角砾岩等，两侧构造片岩、板状叶理发育，为早期滑覆作用的产物；后期碎裂岩化作用强，显示较浅层次的构造变形特征。

该断裂带活动期次可分为三期：早期（海西期—印支期）伴随北淮阳褶皱带的大规模韧性拆离滑覆运动，表现为一种低角度的顺层韧性滑断带，形成一系列构造片岩和糜棱岩；中期（燕山期）表现为一种高角度的韧脆性向北逆冲推覆运动，碎裂作用发育，形成平直的线形破碎带；晚期（喜马拉雅期）表现为近直立的脆性剪切破碎作用，是一种地表浅层次的断裂活动。

实践证实金寨断裂两侧是北淮阳重要的多金属矿分布区，因此该断裂是本区重要的控岩控矿断裂。

2）NE 向断裂

NE 向断裂主要有商城 – 麻城断裂、银沙 – 泗河断裂、郯 – 庐断裂等。

（1）商城 – 麻城断裂

商城 – 麻城断裂是一条重要的北东向区域性断裂，倾向西，将大别造山带分割为东、西两段，对大别造山带东、西两段的地质构造格局具明显的控制作用，东段山脉隆升幅度大，西段相对较弱。在航磁图上，东侧为一面形重低磁高区，西侧为一线形重高磁高区；遥感影像图上线性特征清晰，地表有温泉分布。在地球化学图上，断裂带东、西两侧 Sr、Ba、P、Cu、Fe 背景场不同；在沉积建造、成矿背景和成矿方式上亦有明显差异。

沿断裂带以出露一套韧性－韧脆性构造岩为特征，据构造岩的运动学标志，早期为左行走滑，中生代再次活动，此时表现为右行走滑兼滑脱剪切特征，可能与郯－庐断裂活动有关。据 1991 年湖北省鄂东北地质大队研究，初步估算商城－麻城断裂总位移量约 53km，水平位移量为 50km，造成西段重力显著升高。

（2）银沙－泗河断裂

银沙－泗河断裂是一条与商城－麻城断裂近平行的分支断裂，航卫片上线性影像特征清晰，地貌上断层陡崖发育。其由湖北张广河经药铺、金寨银沙、泗河到全军，全长约 35km，断层走向为北东向，倾向为南东或北西向，倾角 60°~80°，断层带宽 50~400m，往北东端皂河等地宽 15~40m，广泛发育碎裂岩，硅化、钾化显著。

该断裂经历了两期活动，早期表现为左行平移－逆冲性质，将桐柏－桐城断裂左旋错断；晚期为张性断层改造。银山铅锌、钼多金属矿床即位于该断裂与商城－麻城断裂的锐角相交部位，它不仅控制着银山地区燕山期岩体的侵位，而且直接或间接控制着区内铅锌、钼多金属矿床空间分布，是银山矿区重要的控岩控矿断裂。

（3）郯－庐断裂

该断裂是中国东部著名的以平移为主的大断裂，是一条深达岩石圈底部，总体近直立，略向东南倾斜的岩石圈断裂。早中生代以左行走滑为主，晚中生代及新生代处于拉张环境中，局部发育为陆内裂谷。郯－庐断裂强烈走滑运动发生于 130~110Ma（朱光等，2001），即扬子板块与华北板块俯冲、碰撞，形成大别造山带之后。

1.1.1.3　岩浆岩

1. 前中生代岩浆岩

北淮阳构造带前中生代侵入岩主要包括晋宁期和加里东期—海西期，这些侵入岩都经历了不同程度的变形变质作用（图 1.1）。

1）晋宁期花岗岩

主要为北淮阳构造带东段金寨地区侵入于庐镇关岩群的小溪河片麻岩套，以及浒湾岩组的蚂蚁岗片麻岩套。小溪河片麻岩套岩性主要为钾长片麻岩、二长片麻岩和角闪斜长片麻岩等；蚂蚁岗片麻岩套岩性主要为糜棱岩化二长片麻岩、黑云二长片麻岩。

2）加里东期—海西期花岗岩

分布于北淮阳构造带西段，已知的有加里东期马畈杂岩，海西期董家湾岩体和桃园岩体。这些岩体皆已变形和轻微变质，尤其是马畈杂岩绿片岩相变质明显。

马畈杂岩出露于商城－麻城断裂以西的光山县马畈地区，主要岩性为闪长岩、二长岩和斜长花岗岩，总体特点是富钙、钠，低钛，属 M 型花岗岩；桃园岩体与黄家湾岩体位于北淮阳西端桐柏山北麓，岩性主要为二长花岗岩，以富 Si、Al、Na、K 为特点，可能为 A 型花岗岩，为造山带深成岩浆活动的后期产物。

2. 中生代岩浆岩

北淮阳构造带中生代发生了强烈的构造 – 岩浆活动（图 1.1），各类岩浆岩广泛分布。侵入岩主要集中分布于晓天 – 磨子潭断裂以北、郯 – 庐断裂以西、商城 – 麻城断裂两侧和南阳盆地东缘的河棚、商城 – 金寨和桐柏地区。火山岩分布于信阳以东，平行于北淮阳区域构造线带状分布，以商城 – 舒城段为主。

中生代岩浆作用分为早、晚两期：早期以大规模的喷发伴随深成作用为特征，属高钾钙碱和钾玄岩系列，是区内 Au、Ag 及 Pb、Zn 多金属矿化最主要时期。早期深成岩体的侵位表现为挤压特征，多为长轴近东西向的椭圆形，以幔壳混熔为主，火山岩则呈 NW—NWW 向带状分布。晚期岩浆活动以深成岩为主，属碱性系列，成因上与 NE 向构造紧密相关，表现为被动型的岩墙充填特征，以 NE—NNE 向穿切早期岩体或火山岩，是区内 Mo 矿化最主要时期。

整个北淮阳带自东向西表现出岩浆成岩时代变新、酸性程度增高、成矿作用增强，岩性由以闪长岩、二长岩、安山岩、粗安岩及其对应的碎屑岩为主，渐变到以花岗岩、流纹岩及其相应的碎屑岩为主。在西部桐柏 – 商城段，与内生金属矿床有关的中生代岩浆岩几乎皆为中酸性岩；在东部金寨 – 舒城段以中性岩为主，少量基性岩、碱性岩和酸性岩，与成矿有关的主要是中性岩。

1）火山岩

出露于北淮阳构造带中的火山岩自东向西依据其出露构造位置、火山岩构造、岩相特征等，可划分为一系列次级火山构造单元。北淮阳构造带中生代火山活动可划分为两个旋回：晚侏罗世钙碱性系列和早白垩世碱性系列。

2）侵入岩

北淮阳构造带侵入岩出露面积远大于火山岩，总体呈 NWW 向展布。带内侵入岩与火山岩属同源岩浆活动的产物，因受构造的控制而表现出不同的生成方式，形成不同的岩浆产物，因而区内侵入岩也相应分为两个系列。

早期钙碱性系列：主要岩性为闪长岩、石英闪长岩、花岗闪长岩、二长花岗岩、花岗岩、花岗斑岩等，广泛分布于北淮阳东段。

晚期碱性系列：主要岩性为正长岩、石英正长岩、霞石正长岩、白榴正长岩、石英正长斑岩等，主要集中分布于金寨响洪甸、舒城查湾及华盖山等。

3）脉岩

脉岩广泛发育，多分布于火山岩及侵入岩的内部或边缘，为强烈构造 – 岩浆活动宁静期的产物，主要见有下列三种类型的脉岩。

（1）正长斑岩 – 石英正长斑岩类：主要分布于舒城山七、西汤池、金寨银沙等地，常成群成带，形成岩墙或充填于火山口构造内部。其延伸方向变化大，主要分为 NNE 向和 NWW 向，或平行于郯 – 庐断裂，或平行于桐柏 – 桐城断裂。

（2）花岗岩 – 花岗斑岩类：主要分布于佛子岭岩群变质岩层中。

（3）闪长岩－闪长玢岩类：主要集中在金寨船板冲、鲜花岭和霍山凌家冲一带，主要呈 NE、NW 两个方向延伸。

1.1.2 北大别变质杂岩带

北大别变质杂岩带南北分别以浠水－桐城断裂和晓天－磨子潭断裂为界线，主要由英云闪长片麻岩、二长片麻岩（成分相当于 TTG 岩套）、斜长角闪岩、变粒岩及少量大理岩等变质表壳岩系和中生代花岗岩、基性岩组成。带内以罗田片麻岩穹隆为中心，变质相具有从麻粒岩到角闪岩相呈降低的趋势，罗田片麻岩穹隆中岩石普遍经历了混合岩化（钱存超，2001）。北大别变质杂岩带构造主要表现为燕山期强烈隆升作用形成的一系列穹隆构造（杜建国，2000），中生代花岗岩广泛分布于北大别变质杂岩带，其主要岩性包括石英二长岩、花岗闪长岩、石英闪长岩、二长花岗岩、花岗岩和碱长花岗岩等。

1.1.3 南大别高压－超高压变质带

南大别高压－超高压变质带分布在浠水－桐城断裂和太湖－马庙断裂之间，以经历了超高压变质作用（UHPM）的榴辉岩出露为主要特征，榴辉岩中发现微粒金刚石、柯石英等特征矿物。南大别高压－超高压变质带表壳岩系主要包括云母斜长片麻岩（榴辉岩）组合和大理岩－榴辉岩－云母斜长片麻岩－石英硬玉岩组合，变质侵入岩以二长花岗质片麻岩为主，具有 A 型花岗岩特点等（钱存超，2001）。南大别高压－超高压变质带构造线理多变，构造面理以 NW—SE 及近东西向为主，围绕北大别分布，平面图上构成“S”形展布，构成独特的向南突出弧形构造及复杂的“三角形”构造格局，线理以 NW—SE 向为主，变形相对较弱。

1.1.4 随县－宿松变质杂岩带

随县－宿松变质杂岩带位于大别造山带之南，主要分布有新元古代红安岩群等地层，以蓝闪绿片岩相—绿片岩相为主，潜伏于武汉－麻城中新生代盆地之下。北东侧以太湖－马庙断裂为边界与南大别高压－超高压变质带相接，南西侧与扬子地块北缘构造带相邻，止于襄樊－广济深断裂带。区内构造变形复杂，以北西向线状褶皱为主，向南西方向倒转。加里东期基性－超基性及碱性岩、燕山期酸性侵入岩分布（汤加富等，2003）。

1.2 区域矿产

大别造山带金属矿床可以划分为几个成矿带，分为北带、中（内）带和南带，显示出以造山带核部为中心的某种对称分带规律（杜建国，2000）。在造山带核部矿化相对较弱，主要矿床分布在造山带的两侧，以北带的北淮阳钼、金、银多金属成矿带最为重要，成矿带的有机组合构成了统一的造山带成矿系统。南带相邻的是著名的长江中下游铜、金、铁、硫成矿带。

大别造山带大致经历了晚三叠世—早中侏罗世后碰撞伸展阶段、晚侏罗世构造体制大转换阶段、早白垩世岩石圈大减薄过程和早白垩世晚期—新生代裂陷阶段，发生的一系列构造–岩浆–流体成矿事件构成了大别造山带中生代与岩浆活动有关的钼金多金属矿床成矿系列（李厚民等，2008）。该构造带是我国中部最重要的钼、金、银、铅锌等金属矿床产地。据不完全统计，目前大别造山带探明的钼资源量大于300万t，显示了巨大的钼成矿潜力。

造山带内还发育众多中–低热液交代、充填成因的金银矿和铅锌矿等（图1.1）。区内已发现的金银矿产地100多处，其中大型矿床2处，中型矿床3处，小型矿床10处，由西向东主要有老湾、银洞坡、黑龙潭、红石、白云、马畈、大崎山和东溪等金矿床；区内的铅锌矿床主要分布在东段，包括汞洞冲、银水寺、银山等铅锌矿床。

1.2.1 北带

北带由中元古界到中生界不同地层构成，该带在前印支期的俯冲阶段应处于弧后盆地环境，在印支期碰撞过程中褶皱变形隆起北缘有后陆盆地叠加。其中的中元古界和古生界均受到了海西期—印支期绿片岩相的变质作用。区内以金、银、多金属矿化为主，其次为钼、稀有、稀土、放射性金属矿化，主要矿化类型有：构造蚀变岩型金矿床，陆相火山岩型低温热液金、银、多金属矿床，层控夕卡岩型铅锌矿床以及与花岗岩类和碱性花岗岩类有关的钼、稀土、稀有金属及多金属矿床（化）等。该带内钼矿床自西向东主要有天目山、肖畈、母山、陡坡、千鹅冲、保安寨、大银尖、姚冲、汤家坪、沙坪沟等。千鹅冲和沙坪沟钼矿床达到超大型规模，尤其沙坪沟钼矿床为中国目前发现的最大单体钼矿床，汤家坪钼矿床为大型钼矿床，其他钼矿床为中小型规模。这些钼矿床的形成与花岗质斑岩体具有紧密的成因联系，大多数钼矿体的产出和定位受到区域性断裂和花岗岩体联合控制，一部分还与围岩性质有关。

除钼矿床外，其他典型矿床有：老湾金矿床、汞洞冲铅锌矿床、银水寺铅锌矿床、金溪金矿床等。

老湾金矿床可以达到大型规模，龟山–梅山断裂带在矿区北侧出露，桐柏–商城断裂带在矿区南侧出露。老湾金矿区东西长30km，南北宽1~3km，处在龟山–梅山韧性剪切带中，含矿岩系为中元古界龟山岩组（Pt_2g）变质岩系，从西向东矿点（床）有歇马岭矿点、黄竹园矿点、上上河矿段、老湾矿段、杨庄矿点，韧性剪切带严格控制矿体产出形态、富集特征及矿床规模，这些矿段点（床）矿化特征基本相同。围岩蚀变以硅化、绢云母化和较广泛的黄铁矿化为特征，蚀变带明显较宽，变化较大；矿石以浸染状、细网脉状、条带状为主，局部富矿部位出现金多金属块状矿化（杨梅珍等，2014）。老湾金矿床成矿时代为138Ma（白云母的Ar-Ar年龄；张冠等，2008）。燕山期高位岩浆作用和右行脆性断裂构造是老湾金矿成矿作用的关键控矿因素，带内的金矿床类型为受右行脆性断裂体系控制的与侵入体有关的热液型金矿床，其矿化类型为蚀变岩型兼石英脉型（杨梅珍等，2014）。汞洞冲铅锌矿床是大别造山带东段目前为止最大的铅锌矿床，铅锌金属储量14万t，伴生金1.27t、银143t、铜3190t（吴皓然等，2018）。汞洞冲铅锌矿床地表为石英脉型金矿化，深部为角砾岩型的铅锌矿，矿体形态、产状主要受角砾岩体控制。汞洞冲铅锌矿床的蚀变类型主要是硅化、绢云母化、碳酸盐化、黄铁矿化、绿泥石化等，其中铅锌矿化主要与硅化和碳酸盐化密切相关。汞洞冲铅锌矿床为热液角砾岩型矿床，先存断裂和热液活动是角砾岩形成的主要机制（吴皓然等，2018）。

1.2.2 中（内）带

中（内）带位于大别造山带核部隆起区，虽然金属矿化较为分散、成型矿床不多，但在局部地区仍然出现明显的以金（多金属）为主的矿化作用，成矿主要与燕山期壳源岩浆作用密切相关，矿化类型主要为构造蚀变岩型、充填－交代脉型两类。根据成矿年代学研究，造山带核部的罗田大崎山隆起中的陈林沟金矿床成矿年龄约为130 Ma（邹院兵等，2018），与罗田片麻岩穹隆和区内大规模花岗岩时代完全一致。但是区内唯一的混合岩化热液型金矿——白云金矿床，成矿时代为中侏罗世（190~180Ma；杜建国，2000），成为整个大别造山带最老的金矿床。

陈林沟金矿床为小型金矿床，金资源量为1.46t（邹院兵等，2018），金矿体主要呈脉状赋存于古元古界大别岩群、新元古代片麻状英云闪长岩中的近东西向断裂带内，自然金常以裂隙金、晶隙金的形式产于黄铁矿、方铅矿、黄铜矿和闪锌矿的裂隙和晶隙中，或与石英连生，或以包体金包裹于硫化物中。矿石有三种类型，一为烟灰色方铅矿－闪锌矿－石英脉，二为块状铅锌矿石，三为黄铁矿化方铅矿化硅化碎裂岩。该矿床的矿石类型在纵向上表现为，上部是以石英脉型金银多金属矿为主，下部是以含石英细脉的蚀变岩为主。围岩蚀变主要有钾化、硅化、黄铁矿化、绿泥石化，局部地段发育少量的绢云母化、黄铁绢英岩化、绢英岩化、碳酸盐化等，较好的黄铁绢英岩化蚀变往往指示了矿体的存在，或其本身即为矿体，且黄铁矿的碎裂程度越强，对金的沉淀越有利。成矿期可分为热液期和表生期，热液期可依次分为5个成矿阶段：钾化阶段、黄铁矿－石英脉阶段、石英－黄铁矿脉阶段、石英－多金属硫化物脉阶段、方解石脉阶段，其中主成矿阶段为石英－黄铁矿脉阶段和石英－多金属硫化物脉阶段。

白云金矿床为中型金矿床，截至2014年，累计查明金资源量5.995t，银资源量8t（范玮等，2020）。白云金矿床位于大磊山穹隆的中心部位及其东翼，矿区赋矿围岩为古元古界大别岩群和新元古界红安岩群片麻岩、片岩、变粒岩等。北西向断裂规模较大，是矿区内的主要控矿断裂。围岩蚀变主要为硅化、黄铁矿化、钾化、碳酸盐化等。矿石类型主要为石英脉型金矿石，其次为蚀变岩型金矿石。矿石以浸染状、细脉浸染状、条带状和脉状为主。白云金矿床可分为热液期和表生期两个成矿期，热液期划分为三个成矿阶段，依次为石英阶段、自然金 – 石英 – 金属硫化物阶段、碳酸盐 – 硫酸盐阶段；表生期主要为黄铁矿、黄铜矿氧化成褐铁矿、铜蓝。

1.2.3　南带

南带位于大别造山带的南缘褶冲带内，带内矿化类型主要为构造蚀变岩型和低温热液型金矿化。典型矿床有：黑龙潭 – 卸甲沟金矿床、花桥金矿床、小庙山金矿床、龙王尖金矿床等。成矿年龄主要在 130~145Ma。

黑龙潭 – 卸甲沟金矿床为中型金矿床，位于鄂北地区新 – 黄剪切带南侧的中 – 高压楔内，并靠近剪切带，受叠加在次级褶皱核部褶劈带之上的脆性铲式断裂破碎带的控制，矿石自然类型分为破碎蚀变岩型、石英脉型及蚀变岩石英脉混合类型，构造叠加部位矿化增强（彭三国等，2017）。围岩蚀变主要有硅化、绢云母化和黄铁矿化，次为碳酸盐化、钾长石化，地表见褐铁矿化和黄钾铁钒化。金矿化与硅化、绢云母化和黄铁矿化关系密切，矿化与蚀变强弱呈正相关。黑龙潭金矿床石英 Rb-Sr 等时线年龄为 132.6 ± 2.7Ma，矿床的成因类型为与燕山期构造 – 岩浆热液作用有关的构造蚀变岩 – 石英脉混合型金矿床（彭三国等，2017）。

1.3　区域地球物理场与地球化学场

1.3.1　区域地球物理特征

1.3.1.1　区域重力场特征

据已有物理特征研究成果，引起区域重力负异常的因素有华北地块基底、秦岭群、二郎坪群、信阳群、苏家河群、佛子岭群，引起重力负异常的主要是花岗岩，次为中生代凹陷。

信阳 – 霍山重力正异常带内以金寨断裂为界，地球物理场具二分特征，金寨断裂以北为稳定场，布格重力值一般为 -10×10^{-5}m/s^2，与华北地块重力场特征基本相似；南部变化较大，为一相间排列的串珠状异常带。在北淮阳带南部以青山 – 白大畈为界，其东西两段存在明显差异，西段金寨地区为一“面型”重力低值区，数值在 -20×10^{-5}m/s^2 以下，以金刚台为重力低值区，异常值在 -50×10^{-5}m/s^2 以下，负重力场与花岗质侵入体有关。青山以东地区，为重力相间排列区，重力与变质基底的隆起有关（图 1.2）。

此外，在商城 – 麻城断裂以西麻城、商城、固始一带构成北东向串珠状正异常，而其东侧除中生代火山岩分布区外主要为负异常。商城 – 麻城断裂以西的二郎坪群、信阳群可引起正异常，而东侧广泛分布的佛子岭群却不同，可见二者成分上的差异。

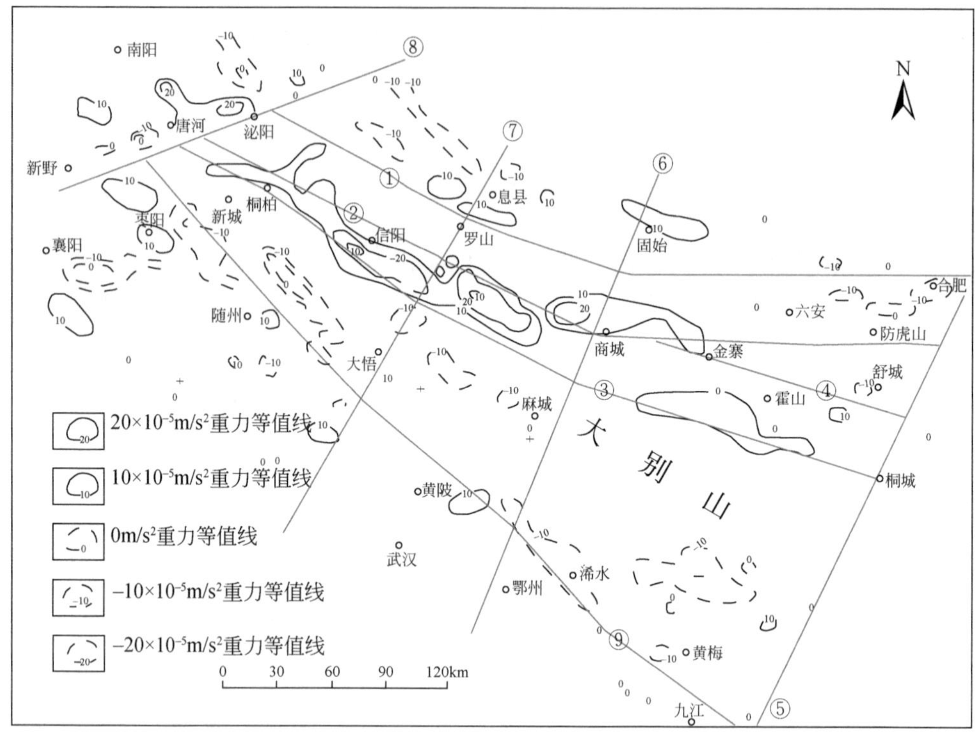

图 1.2　桐柏 – 大别山地区布格重力异常上延 1km 30° 水平导线等值线图（据安徽省地质矿产勘查局 313 地质队，2011）

①固始 – 合肥断裂；②信阳 – 防虎山断裂；③桐柏 – 桐城断裂；④金寨 – 舒城断裂；⑤郯 – 庐断裂；⑥商城 – 麻城断裂；⑦大悟 – 罗山断裂；⑧新野 – 泌阳断裂；⑨随县 – 浠水断裂

1.3.1.2　区域磁场特征

从桐柏 – 大别山地区航空磁力异常及区域构造示意图（图 1.3）中可以看出：桐柏 – 大别山为一近于三角形的正异常，它的四周皆显著或不显著地表现为异常梯级带。该带以北的北淮阳构造带则为负磁异常带，其南缘为桐柏 – 桐城断裂，北缘为固始 – 合肥断裂。北淮阳负磁异常由中、新生代凹陷和负变质岩地层引起，但在桐柏 – 信阳地段二郎坪群发育区，则出现正异常，而在北淮阳东段未见。

同重力场特征相似，北淮阳褶皱带以金寨断裂为界具二分性，北部为稳定磁场区，南部为变化的磁场区。南部青山以西的金寨地区以汤汇为中心，分为几个北西向和北东向磁异常，异常与岩浆岩和基底构造有关；青山以东地区航磁为负磁异常，在区域性负磁场中局部分布跳跃性磁异常，为中生代火山岩引起。

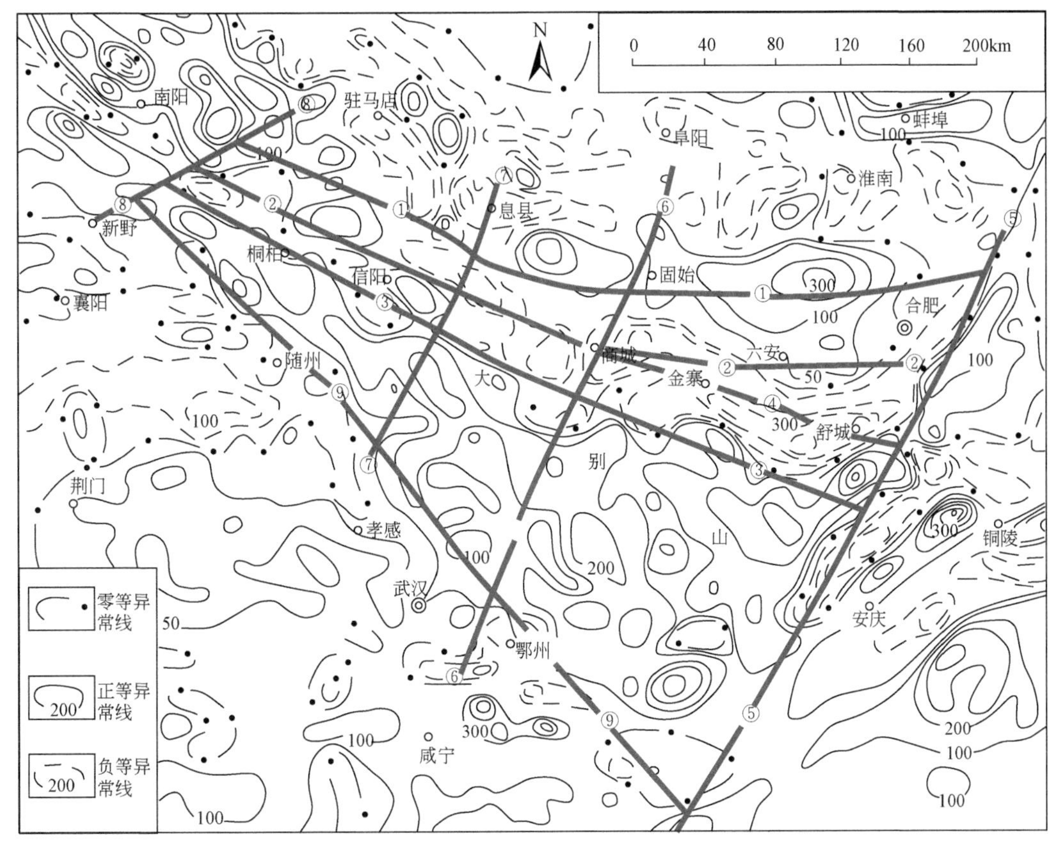

图1.3　桐柏－大别山地区航空磁力异常及区域构造示意图（据安徽省地质矿产勘查局313地质队，2011）

①固始－合肥断裂；②信阳－防虎山断裂；③桐柏－桐城断裂；④金寨－舒城断裂；⑤郯－庐断裂；⑥商城－麻城断裂；⑦大悟－罗山断裂；⑧新野－泌阳断裂；⑨随县－浠水断裂

1.3.2　区域地球化学特征

1.3.2.1　地球化学异常亚区

安徽北淮阳地区由西向东可划分为四个地球化学异常亚区（安徽省地质矿产勘查局313地质队，2011）。

金寨梅山－银沙以多金属、钨钼族为主的地球化学异常亚区：分布于银沙－泗河断裂以东，桐柏－桐城断裂和金寨断裂之间，以燕山期中酸性侵入岩为主。与之有关的矿产主要为铅锌多金属、钼（钨）及稀有金属铌钽等。异常特征为Bi、W、Pb、Zn、Ag、Mo，Bi、Cd、Mo，As、Pb、Cd、Mo，Hg、Au、Cr、Ni，Nb、Mo、Rb、Be、Th、Bi、U，Mo、Bi、W、Pb等元素的组合异常。这些组合异常在空间上多处于花岗岩体内部、内外接触带，从岩体内部向外元素呈现明显的水平分带。燕山晚期第一次侵入体以Bi、W、

Pb 丰度较高为特征；第二次侵入体则以 Nb、Mo、Rb、Be、Th 富集为特征。

金寨油店－霍山诸佛庵以金、钼为主的地球化学异常亚区：南北分别以桐柏－桐城断裂、金寨断裂为界，东西分别以古碑－熬药尖断裂和黑石渡－团墩断裂为界，处于金寨－霍山复向斜部位。该区又可分为青山钼异常和新店河金异常区，前者位于古碑－熬药尖断裂与桐柏－桐城断裂交汇部位，后者位于黑石渡－团墩断裂和桐柏－桐城断裂交汇部位。

本区金异常属单 Au 型，多单独出现，强度大，并有浓度分带，少数有 F、Hg 伴生，金的富集可能与佛子岭岩群中浅变质系有关，目前在霍山新店河—戴家河一带已发现多处金矿化点。

金寨－汞湾－响洪甸－下符桥多金属、贵金属、放射性及稀土稀有地球化学异常亚区：位于金寨－霍山复向斜之北翼，据 1 ∶ 5 万航磁资料解译该区为北西向构造－岩浆岩带。区内铅锌多金属矿异常主要与鲍冲岩体有关，而贵金属、放射性及稀土稀有异常主要与响洪甸碱性杂岩体有关。区内已知矿床（点）多处，如汞洞冲隐爆角砾岩型铅锌矿床（中型）、汞湾铅锌矿点、鲍冲磁铁矿点、同兴寺铀矿点等。

本区地球化学异常又分为汞湾－响洪甸和下符桥－平头岭等综合异常，各组合异常呈串珠状，沿构造线互相叠加，规模较大，强度高，浓集中心明显，有浓度梯度变化，形态较有规律。

舒城盆地金银贵金属、铅锌多金属地球化学异常亚区：位于北淮阳褶皱带的东部，是北淮阳东段火山岩型金矿的重要分布区，与晓天火山岩盆地相对应。本区大致以沈桥－龙河口断裂为界，西部为晓天盆地金银异常区，东部为舒城山七铅锌多金属异常区。

1.3.2.2 主要成矿元素在地层中的分布特征

新太古界—古元古界大别杂岩（下构造层）：以富集亲铁元素组合为特征，Cr、Ni、Co、V、Ti、Fe 等元素平均值较高。Au 元素在整个大别杂岩中的丰度偏低，达 10^{-9} 级，变异系数较小（郭福生等，1998），仅在局部地区的磁铁石英岩丰度较高，但规模有限。

中元古界（中下构造层）：东部舒城地区，Au 元素丰度总体偏低，但其中的变基性火山（以斜长角闪岩为代表）含金丰度较高，高出地壳克拉克值数倍乃至数十倍，被认为是区内金矿的重要“矿源层”；西部金寨地区的变基性火山沉积岩系中 Cu、Pb 的含量往往较高，Zn 明显亏损，但强烈动力变质、交代流体改造后，岩石中 Cu、Pb、Zn 及 Au 含量具有富集和贫化现象，其他岩类中的 Au 含量均小于 1×10^{-9}。

新元古界－下古生界（中上构造层）：是老湾金矿、马畈金矿、汞洞冲铅锌矿的直接产矿围岩，这套岩石含金丰度为 0.5×10^{-9}~15×10^{-9}，平均为 2.4×10^{-9}，其中潘家岭组平均含金丰度为 7×10^{-9}~11×10^{-9}，具矿源岩意义，是区内有一定意义的含金建造之一。而主成矿元素中 Cu 含量略低，而 Pb、Zn 含量相近，三者往往与变质程度的深浅及长石含量多少成反比，即岩石变质程度较深，长石含量较高时，Cu、Pb、Zn 含量偏低。

上侏罗统火山岩（上构造层）：安徽晓天盆地中生代火山岩中的含金丰度一般为 4.4×10^{-9}，次火山岩中一般为 10×10^{-9}~15×10^{-9}，是火山岩、次火山岩热液型金矿的重要含矿和成矿建造。而在金寨火山隆起构造中，该套地层则是Ag、Cu、Pb、Zn元素高背景区；霍山火山沉积洼地是高温元素W、Mo的较高背景区。

1.3.2.3　主要成矿元素在岩浆岩中的分布特征

基性–超基性岩：以富铁族元素如Cr、Ni、Co等为主，Pb、Au、Sn、Ag亦有较高的丰度值，Au为单型的低值异常，零星分布。

花岗岩类：总体上主成矿元素Pb、Mo等较富集，Cu、Zn背景值较低。不同期次的花岗岩体中富集特点有明显不同，在两个旋回岩石中Cu、Zn的含量普遍低于地壳克拉克值及上地幔黎氏值，但在Ⅰ旋回三期的斑岩中Cu却有较高的含量，Ⅰ旋回一、二期的中性岩含量相对低。而Pb、Mo的含量则普遍高于地壳克拉克值及上地幔黎氏值两倍，这表明北淮阳中生代岩浆岩活动对形成Pb、Mo矿有利，对形成Cu不利，Pb、Mo丰度随岩体由老变新有普遍增高的趋势。

火山岩类：贵金属元素Au（Ag）丰度总体特征是中酸性火山（次火山）岩高于酸性、碱性火山（次火山）岩，次火山岩高于火山岩。在两个旋回岩石中，Au含量远低于地壳克拉克值及上地幔黎氏值，Ag较为接近，但在Ⅱ旋回的碱性岩，Ⅰ旋回三期的酸性次火山岩、一、二期的中性火山喷出岩中却同时具有特高的含量。

1.3.2.4　主要断裂构造的地球化学特征

从1∶20万区域化学异常图上可以看出，区内各组合异常的展布，受主要断裂构造所控制，岩浆热液沿着构造的有利部位扩散、渗透，通过深成及表生活动使元素再分配和富集，形成地球化学异常，其轴线方向揭示了构造带的展布方向。

桐柏–桐城断裂：断裂南侧次级构造带以典型的亲铁元素为主，如Cr、Ni、Co、V、Ti、Fe、P，伴有Au、Sn元素的综合异常，常成群成带；北侧则以Au、Mo及Cu、Pb、Zn、Ag等为主，Au、Mo异常带沿该断裂带北侧东、西方向上呈串珠状分布，与区内已知金、钼矿床（点）相对应。

栾川（明港–固始）断裂：北侧为As、Sb、B低背景区，Sr、Fe、Ba、F高背景区；南侧则相反。

金寨断裂：其组合元素较为复杂，异常规模较大，有明显浓集中心，呈线性链状、串珠状断续展布，赋存于构造带及两侧，异常的长轴方向与构造带走向一致。该断裂带出露有燕山晚期第三次侵入的梅山岩体、燕山早期的鲍冲岩体、燕山晚期的响洪甸碱性杂岩体，控制了不同类型的元素共生组合异常群体，表明该断裂是区内重要的控岩、控矿断裂。

商城–麻城断裂：断裂以西具Sr、Ba、Ag、Be高背景；东部富Sr、Fe、Ba，贫As、Sb、B、Mo、W。

第2章　矿床地质特征

沙坪沟斑岩钼矿床位于安徽省六安市金寨县关庙乡境内，距金寨县城约80km，地理坐标为115°29′00″E~115°30′00″E，31°32′30″N~31°33′30″N（张怀东等，2012）。矿区地处大别山腹地，地形陡峻，海拔一般在300~750m之间，地形切割十分强烈。

研究区在构造位置上处于大别造山带东段，北淮阳构造带东段西部，近东西向桐柏－桐城断裂和北东向银沙－泗河断裂（商城－麻城断裂派生断裂）交汇构成的“入”字形构造锐角处。区内岩浆岩广泛发育，地层因岩浆活动破坏肢解出露较少，断裂构造发育（安徽省地质矿产勘查局313地质队，2011）。矿化具有水平和垂直的分带性，中心为钼矿化，主要发生在深部，外侧为铅锌矿化，多发生在地表。矿化点分布范围很广（陆三明等，2016），以沙坪沟钼矿床为中心，众多铅锌矿点呈环形围绕沙坪沟钼矿床分布（图2.1），如西部的仓房铅锌矿，西北部的八斗湾铅锌矿、二里湾铅锌矿，北部的洪家大山铅锌矿，东北部的关庙银冲铅锌矿，东部的关庙石门寨铅锌矿，南部的上八斗垅铅锌矿、狮子盘球铅锌矿，西南部的柳树斗铅锌矿，同时在东北部荒田湾也产出萤石矿床。

2.1　地（岩）层

矿区内出露地（岩）层为中元古界庐镇关岩群变火山－沉积岩，出露于矿区的西部和北部。岩性主要为黑云斜长片麻岩、角闪斜长片麻岩和花岗片麻岩等（孟祥金等，2012）。由于燕山期强烈的岩浆侵入活动，该套地层被肢解呈零星残留体产出。

2.2　构　　造

区内因大面积岩浆岩侵入，残留地层零星分布，褶皱构造不发育，主要发育断裂构造，矿区及外围共有大小断层42条，晓天－磨子潭断裂带呈近东西向从研究区南部穿过（图2.1），并发育次级张性、张扭性断裂构造，以NE向断裂最为发育，其次为NW向断裂，矿田内构造则是以这些次级断裂构造为主，其中最为发育NW向和NE向（60°左右）断裂构造，其次为近北向断裂。

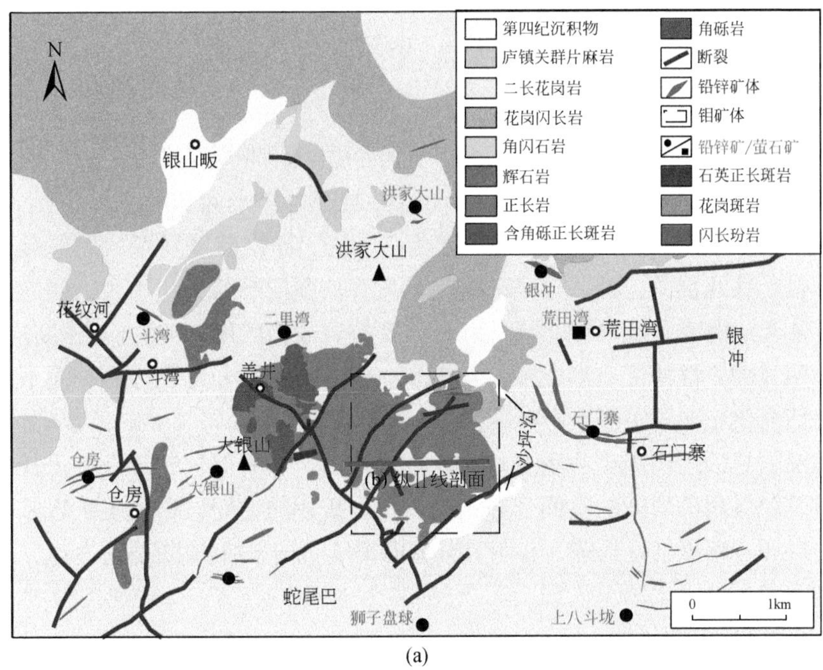

(a)

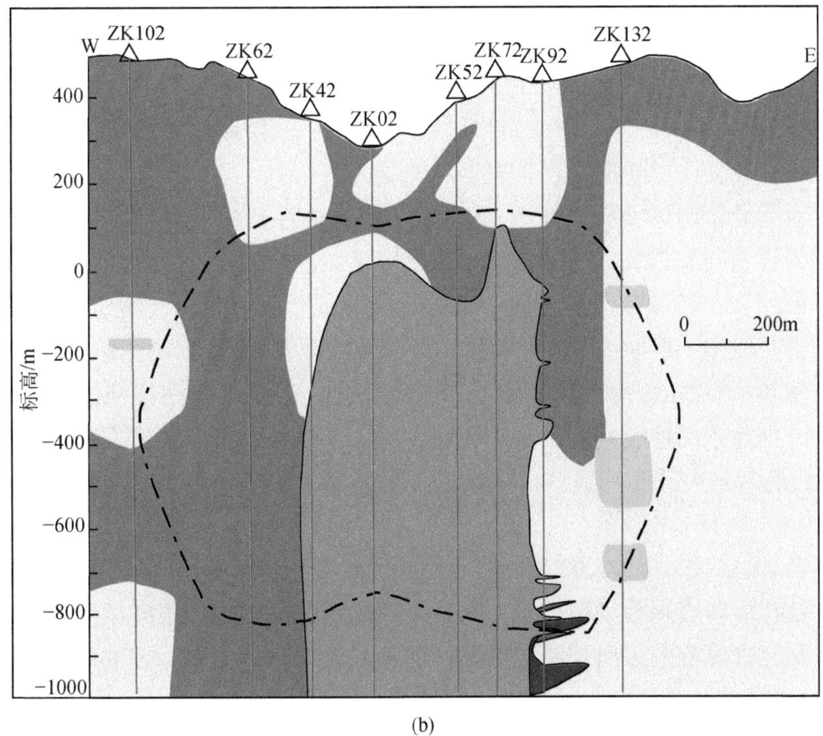

(b)

图 2.1 沙坪沟钼矿床矿田地质简图（a）和矿床剖面图（b）

(a) 据安徽省地质矿产勘查局 313 地质队 (2011) 修改；(b) 纵Ⅱ线矿床剖面

2.2.1 断裂构造

2.2.1.1 NW 向断裂

矿区内发育的北西向断裂主要为银山沟逆冲断层。该断层是矿区内的主干断层，北起小银山，经盖井、狮子盘球，向南延伸至下八斗垅，总体走向 NW310°，延长约 3.2km，断裂在地表为一“V”字形负地形，地貌上为一冲沟，断层陡壁发育，局部形成宽 5~30m 不等的破碎带，在北部的盖井一带破碎带较为发育。断层产状变化不大，倾向北东，倾角 60°~80°。可见两期构造形迹：早期为压性，见有糜棱岩或初糜棱岩，主要见于断层的南东段；晚期表现为明显的张性特征，形成断层角砾岩。构造带中绢云母化强烈，镜下在花岗质初糜棱岩或糜棱岩化花岗岩中可见石英亚晶。

银山沟断层是沙坪沟钼矿床重要控岩、控矿构造，它不但控制着石英正长岩体、隐伏花岗斑岩体及隐爆角砾岩体的空间分布，而且控制矿体的空间展布，成矿岩体和矿体长轴均呈北西向展布。根据钻孔揭露，沙坪沟主矿体均分布在银山沟断裂的上盘（北东盘），在其下盘则无矿。

2.2.1.2 NE 向断裂

该组较为发育，规模较大者有 3 条，分别为柳林断层、火星炉断层和沙坪沟断层。

柳林断层：该断层位于矿区西北部柳林一带，未穿过钼矿体。断层走向 30°~60°，倾向北西，倾角 70° 左右，长 2km。断层性质为左行平移，断层两侧岩石破碎、糜棱岩化发育，硅化、黄铁矿化较强，沿断层见正长斑岩脉充填。

沿该层有一北东向带状放射性 γ 异常，一般异常值 150γ，最高 240γ。该异常严格受断层控制，长 560m、宽 100m，形态南宽北窄。

火星炉断层：位于沙坪沟矿区中心部分，火星炉断层地貌特征明显，走向 60°，局部走向变化扭曲，倾角 50°~80°。在火星炉北东 30m 处可见两期活动形迹，早期活动形成断层角砾岩，宽度 0.5~2m，角砾棱角明显，胶结物为硅质，具张性特征；晚期受到一次压性构造活动，据北东向擦痕判断，其南东盘左行。在挤压带中糜棱岩发育，糜棱面理产状 142° ∠ 62°。断裂带内硅化和黄铁矿化明显，且黄铁矿化多集中于胶结物中，硅化脉呈羽状分布。

该断层由 ZK66、ZK44、ZK02、ZK52、ZK93 孔控制（安徽省地质矿产勘查局 313 地质队，2011），在钻孔中多表现为视厚 1~5m 的破碎带或断层角砾岩，角砾棱角明显，无定向，胶结松散，在钻进过程中多出现涌水或漏水。该断层虽对矿体有一定的破坏作用，但影响较小。

物探视电阻率剖面测量证实了火星炉断层的存在，倾向南东，倾角 75° 左右。同样，沿该断层也有一北东向带状放射性 γ 异常，一般异常值 160γ，最高 192γ，异常长 600m、宽 100~250m。

沙坪沟断层：位于沙坪沟矿区东南部，地貌上表现为“V”字形谷，走向 60°，局部扭曲，倾向北西，沿断层糜棱岩发育。

通过物探电法剖面测量，推测该破碎带倾向北西，倾角 60°，与地质填图结果相一致。

2.2.1.3　近北向断裂

该组断层规模均较小，总体走向 350°~10°，产状局部发生扭曲，延长均小于 200m。裂隙短而浅，具张性特征。沿断层发育角砾岩，宽度 0.5~2m，角砾棱角明显，胶结物为硅质，具张性特征，且无明显的蚀变和矿化，为成矿期后断层，对矿体无明显的破坏作用。

2.2.2　节理

受区域构造影响，矿区内节理强烈发育，并为铅锌、钼矿成矿提供运移通道和容矿空间。经对矿区内多个露头上节理裂隙统计（每个露头大于 10m^2），做出的节理走向玫瑰花图如图 2.2 所示。

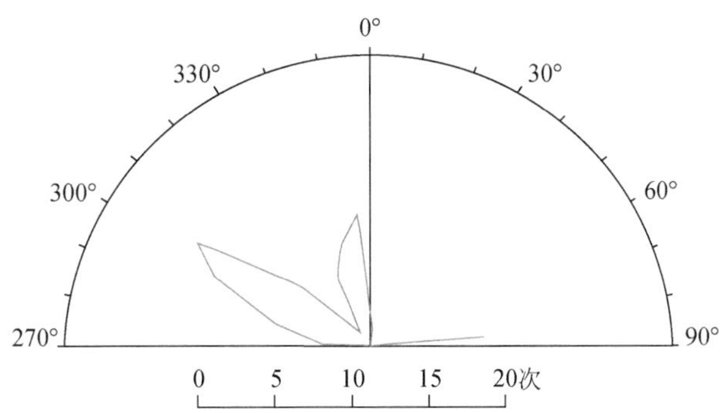

图 2.2　节理走向玫瑰花图（据安徽省地质矿产勘查局 313 地质队，2011）

由图 2.2 可见，矿区节理主要有三个方向：①北西向，大致走向 290°~325°，倾向南西，局部倾向北东，该组节理规模大，密度较高；②近南北向至北北东向，大致走向 5°~30°，产状陡立，节理密度较大；③北东、北东东向，大致走向 80°~85°，倾向北北西，倾角 65° 左右，密度较小。

钻探控制深部节理空间上可分为四个构造节理带：主矿体顶板缓倾斜板状节理带、主矿体周边陡倾斜板状节理带、主矿体底板缓倾斜节理带、主矿体密集网状节理带。其中主矿体密集网状节理带由不同方向的、不同成分的细脉、微细脉、显微细脉组成，与主矿体一致，其他板状节理带为众多小矿体，和低品位矿化分布带相一致。

网状、微细脉大体上可分为：①黄铁矿－石英脉；②黄铁矿－钾长石－石英脉；③黄铁矿－辉钼矿－石英脉；④黄铁矿－辉钼矿－钾长石－石英脉；⑤白云母－萤石－黄铁矿－辉钼矿－石英脉等。

2.3 岩 浆 岩

矿田内岩浆岩均为侵入岩，出露面积达数十平方千米，岩性从基性岩到酸性岩均有出露，以二长花岗岩、花岗闪长岩、正长岩为主，少量角闪石岩、辉石岩、花岗斑岩、闪长玢岩（图 2.1）等，时代为早白垩世。

二长花岗岩：区内分布最为广泛，出露面积超过 18km^2，以岩基的形式产出，北部洪家大山地区被花岗闪长岩侵入，中部银山地区被正长岩、角闪石岩、辉石岩等侵入。其岩相学特征见图 2.3（a）（b）。

花岗闪长岩：花岗闪长岩主要分布在矿田北部，洪家大山北侧、东侧和银山畈西北侧等地，出露范围较大，区内面积约 8km^2，围岩多为二长花岗岩。其岩相学特征见图 2.3（c）（d）。

辉石岩：有 3 处出露，见于研究区西部、西北部，分布范围较小，面积约为 0.8km^2，总体上呈不规则岩枝状，围岩为二长花岗岩和角闪岩。其岩相学特征见图 2.3（e）（f）。

角闪石岩：见于银山畈南部 1km 处和北东侧 1km 处，面积约为 0.6km^2，岩体呈不规则岩枝状产出，近椭圆形向北东延伸，围岩为二长花岗岩和庐镇关岩群变火山－沉积岩。其岩相学特征见图 2.3（g）（h）。

正长岩：出露于矿田中部，沙坪沟钼矿床周围以及盖井地区，是钼矿床的主要赋矿围岩，呈近椭圆形岩株状产出，面积约为 2km^2，围岩主要为二长花岗岩。其岩相学特征见图 2.3（i）（j）。

石英正长斑岩：为矿田中部隐伏岩体，仅在钻孔中呈小岩脉状产出，围岩主要为二长花岗岩和石英正长岩。其岩相学特征见图 2.3（k）（l）。

花岗斑岩：矿田中部隐伏岩体，呈小岩株状产出，围岩主要为二长花岗岩和石英正长岩。其岩相学特征见图 2.3（m）（n）。

闪长玢岩：主要见于矿床较深部，多呈不规则状较窄的岩脉产出，穿切花岗斑岩和正长岩（石英正长斑岩）。其岩相学特征见图 2.3（o）（p）。

隐爆角砾岩：分布在盖井地区，呈岩筒状产出，出露面积约为 0.4km^2，角砾成分较为

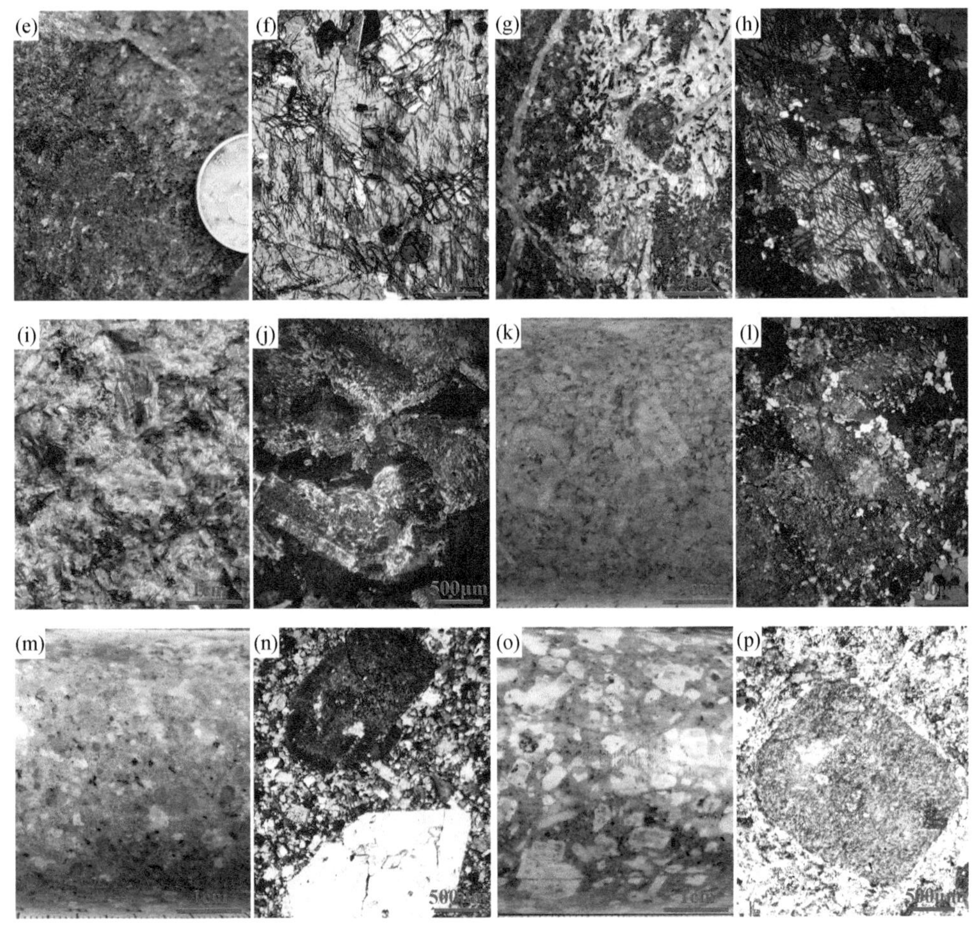

图 2.3　沙坪沟矿田主要岩浆岩手标本和显微照片

（a）（b）二长花岗岩，灰白 – 浅肉红色，中 – 细粒结构，块状构造，斜长石 30%，钾长石 49%，石英 20%；（c）（d）花岗闪长岩，黄白色夹深绿色，中粒结构，块状构造，角闪石 20%，斜长石 45%，钾长石 9%，石英 25%；（e）（f）辉石岩，灰绿 – 灰白色，粗粒结构，块状构造，弱磁性，辉石 75%，长石 10%，角闪石 10%，橄榄石 5%；（g）（h）角闪石岩，深灰 – 灰黑色，细粒结构，块状构造，角闪石 80%，斜长石 19%；（i）（j）正长岩，肉红色，中 – 细粒结构，块状构造，钾长石 85%，石英 10%，角闪石 2%；（k）（l）石英正长斑岩，肉红色，斑状结构，基质为半自形 – 他形粒状结构，块状构造，斑晶为钾长石，基质与正长岩成分相似；（m）（n）花岗斑岩，暗红色，斑状结构，基质为半自形 – 他形粒状结构，斑晶主要为石英、钾长石、斜长石，个别为黑云母，基质为石英、斜长石；（o）（p）闪长玢岩，灰白色 – 浅灰绿色，斑状结构，基质为半自形 – 他形细粒结构，斑晶约占 40%，由斜长石（45%~50%）、钾长石（35%~40%）及黑云母（5%~10%）组成，基质约占 60%，由斜长石（25%~30%）、钾长石（20%~25%）、角闪石 + 黑云母（约 5%）、石英（35%~40%）组成

复杂，主要有石英正长岩、花岗闪长岩、花岗岩等。角砾多呈棱角状、次棱角状，少数为次圆状。角砾大小不一，一般 0.5~5cm，大者达 10cm 以上，无分选性。胶结物主要为钾长石、斜长石、石英、黑云母、黄铁矿等。角砾成分中个别含有爆发角砾岩的角砾，说明至少发生两次爆发活动。围岩为二长花岗岩和石英正长岩。

2.4　矿体与矿石特征

2.4.1　矿体形状及空间分布

沙坪沟钼矿床为隐伏矿床，矿体均赋存于隐伏花岗斑岩体顶部及与围岩接触带中，围岩主要为正长岩，其次为二长花岗岩。其中主矿体只有一个，Mo 资源量 2.46 Mt，占总 Mo 资源量的 99.97%（张怀东等，2012），数量众多的零星小矿体多分布于主矿体两侧边部。主矿体保存完整，总体呈厚大的筒状，空间上表现为穹状形态特征，与花岗斑岩穹隆相对应（图 2.1），赋存标高 –940~140m 范围内，在平面上投影呈长轴为 NWW 向不规则椭圆形（张怀东等，2012）。

2.4.2　矿石特征

沙坪沟斑岩钼矿床中钼（Mo）的品位较高，平均为 0.14%（安徽省地质矿产勘查局 313 地质队，2011）。矿石矿物主要为辉钼矿，其次为黄铁矿，少量的方铅矿、闪锌矿、磁铁矿、赤铁矿，微量的钛铁矿、黄铜矿、白钨矿、磁黄铁矿、菱铁矿等。脉石矿物主要有石英、钾长石、斜长石（更长石以上）、黑云母、绢（白）云母、硬石膏、绿泥石、萤石等，少量或微量黄玉、绿帘石、方解石、石膏、金云母、多硅白云母、明矾石、迪开石、高岭石、蒙脱石等。

2.4.2.1　矿石矿物

矿床中主要矿石矿物为辉钼矿和黄铁矿。

辉钼矿（MoS_2）：铅灰色，自形 – 半自形细小鳞片状、半自形叶片状，污手；集合体多呈细脉、网脉、裂隙面薄膜状分布，少量呈浸染状分布。镜下反射色呈灰白色、暗灰色，非均质性特强。辉钼矿片状晶体径长多在 0.02~0.16mm 之间，偶尔可达 0.3mm。辉钼矿的钼含量 $w(Mo)$ 为 59.70%~60.75%，平均为 60.23%；硫含量 $w(S)$ 为 38.56%~40.25%，平均为 39.67%；铼含量 $w(Re)$ 为 0~0.16%，平均为 0.043%。

黄铁矿（FeS_2）：呈浅铜黄色，强金属光泽，镜下反射色呈浅黄色、黄白色，均质性，他形 – 半自形晶，少量呈自形晶，粒状，结晶粒径大多为 0.1~0.5mm，多呈稀疏浸染状，少部分细脉状、细脉浸染状分布。

2.4.2.2　脉石矿物

脉石矿物包括原岩中的造岩矿物和新形成的蚀变矿物。造岩矿物主要为钾长石、斜长石、石英、黑云母等。蚀变矿物主要为钾长石、黑云母、石英、绢（白）云母、钠长石、绿泥石、硬石膏及少量萤石、方解石等。

钾长石：较早的原生钾长石多呈他形粒状，少量呈半自形板状，蚀变较发育，粒径多为 0.2~3mm，有的大颗粒内包裹较小的自形斜长石、黑云母，在岩石中既可呈斑晶出现，也可呈基质产出。较晚的次生钾长石形态不规则，呈他形粒状，粒径多为 0.01~0.1mm，浸染状分布。

斜长石：呈他形粒状 – 半自形短柱状，长径多为 0.1~2mm，聚片双晶细而密，蚀变发育，大多发生不同程度绢（白）云母化，部分被次生石英、钾长石、钠长石交代，交代强烈者呈残余、假象结构。

石英：较早的原生石英多呈他形 – 自形粒状，粒径为 0.03~3mm，部分大颗粒及自形粒状者呈斑晶产出，常被次生石英、绢云母等交代，有的被交代呈残余结构，部分形成斑晶者具加大边结构。较晚的次生石英呈他形粒状，粒径多为 0.1~2mm，集合体多呈分散浸染状、团块状。

黑云母：较早的原生黑云母多为红褐色、黄褐色，叶片状，片径多为 0.5~1.5mm，大多数有不同程度褪色，或被次生黑云母、绢（白）云母、绿泥石、石英等矿物交代呈残余、假象，并析出钛铁矿、磁铁矿、金红石等矿物。较晚的次生黑云母呈黄色 – 褐黄色，颜色较原生黑云母浅，鳞片状、叶片状变晶，片径为 0.02~0.3mm 不等。

绢（白）云母：矿床中的绢（白）云母常与石英共生，多呈细小鳞片变晶交织分布，部分呈叶片状变晶，集合体呈浸染状、团块状、脉状产出，与辉钼矿成矿密切相关，另有少量绢（白）云母交代原生黑云母、斜长石呈叶片状、短柱状假象。

钠长石：多呈他形 – 半自形粒状、板状，沿斜长石、钾长石边部、晶内交代，钠长石双晶发育，粒径大多为 0.02~0.5mm，浸染状分布。

硬石膏：呈 0.1~0.5mm 他形粒状镶嵌分布于上述矿物之间或交代上述矿物，大多分布于石英脉中。

萤石：呈 0.1~0.3mm 他形粒状分布于石英脉中。

2.4.2.3　矿石结构构造

常见的矿石结构为鳞片状结构、他形 – 半自形粒状结构、交代残余结构、固溶体出溶结构、填隙结构等。矿石构造类型较多，以浸染状（稀疏浸染状和稠密浸染状）、细脉状 – 网脉状、细脉浸染状构造为主，其次为角砾状、条带状、块状、多孔状构造。

2.5　围岩蚀变

2.5.1　蚀变类型

沙坪沟钼矿床围岩蚀变强烈，蚀变类型多样，与世界典型斑岩矿床类似（Lowell and

Guilbert，1970；Gustafson and Hunt，1975；Gustafson and Quiroga，1995），主要蚀变类型有早期的钾硅酸盐化（钾长石–黑云母化）、石英内核，以及随后的青磐岩化（绿泥石化等，较弱）、强硅化（石英–少量绢云母）、绢英岩化（石英–绢云母–黄铁矿化），其中，硅化和绢英岩化蚀变强烈，叠加在早期钾硅酸盐化蚀变之上。蚀变特征表明矿区已遭受了较强的抬升剥蚀。以下分别对各种蚀变类型产出特征进行详细阐述。

2.5.1.1 钾硅酸盐化

沙坪沟钼矿床围岩的钾硅酸盐化以钾长石、黑云母等含钾矿物和石英的发育为特征，可分为钾长石化和黑云母化。钾长石化与黑云母化分布并没有完全套合在一起。钾长石化比黑云母化发育更为广泛，分布于花岗斑岩内部以及花岗斑岩与正长岩的接触部位，主要表现为以弥散状、细脉状及脉体晕的形式产出。弥散状钾长石化分布范围较小，发育在花岗斑岩体内部较深的位置，主要表现为岩石基质中斜长石等矿物被细小的弥散状钾长石和石英交代。当交代不强时，钾长石化沿斜长石颗粒的边缘、解理、双晶缝和裂隙发生[图2.4（a）（b）]，在正交偏光下观察见明显的干涉色变化，呈细脉状及以脉体晕的形式出现的钾长石化主要产于矿床较深部花岗斑岩和正长岩中，蚀变范围较大，为沙坪沟钼矿床最主要的钾化类型。细脉状钾长石化常呈不规则细脉状，脉体具有较弱的石英、钾长石蚀变晕，常切穿岩石中自形、半自形的斜长石颗粒，脉宽常为 1~1.5cm[图 2.4（a）]。另外，沿石英脉，石英–黄铁矿脉等脉体两侧也常可见钾长石化，即以蚀变晕形式存在的钾长石化，晕宽通常为 1~3cm 不等。

黑云母化总体强度较弱，主要分布于花岗斑岩与正长岩的接触带部位，产出形式分为弥散状和脉状两种类型。弥散状黑云母的颗粒小，颜色较明亮，自形程度较好[图 2.4（c）]；脉状黑云母沿岩石裂隙或微裂隙充填，黑云母呈黄褐色，颗粒较大，单个颗粒具有较长的单向延长。黑云母化还伴有少量或微量的磁铁矿发育。显微镜下可见斜长石边部发生黑云母化，蚀变黑云母在单偏光下主要呈褐黄色，颜色较原生黑云母浅，叶片状，鳞片状，片径为 0.02~0.3mm 不等，解理较发育，多色性较明显。总体上，这两类黑云母颗粒一般较小（几十微米），颜色明亮，且后期变化不明显。

在钾硅酸盐化带内侧发育石英内核，石英内核与钾硅酸盐化带渐变接触。蚀变矿物主要为石英，多呈他形粒状，粒径在0.05~1mm之间，弥散状分布。原岩矿物被石英强烈地交代，结构完全被破坏，仅有少量的原岩物质残留。

2.5.1.2 青磐岩化

矿床围岩中青磐岩化普遍发育较弱，仅局部稍强，具有脉状和弥散状两种产出形式，主要蚀变矿物为绿泥石、绿帘石、高岭土、绢云母等。脉状青磐岩化多沿裂隙或微裂隙发育，宽 <0.5mm，矿物主要为绿泥石，含量 70%~90%，此外还有少量石英、碳酸盐、高岭土等，分布于矿床较深部，局部可见绿泥石脉穿切钾长石脉。弥散状青磐岩化主要表现为正长岩中黑云母发生强烈的青磐岩化，以及基质中长石类矿物的弱青磐岩化。与

脉状蚀变类似，弥散状青磐岩化蚀变也以绿泥石为主，含有少量的绿帘石等，绿泥石主要呈鳞片状、叶片状交代黑云母、斜长石等，片径为 0.05~0.5mm，集合体呈黑云母假象，主要分布于矿床中部的正长岩中 [图 2.4（d）]。在离矿体较远的浅部及外围，弱青磐岩化零星发育，以绿帘石、绿泥石为主，绿帘石交代角闪石、斜长石、黑云母和钾长石等矿物，属围岩蚀变外带。

2.5.1.3　硅化

矿床中硅化很普遍，石英是组成钾硅酸盐化、石英内核、硅化和绢英岩化蚀变的重要蚀变矿物。硅化主要产于矿床中深部，叠加在钾硅酸盐化蚀变之上，主要有两种产出形式，即弥散状和脉体晕。弥散状的硅化蚀变主要发育在矿床的中深部，使围岩的结构遭受破坏 [图 2.4（e）（f）]，表现为在各种岩石中弥散性的细粒石英交代原生长石和石英颗粒，显微镜下可见长石颗粒或石英颗粒部分被石英交代，局部蚀变成绢云母等矿物，基质中也有大量有微细粒的次生石英形成，岩石整体变硬，表面具有弱的玻璃光泽。脉体晕形式的硅化蚀变主要产出于叠加钾硅酸盐化蚀变区域，石英和少量的绢云母等主要沿斜长石、钾长石等矿物裂隙和双晶面交代。

2.5.1.4　绢英岩化

绢英岩化主要产出于矿床中上部，常与黄铁矿等矿物共生，产出形式也可进一步分为两种：弥散状和脉体晕。弥散状的绢英岩化主要发育在矿床的上部，使围岩的结构遭受破坏，岩石颜色发绿，变得松软易碎，肉眼可见细小鳞片状绢云母 [图 2.4（g）~（l）]。脉体晕形式的绢英岩化主要发育在矿床的中上部，产出于脉体边缘，呈暗绿色到灰绿色，宽多在 1~3cm 之间，绢云母和少量的石英主要沿矿物裂隙和双晶面交代 [图 2.4（i）]。黄铁矿含量较高时称为黄铁绢英岩化 [图 2.4（h）]，沙坪沟钼矿中黄铁绢英岩化较为常见，黄铁矿含量一般大于 5%，有时达 10% 左右，甚至更多，他形 – 自形晶结构，粒径变化亦大，在 0.1~2mm 之间。黄铁矿化也可分为两种类型，即浸染状和脉状，浸染状黄铁矿自形程度稍高，分布于各类岩体中，含量一般低于 5%，颗粒较细，粒径均小于 0.1mm；脉状黄铁矿化主要表现为黄铁矿叠加于石英脉、石英 – 辉钼矿脉或石英 – 绢云母脉之上，黄铁矿呈不规则的连续或间断状分布于脉中 [图 2.4（k）]。

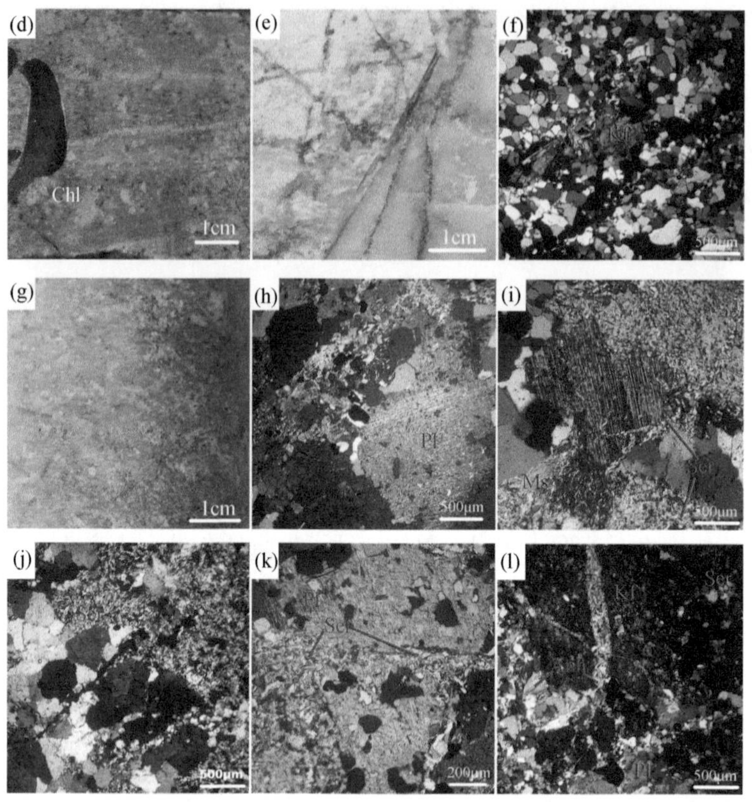

图 2.4　沙坪沟钼矿床围岩蚀变特征

（a）脉状钾长石化，被含绿泥石裂隙穿切；（b）斜长石发生钾长石化，钾长石显示悬浮的云雾状现象；（c）黑云母化，黑云母叶片状，沿斜长石颗粒边缘发育；（d）岩石中发生弥散状绿泥石化蚀变；（e）石英内核，岩石基本被完全交代；（f）硅化，石英呈细粒他形，仅残留少量钾长石，钾长石边缘发育白云母；（g）强绢英岩化，岩石结构被完全破坏；（h）斜长石发生绢云母化，绢云母极细小；（i）斜长石发生绢云母化，绢云母沿斜长石边缘、解理、裂隙分布，局部重结晶成白云母；（j）钾长石发生绢云母化，仅局部残留原矿物成分；（k）斜长石发生绢云母化，绢云母沿斜长石边缘和裂隙分布；（l）斜长石发生钾长石化，绢云母浸染状分布，硬石膏沿着钾长石裂隙分布。Kf- 钾长石；Pl- 斜长石；Bi- 黑云母；Qtz- 石英；Ms- 白云母；Ser- 绢云母；Chl- 绿泥石；Anh- 硬石膏；下同

2.5.1.5　泥化

矿床中广泛发育泥化，对编录的 7 个钻孔中每隔 10m 采集一次样品，并利用短波红外（SWIR）对黏土矿物进行了鉴定，主要的黏土矿物包括蒙脱石、白云母、高岭石、多硅白云母、石膏、铁镁绿泥石，另还发现少量的伊利石化白云母、伊利石化多硅白云母、钠明矾石、迪开石、方解石、菱铁矿、镁绿泥石、绿帘石、黄玉等。通过对数据的分析处理，绘制了沙坪沟钼矿床纵Ⅱ剖面泥化蚀变矿物分布图（图 2.5），发现蒙脱石分布于矿体上部及西侧外围，白云母广泛分布于矿床中上部，高岭石主要分布在矿床上部，多硅白云母分布于矿床上部及外围，石膏分布于矿床中部，铁镁绿泥石则主要分布在矿床下部和西侧外围。其他矿物如钠明矾石、迪开石、方解石、菱铁矿、镁绿泥石、伊利石化白云母、

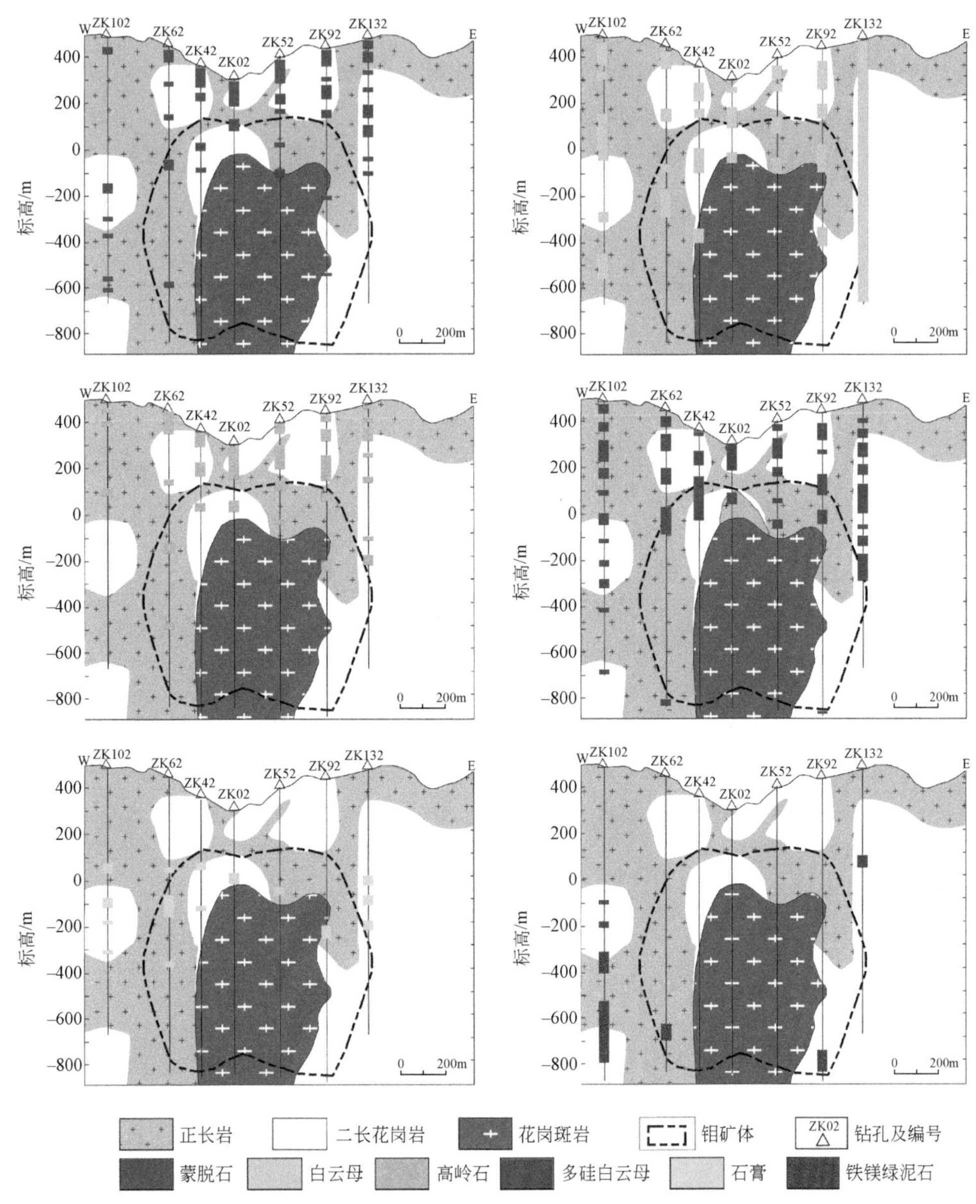

图 2.5　沙坪沟钼矿床纵Ⅱ剖面泥化蚀变矿物分布图

蒙脱石主要分布于矿床上部及西侧外围中深部，白云母广泛分布于矿床中上部，高岭石主要分布在矿床上部，多硅白云母分布于矿床上部及外围，石膏分布于矿床中部，铁镁绿泥石则主要分布在矿床下部和西侧外围中深部

伊利石化多硅白云母分布于矿床中浅部，绿帘石、黄玉则分布于矿床深部。

2.5.2　脉体类型

沙坪沟钼矿床脉体十分发育，特征典型。在系统观察矿区勘探 9 线、5 线、纵Ⅱ线剖面15个钻孔的基础上，参考前人斑岩型矿床中脉体划分标志（Gustafson and Hunt，1975；Gustafson and Quiroga，1995；Carten et al.，1988；Arancibia and Clark，1996；Seedorff and Einaudi，2004a；Seedorff et al.，2005）和脉体相互穿切关系，对沙坪沟矿床中的热液脉体进行了详细描述和分类，脉体类型和特征见表2.1，代表性脉体特征及相互关系见图2.6。

表2.1　沙坪沟钼矿床脉体类型和特征

脉体类型	蚀变矿物	形态及规模	穿切关系和产出特征
石英－钾长石±黑云母脉	石英、钾长石或黑云母	脉体较规则，通常脉宽0.5~2cm	主要产于较深部的花岗斑岩和黑云母正长岩中，脉体由钾长石和石英组成，少数脉体靠外侧发育有黑云母，当被后期蚀变叠加时，脉体颜色会变浅
黑云母－磁铁矿微脉	黑云母、磁铁矿	脉体不规则，宽<0.5mm	主要产于深部的花岗斑岩和黑云母正长岩中，常具有较窄的（0.5cm左右）钾长石化晕，与其他脉体没有明显的穿切关系
石英细脉	石英、钾长石	脉体不规则至板状，通常脉宽<0.3mm	主要产于较深部的花岗斑岩和黑云母正长岩中，脉两侧发育钾长石化晕，晕宽0.3~0.5cm，与其他脉体没有明显的穿切关系
石英－黄铁矿±白云母±赤铁矿脉	钾长石、石英或白云母	脉体较规则，脉宽0.1~1cm	常发育钾长石化晕，晕宽2~5cm
辉钼矿±石英脉	钾长石、石英	脉体不规则，脉宽0.1~0.5mm	与石英－钾长石脉相互穿切
硬石膏±石英脉	硬石膏、石英、钾长石	脉宽0.5~3cm	硬石膏多呈紫色，细粒，偶见脉中发育有少量金云母，常发育钾长石化晕，晕宽0.5~1cm，穿切辉钼矿±石英脉
石英－辉钼矿脉	石英	脉体不规则至板状，脉宽常为0.1~1cm	产于中深部（400~900m），广泛存在于花岗斑岩、正长岩和二长花岗岩中，脉体不规则至板状，脉宽常为0.1~1cm，相互穿切呈网脉状，金属呈线状或不连续分布于脉中心或边部，大量发育，是矿床中辉钼矿最主要的产出形式
石英－辉钼矿－黄铁矿脉	石英、黄铁矿	脉体不规则至板状，脉宽多在0.2~1.5cm之间	广泛产于中部，黄铁矿通常分布在脉体中部
石英－绿泥石脉	绿泥石或黄铁矿	脉体多不规则，脉宽约0.1cm	产于深部花岗斑岩和黑云母正长岩中，与其他脉体无明显穿切关系
石英－绢云母－辉钼矿±黄铁矿脉	石英、绢云母或黄铁矿	连续细脉产出，脉宽多在0.1~0.5cm之间	脉边缘有石英－绢云母蚀变晕，这种脉体较发育，产在中上部
石英－绢云母±黄铁矿脉	石英、绢云母或黄铁矿		矿床中上部大量发育，脉中发育绢云母、石英，常含有黄铁矿，偶见方铅矿发育，被石英脉、石膏脉等穿切

续表

脉体类型	蚀变矿物	形态及规模	穿切关系和产出特征
石英脉	石英	通常形成晶洞构造，脉宽在 0.5~3cm 之间	脉体中矿物单一，为中低温矿物，包括石英脉、萤石脉、石膏脉、碳酸盐脉和黄铁矿脉
萤石脉	萤石		
石膏脉	石膏		
黄铁矿脉	黄铁矿		

石英–钾长石 ± 黑云母脉 [图 2.6（a）~（e）]：主要产于较深部的花岗斑岩和黑云母正长岩中，脉体较规则，通常脉宽 0.5~2cm，脉体由钾长石和石英组成，少数脉体靠外侧发育有黑云母 [图 2.6（c）]，当被晚期蚀变叠加时，脉体颜色会变浅 [图 2.6（e）]，常被后期脉体穿切。

黑云母–磁铁矿微脉：主要产于深部的花岗斑岩和黑云母正长岩中，脉体不规则，宽 <0.5mm，常具有较窄的（0.5cm 左右）的钾长石化晕，与其他脉体没有明显的穿切关系。

石英细脉 [图 2.6（f）]：主要产于较深部的花岗斑岩和黑云母正长岩中，脉体不规则至板状，通常脉宽 <0.3mm，脉两侧发育钾长石化晕，晕宽 0.3~0.5cm，与其他脉体没有明显的穿切关系。

石英–黄铁矿 ± 白云母 ± 赤铁矿脉 [图 2.6（g）]：主要产于较深部的花岗斑岩和黑云母正长岩中，脉宽 0.1~1cm，常发育钾长石化晕，晕宽 2~5cm。

辉钼矿 ± 石英脉 [图 2.6（e）]：脉体不规则，脉宽 0.1~0.5mm，与石英–钾长石脉相互穿切。

硬石膏 ± 石英脉 [图 2.6（h）]：硬石膏多呈紫色，细粒，脉宽 0.5~3cm，偶见脉中发育有少量金云母，常发育钾长石化晕，晕宽 0.5~1cm，穿切辉钼矿 ± 石英脉。

石英–辉钼矿脉 [图 2.6（a）（b）（d）（e）]，产于深部（400~900m），广泛存在于花岗斑岩、正长岩和二长花岗岩中，脉体不规则至板状，脉宽常为 0.1~1cm，相互穿切呈网脉状，金属呈线状或不连续分布于脉中心或边部，这种脉大量发育，是矿床中辉钼矿最主要的产出形式，这种脉与辉钼矿 ± 石英脉较为相似，但脉体明显变宽，金属矿物含量更高。

石英–辉钼矿–黄铁矿脉 [图 2.6（d）（h）（l）]：广泛产于中部，脉体不规则至板状，脉宽多在 0.2~1.5cm 之间，通常黄铁矿分布在脉中部。

石英–绿泥石脉：产于深部花岗斑岩和黑云母正长岩中，脉体多不规则，宽约 0.1cm。该脉远离斑岩体的位置，与其他脉体之间不具有明显穿切关系。

石英–绢云母–辉钼矿 ± 黄铁矿脉 [图 2.6（i）（j）]：多呈连续细脉产出，脉宽多在 0.1~0.5cm 之间，脉边缘有石英–绢云母蚀变晕，这种脉体较发育，产在中上部。

石英–绢云母 ± 黄铁矿脉 [图 2.6（k）（m）]：矿床中上部大量发育，脉中发育绢云母、石英，常含有黄铁矿，偶见方铅矿发育。

石英脉、萤石脉、石膏脉和黄铁矿脉：产于矿床中上部的正长岩和二长花岗岩中，远离斑岩体。这类脉体中矿物单一，为中低温矿物，通常形成晶洞构造 [图 2.6（n）（o）]，脉宽在 0.5~3cm 之间。

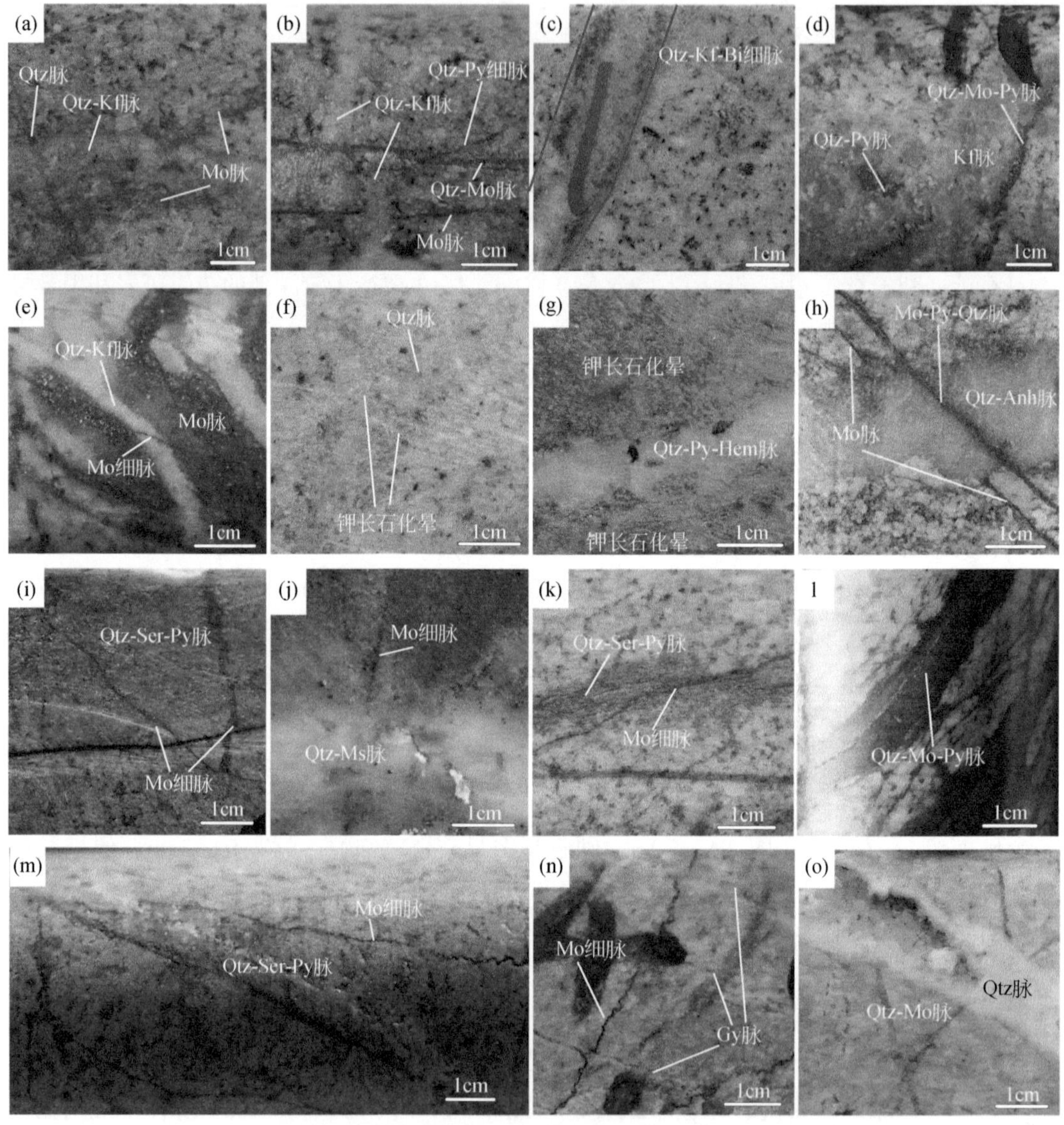

图 2.6　沙坪沟钼矿床代表性脉体特征及相互关系

（a）石英–钾长石脉穿切辉钼矿脉，并被石英脉穿切；（b）石英–黄铁矿脉穿切石英–辉钼矿脉，石英–辉钼矿脉穿切石英–钾长石脉，石英–钾长石脉穿切辉钼矿脉；（c）石英–钾长石–黑云母脉，黑云母分布于脉边缘；（d）钾长石脉被石英–辉钼矿–黄铁矿脉和石英–黄铁矿脉穿切；（e）辉钼矿脉被石英–钾长石脉穿切，石英–钾长石脉被辉钼矿细脉穿切；（f）石英细脉，发育钾长石化晕；（g）石英–黄铁矿–赤铁矿脉，发育较宽的钾长石化晕；（h）辉钼矿脉被石英–硬石膏脉穿切，石英–硬石膏脉被辉钼矿–黄铁矿–石英脉穿切；（i）石英–绢云母–黄铁矿宽脉被辉钼矿细脉穿切；（j）辉钼矿细脉被石英–白云母脉穿切；（k）石英–绢云母–黄铁矿脉被辉钼矿细脉穿切；（l）石英–辉钼矿–黄铁矿脉，黄铁矿分布于脉中央；（m）辉钼矿细脉被石英–绢云母–黄铁矿脉穿切；（n）辉钼矿细脉被多条石膏脉穿切；（o）石英–辉钼矿脉被石英脉穿切，石英脉中具晶洞。Kf-钾长石；Qtz-石英；Mo-辉钼矿；Bi-黑云母；Py-黄铁矿；Hem-赤铁矿；Ms-白云母；Anh-硬石膏；Ser-绢云母；Gy-石膏；下同

2.5.3　热液矿物组合

通过对矿床中蚀变和脉体的系统观察和分析，将沙坪沟钼矿床中的热液矿物组合进行划分。热液矿物组合指的是一组在微观尺度上稳定共存，并且是同时或近同时形成的矿物。组合中加号（+）连接的是无处不在的矿物，而正负符号（±）连接的则是并非无处不在的矿物。在组合中不常见的矿物或仅微量存在的矿物用括号括起来。根据相似的形成物理化学环境，矿物组合可分为蚀变类型（如硅化、钾硅酸盐化、绢云母化、青磐岩化和泥化；Barton et al.，1991；Seedorff and Einaudi，2004a）和脉型（指发生在脉体充填和脉体蚀变晕中的矿物组合）。

基于以上定义和系统详细的编录，按照热液矿物组合形成物理化学条件（Meyer and Hemley，1967；Barton et al.，1991），沙坪沟钼矿床中热液矿物组合可以分为高温、中高温、中温和低温四组，这些组合显示了从钾长石 / 黑云母稳定组合、绢云母稳定组合，到黏土矿物、石膏等稳定组合的降温过程。

2.5.3.1　高温热液矿物组合

矿床中的高温热液矿物组合为石英 ± 钾长石 ± 黑云母 ± 黄铁矿 ± 磁铁矿 ± 赤铁矿脉，该组合可分为两个简化的矿物组合：①硅 – 钾型，石英（Qtz）；②强钾型，钾长石 + 石英 ± 黑云母（Ksp-Qtz），黑云母 + 磁铁矿 ± 石英（Bio-Mt）和石英 + 钾长石晕 ± 赤铁矿 ± 黄铁矿 ± 辉钼矿（Qtz-Ksp Halo）。该组合在空间上和成因上与花岗斑岩结晶和流体出溶有关。

石英（Qtz）：分布于花岗斑岩顶部，矿体中心部位（图 2.7），主要呈块状或浸染状产出，原岩中的钾长石、斜长石和石英等被细粒石英强烈交代，并仅有少量原岩物质残留，石英的粒径在 0.05~1mm 之间。

钾长石 + 石英 ± 黑云母（Ksp-Qtz）：主要分布于矿床中深部，矿体的中下部（图 2.7），表现为：①弥散状钾长石 – 石英，通常发育较弱，斜长石被钾长石和石英交代，交代主要发生在斜长石的边部、解理面或双晶缝；②钾长石 – 石英脉，脉宽为 0.5~2cm，脉中钾长石为不规则粒状，粒径为 0.05~0.5mm，与粒状石英共生，石英粒径为 0.05~2mm。

黑云母 + 磁铁矿 ± 石英（Bio-Mt）：见于花岗斑岩顶部，矿体底部区域（图 2.7），主要呈细脉分布，脉中主要为微小的黑云母和磁铁矿，不含或含有很少的石英，脉体不规则，宽度小于 0.5mm，黑云母一般很小（0.01~0.2mm），局部能见到黑云母和磁铁矿的弥散集合体。

石英 + 钾长石晕 ± 赤铁矿 ± 黄铁矿 ± 辉钼矿（Qtz-Ksp Halo），主要赋存于花岗斑岩和正长岩中，矿体的中上部（图 2.7），表现为由不规则脉组成，充填石英 ± 赤铁矿 ± 黄铁矿 ± 辉钼矿，蚀变晕为细粒钾长石交代原生钾长石和斜长石。脉宽通常为 0.1~1cm，脉中的石英主要为粒状，在脉的两侧均有钾长石晕，晕宽通常在 1~3cm 之间。

2.5.3.2　中高温热液矿物组合

矿床中的中高温热液矿物组合在空间上与高温矿物组合有部分叠加，该组合包括：①石英＋硬石膏 ± 黄铁矿（Qtz-Anh）；②绿泥石 ± 石英 ± 黄铁矿（Chl）；③石英＋辉钼矿 ± 黄铁矿 ± 白云母（Qtz-Mo）；④石英＋白云母＋黄铁矿 ± 磁铁矿（Qtz-Ms-Py）。

石英＋硬石膏 ± 黄铁矿（Qtz-Anh）：以石英＋硬石膏脉和少量黄铁矿为特征，Qtz-Anh组合集中在花岗斑岩顶部，矿体中下部（图2.7），脉宽一般为0.5~3cm，硬石膏多为紫红色，脉内偶见少量金云母和辉钼矿。

绿泥石 ± 石英 ± 黄铁矿（Chl）：赋存于深部正长岩中，远离矿体（图2.7），以细长不规则的绿泥石细脉（0.5~1mm）为特征，局部充填石英 ± 黄铁矿，或以绿泥石 ± 绿帘石（取代原生长石和黑云母）集合体为特征，偶尔在组合物中发现少量绢云母、石英和碳酸盐。

石英＋辉钼矿 ± 黄铁矿 ± 白云母（Qtz-Mo）：广泛存在于花岗斑岩、正长岩和二长花岗岩（深度400~700m）中（图2.7），脉中偶见薄而不规则的石英–辉钼矿（0.1~1.5cm）和黄铁矿、辉钼矿分布在脉体的中部或边缘，黄铁矿通常以连续线状的形式分布于脉体中部，该组合是矿床中辉钼矿的最主要产出形式。

石英＋白云母＋黄铁矿 ± 磁铁矿（Qtz-Ms-Py）：赋存于正长岩和二长花岗岩中（图2.7），以石英＋白云母脉为主，富含弥散分布的黄铁矿和磁铁矿（偶见），脉宽一般为0.5~2.5cm。

2.5.3.3　中温热液矿物组合

矿床中的中温热液矿物组合与绢云母化蚀变有关，绢云母化蚀变主要发生在矿床的上部和中部，常与黄铁矿共生，可细分为弥散型和蚀变晕型两种类型。弥散型绢云母主要发育于矿床上部，造成围岩结构破坏，岩石颜色变绿，且柔软易碎。蚀变晕主要发育于矿床的中、上部，并发生在脉体边缘，蚀变晕通常呈深绿色到灰绿色，宽1~3cm。该组合由石英＋辉钼矿＋绢云母 ± 黄铁矿（Qtz-Mo-Ser）和石英＋绢云母 ± 黄铁矿 ± 闪锌矿 ± 方铅矿（Qtz-Ser）组成。

石英＋辉钼矿＋绢云母 ± 黄铁矿（Qtz-Mo-Ser）：主要分布于花岗斑岩和正长岩中，矿体的中上部（图2.7），以不规则的石英＋辉钼矿＋绢云母 ± 黄铁矿细脉为特征，部分发育蚀变晕，蚀变晕表现为绢云母＋石英交代原生长石，脉宽0.1~0.5 cm，边界平直。

石英＋绢云母 ± 黄铁矿 ± 闪锌矿 ± 方铅矿（Qtz-Ser）：主要分布于正长岩中，矿床较浅部（图2.7），以石英＋绢云母细脉（1~4cm）发育为特征，部分发育蚀变晕（绢云母＋石英），脉中偶见黄铁矿、闪锌矿、方铅矿。

2.5.3.4　低温热液矿物组合

矿床中的低温热液矿物组合以黏土矿物存在为特征，由石英 ± 萤石 ± 黏土矿物

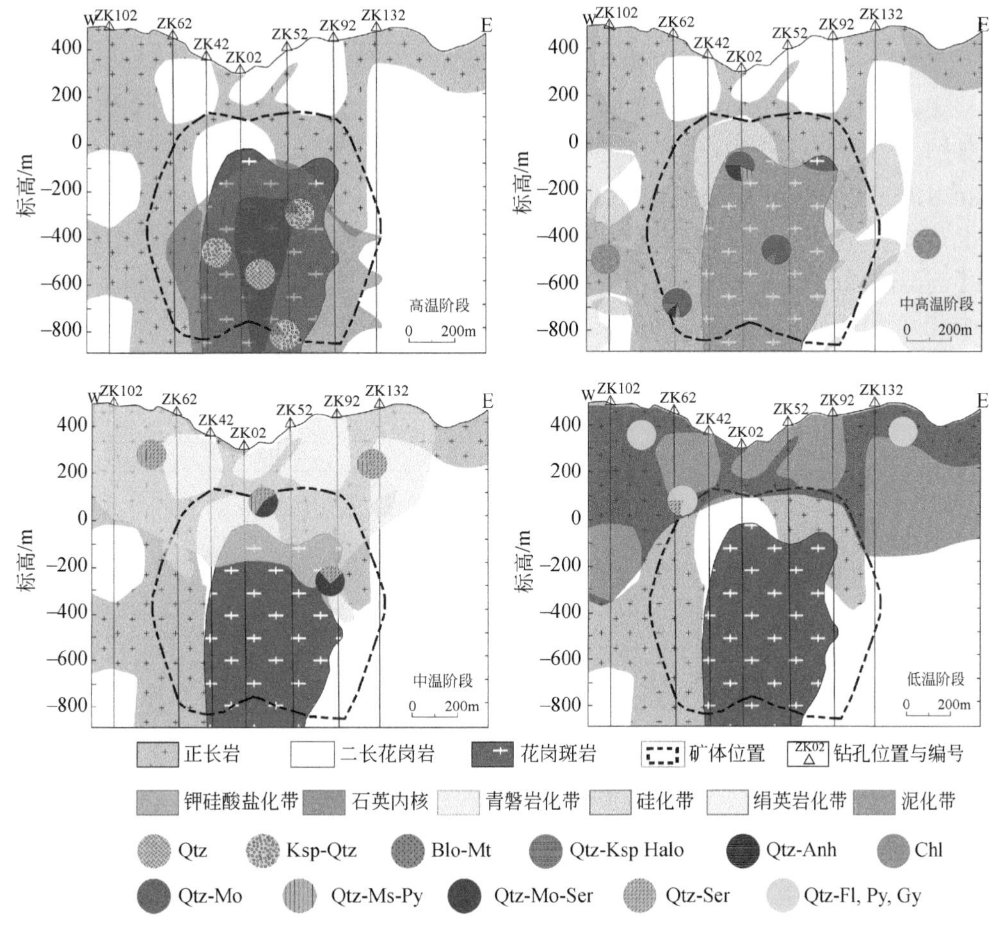

图 2.7　沙坪沟钼矿床纵Ⅱ线各矿化蚀变阶段主要蚀变、脉体类型分布图

石英内核中发育 Qtz 和 Ksp-Qtz，钾硅酸盐化带发育大量 Ksp-Qtz、Qtz-Ksp Halo 和少量 Qtz，硅化带中主要发育含钼组合，包括 Qtz-Mo 和 Qtz-Mo-Ser，并发育少量 Qtz-Anh、Qtz-Ksp Halo、Qtz-Ms-Py、Chl，青磐岩化带中发育 Chl，绢英岩化带中主要发育 Qtz-Mo-Ser、Qtz-Ms-Py 和 Qtz-Ser，泥化带中则发育 Qtz-Ser、Qtz-Fl、Py、Gy

（Qtz-Fl）、黄铁矿 ± 石英 ± 黏土矿物 ± 萤石（Py）和石膏 ± 石英 ± 黏土矿物（Gy）组成。该组合赋存于矿床的上、中部的正长岩和二长花岗岩中（图 2.7），表现为原围岩矿物被黏土矿物所交代。

石英 ± 萤石 ± 黏矿物（Qtz-Fl）：以石英脉（宽 0.5~2cm）为特征，通常充填萤石，脉中的石英呈自形或半自形粒状，萤石呈浅绿色、自形或半自形粒状。

黄铁矿 ± 石英 ± 黏土矿物 ± 萤石（Py）：以含少量石英和萤石的黄铁矿脉为特征，脉宽 0.5~2cm，黄铁矿为自形或半自形细粒状。

石膏 ± 石英 ± 黏土矿物（Gy）：以石膏细脉（脉宽 2~5mm）为特征，偶尔填充少量石英。

2.5.3.5　脉体关系和矿物生成顺序

热液蚀变和矿化事件的演化关系是通过直接观察矿物间的交代关系和脉体间的穿切关系来确定，并通过矿物组合和脉体的三维分布来解释的。沙坪沟钼矿床中脉体的关键穿切关系如图 2.6 所示，图 2.8 中的矩阵总结了在整个矿床岩心编录期间记录的脉体穿切关系，在所记录的 1700 多个确定的穿切关系中，通过将脉间的穿切关系与组合分布相结合，可以推断热液系统的演化。记录发现，较低温阶段的各类组合穿切较高温阶段的组合，如观察到中高温阶段的 Qtz-Mo 组合穿切高温阶段的 Ksp-Qtz 组合 22 次。同时，同一阶段的不同组合相互之间存在大量的穿切关系，如观察到中高温阶段的 Qtz-Mo 组合之间相互穿切 159 次。

热液矿物组合														
成矿阶段		高温阶段				中高温阶段				中温阶段		低温阶段		
成矿阶段	矿物组合	Qtz	Ksp-Qtz	Bio-Mt	Qtz-Ksp Halo	Qtz-Anh	Chl	Qtz-Mo	Qtz-Ms-Py	Qtz-Mo-Ser	Qtz-Ser	Qtz-Fl	Py	Gy
高温阶段	Qtz	15	38	13	18	3		16	26	12	9			
	Ksp-Qtz						7	22	31	19	12			15
	Bio-Mt		5	3	4		6							
	Qtz-Ksp Halo		3	7	8	13	4	23	16	7	3			17
中高温阶段	Qtz-Anh					18	3	6	5	13	8	9		29
	Chl						2		3					
	Qtz-Mo					39		159	172	125	56	9	5	17
	Qtz-Ms-Py							24	93	75	79	6	7	19
中温阶段	Qtz-Mo-Ser									168	82	11	29	24
	Qtz-Ser									14	131	15	31	14
低温阶段	Qtz-Fl											5	7	8
	Py												3	
	Gy													2

图 2.8　沙坪沟钼矿床热液矿物组合穿切关系统计图

石英（Qtz）；钾长石 + 石英 ± 黑云母（Ksp-Qtz）；黑云母 + 磁铁矿 ± 石英（Bio-Mt）；石英 + 钾长石晕 ± 赤铁矿 ± 黄铁矿（Qtz-Ksp Halo）；石英 + 硬石膏 ± 黄铁矿（Qtz-Anh）；绿泥石 ± 石英强 ± 黄铁矿（Chl）；石英 + 辉钼矿 ± 黄铁矿 ± 白云母（Qtz-Mo）；石英 + 白云母 + 黄铁矿 ± 磁铁矿（Qtz-Ms-Py）；石英 + 辉钼矿 + 绢云母 ± 黄铁矿（Qtz-Mo-Ser）；石英 + 绢云母 ± 黄铁矿 ± 闪锌矿 ± 方铅矿（Qtz-Ser）；石英 ± 萤石 ± 黏土矿物（Qtz-Fl）；黄铁矿 ± 石英 ± 黏土矿物 ± 萤石（Py）；石膏 ± 石英 ± 黏土矿物（Gy）。图中数字为穿插次数

据此重新划分了沙坪沟斑岩型钼矿床的矿化阶段，包括高温阶段、中高温阶段、中温阶段和低温阶段（石英 – 萤石 – 石膏阶段），从而得到了矿床中主要热液矿物生成顺序表

（表 2.2）。高温阶段主要形成钾长石、黑云母、磁铁矿、钛铁矿、黄玉、石英、赤铁矿、白云母、黄铁矿等，中高温阶段主要形成石英、赤铁矿、白云母、黄铜矿、磁黄铁矿、黄铁矿、硬石膏、金云母、辉钼矿等，中温阶段主要形成石英、绢（白）云母、黄铁矿、辉钼矿、方铅矿、闪锌矿、绿帘石、绿泥石等，低温阶段主要形成石膏、萤石、方解石、多硅白云母、菱铁矿、明矾石、迪开石、高岭石、蒙脱石等。

表 2.2　沙坪沟钼矿床矿物生成顺序表

矿物成分	高温阶段	中高温阶段	中温阶段	低温阶段
钾长石				
黑云母				
磁铁矿				
钛铁矿				
黄玉				
石英				
赤铁矿				
白云母				
黄铜矿				
磁黄铁矿				
黄铁矿				
硬石膏				
金云母				
辉钼矿				
方铅矿				
闪锌矿				
绿帘石				
绿泥石				
石膏				
萤石				
方解石				
多硅白云母				
菱铁矿				
明矾石				
迪开石				
高岭石				
蒙脱石				

2.6　地球物理、地球化学特征

安徽省地质矿产勘查局313地质队对矿区的各类岩石和矿石开展了电性特征的测定，对矿区系统开展了地球物理异常和地球化学异常的测定和分析，并提取了多个异常区带，其分析结果如下所述。

2.6.1　地球物理特征

2.6.1.1　电性特征

矿区内辉石岩电阻率较高，在6170Ω·m以上，角闪石岩电阻率较低，只有6170Ω·m，其他各类岩石的电阻率皆属中等，在1342~3600Ω·m之间。

各类岩石电阻率差异不大，一般为2倍左右。当岩石黄铁矿化后电阻率明显降低，铜铅锌矿石、黄铁矿石电阻率较低，在100Ω·m以下，矿石在矿化或矿化带上有明显或较弱的低阻异常。辉钼矿石的电阻率与一般岩石无明显的差异，故用电阻率在本区寻找辉钼矿效果不好。

矿区内各类岩石的极化率比较稳定，一般在2.09%~6%之间，构成本区较稳定的视极化率背景场。

当岩石黄铁矿化，目估黄铁矿含量在2%以上时，其极化率可增加1~2倍，将会引起明显的异常，故用极化率参数圈定黄铁矿范围较好。

辉钼矿石的极化率3.55%，与一般岩石的极化率无差异，故用激电寻找辉钼矿不具备地球物理前提。

2.6.1.2　激电异常特征

区内视极化率背景值3%左右，异常下限η_s=5%，异常主要分布于矿区中部和北西部盖井。异常值在5%~48.3%，以视极化率5%圈定异常，异常范围可达4km^2，异常西部趋于封闭，而东部、南部未封闭。激电异常值很高，一般在20%以上，最高达48.3%。异常沿测线呈多峰出现，走向不明显，连续性较差，与相邻测线难以对比，η_s等值线封闭较差，异常形态不规则，有多个中心，这些是黄铁矿化不均匀所引起的。

激电异常范围内出露的岩性主要为中、细粒二长花岗岩，正长岩及爆发角砾岩。根据电性测定结果，这三种岩性黄铁矿化后的视极化率一般在10%以上，变化范围3.46%~102.8%，说明黄铁矿化二长花岗岩、正长岩、爆发角砾岩完全可引起异常。

激电测深结果表明：η_s测深曲线一般都是K型，正常区η_s极大值< 8%，而异常区η_s极大值都在10%~30%。根据η_s测深曲线的前支确定引起激发体的顶板埋深在0~9m。

激电异常主要分布在银山沟断裂两侧，异常与构造关系密切，受裂隙构造控制。黄铁矿化是激电异常的主要原因，用激电方法圈定黄铁矿化范围是行之有效的。在激电异常范围内化探异常大面积分布，多金属矿化普遍，尤其黄铁矿化发育，反映了有多金属热液的活动，黄铁矿与铅、锌、银、钼有一定的伴生关系，故用激电进行普查圈定与黄铁矿化有关的多金属矿化蚀变带，对找矿有一定的指导意义。

因矿区辉钼矿含量相对很低，而黄铁矿化含量远高于辉钼矿，故辉钼矿显示不出激电异常。据电性测定，辉钼矿的极化率常见值为 3.55%，与其他岩石的极化率无差异，当辉钼矿含黄铁矿时，极化率几何平均值为 12.04%，与黄铁矿化岩石的极化率差不多。

2.6.2　地球化学特征

2.6.2.1　土壤地球化学测量异常

本矿区属中高山区，植被发育，气候温和，雨水充足，有利于次生晕的形成。本区为多金属矿区，一般元素组合为铅、锌、银、铜、钼、铌，在矿体周围有明显的矿化晕。

次生晕法异常在矿区内分布面积较大，主要分布在矿区中部和西南部，西南部异常未封闭。化探异常分布在激电异常范围内，于银山沟北西向断裂两侧，受构造控制。化探异常各元素有水平分带现象，中心为钼、铌异常，西南及西北部为铅、锌、银、铜异常，东北部为钇、钡异常，西部及北部为锰异常。现对各异常概述如下。

1）铅、锌、铜、银异常

铅锌异常主要分布在大、小银山和蛇尾巴一带的已知铅锌矿脉上，铅异常值一般为 200×10^{-6}~1000×10^{-6}，最高为 7000×10^{-6}。从平剖面图上看，铅锌异常沿测线方向呈多峰跳跃，从平面等值线图上看等值线封闭不好，异常形态欠佳。银异常一般为 1×10^{-6}，最高为 20×10^{-6}，与铅锌异常基本吻合。铜异常主要分布在大银山一带，异常值一般为 100×10^{-6}~200×10^{-6}，最高为 1000×10^{-6}，从平剖面图上看铜异常的连续性较差，异常值低，从平面等值线图上看，异常形态欠佳。

2）钼异常

钼异常主要分布在矿区中、西北部，与铌异常基本吻合。

Mo1 异常：以异常值 20×10^{-6} 圈定，异常长 1060m，宽 200~660m，异常长轴方向为北东 30° 左右。异常值一般为 20×10^{-6}~50×10^{-6}，最高为 150×10^{-6}，异常连续性好，形态较规则。异常范围内主要岩性为爆发角砾岩、石英正长岩等，岩石蚀变较强，以硅化、黄铁矿化、绿泥石化为主。异常分布于银山沟断裂两侧，在激电异常 20% 范围内。

20 世纪 70 年代安徽省地质矿产勘查局 313 地质队对该异常进行钻探验证，地表及深部均见浸染状钼矿化，但矿化强度不高且连续性较差，仅局部见脉状工业钼矿体。但当时钻探深度较浅，最深仅 602m，根据本次工作成果，预测其深部找矿前景较好。

Mo2 异常：以异常值 20×10^{-6} 圈定，异常长 1000m，宽 20~390m，异常长轴近东西向。

异常值一般为 20×10^{-6}~100×10^{-6}，最高为 700×10^{-6}，异常连续性好，形态较规则。异常分布于北西向银山沟断裂东侧和北东向柳林断裂的南东侧。异常范围内岩性主要为黑云母正长岩和中细粒二长花岗岩，岩石蚀变总体较弱，主要为硅化、黄铁矿化，且多沿断裂呈线型分布。

Mo3 异常：以异常值 20×10^{-6} 圈定，异常长 1000m，宽 20~440m，异常南部未封闭。异常值一般为 20×10^{-6}~40×10^{-6}，最高为 200×10^{-6}，异常等值线封闭不好，形态欠规则。异常分布于北西向银山沟断裂东侧和北东向火星炉断裂的两侧。异常位于激电异常 25% 范围内，在该异常范围内还有 Nb4 异常。

该异常与沙坪沟钼矿床分布范围基本一致，异常范围内岩石蚀变强烈，主要为硅化–绢云母化–黄铁矿化组合，蚀变强烈，原岩难以辨认。

3）铌异常

铌异常分布于矿区中部、西北部，比钼异常范围小，但两者基本重合。

Nb1 异常：以异常值 50×10^{-6} 圈定，异常长 240m，宽 120~150m。异常值一般为 70×10^{-6}~150×10^{-6}，最高为 300×10^{-6}。异常范围内岩性主要为正长岩。异常与 Mo1 异常的北部极大值部位重合。

Nb2 异常：以异常值 50×10^{-6} 圈定，异常长宽都在 250m 左右。异常值一般为 50×10^{-6} 左右，最高为 70×10^{-6}。异常范围内岩性主要为石英正长岩。异常与 Mo1 异常的南部重合。

Nb3 异常：以异常值 50×10^{-6} 圈定，异常长 1230m，宽 20~1070m，异常长轴近南东向。异常值一般为 50×10^{-6}~100×10^{-6}，最高为 300×10^{-6}。异常范围内岩性主要为黑云母正长岩，其次是花岗岩。异常北部岩石蚀变较单一，以绿泥石化为主，硅化黄铁矿化主要沿裂隙呈线型分布；南部发育面型硅化–绢云母化–黄铁矿化组合。异常与 Mo2 异常重合较好。

Nb4 异常：以异常值 50×10^{-6} 圈定，异常长 600m，宽 40~150m，异常南部未封闭。异常值一般为 50×10^{-6}~70×10^{-6}，最高为 100×10^{-6}。异常范围内岩性主要为黑云母正长岩、花岗岩，岩石蚀变强烈，主要为硅化–绢云母化–黄铁矿化组合。

上述四个铌异常与钼异常基本重合，两者为共生关系，都在激电异常 20% 范围内。异常与正长岩等碱性岩有关，推断铌异常为铌矿化正长岩引起。

4）钇异常

钇异常主要分布在矿区北部，异常值一般为 50×10^{-6}~100×10^{-6}，最高为 300×10^{-6}。异常走向不明显，不规则，推断为以钼铌异常为中心的外围分带异常。

5）钡、锰异常

钡异常主要分布在矿区北部，锰异常主要分布在矿区西部、北部及东北部。无明显特征和规律，多数为孤立异常。

6）铬、镍、钴异常

铬、镍、钴异常主要分布于矿区西北部的辉石岩、斜长角闪岩中。铬异常值最高为

4000×10^{-6}，镍异常值最高为 1500×10^{-6}，钴异常值最高为 200×10^{-6}。

次生晕法异常与岩石测量化探异常基本一致，元素组合为铜、钼、铅、锌、银、钡、锰，在水平方向上有分带现象。异常中心为铌、钼异常，外围为铜、铅、锌、银异常，最外围为钡、锰异常。

2.6.2.2　岩石地球化学异常

原生晕异常分为三个元素组合，即铅、锌、银、铜组合，钨、锡、钼、铋组合及铌、镧组合。

1）铅、锌、银、铜异常

铅、锌、银、铜异常主要分布于矿区西部大、小银山，西南部蛇尾巴、北部洪家大山，东北部银锣，东部的银冲一带的已知矿脉上。异常最大面积约 1.65km^2，铅异常值一般为 300×10^{-6}~600×10^{-6}，最高为 40000×10^{-6}；锌异常值一般为 200×10^{-6}~800×10^{-6}，最高为 12000×10^{-6}。异常形态较规则，连续性较差呈不规则长条形展布。银异常与铅锌异常基本吻合，异常值一般为 1.5×10^{-6}~6×10^{-6}，最高为 100×10^{-6}，异常特征与铅锌异常相同。铜异常主要分布于西部大银山、西南部蛇尾巴、东部的银冲、东北部铜锣一带。异常最大面积为 1.65km^2，一般为 0.15km^2，异常值一般为 100×10^{-6}~400×10^{-6}，最高为 12000×10^{-6}。异常形态欠规则，连续性差，大多呈单个小异常分布，异常与地表矿脉基本重合。异常带岩性主要为硅化黄铁矿化细、中粒花岗岩。

2）钨、锡、钼、铋异常

钨异常主要分布于矿区西部柳林，东部黄泥塝，南部狮子盘球一带。异常值一般为 100×10^{-6}~200×10^{-6}，最高为 12000×10^{-6}。异常形态呈不规则线型，北东—南西向及南北向异常，异常规模小，均呈单个异常分布，最大者长 1.3km，宽 0.1~0.3km，小者长 0.2km，宽 0.1km。异常带岩性为花岗岩及石英正长岩。

锡异常主要分布于矿区西部银山沟熊家—蒋家湾一带，位于钨异常南侧。异常值一般为 20×10^{-6}~40×10^{-6}，最高为 100×10^{-6}。异常形态不规则，呈东西向展布，异常面积约 2.2km^2。异常带岩性主要为石英正长岩。

钼异常主要分布于矿区西北部的柳林、银山沟一带，其次为西南部蛇尾巴及北东部万家湾一带，位于钨异常南侧，局部与钨异常重合。异常值一般为 20×10^{-6}~80×10^{-6}，最高为 1500×10^{-6}。异常形态不规则，单个小异常走向北东或近东西向。大者长 0.7km，宽 0.3km，小者长 0.3km，宽 0.2km。异常带岩性为石英（黑云母）正长岩、爆发角砾岩。

铋异常零星分布于矿区西北部八斗湾，西南部蛇尾巴，南部狮子盘球，东部张北岩一带。异常值一般为 10×10^{-6}~40×10^{-6}，最高为 1500×10^{-6}。异常形态较规则，多呈椭圆状，最大长 0.55km，宽 0.3km，一般长 0.2km。异常带岩性主要为中细粒二长花岗岩。

该组异常具不明显的水平分带现象：中心为钨，向外逐渐为锡、钼、铋。

3）铌、镧异常

铌异常主要分布于矿区西部柳林，东北部石门寨一带，其次分布于西部中家湾一带。

异常值一般为 40×10^{-6}~80×10^{-6}，最高为 1000×10^{-6}。异常形态不规则，连续性好，呈东西向展布，异常东未封闭，异常带面积约 1.9km^2。异常带岩性主要为石英（黑云母）正长岩，柳林一带铌异常与钨、锡、钼异常重合。

镧异常主要分布于矿区西北部花纹河、中家湾，西北部柳林，东部荒田湾一带。异常值一般为 150×10^{-6}~300×10^{-6}，最高为 700×10^{-6}。异常形态不规则，西北部异常带呈北东向展布，长约 2km，宽 0.5km；中部异常带呈东西向展布，断续长约 2.5km，宽 0.6km。异常带岩性主要为石英正长岩，其次为花岗岩。该异常局部与铌、钨、锡、钼、铅、锌异常重合。

综上可知，区内极化率异常和激电异常主要受黄铁矿化影响，主要分布在蚀变较强的银山－沙坪沟地区和盖井地区。铅、锌、银、铜异常主要分布在大、小银山和蛇尾巴一带的已知矿脉上；钼异常主要分布在矿区中部、西北部；铌异常分布于矿区中部、西北部，比钼异常范围小，但两者基本重合；钇异常主要分布在矿区北部，推断为以钼铌异常为中心的外围分带异常；钡异常主要分布在矿区北部；锰异常主要分布在矿区西部、北部及东北部；铬、镍、钴异常主要分布于矿区西北部的辉石岩、斜长角闪岩中。

第 3 章　岩浆岩成因与演化

3.1　岩浆岩形成时代

3.1.1　岩浆岩同位素定年

沙坪沟地区第四系覆盖严重及经受强烈的风化–剥蚀作用，许多岩体之间的接触界线在地表无法辨识，为了精确限定沙坪沟钼矿床岩浆演化持续的时间，厘定岩浆演化序列，在野外地质特征观察的基础上，对沙坪沟地区出露的各种岩体进行了精细的同位素定年。本次工作对银冲和洪家大山二长花岗岩、银山畈角闪石岩、仓房辉石岩、仓房含斜长辉石岩、洪家大山花岗闪长岩、银山正长岩、银山石英正长斑岩、沙坪沟花岗斑岩、沙坪沟闪长玢岩分别进行了系统的锆石 U-Pb 同位素年龄测定。

测试部分锆石的阴极发光（CL）图像见图 3.1，锆石 U-Pb 定年结果列于附录 B。沙坪沟地区岩浆岩的锆石为无色透明或浅黄色，结晶度较好，呈典型的柱状晶形，未见针状锆石。锆石中 Th/U 值在 0.30~4.64 之间，均远高于 0.1，属于典型的岩浆成因锆石（Belousova et al.，2002）。由图 3.1 可看出，锆石均具有清晰的内部结构和典型的岩浆振荡环带，无后期变质壳，表明这些锆石是岩浆形成后一次结晶形成的，应代表的是岩浆冷却结晶及侵位的时代。实验测试点位均选择环带清晰并靠边的位置，尽量避免打到继承锆石，确保得到的数据是岩浆结晶年龄。

选取的 14 个锆石样品的 LA-ICP-MS 的 U-Pb 定年结果如下（图 3.2）：二长花岗岩（SPG-50）样品加权平均年龄为 136.5 ± 1.1Ma（n=11，MSWD=1.9），角闪石岩 (C-4) 样品加权平均年龄为 132.52 ± 0.95Ma（n=18，MSWD=0.61），辉石岩 (G-24) 样品加权平均年龄为 135.4 ± 1.6Ma（n=3，MSWD=0.16），含斜长辉石岩 (C-8) 样品加权平均年龄为 130.7 ± 0.69Ma（n=9，MSWD=1.6），花岗闪长岩 (HS-10、HS-17、SPG-36) 样品加权平均年龄分别为 127.9 ± 1.4Ma（n=6，MSWD=2.3）、127.4 ± 1.5Ma（n=7，MSWD=4.5）、125.4 ± 0.87Ma(n=16，MSWD=1.3)，石英正长岩(SPG-16)样品加权平均年龄为117.2 ± 0.81Ma（n=15，MSWD=0.45），石英正长斑岩（94.807、95-132、102-52）样品加权平均年龄分别为 114.54 ± 0.39Ma（n=10，MSWD=2.6）、113.3 ± 0.44Ma（n=13，MSWD=0.39）、113.25 ± 0.41Ma（n=17，MSWD=2.3），花岗斑岩（52-477、52-986）样品加权平均年龄分别为 113 ± 0.74Ma（n=17，MSWD=0.75）、112.3 ± 0.69Ma（n=19，MSWD=0.87），闪长玢岩

(132-72) 样品加权平均年龄为 111.89 ± 0.31Ma（n=22，MSWD=0.95）。

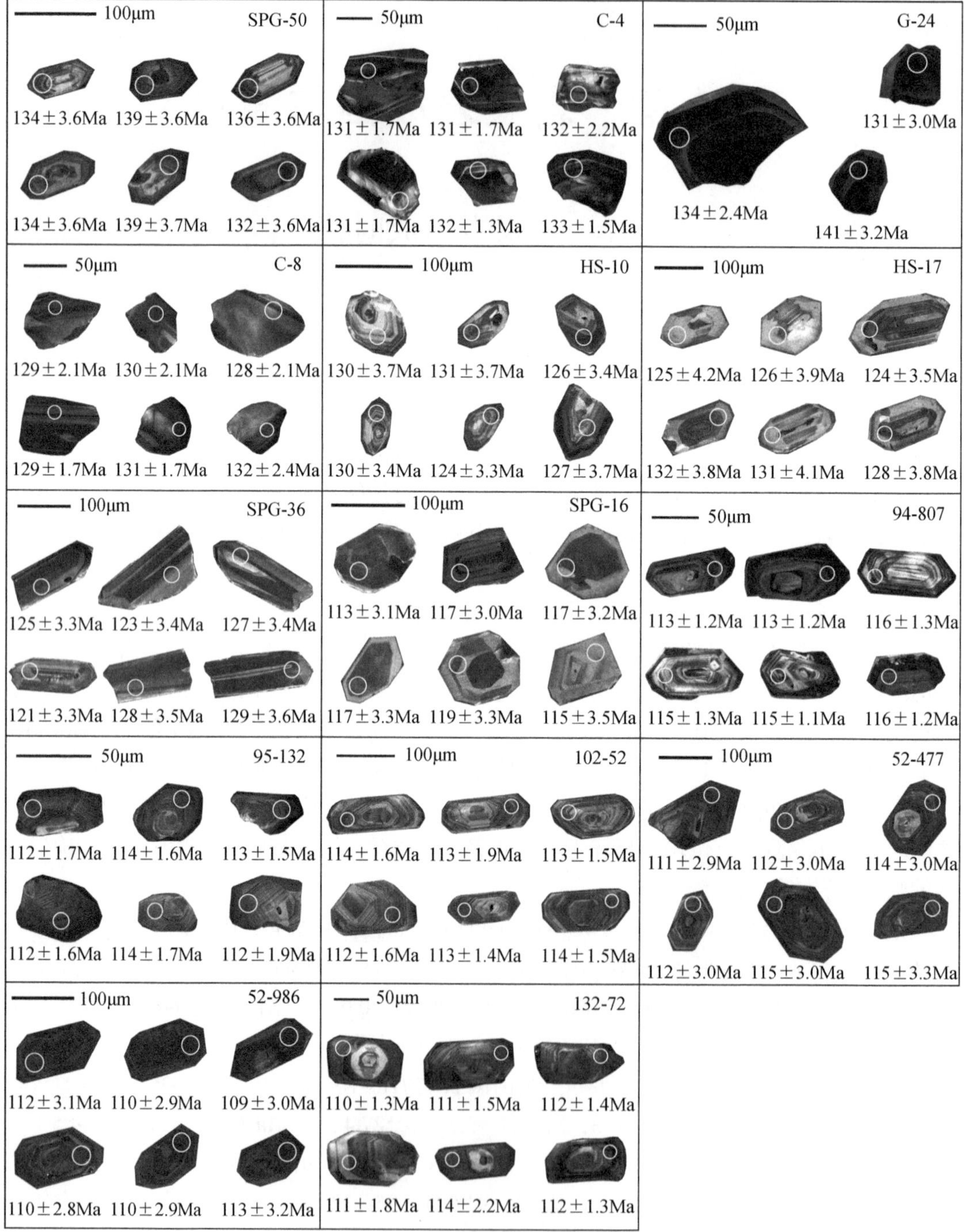

图 3.1　沙坪沟地区岩浆岩部分锆石阴极发光（CL）图像、测试位置及年龄

SPG-50：二长花岗岩；C-4：角闪石岩；G-24：辉石岩；C-8：含斜长辉石岩；HS-10、HS-17、SPG-36：花岗闪长岩；SPG-16：石英正长岩；94-807、95-132、102-52：石英正长斑岩；52-477、52-986：花岗斑岩；132-72：闪长玢岩

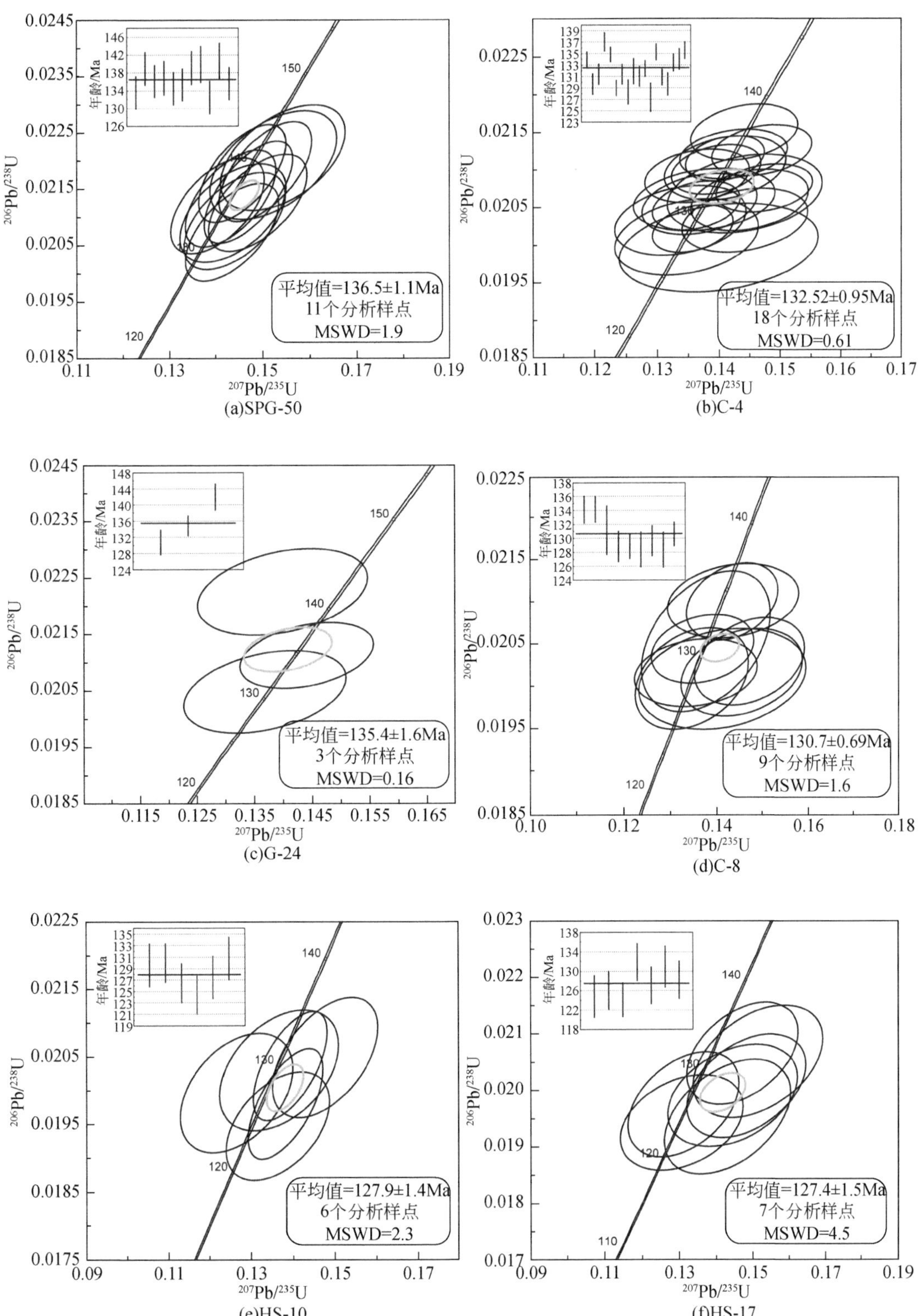

(a)SPG-50　(b)C-4

(c)G-24　(d)C-8

(e)HS-10　(f)HS-17

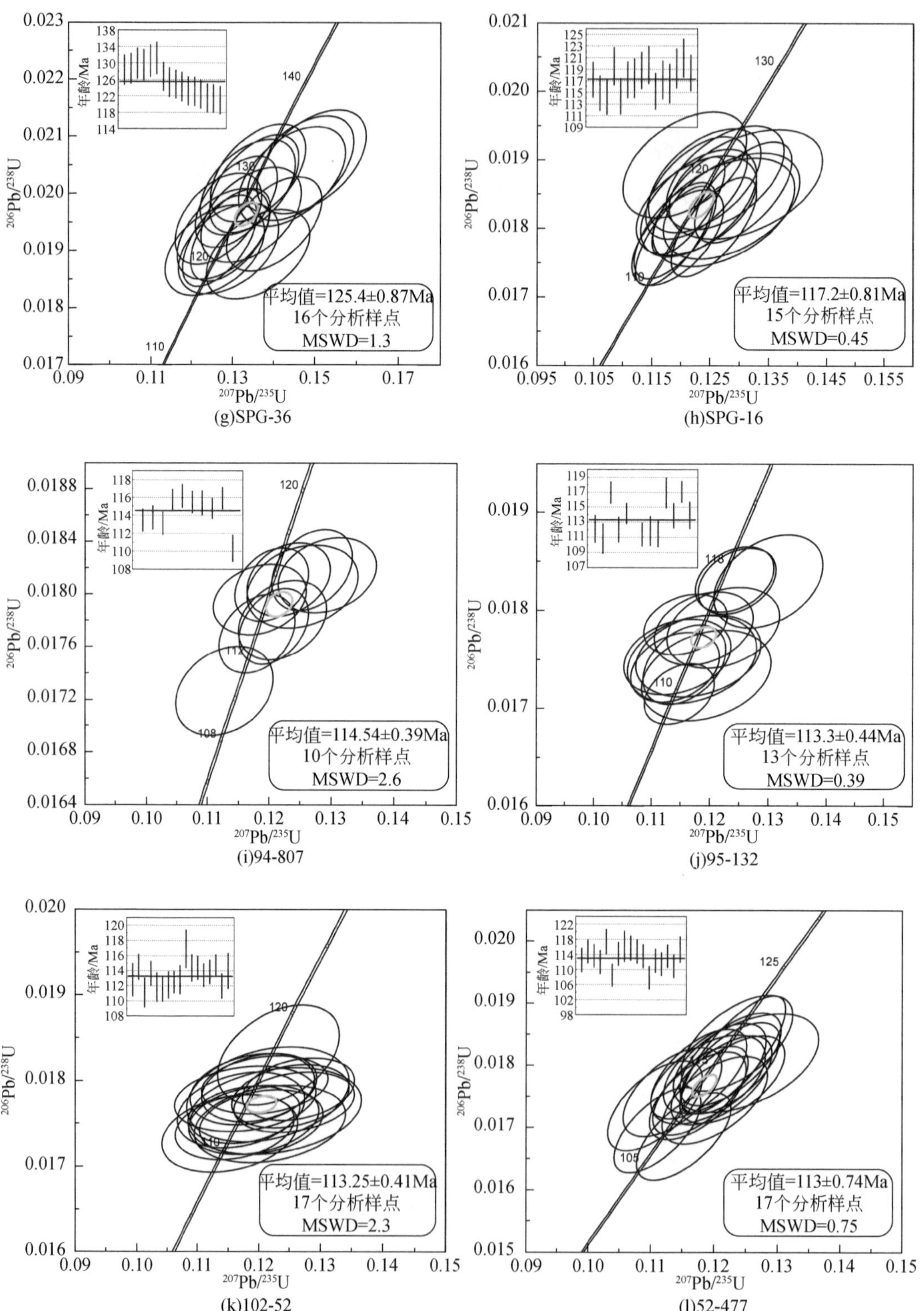

(g)SPG-36　　(h)SPG-16

(i)94-807　　(j)95-132

(k)102-52　　(l)52-477

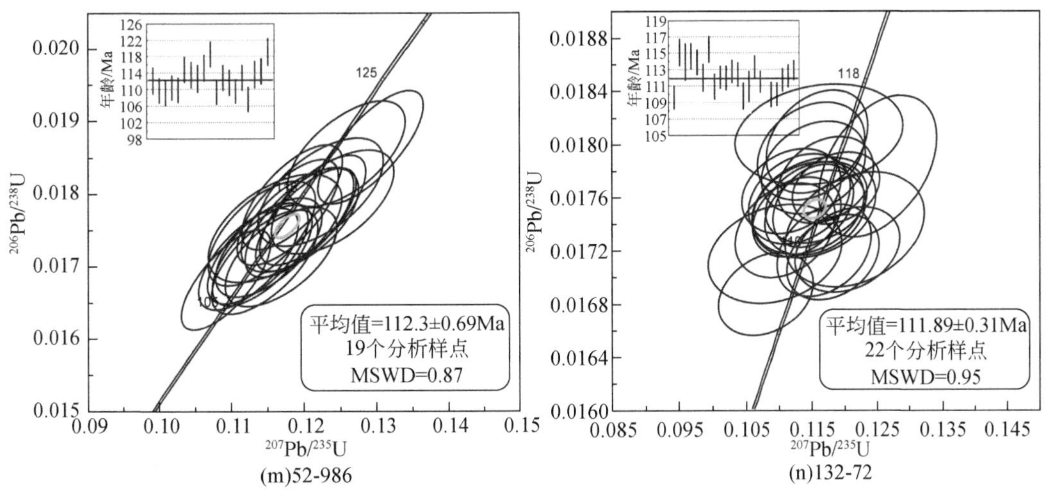

图 3.2　沙坪沟地区岩浆岩 LA-ICP-MS 锆石 U-Pb 谐和图

3.1.2　岩浆活动期次

多位学者对沙坪沟地区中生代岩浆岩开展了同位素年代学研究工作，如图 3.3 和表 3.1 所示。徐晓春等（2009）测得区内洪家大山中粒、细粒二长花岗岩和细晶闪长岩脉的黑云母或角闪石 ^{40}Ar-^{39}Ar 等时线年龄分别为 136.80 ± 1.60Ma、130.40 ± 1.20Ma 和 125.40 ± 1.00Ma。张红等（2011）测得区内沙坪沟花岗斑岩和银山石英正长岩的 LA-ICP-MS 锆石 U-Pb 年龄分别为 111.50 ± 1.50Ma 和 111.70 ± 1.90Ma。陈红瑾等（2013）测得区内银山石英正长斑岩、盖井爆破角砾岩（基质）的 LA-ICP-MS 锆石 U-Pb 年龄分别为 116.10 ± 2.20Ma 和 112.90 ± 1.20Ma。刘啟能（2013）测得区内沙坪沟花岗斑岩和银山石英正长岩的 LA-ICP-MS 锆石 U-Pb 分别为 110.00 ± 1.30Ma~112.60 ± 1.90Ma 和 113.70 ± 1.40Ma~116.30 ± 1.30Ma。王萍（2013）测得区内银山畈斜长角闪石岩、闪长岩、含斜长辉石岩，洪家大山二长花岗岩、花岗闪长岩，银山石英正长（斑）岩，沙坪沟花岗斑岩的 LA-ICP-MS 锆石 U-Pb 年龄分别为 133.70 ± 1.70Ma、127.40 ± 1.70Ma、128.50 ± 1.50Ma，133.00 ± 1.20Ma、129.20 ± 1.60Ma，115.90 ± 1.30Ma，109.30 ± 1.60Ma。于文（2012）测得区内洪家大山花岗岩、银冲中粗粒似斑状二长花岗岩、银山中粒二长花岗岩、洪家大山石英斑岩、银山中粗粒二长花岗岩、八斗湾似斑状二长闪长岩、洪家大山闪长岩、洪家大山花岗闪长岩、银山黑云母正长岩的 LA-ICP-MS 锆石 U-Pb 年龄分别为 136.10 ± 2.20Ma、133.60 ± 1.80Ma、128.90 ± 2.50Ma、137.80 ± 1.90Ma、127.00 ± 1.00Ma、127.70 ± 2.90Ma、129.16 ± 2.70Ma、128.70 ± 1.60Ma、115.60 ± 1.80Ma。刘晓强等（2017）测得区内沙坪沟花岗斑岩、盖井隐爆角砾岩的 LA-ICP-MS 锆石 U-Pb 年龄分别为 115.60 ± 1.80Ma~116.30 ± 2.10Ma、113.80 ± 1.60Ma~131.70 ± 3.20Ma。

任志（2018）对沙坪沟矿田的岩浆岩开展了系统的成岩年代学研究工作，结合前人已发表的沙坪沟矿田岩浆岩的年代学数据（图 3.3，表 3.1），将区内岩浆岩划分为两个期次：

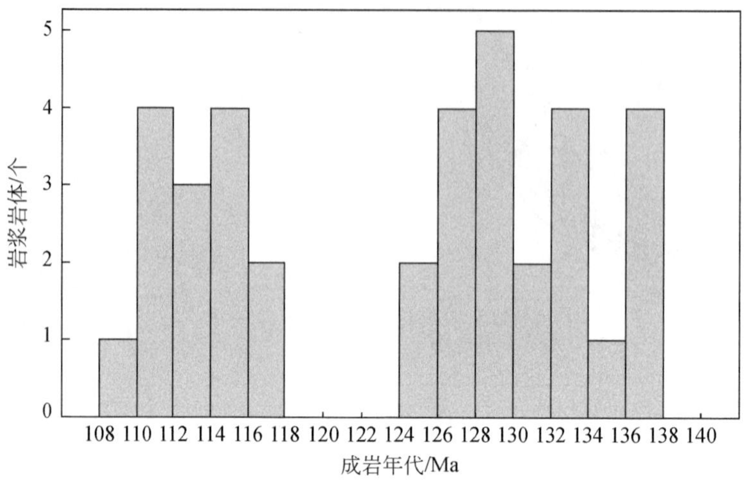

图 3.3　沙坪沟地区岩浆岩体成岩年代直方图

第一期 136~125 Ma 和第二期 117~110 Ma，均形成于早白垩世。第一期产出以二长花岗岩、花岗闪长岩为主的中酸性岩浆岩和以辉石岩、角闪石岩为主的基性岩浆岩；第二期主要产出石英正长（斑）岩、黑云母正长岩和花岗斑岩，与花岗斑岩近同时形成了隐爆角砾岩。

表 3.1　沙坪沟地区岩浆岩体成岩年代

岩体名称及岩性	测定对象及方法	岩体年龄 /Ma	资料来源
洪家大山中粒二长花岗岩	黑云母 ^{40}Ar-^{39}Ar	136.80 ± 1.60	徐晓春等，2009 Xu et al.，2011
洪家大山花岗岩	LA-ICP-MS 锆石 U-Pb	136.10 ± 2.20	于文，2012
银冲中粗粒似斑状二长花岗岩	LA-ICP-MS 锆石 U-Pb	133.60 ± 1.80	于文，2012
洪家大山二长花岗岩	LA-ICP-MS 锆石 U-Pb	133.00 ± 1.20	王萍，2013
仓房中粒二长花岗岩	LA-ICP-MS 锆石 U-Pb	136.50 ± 1.10	本书
银山中粒二长花岗岩	LA-ICP-MS 锆石 U-Pb	128.90 ± 2.50	于文，2012
洪家大山石英斑岩	LA-ICP-MS 锆石 U-Pb	137.80 ± 1.90	于文，2012
银山中粗粒二长花岗岩	LA-ICP-MS 锆石 U-Pb	127.00 ± 1.00	于文，2012
洪家大山细粒二长花岗岩	黑云母 ^{40}Ar-^{39}Ar	130.40 ± 1.20	徐晓春等，2009
仓房辉石岩	LA-ICP-MS 锆石 U-Pb	135.40 ± 1.60	本书
银山畈角闪石岩	LA-ICP-MS 锆石 U-Pb	132.52 ± 0.95	本书
仓房含斜长辉石岩	LA-ICP-MS 锆石 U-Pb	130.70 ± 0.69	本书
银山畈斜长角闪石岩	LA-ICP-MS 锆石 U-Pb	133.70 ± 1.70	王萍，2013
银山畈闪长岩	LA-ICP-MS 锆石 U-Pb	127.40 ± 1.70	王萍，2013
银山畈含斜长辉石岩	LA-ICP-MS 锆石 U-Pb	128.50 ± 1.50	王萍，2013

续表

岩体名称及岩性	测定对象及方法	岩体年龄 /Ma	资料来源
洪家大山细晶闪长岩脉	角闪石 ^{40}Ar-^{39}Ar	125.40 ± 1.00	徐晓春等，2009
八斗湾似斑状二长闪长岩	LA-ICP-MS 锆石 U-Pb	127.70 ± 2.90	于文，2012
洪家大山闪长岩	LA-ICP-MS 锆石 U-Pb	129.16 ± 2.70	于文，2012
洪家大山花岗闪长岩	LA-ICP-MS 锆石 U-Pb	129.20 ± 1.60	王萍，2013
洪家大山花岗闪长岩	LA-ICP-MS 锆石 U-Pb	128.70 ± 1.60	于文，2012
洪家大山花岗闪长岩	LA-ICP-MS 锆石 U-Pb	127.40 ± 1.50~127.90 ± 1.40	本书
沙坪沟花岗闪长岩	LA-ICP-MS 锆石 U-Pb	125.40 ± 0.87	本书
银山石英正长斑岩	LA-ICP-MS 锆石 U-Pb	116.10 ± 2.20	陈红瑾等，2013
银山石英正长岩	LA-ICP-MS 锆石 U-Pb	113.70 ± 1.40~116.30 ± 1.30	刘啟能，2013
银山石英正长（斑）岩	LA-ICP-MS 锆石 U-Pb	115.90 ± 1.30	王萍，2013
银山黑云母正长岩	LA-ICP-MS 锆石 U-Pb	115.60 ± 1.80	于文，2012
银山石英正长岩	LA-ICP-MS 锆石 U-Pb	111.70 ± 1.90	张红等，2011
银山石英正长岩	LA-ICP-MS 锆石 U-Pb	117.20 ± 0.81	本书
银山石英正长斑岩	LA-ICP-MS 锆石 U-Pb	113.25 ± 0.41~114.54 ± 0.39	本书
盖井隐爆角砾岩	LA-ICP-MS 锆石 U-Pb	113.80 ± 1.60~131.70 ± 3.20	刘晓强等，2017
盖井爆破角砾岩（基质）	LA-ICP-MS 锆石 U-Pb	112.90 ± 1.20	陈红瑾等，2013
沙坪沟花岗斑岩	LA-ICP-MS 锆石 U-Pb	110.00 ± 1.30~112.60 ± 1.90	刘啟能，2013
沙坪沟花岗斑岩	LA-ICP-MS 锆石 U-Pb	109.30 ± 1.60	王萍，2013
沙坪沟花岗斑岩	LA-ICP-MS 锆石 U-Pb	115.60 ± 1.80~116.30 ± 2.10	刘晓强等，2017
沙坪沟花岗斑岩	LA-ICP-MS 锆石 U-Pb	111.50 ± 1.50	张红等，2011
沙坪沟花岗斑岩	LA-ICP-MS 锆石 U-Pb	112.30 ± 0.69~113.00 ± 0.74	本书
沙坪沟闪长玢岩	LA-ICP-MS 锆石 U-Pb	111.89 ± 0.31	本书

对区域上中酸性岩体同位素年龄数据的统计显示（图 3.4，表 3.2），大别造山带晚中生代中酸性侵入岩年龄比较接近，集中于 144~110Ma，即燕山晚期的早白垩世，且岩浆活动大致可分为三个期次（图 3.4），即 >136Ma、136~125Ma、117~110Ma。其中，136~125Ma 期间的岩浆岩最为发育，年龄最为集中，说明大别造山带中生代岩浆活动在 136~125Ma 达到顶峰，这个时期形成大量的侵入岩，岩性主要为二长花岗岩、花岗闪长岩、花岗斑岩、正长斑岩、闪长正长岩、闪长岩等。在 117~110Ma 期间，仅有少量以沙坪沟地区正长岩、花岗斑岩和灵山地区二长花岗岩为代表的侵入岩形成，岩浆活动已经进入尾声。空间上，大别造山带中生代侵入岩主要靠近区域性大断裂或次级断裂分布，断裂控岩作用明显，且由西向东侵入岩有逐渐变新的趋势。

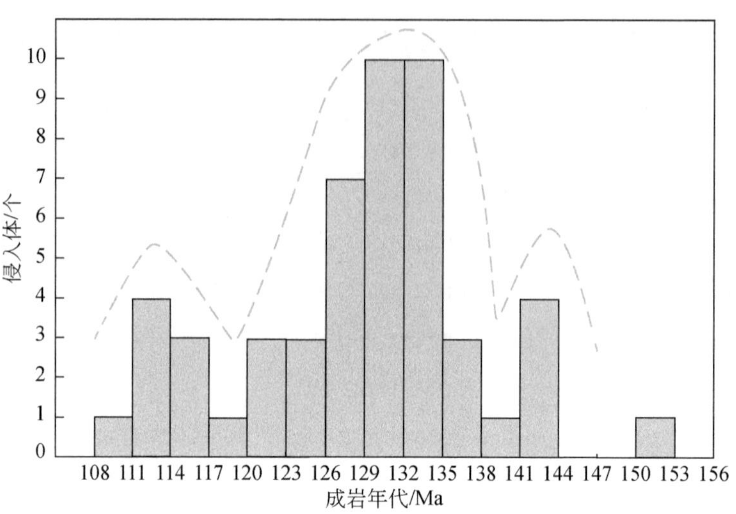

图 3.4　大别造山带晚中生代侵入体成岩年代直方图

表 3.2　大别造山带晚中生代侵入体成岩年代

岩体	岩性	成岩年代 /Ma	资料来源
老湾	花岗岩	132.15 ± 2.40	刘翼飞等，2008
天目沟	细粒钾长花岗岩	121.60 ± 2.10	杨泽强，2007
肖畈	花岗斑岩	139.30 ± 0.64	杨泽强和唐相伟，2015
母山	花岗斑岩	142.00 ± 1.80	杨梅珍等，2011b
古碑	花岗闪长岩	125.00 ± 3.00	赵新福等，2007
大银尖	似斑状二长花岗岩	124.90 ± 1.30	Li et al.，2012
天堂寨	花岗岩	129.00 ± 3.00；142.00 ± 3.00	Hacker et al.，1998
石鼓尖	角闪石英二长岩	132.80 ± 4.30	Wang et al.，2007
主簿源	英云闪长岩	131.00 ± 2.00	Wang et al.,2007
	花岗岩	128.00 ± 3.00	赵子福等，2004
	花岗岩	126.00 ± 5.00	赵子福等，2004
	花岗岩	127.00 ± 3.00	Xie et al.，2006
	花岗岩	128.00 ± 2.00	Xie et al.，2006
天柱山	花岗岩	129.00 ± 2.00	赵子福等，2004
	花岗岩	132.00 ± 2.00	赵子福等，2004
赤土岭	闪长岩	131.00 ± 3.00	Huang et al.，2008

续表

岩体	岩性	成岩年代 /Ma	资料来源
团岭	二长闪长岩	130.00 ± 10.00	Zhao et al.，2007
	英云闪长岩	134.00 ± 3.00	Hacker et al.，1998
雷家店	片麻状花岗岩	133.00 ± 2.00	Hacker et al.，1998
岳西	片麻状花岗岩	128.00 ± 2.00	Xie et al.，2006
舒潭	斑状二长花岗岩	132.30 ± 1.00	续海金等，2008
	钾长花岗斑岩	127.90 ± 0.80	续海金等，2008
金刚台	正长斑岩	129.80 ± 0.70	黄皓和薛怀民，2012
沙村	花岗岩	119.00 ± 3.20	谢智等，2004
黄山	二长花岗岩	132.80 ± 0.80	周红升等，2008
祖师顶	二长花岗岩	131.90 ± 1.10	周红升等，2008
角子山	二长花岗岩	120.90 ± 0.80	周红升等，2008
研子岗	角闪正长岩	133.00 ± 1.00	周红升等，2008
白石坡	花岗斑岩	142.00 ± 4.30	李厚民等，2007a
新县	钾长花岗岩	134.30 ± 1.40	周红升等，2008
汤家坪	花岗斑岩	121.60 ± 4.60	魏庆国等，2010
宝安寨	钾长花岗岩	135.30 ± 1.90	杨梅珍等，2010
千鹅冲	花岗斑岩	129.00 ± 2.00	高阳等，2014
张榜	花岗岩	150.13 ± 2.00	张超和马昌前，2008
灵山	二长花岗岩	108.91 ± 0.64	孟芳，2013
	二长花岗岩	130.70 ± 0.53	孟芳，2013
沙坪沟	二长花岗岩	136.50 ± 1.10	本书
	辉石岩	135.40 ± 1.60	本书
	角闪石岩	132.52 ± 0.95	本书
	含斜长辉石岩	130.70 ± 0.69	本书
	花岗闪长岩	125.40 ± 0.87 ~127.90 ± 1.40	本书
	正长岩	117.20 ± 0.81	本书
	石英正长斑岩	113.25 ± 0.41~114.54 ± 0.39	本书
	花岗斑岩	112.30 ± 0.69 ~113.00 ± 0.74	本书
	闪长玢岩	111.89 ± 0.31	本书

3.2　岩浆岩地球化学特征

3.2.1　矿物地球化学

3.2.1.1　钾长石

钾长石为沙坪沟地区侵入岩的主要浅色造岩矿物之一，主要以斑晶和基质两种形式存在于岩体中。原生钾长石主要为半自形粒状结构，粒径 0.5~4mm，其电子探针成分分析结果见附录 C.1，由电子探针分析结果可以看出，斑晶和基质中钾长石的成分大致相当，钾长石中含有极少量 CaO（0~0.084%），端元组分 Or 含量为 77.993%~98.935%，平均 92.876%；Ab 含量为 1.065%~21.618%，平均 7.065%。长石分类图解显示，本区岩浆岩中钾长石主要为正长石。

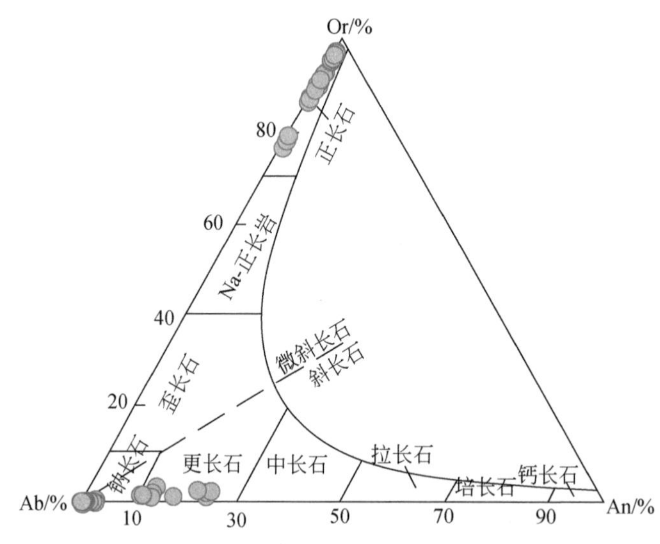

图 3.5　沙坪沟地区侵入岩长石分类图

Or- 正长石；Ab- 钠长石；An- 钙长石；下同

3.2.1.2　斜长石

斜长石是沙坪沟地区侵入岩的主要浅色造岩矿物之一，主要以斑晶和基质两种形式存在于岩体中，呈自形－半自形粒状结构，粒径 0.1~2mm，常发育聚片双晶。对不同岩性中斜长石进行的电子探针分析结果（附录 C.1）显示，斑晶和基质中斜长石的成分大致相当，其端元组分 Ab 含量在 72.721%~98.955% 之间，平均 91.752%；An 含量为 0.097%~24.192%，平均 6.770%；Or 含量为 0.680%~3.854%，平均 1.478%。分类图解（图 3.5）显示，斜长石主要为钠长石和更长石。一般偏酸性岩浆岩中斜长石以更长石为主，含少量中长石、钠长石。岩石中部分斜长石为钠长石，可能是岩浆期后弱的钠长石化造成的。

3.2.1.3　黑云母

除花岗斑岩外，黑云母在沙坪沟地区岩浆岩中较为常见，主要为自形－半自形板状结构，粒径 0.1~0.3mm，普遍含镁质较高。其电子探针成分分析结果见附录 C.2，在黑云母分类图解中（图 3.6），黑云母均为镁质黑云母，少量黑云母成分相对接近金云母，可能是受到了后期流体的改造。经计算发现黑云母 $Fe^{2+}/(Fe^{2+}+Mg)$ 值为 0.09~0.47，镁含量高的黑云母 $Fe^{2+}/(Fe^{2+}+Mg)$ 值更低，同样表明了这类黑云母遭受了后期流体的改造（Stone，2000；李鸿莉等，2007a，2007b）。其 SiO_2 的含量为 37.09%~44.24%，FeO^T（全铁）的含量为 10.62%~19.32%，MgO 的含量为 11.24%~18.57%。黑云母中 SiO_2、MgO 和 FeO^T 含量的变化，反映了在岩浆演化过程中，随着酸度的升高，岩浆含水量和氧逸度增加，岩浆向富铁贫镁的方向演化。在热液蚀变的过程中，Na、Fe 等元素析出，导致黑云母中 MgO 含量增加。

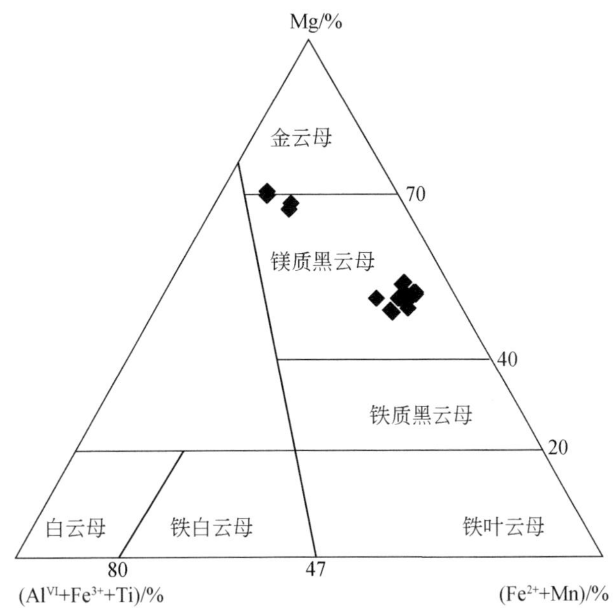

图 3.6　沙坪沟地区侵入岩黑云母分类图

3.2.1.4　角闪石

角闪石主要分布于角闪石岩、辉石岩和花岗闪长岩中，呈自形－半自形，粒径 0.1~3mm，其成分特征见电子探针分析结果（附录 C.3），含镁质较高，主要为钙镁质角闪石（图 3.7）。

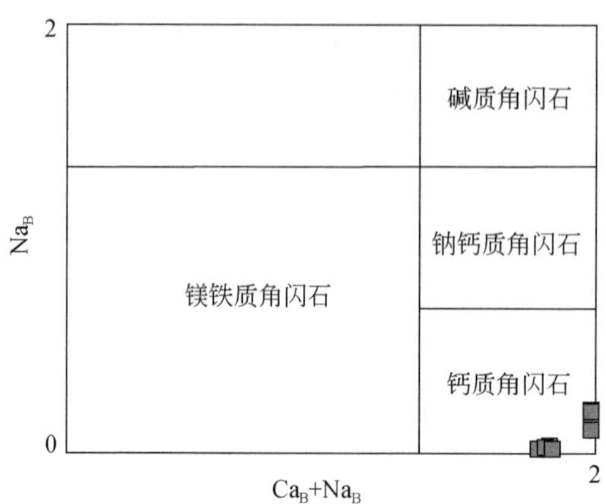

图 3.7　沙坪沟地区侵入岩原生角闪石分类图

3.2.1.5　锆石

沙坪沟地区侵入岩中锆石的微量元素分析结果见附录 D，其中，二长花岗岩锆石稀土元素总量为 667.55×10^{-6}~1506.65×10^{-6}，平均值为 1114.20×10^{-6}；角闪石岩锆石稀土元素总量为 135.78×10^{-6}~3106.88×10^{-6}，平均值为 1469.09×10^{-6}；辉石岩（包括含斜长辉石岩）锆石稀土元素总量为 317.88×10^{-6}~ 1020.42×10^{-6}，平均值为 680.16×10^{-6}；花岗闪长岩锆石稀土元素总量为 429.07×10^{-6}~1899.21×10^{-6}，平均值为 999.07×10^{-6}；石英正长岩锆石稀土元素总量为 750.84×10^{-6}~2335.32×10^{-6}，平均值为 1309.129×10^{-6}；石英正长斑岩锆石稀土元素总量为 430.86×10^{-6}~1256.10×10^{-6}，平均值为 804.66×10^{-6}；花岗斑岩锆石稀土元素总量为 641.66×10^{-6}~1708.19×10^{-6}，平均值为 1021.26×10^{-6}；闪长玢岩锆石稀土元素总量为 752.87×10^{-6}~1485.56×10^{-6}，平均值为 935.46×10^{-6}。总体来说，角闪石岩、二长花岗岩和石英正长岩的锆石稀土含量较高，辉石岩（包括含斜长辉石岩）、石英正长斑岩的锆石稀土含量较低，闪长玢岩的锆石稀土含量变化范围最小。在稀土元素配分图上（图 3.8），所有锆石样品均呈现 HREE 富集，LREE 亏损的左倾型特征，并显示明显的正 Ce 异常，第一期岩浆岩锆石无 Eu 异常或弱的 Eu 负异常，第二期岩浆岩锆石显示较强的 Eu 负异常。

锆石 Ti 温度计（Watson et al.，2006）计算表明，沙坪沟地区二长花岗岩的结晶温度主要在 631~738℃，平均值为 685℃；辉石岩的结晶温度主要在 566~727℃，平均值为 655℃；角闪石岩的结晶温度主要在 614~701℃，平均值为 653℃；花岗闪长岩的结晶温度主要在 605~801℃，平均值为 672℃；正长岩的结晶温度主要在 639~792℃，平均值为 758℃；石英正长斑岩的结晶温度主要在 589~851℃，平均值为 717℃；花岗斑岩的结晶温度主要在 663~765℃，平均值为 706℃；闪长玢岩的结晶温度主要在 683~738℃，平均值为 702℃。辉石岩和角闪石岩所计算出的结晶温度显然偏低，与通常事实不符。但也可以看出，第一期的长英质岩浆岩结晶温度普遍比第二期岩浆岩低，第二期岩浆岩随着年龄变新，结晶温度逐渐降低。

锆石成分是否受到流体影响，可以通过 Y/Ho-Zr/Hf 图解判断 [图 3.9（a）]，可以看到，

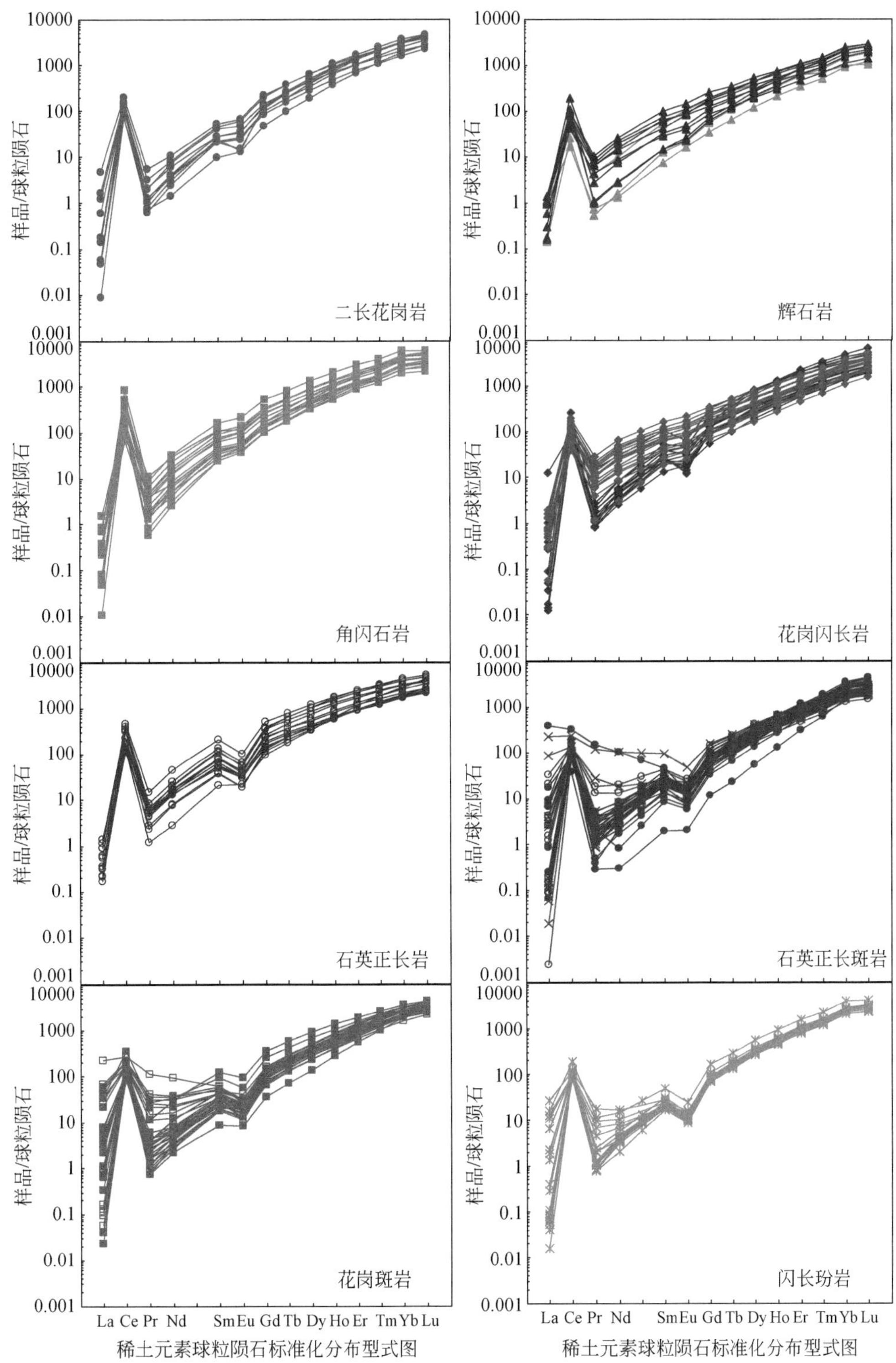

图3.8 沙坪沟地区各类侵入岩锆石稀土元素配分图（球粒陨石据McDonough and Sun，1995）

除部分石英正长斑岩的锆石外，多数锆石成分点都落在一个较为集中的区域，这符合一般岩浆锆石具有的稀土元素特征。这些锆石所有 Zr/Hf 值都在 28~46 之间，但 Y/Ho 值变化范围稍大，在 29~80 之间。由图 3.9（a）可以看出，花岗斑岩锆石的 Y/Ho 值在 29~36 之间，相对较低，石英正长岩、辉石岩和花岗闪长岩相对更高。如果没有流体的作用，Y/Ho 值会始终保持在球粒陨石的初始比值（24~34）左右，当锆石受到流体作用用时，Y 和 Ho 就会出现分异，Y/Ho 值就会升高。因此可以看出，石英正长斑岩的锆石受到的流体作用影响较明显，其他岩体锆石受到的流体影响较弱。

在 SiO_2-δCe 图 [图 3.9（b）] 上，随着岩浆岩中 SiO_2 含量升高，其锆石中 δCe 值变化范围变大，但 δCe 值的平均值处在近似的水平上。结合结晶年龄 t-δCe 图解 [图 3.9（c）]、结晶年龄 t-ΔFMQ 图解 [图 3.9（d）] 也可以看出，两期岩浆岩的 δCe、$\lg(f_{O_2})$ 和 ΔFMQ 值近似 [图 3.9（b）~（e）]，但第二期岩浆岩的变化范围更大。沙坪沟地区岩浆岩锆石温度主要集中在 600~800℃ [图 3.9（f）]，计算获得的氧逸度分布范围较广，IW 和 MH 之间的区域均有 [图 3.9（f）]。δCe、$\lg(f_{O_2})$ 和 ΔFMQ 值反映沙坪沟地区两期岩浆岩的氧逸度变化范围均较大，且互相之间没有明显差异，也指示这些岩浆岩的源区组成相似。

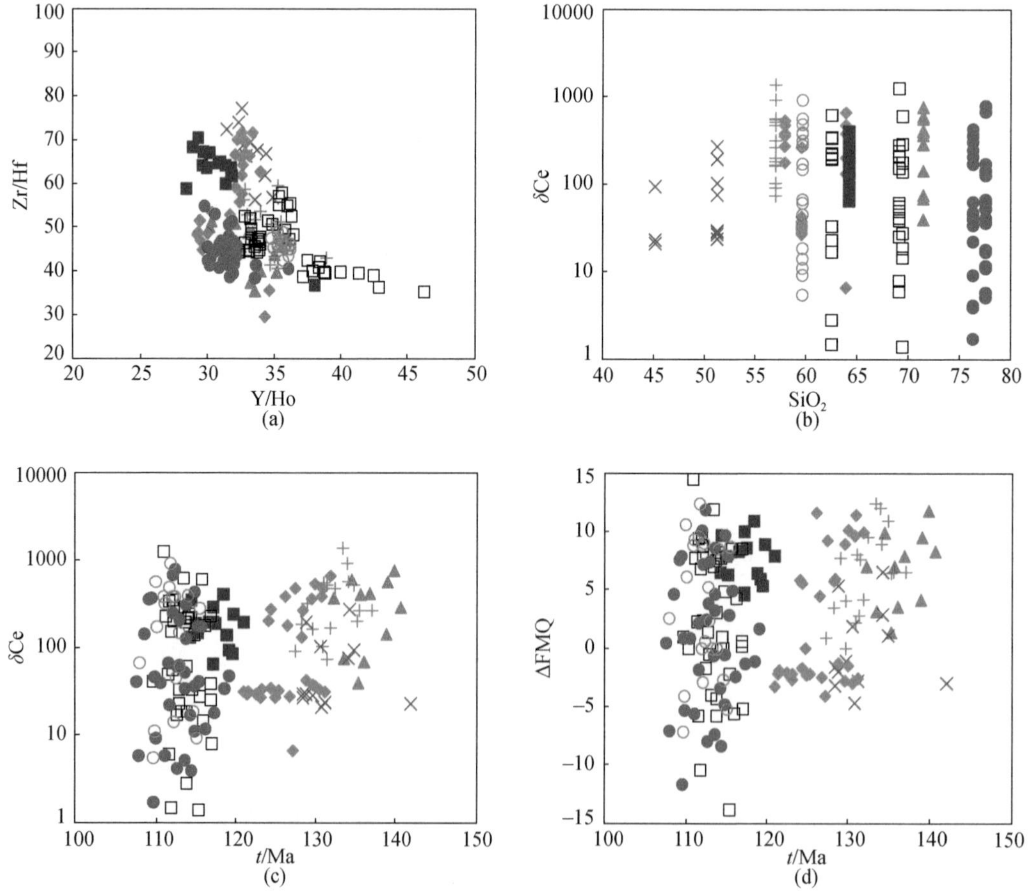

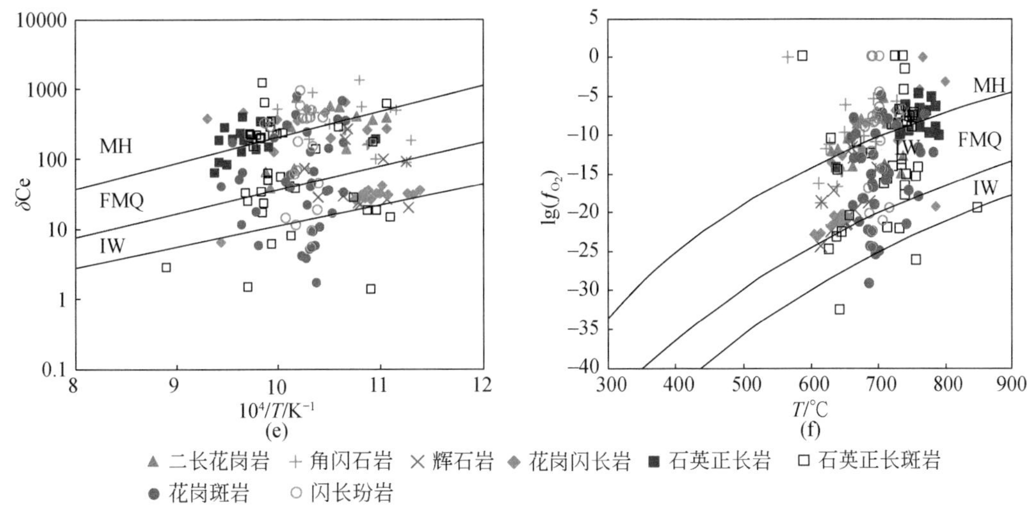

图 3.9　沙坪沟地区各类侵入岩锆石微量元素图解

(a)Y/Ho-Zr/Hf 图；(b)SiO_2-δCe 图；(c) 结晶年龄 t-δCe 图；(d) 结晶年龄 t-ΔFMQ 图；(e)$10^4/T$-δCe 图；(f)T-$lg(f_{O_2})$ 图

3.2.2　岩石地球化学

沙坪沟地区 26 个侵入岩样品的全岩主量、微量和稀土元素分析结果如表 3.3（a）（b）所示。

第一期长英质岩浆岩主要包括二长花岗岩和花岗闪长岩，含有较高的 SiO_2（58%~72.9%），Na_2O（3.9%~5.1%），K_2O（2%~5.5%），Al_2O_3（14.1%~19.2%），Sr（350×10^{-6}~1230×10^{-6}）和 Ba（832×10^{-6}~5270×10^{-6}）含量，中等的 CaO（0.5%~4.7 %）含量，中等的 K_2O/Na_2O（0.4~1.3），A/CNK（0.9~1.2），Sr/Y（16.4~33.7），$(La/Yb)_N$（11.46~52.36）和 $Mg^{\#}$（34.1~59），较低的 MgO（0.2%~2%）和 FeO^T（0.7%~2.8%）含量。在 TAS 图解上 [图 3.10（a）]，落于二长岩、石英二长岩和花岗岩区域，与手标本鉴定命名结果一致。岩石属于高钾钙碱性岩石系列 [图 3.10（b）]，具有准铝质到弱过铝质的化学特征 [图 3.10（c）]。稀土元素显示轻稀土富集重稀土亏损的特征，具有较明显的 Eu 负异常（δEu=0.7~0.9；图 3.11）。

与第一期长英质岩浆岩相比，同期的镁铁质岩浆岩（辉石岩、角闪石岩、含斜长辉石岩）具有更低的 SiO_2（45.2%~57%），Na_2O（1%~3.3 %），K_2O（0.7%~2.9%），Al_2O_3（4.9%~14.9%），Sr（241×10^{-6}~665×10^{-6}）和 Ba（282×10^{-6}~1215×10^{-6}）含量，更低的 K_2O/Na_2O（0.6~0.9），A/CNK（0.3~0.8）和 $(La/Yb)_N$（8.66~23.49）值，但却含有更高的 CaO（5.8%~8.6%），MgO（5.1%~23.9%）和 FeO^T（6.1%~12.1%）含量，更高的 Sr/Y（20.1~40.31）和 $Mg^{\#}$（55.8~77.9）值。在 TAS 图解上 [图 3.10（a）]，落于二长闪长岩和辉长岩区域，与手标本鉴定结果一致。镁铁质岩石属于钙碱性到高钾钙碱性岩石系列 [图

表 3.3（a） 沙坪沟地区第一期岩浆岩主、微量及稀土元素分析结果

分析项目	ZK94-297	ZK94-19	SPG-44	SPG-50	SPG-13	HS-1	HS-17	G-24	Y-9	C-6	C-4	C-8
	石英二长岩	二长花岗岩			花岗闪长岩			辉石岩		角闪石岩		含斜长辉石岩
SiO_2/%	60.7	66.6	72.9	71.4	59.5	58	63.9	45.2	46.4	54	57	51.3
TiO_2/%	0.9	0.6	0.2	0.3	0.7	0.7	0.6	0.5	2.4	1	0.9	1.3
Al_2O_3/%	17.5	16.4	14.1	14.5	19.2	18.2	16	4.9	13	14.1	14.9	10.3
FeO^T/%	1.6	0.7	0.9	1	2.2	2.8	2.3	12.1	11.9	7.3	6.1	11.5
MnO/%	0	0	0.1	0.1	0.1	0.2	0.1	0.2	0.4	0.2	0.1	0.2
MgO/%	1.9	0.2	0.3	0.5	1.4	2	1.9	23.9	8.5	6.5	5.1	8.6
CaO/%	1.9	0.5	1.1	1.7	4.3	4.7	3.8	7.4	8.5	7	5.8	8.6
Na_2O/%	5.3	4.2	3.9	4.2	5.1	5.1	3.9	1.0	2.7	3.2	3.3	2.2
K_2O/%	3.2	5.5	4.9	4.1	2.8	2.0	3.9	0.7	1.5	2.6	2.9	2.0
P_2O_5/%	0.4	0.1	0.1	0.1	0.3	0.3	0.2	0.2	0.5	0.4	0.4	0.3
LOI/%	2.3	1.6	0.5	0.6	0.4	1.7	0.5	1.7	2.0	2.2	2.1	1.9
总和 /%	95.7	96.4	99	98.5	96	95.7	97.1	97.8	97.8	98.5	98.6	98.2
$Mg^{\#}$	67.8	34.1	39.9	47.6	52.7	55.4	59.0	77.9	55.8	61.3	59.7	57.2
A/CNK	1.1	1.2	1	1	1	1	0.9	0.3	0.6	0.7	0.8	0.5
A/NK	1.4	1.3	1.2	1.3	1.7	1.7	1.5	2.1	2.2	1.8	1.7	1.8
La/10^{-6}	68.20	93.50	42.70	44.70	200	45.20	48.70	13.40	27.30	40.80	47.50	39.30
Ce/10^{-6}	125	164	73.50	82.80	342	101.50	97.60	25.80	60.40	78.30	78	65.90
Pr/10^{-6}	13.45	16.45	7.17	8.51	34.80	12.10	10.60	3.28	9.14	9.73	8.99	8.29
Nd/10^{-6}	44.70	51.90	22.60	27.60	118	43.40	37.40	14.50	40	36.90	32.90	31.80

续表

分析项目	ZK94-297	ZK94-19	SPG-44	SPG-50	SPG-13	HS-1	HS-17	G-24	Y-9	C-6	C-4	C-8
	石英二长岩	二长花岗岩			花岗闪长岩			辉石岩		角闪石岩		含斜长辉石岩
$Sm/10^{-6}$	7.78	8.22	3.23	4.77	19.10	8.20	6.11	2.92	9.74	6.77	6	5.88
$Eu/10^{-6}$	1.89	2.18	0.80	0.97	4.30	1.95	1.53	0.89	2.65	1.93	1.70	1.82
$Gd/10^{-6}$	5.67	5.99	2.31	3.83	14.10	6.54	4.83	2.51	9.07	5.75	4.46	5.18
$Tb/10^{-6}$	0.76	0.83	0.32	0.58	1.93	0.91	0.67	0.38	1.18	0.86	0.66	0.69
$Dy/10^{-6}$	3.83	4.22	1.72	3.24	8.97	5.08	3.53	2.04	6.05	4.80	3.34	3.50
$Ho/10^{-6}$	0.73	0.83	0.32	0.67	1.55	1.02	0.76	0.32	1.15	0.85	0.68	0.56
$Er/10^{-6}$	1.90	2.29	0.91	1.86	3.62	2.92	1.95	0.90	3.00	2.35	1.72	1.60
$Tm/10^{-6}$	0.27	0.35	0.14	0.27	0.49	0.44	0.29	0.10	0.34	0.33	0.24	0.22
$Yb/10^{-6}$	1.77	2.47	0.99	1.80	2.74	2.83	1.89	0.74	2.26	1.73	1.56	1.20
$Lu/10^{-6}$	0.25	0.37	0.16	0.26	0.39	0.44	0.29	0.11	0.31	0.31	0.23	0.16
$Y/10^{-6}$	21.40	23	10.60	21.40	40.60	32.00	22	9.90	29.70	22.40	15.90	18.20
$\Sigma REE/10^{-6}$	276.20	353.60	156.87	181.86	751.99	232.53	216.15	67.89	172.59	191.41	187.98	166.10
$LREE/10^{-6}$	261.02	336.25	150	169.35	718.20	212.35	201.94	60.79	149.23	174.43	175.09	152.99
$HREE/10^{-6}$	15.18	17.35	6.87	12.51	33.79	20.18	14.21	7.10	23.36	16.98	12.89	13.11
LREE/HREE	17.19	19.38	21.83	13.54	21.25	10.52	14.21	8.56	6.39	10.27	13.58	11.67
$(La/Yb)_N$	27.64	27.15	30.94	17.81	52.36	11.46	18.48	12.99	8.66	16.92	21.84	23.49
$(Dy/Yb)_N$	1.45	1.14	1.16	1.20	2.19	1.20	1.25	1.85	1.79	1.86	1.43	1.95
δEu	0.83	0.91	0.85	0.67	0.77	0.79	0.83	0.98	0.85	0.92	0.96	0.99

续表

分析项目	ZK94-297	ZK94-19	SPG-44	SPG-50	SPG-13	HS-1	HS-17	G-24	Y-9	C-6	C-4	C-8
	石英二长岩	二长花岗岩			花岗闪长岩			辉石岩		角闪石岩		含斜长辉石岩
δCe	0.95	0.94	0.94	0.97	0.92	1.04	1.01	0.93	0.93	0.93	0.86	0.85
$Rb/10^{-6}$	248	207	113	109.50	61.90	59.40	119.50	14.80	50.50	78.50	82.20	37.40
$Ba/10^{-6}$	933	2630	1235	1025	5270	832	1600	282	845	1000	1215	969
$Sr/10^{-6}$	642	593	357	350	1230	930	647	241	597	665	641	489
$U/10^{-6}$	3.20	5.44	1.49	1.88	1.08	3.00	2.23	0.30	0.30	1.30	1.20	0.50
$Cs/10^{-6}$	3.90	1.49	0.76	1.10	1.37	1.67	1.56	0.71	0.96	2.63	2.44	0.87
$Ga/10^{-6}$	25.10	23.80	20.00	20.90	26.20	28.90	23.40	7.39	20.20	18.70	18.90	17.15
$Th/10^{-6}$	14.80	48.80	14.50	14.10	13.10	8.77	13.40	1.80	2.50	5.40	6.40	4.30
$Nb/10^{-6}$	15.60	59.40	9.80	13.70	11.80	18.90	12.20	3.10	7.80	12.20	9.60	5.80
$Zr/10^{-6}$	271	505	143	174	492	292	263	78.90	49.40	27	20.90	52.20
$Ta/10^{-6}$	1.40	4.00	0.80	1.10	0.70	1.40	0.90	0.18	0.36	0.67	0.44	0.27
$Hf/10^{-6}$	6.90	11.90	4.40	4.80	10.30	7.60	6.80	1.90	2.30	1.40	1.10	2.10
$Mo/10^{-6}$	—	—	—	—	—	—	—	0.5	0.3	0.6	0.6	0.3
Ba/Rb	3.76	12.71	10.93	9.36	85.14	14.01	13.39	19.05	16.73	12.74	14.78	25.91
Rb/Sr	0.39	0.35	0.32	0.31	0.05	0.06	0.18	0.06	0.08	0.12	0.13	0.08
Nb/Rb	0.06	0.29	0.09	0.13	0.19	0.32	0.10	0.21	0.15	0.16	0.12	0.16
Sr/Y	30	25.78	33.68	16.36	30.30	29.06	29.41	24.34	20.10	29.69	40.31	26.87
Nb/Ta	11.14	14.85	12.25	12.45	16.86	13.50	13.56	17.22	21.67	18.21	21.82	21.48

表 3.3（b） 沙坪沟地区第二期岩浆岩主、微量及稀土元素分析结果

分析项目	SPG-15	SPG-16	ZK94-671	ZK94-807	95-133	95-131	132-26	102-51	ZK52-986	ZK52-988	92-161	102-70	132-70	132-72
	正长岩		石英正长斑岩						花岗斑岩				闪长玢岩	
SiO_2/%	65	64.2	70	69.4	68	69.2	68.3	62.6	77.6	75.5	75.8	76.3	56.6	59.7
TiO_2/%	0.3	0.3	0.4	0.4	0.3	0.3	0.4	0.6	0.1	0.1	0.1	0.1	0.52	0.46
Al_2O_3/%	17.3	17.2	14.3	14.8	15.6	15.4	15.2	16.6	11.5	12.4	13.0	11.9	18.1	16.7
FeO^T/%	1.0	1.4	0.6	0.7	2.2	2.0	2.4	3.5	0.6	0.8	0.9	1.1	3.40	2.93
MnO/%	0.1	0.1	0.0	0.1	0.1	0.1	0.1	0.1	0.1	0.1	0	0	0.07	0.05
MgO/%	0.3	0.4	0.5	0.5	0.4	0.4	0.7	1.2	0.1	0.1	0.1	0.2	1.36	1.06
CaO/%	0.3	0.3	1	0.6	0.5	0.7	0.8	2.5	0.3	0.6	0.5	0.6	2.85	2.51
Na_2O/%	6.3	6.4	4	4.3	4.9	4.9	4.4	4.9	3.2	4	4.3	3.9	5.47	4.78
K_2O/%	5.7	5.5	6.4	6.2	5.6	5.4	5.5	5.4	5	4.5	4.8	4.3	5.52	6.13
P_2O_5/%	0.1	0.1	0.2	0.2	0.1	0.1	0.2	0.4	0	0	0	0	0.46	0.36
LOI	0.8	0.6	1.5	0.6	0.8	0.5	0.9	1.2	0.5	0.4	0.2	0.6	3.72	3.61
总和 /%	97.2	96.5	98.9	97.8	98.5	99	98.9	99	99	98.5	99.7	99	98.07	98.29
$Mg^{\#}$	36.1	31.7	58.6	58.1	24.1	26	32.6	37.2	21.7	18.2	13.2	19.6	41.6	39.2
A/CNK	1.0	1.0	0.9	1.0	1.0	1.0	1.0	0.9	1.0	1.0	1.0	1.0	0.89	0.88
A/NK	1.1	1.0	1.1	1.1	1.1	1.1	1.2	1.2	1.1	1.1	1.1	1.1	1.20	1.15
La/10^{-6}	177.50	198.00	112.00	110.00	87.90	108.50	105.00	108.00	37.10	37.60	44.60	53.30	114.00	105.50
Ce/10^{-6}	296.00	328.00	181.50	177.50	140.00	167.50	164.50	169.00	59.00	58.00	68.10	65.60	176.50	165.00
Pr/10^{-6}	27.90	30.40	17.05	16.30	13.30	16.05	16.60	17.50	4.91	4.79	5.58	5.02	18.30	16.85

续表

分析项目	SPG-15	SPG-16	ZK94-671	ZK94-807	95-133	95-131	132-26	102-51	ZK52-986	ZK52-988	92-161	102-70	132-70	132-72
	正长岩		石英正长斑岩						花岗斑岩				闪长玢岩	
Nd/10^{-6}	81.80	88.50	50.40	48.00	41.40	47.70	53.10	58.00	11.90	11.90	15.10	12.30	59.10	52.50
Sm/10^{-6}	11.60	12.30	6.97	6.79	6.23	6.75	8.57	8.74	1.47	1.45	2.06	1.57	8.38	7.89
Eu/10^{-6}	1.40	1.50	1.21	1.19	1.02	1.10	1.31	2.12	0.17	0.16	0.15	0.23	1.88	1.65
Gd/10^{-6}	7.95	8.02	4.67	4.57	4.59	4.67	5.97	6.01	1.06	1.12	1.53	1.13	6.13	5.50
Tb/10^{-6}	1.18	1.24	0.68	0.67	0.70	0.63	0.82	0.77	0.16	0.17	0.23	0.18	0.92	0.87
Dy/10^{-6}	6.49	7.23	3.57	3.61	4.18	3.50	4.24	4.10	1.02	1.11	1.48	0.94	4.49	4.60
Ho/10^{-6}	1.34	1.50	0.72	0.74	0.88	0.80	0.86	0.78	0.24	0.24	0.37	0.20	0.92	0.87
Er/10^{-6}	4.10	4.60	2.17	2.25	2.92	2.38	2.78	2.19	0.96	1.02	1.60	0.95	2.83	2.60
Tm/10^{-6}	0.70	0.76	0.35	0.37	0.48	0.42	0.40	0.33	0.37	0.23	0.35	0.13	0.39	0.43
Yb/10^{-6}	4.91	5.47	2.58	2.66	3.60	3.07	3.04	2.51	2.00	2.16	3.24	1.23	2.88	2.58
Lu/10^{-6}	0.80	0.87	0.41	0.42	0.58	0.46	0.50	0.40	0.43	0.46	0.68	0.29	0.44	0.38
Y/10^{-6}	43.10	48.80	24.30	24.50	27.00	24.00	26.30	21.20	9.50	10.30	15.30	8.50	23.50	19.90
ΣREE/10^{-6}	623.67	688.39	384.28	375.07	307.78	363.53	367.69	380.45	120.79	120.41	145.07	143.07	397.16	367.22
LREE/10^{-6}	596.20	658.70	369.13	359.78	289.85	347.60	349.08	363.36	114.55	113.90	135.59	138.02	378.16	349.39
HREE/10^{-6}	27.47	29.69	15.15	15.29	17.93	15.93	18.61	17.09	6.24	6.51	9.48	5.05	19.00	17.83
LREE/HREE	21.70	22.19	24.37	23.53	16.17	21.82	18.76	21.26	18.36	17.50	14.30	27.33	19.90	19.60
$(La/Yb)_N$	25.93	25.96	31.14	29.66	17.51	25.35	24.78	30.86	13.31	12.49	9.87	31.08	28.39	29.33
$(Dy/Yb)_N$	0.88	0.88	0.93	0.91	0.78	0.76	0.93	1.09	0.34	0.34	0.31	0.51	1.04	1.19
δEu	0.42	0.43	0.61	0.62	0.56	0.57	0.53	0.85	0.40	0.37	0.25	0.50	0.77	0.73

续表

分析项目	SPG-15	SPG-16	ZK94-671	ZK94-807	95-133	95-131	132-26	102-51	ZK52-986	ZK52-988	92-161	102-70	132-70	132-72
	正长岩		石英正长斑岩						花岗斑岩				闪长玢岩	
δCe	0.93	0.93	0.91	0.91	0.90	0.87	0.87	0.86	0.93	0.91	0.90	0.77	0.86	0.87
$Rb/10^{-6}$	262.00	291.00	523.00	437.00	268.00	257.00	305.00	234.00	465.00	419.00	483.00	301.00	410.00	507.00
$Ba/10^{-6}$	575.00	630.00	1350.00	1430.00	1230.00	1170.00	1865.00	3680.00	68.50	51.40	92.70	259.00	3740.00	3370.00
$Sr/10^{-6}$	135.50	105.50	220.00	222.00	142.50	211.00	238.00	1110.00	16.80	20.00	24.80	63.80	822.00	790.00
$U/10^{-6}$	13.45	18.50	9.10	10.40	34.30	22.80	15.70	6.50	42.10	36.60	25.10	32.10	6.00	7.40
$Cs/10^{-6}$	2.83	2.88	2.79	2.69	2.46	2.65	3.02	4.36	3.10	3.18	3.40	2.52	4.00	4.53
$Ga/10^{-6}$	29.00	28.40	20.40	22.50	26.70	25.00	24.80	22.50	20.10	22.60	30.50	20.60	17.25	17.00
$Th/10^{-6}$	99.20	102.00	55.40	55.00	100.00	99.70	72.30	29.50	55.70	55.30	54.10	54.10	33.50	39.60
$Nb/10^{-6}$	135.50	136.50	78.30	73.90	127.00	106.00	64.40	43.50	106.00	95.90	163.00	69.40	23.30	20.20
$Zr/10^{-6}$	977.00	954.00	442.00	465.00	38.70	22.20	8.80	14.50	130.00	139.00	43.80	39.50	107.50	59.40
$Ta/10^{-6}$	8.10	8.40	5.20	5.00	7.88	6.96	4.41	2.44	8.40	7.70	10.75	5.14	1.03	1.01
$Hf/10^{-6}$	23.60	24.10	10.70	11.40	1.50	0.90	0.40	0.70	6.50	6.70	3.00	1.40	2.10	1.30
$Mo/10^{-6}$	—	—	—	—	5.7	12.4	15.3	81.9	—	—	8.2	2.4	56.1	165.0
Ba/Rb	2.19	2.16	2.58	3.27	4.59	4.55	6.11	15.73	0.15	0.12	0.19	0.86	9.12	6.65
Rb/Sr	1.93	2.76	2.38	1.97	1.88	1.22	1.28	0.21	27.68	20.95	19.48	4.72	0.50	0.64
Nb/Rb	0.52	0.47	0.15	0.17	0.47	0.41	0.21	0.19	0.23	0.23	0.34	0.23	0.06	0.04
Sr/Y	3.14	2.16	9.05	9.06	5.28	8.79	9.05	52.36	1.77	1.94	1.62	7.51	34.98	39.70
Nb/Ta	16.73	16.25	15.06	14.78	16.12	15.23	14.60	17.83	12.62	12.45	15.16	13.50	22.62	20

3.10（b）]，具有准铝质的化学特征 [图 3.10（c）]。轻稀土富集，重稀土亏损，具有较弱的 Eu 负异常（δEu=0.85~0.99；图 3.11）。

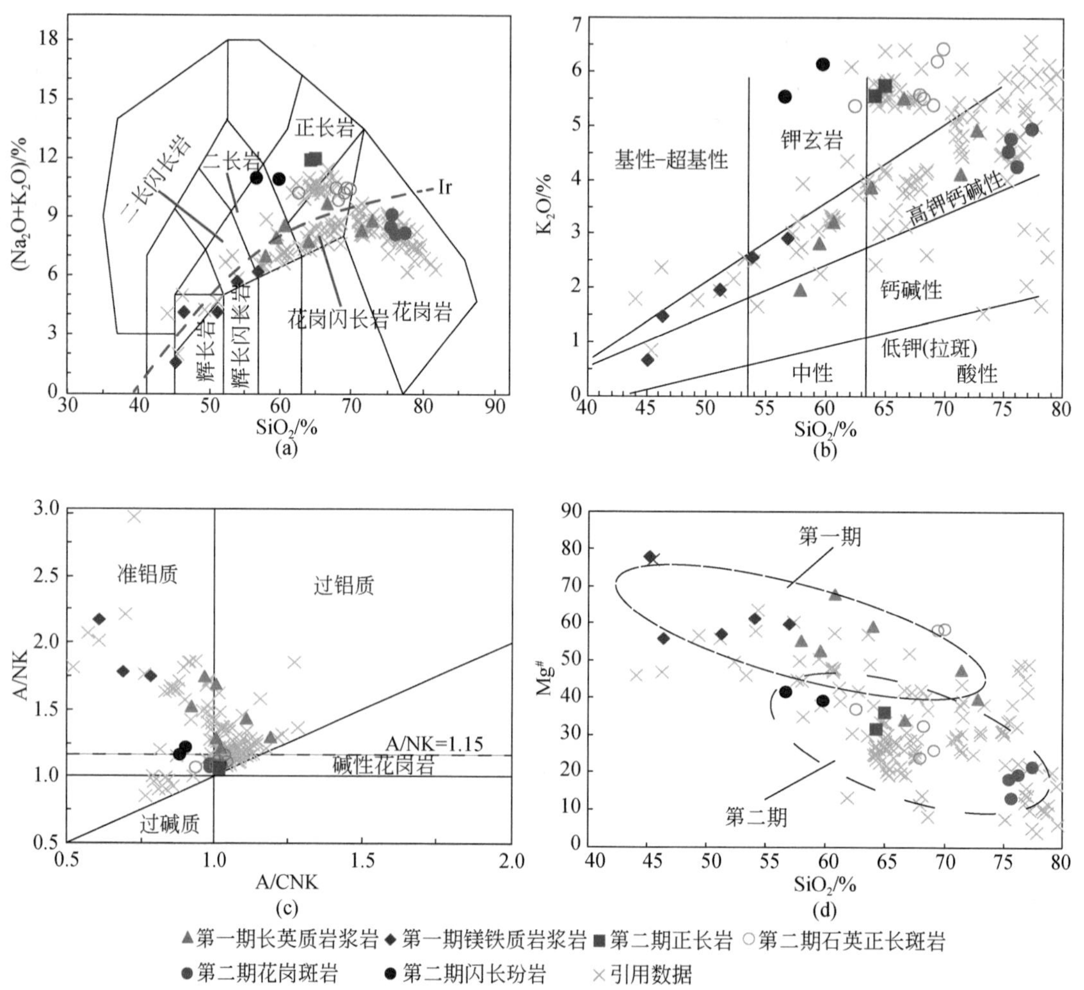

图 3.10　沙坪沟地区主要岩浆岩主量元素图解

(a) 侵入岩（TAS）分类图解（据 Middlemost，1994；虚线下方为亚碱性系列，上方为碱性系列）；(b) K_2O-SiO_2 图解（据 Rickwood，1989）；(c) A/NK- A/CNK 图解 [据 Maniar and Piccoli，1989；A/NK 和 A/CNK 分别为 $Al_2O_3/(Na_2O+K_2O)$ 和 $Al_2O_3/(CaO + Na_2O+K_2O)$ 的摩尔比值]；(d) $Mg^{\#}$ -SiO_2 图解（据王波华等，2007；张红等，2011；王萍，2013；陈红瑾等，2013；刘啟能，2013；任志等，2014；Wang et al.，2014a）

第二期岩浆岩中，正长岩有较高的 SiO_2（64.2%~65%）、Na_2O（6.3%~6.4 %）、K_2O（5.5%~5.7%）、Al_2O_3（17.2%~17.3%）含量，中等的 Sr（105.5×10^{-6}~135.5×10^{-6}）、Ba（575×10^{-6}~630×10^{-6}）含量以及 K_2O/Na_2O（约 0.9）、A/CNK（约 1）、$Mg^{\#}$（31.7~36.1）、$(La/Yb)_N$（约 26）值。在 TAS 图解上 [图 3.10（a）]，落于正长岩区域，与手标本鉴定结果一致，

属于钾玄岩系列 [图 3.10（b）]，具有弱的过铝质化学特征 [图 3.10（c）]。轻稀土富集，重稀土亏损，具有非常明显的 Eu 负异常（δEu 约 0.4；图 3.11）。

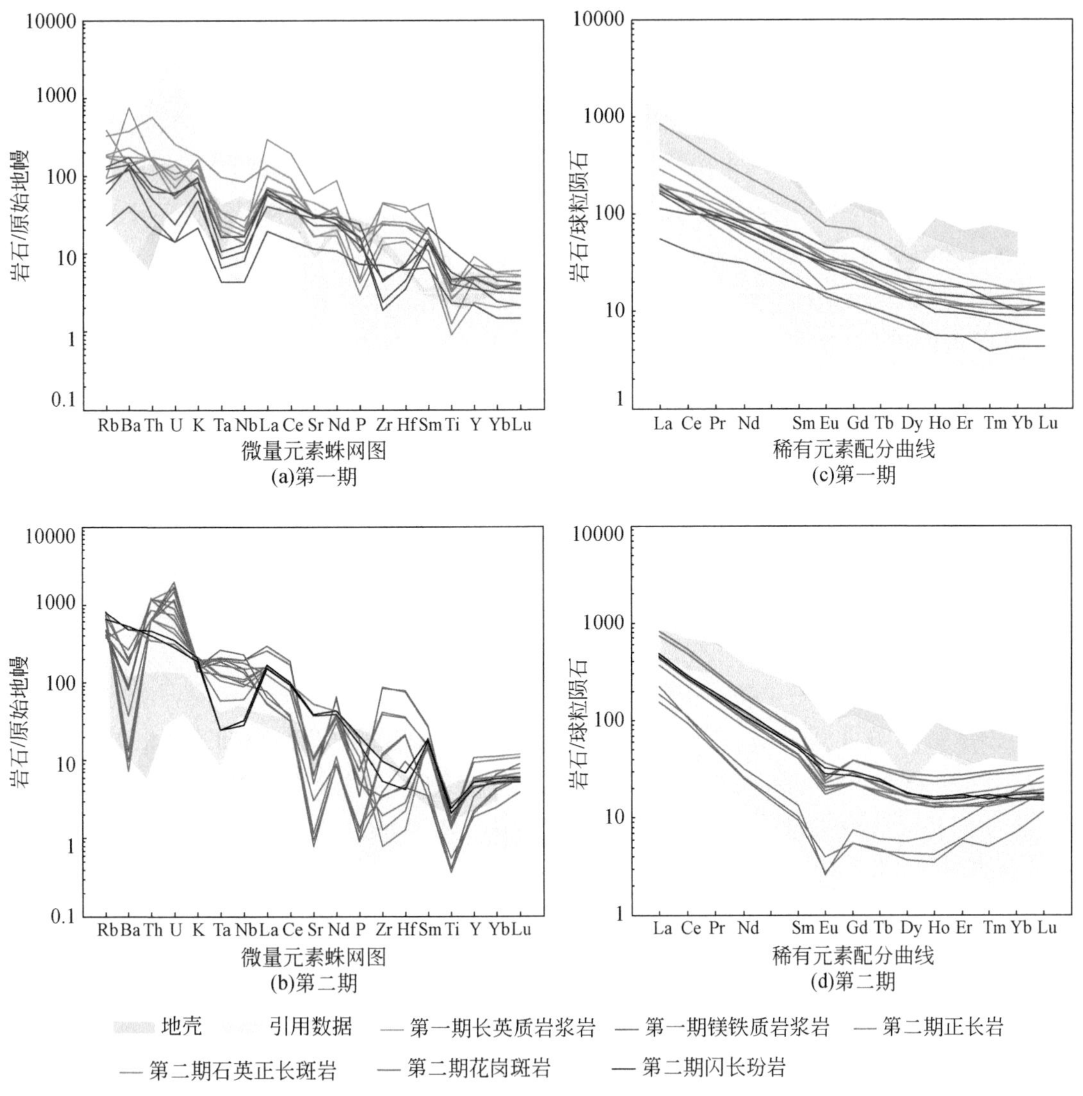

图 3.11　沙坪沟地区岩浆岩微量元素蛛网图和稀土元素配分曲线

(a)(c) 原始地幔据 Sun and McDonough，1989；上地壳据 Taylor and McLennan，1981；下地壳据 Weaver and Tarney，1984。(b)(d) 球粒陨石据 McDonough and Sun，1995；地壳据 Taylor and McLennan，1981。引用数据：王波华等，2007；张红等，2011；王萍，2013；陈红瑾等，2013；刘啟能，2013；任志等，2014；Wang et al.，2014a

第二期岩浆岩中的石英正长斑岩比正长岩有更高的 SiO_2（62.6%~70%）、K_2O（5.4%~6.4%）、CaO（0.5%~2.5%）、MgO（0.4%~1.2%）、FeO^T（0.6%~3.5%）、Sr（211×10^{-6}~1110×10^{-6}）、Ba（1170×10^{-6}~3680×10^{-6}）含量以及 K_2O/Na_2O（1.1~1.6），

A/CNK（0.9~1），Sr/Y（5.28~52.36）值，但是 Na_2O（4.0%~4.9%），Al_2O_3（14.3%~16.6%）含量较低。在 TAS 图解上 [图 3.10（a）]，落于正长岩和花岗闪长岩区域。石英正长斑岩属于钾玄岩系列 [图 3.10（b）]，准铝质到过铝质 [图 3.10（c）]。轻稀土富集，重稀土亏损，有较明显的 Eu 负异常（δEu=0.53~0.85；图 3.11）。

第二期岩浆岩中的花岗斑岩具有富硅特征，SiO_2(75.5%~77.6%)，Na_2O（3.2%~4.3%），K_2O（4.3%~5%），Al_2O_3（11.5%~13.0%），CaO（0.3%~0.6%），MgO（约 0.1%），FeO^T（0.6%~1.1%），Sr（16.8×10^{-6}~63.8×10^{-6}），Ba（51.4×10^{-6}~259×10^{-6}）含量和 $Mg^{\#}$（13.2~21.7），Sr/Y（1.62~7.51）值相比石英正长斑岩较低，但两者含有相似的 K_2O/Na_2O（1.1~1.6），A/CNK（约 1）和 $(La/Yb)_N$（9.87~31.08）值。在 TAS 图解上 [图 3.10（a）]，落于花岗岩区域。花岗斑岩属于高钾钙碱性系列 [图 3.10（b）]，显示准铝质到过铝质过渡的化学特征 [图 3.10（c）]。轻稀土富集，重稀土亏损，具有非常显著的 Eu 负异常（δEu=0.25~0.5；图 3.11）。

第二期岩浆岩中的闪长玢岩 SiO_2 含量为 56.6%~59.7%，显示较高的 Na_2O（4.78%~5.47%），K_2O（5.52%~6.13%），CaO（2.51%~2.85%），MgO（1.06%~1.36%），FeO^T（2.93%~3.4%），Sr（790×10^{-6}~822×10^{-6}），Ba（3370×10^{-6}~3740×10^{-6}），Al_2O_3（16.7%~18.1%）含量以及 K_2O/Na_2O（1~1.3），Sr/Y（34.98~39.7），$Mg^{\#}$（39.2~41.6）值，但 A/CNK（约 0.9）值较低；在 TAS 图解上 [图 3.10（a）]，落于二长岩和正长岩区域，属于钾玄岩系列 [图 3.10（b）]，显示准铝质特征 [图 3.10（c）]。轻稀土富集，重稀土亏损，具有较明显的 Eu 负异常（δEu=0.73~0.77；图 3.11）。

在哈克图解（图 3.12）中，第一期长英质岩浆岩的 Al_2O_3、CaO、MgO、FeO^T、TiO_2、P_2O_5 含量与 SiO_2 含量呈负相关，K_2O 含量与 SiO_2 含量呈正相关；第一期镁铁质岩浆岩的 Al_2O_3、K_2O、P_2O_5 与 SiO_2 含量正相关，CaO、MgO、FeO^T、TiO_2 含量与 SiO_2 含量呈负相关；第二期岩浆岩则显示了 Al_2O_3、CaO、MgO、FeO^T、TiO_2、P_2O_5、K_2O 含量与 SiO_2 含量呈一定的负相关。

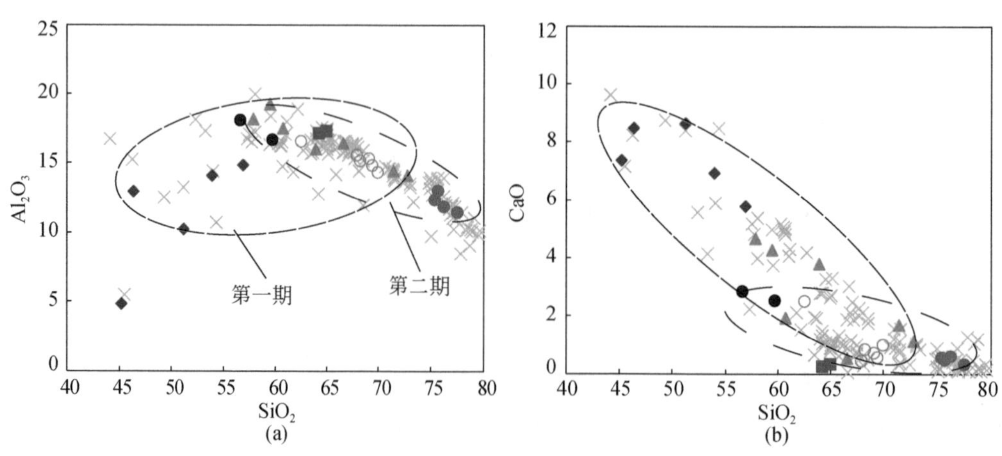

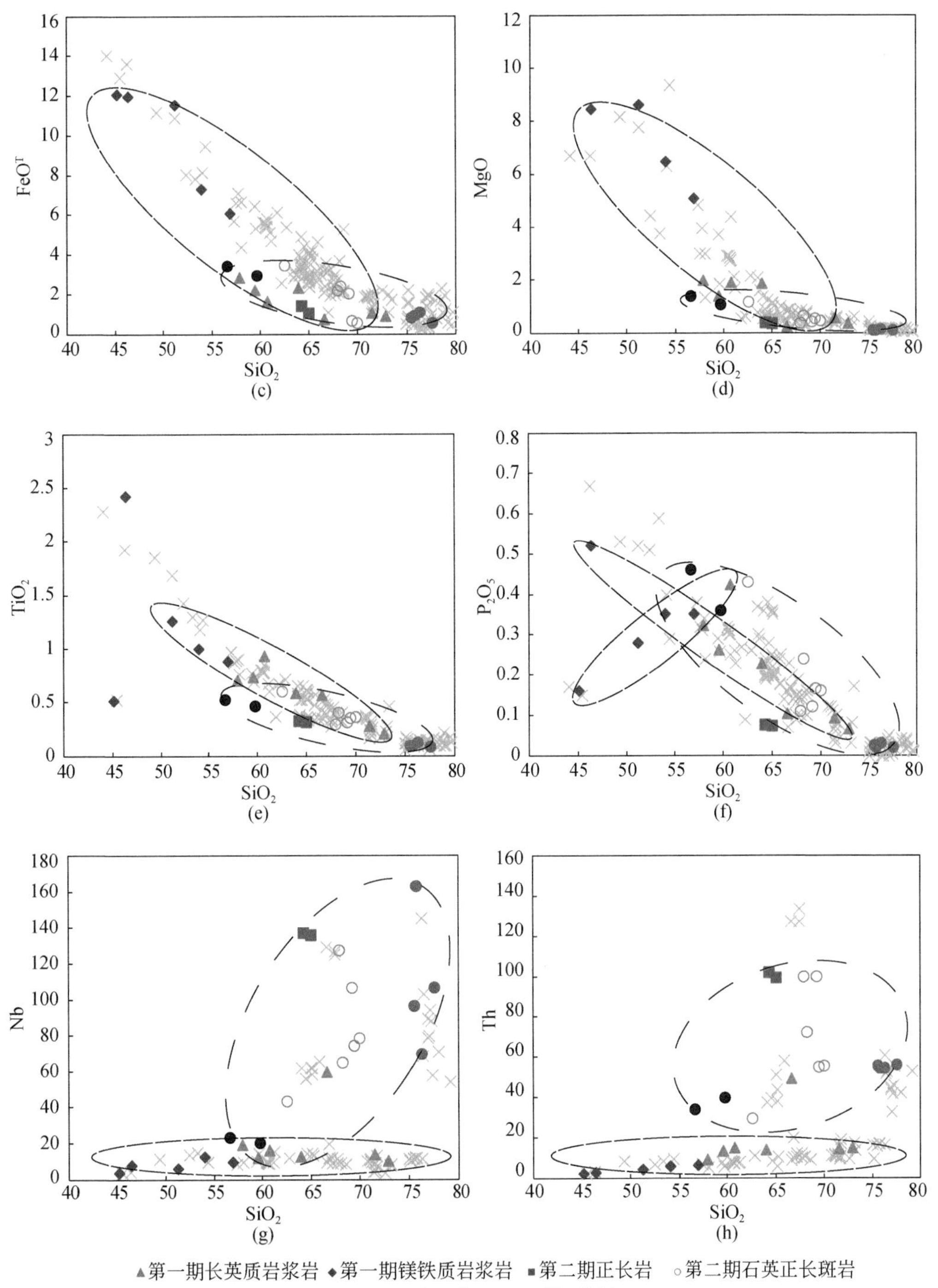

图 3.12　沙坪沟地区主要岩浆岩哈克图解

引用数据来源：王波华等，2007；张红等，2011；王萍，2013；陈红瑾等，2013；刘啟能，2013；任志等，2014；Wang et al.，2014a

3.2.3　同位素地球化学

3.2.3.1　Sr-Nd 同位素

沙坪沟地区岩浆岩的 $(^{87}Sr/^{86}Sr)_i$、$\varepsilon_{Nd}(t)$、$\varepsilon_{Sr}(t)$ 值是根据全岩 Sr、Nd 同位素组成和锆石 U-Pb 同位素年龄计算而得（张红等，2011；陈红瑾等，2013；王萍，2013；任志等，2014；Wang et al.，2014a；任志，2018）。本研究测试了 19 个全岩样品的 Rb-Sr 和 Sm-Nd 同位素组成，结果见表 3.4，Sr-Nd 同位素分布图解见图 3.13。

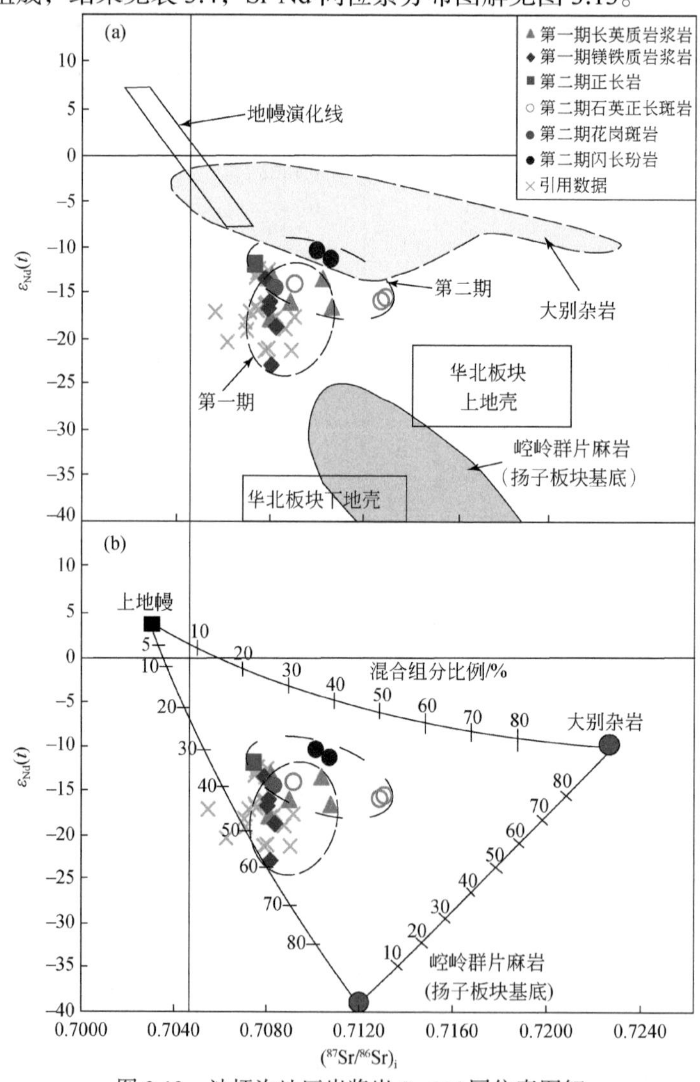

图 3.13　沙坪沟地区岩浆岩 Sr -Nd 同位素图解

(a) 沙坪沟地区岩浆岩 $\varepsilon_{Nd}(t)$- $(^{87}Sr/^{86}Sr)_i$ 图解，崆岭群片麻岩据 Ma et al.，2000；华北板块上地壳据 Jahn et al.，1999；上地幔据 Sun and McDonough，1989；华北板块下地壳据 Jahn and Zhang，1984；大别杂岩据 Ma et al.，2000。(b) 沙坪沟地区岩浆岩源区混合组分模拟，上地幔 $\varepsilon_{Nd}(t)$=3.8，$(^{87}Sr/^{86}Sr)_i$=0.703，据 Sun and McDonough，1989；崆岭群片麻岩 $\varepsilon_{Nd}(t)$= −40，$(^{87}Sr/^{86}Sr)_i$=0.712，据 Ma et al.，2000；大别杂岩 $\varepsilon_{Nd}(t)$= −10，$(^{87}Sr/^{86}Sr)_i$=0.723，据 Ma et al.，2000；以 t=124Ma 计算。数据来源：王萍，2013；刘啟能，2013；Wang et al.，2014a

表 3.4　沙坪沟地区岩浆岩 Sr-Nd 同位素组成

样品编号	岩石性质	$Rb/10^{-6}$	$Sr/10^{-6}$	$^{87}Rb/^{86}Sr$	$^{87}Sr/^{86}Sr$	2σ	$(^{87}Sr/^{86}Sr)_i$	$Sm/10^{-6}$	$Nd/10^{-6}$	$^{147}Sm/^{144}Nd$	$^{143}Nd/^{144}Nd$	2σ	$\varepsilon_{Nd}(t)$	T_{DM2}/Ma
94-297	石英二长岩	248	642	1.1177444	0.710288	4	0.7081273	7.78	44.7	0.1052232	0.511861	4	−13.58	2033
94-19	二长花岗岩	207	593	1.0100468	0.710076	6	0.7081235	8.22	51.9	0.0957511	0.511861	4	−13.41	2021
SPG-50		109.5	350	0.905257	0.710682	5	0.7089321	4.77	27.6	0.1044837	0.511693	4	−16.84	2298
HS-17	花岗闪长岩	119.5	647	0.5344283	0.708922	5	0.7079573	6.11	37.4	0.0987664	0.511727	3	−16.19	2237
SPG-13		61.9	1230	0.1456168	0.708063	5	0.7078002	19.1	118	0.0978567	0.511629	4	−18.08	2392
Y-9	辉石岩	50.5	597	0.2447614	0.708344	10	0.7078729	9.1	40.52	0.1358	0.511613	7	−18.94	2461
G-24		14.8	241	0.1776931	0.707872	8	0.707531	2.94	13.52	0.1312	0.511881	7	−13.64	2035
C-6	角闪石岩	78.5	665	0.3415654	0.708047	10	0.7074013	6.72	36.14	0.1123	0.511728	7	−16.33	2252
C-4		82.2	641	0.3710561	0.708038	10	0.7073391	5.78	33.96	0.1029	0.511687	7	−16.97	2305
C-8	含斜长辉石岩	37.4	489	0.2213037	0.708142	10	0.7077331	6.21	32.81	0.1145	0.511377	7	−23.23	2808
SPG-16	正长岩	291	105.5	7.9811664	0.7207	6	0.7074291	12.3	88.5	0.0840236	0.511935	3	−12.03	1894
102-51	石英正长斑岩	234	1110	0.6099844	0.70912	10	0.7081404	8.25	56.7	0.088	0.511828	7	−14.24	2069
132-26		305	238	3.7080768	0.71348	11	0.7075252	8.04	54.3	0.0895	0.511752	7	−15.74	2191
95-133		268	142.5	5.44184	0.716084	10	0.7072676	5.88	39.48	0.0901	0.511892	7	−13	1970
95-131		257	211	3.5243295	0.71328	16	0.7076704	6.32	46.21	0.0826	0.51173	7	−16.1	2220
102-70	花岗斑岩	301	63.8	13.651226	0.730056	10	0.7083278	1.59	12.44	0.0773	0.511834	6	−13.99	2048
92-161		483	24.8	56.353551	0.801593	11	0.7086909	1.69	13.01	0.0785	0.51183	7	−14.02	2055
132-70	闪长玢岩	410	822	1.4432377	0.710005	10	0.7077078	8.36	59.52	0.0849	0.512014	7	−10.57	1772
132-72		507	790	1.8569778	0.710622	7	0.7076663	7.78	54.4	0.0864	0.51197	7	−11.45	1843

第一期长英质和镁铁质岩浆岩显示了相似的 $(^{87}Sr/^{86}Sr)_i$ 值，为 0.7073391~0.7089321，但 $\varepsilon_{Nd}(t)$ 值具有一定的差异，分别为 –18.08~–13.41、–23.23~ –13.64，它们的二阶段 Nd 模式年龄（T_{DM2}）为 2021~2808 Ma。

第二期正长岩 $(^{87}Sr/^{86}Sr)_i$ 值为 0.7074291，$\varepsilon_{Nd}(t)$ 值为 –12.03，二阶段 Nd 模式年龄（T_{DM2}）为 1894Ma。石英正长斑岩 $(^{87}Sr/^{86}Sr)_i$ 值为 0.7072676~0.7081404，$\varepsilon_{Nd}(t)$ 值为 –16.1~–13，二阶段 Nd 模式年龄（T_{DM2}）为 1970~2220 Ma。花岗斑岩 $^{87}Rb/^{86}Sr$ 值较高，为 13.651226~56.353551，$(^{87}Sr/^{86}Sr)_i$ 值为 0.7083278~0.7086909，$\varepsilon_{Nd}(t)$ 值为 –14.02~–13.99，二阶段 Nd 模式年龄（T_{DM2}）为 2048~2055Ma。闪长玢岩 $(^{87}Sr/^{86}Sr)_i$ 值为 0.7076663~0.7077078，$\varepsilon_{Nd}(t)$ 值为 –11.45~–10.57，二阶段 Nd 模式年龄（T_{DM2}）为 1772~1843Ma。

3.2.3.2 Pb 同位素

沙坪沟地区岩浆岩的全岩 Pb 同位素测定结果见表 3.5，其 Pb 同位素组成特点如下：

第一期长英质岩浆岩 $^{208}Pb/^{204}Pb$ 的范围为 37.343~37.968 之间，平均值为 37.766；$^{207}Pb/^{204}Pb$ 的范围为 15.296~15.413 之间，平均值为 15.372；$^{206}Pb/^{204}Pb$ 的范围为 16.386~17.106 之间，平均值为 16.788。同期的镁铁质岩浆岩 $^{208}Pb/^{204}Pb$ 的范围为 37.467~37.955 之间，平均值为 37.734；$^{207}Pb/^{204}Pb$ 的范围为 15.320~15.422 之间，平均值为 15.372；$^{206}Pb/^{204}Pb$ 的范围为 16.487~18.877 之间，平均值为 17.107。两者显示了相似的 $^{207}Pb/^{204}Pb$ 值，镁铁质岩浆岩 $^{208}Pb/^{204}Pb$ 值和 $^{206}Pb/^{204}Pb$ 值比长英质岩浆岩 $^{208}Pb/^{204}Pb$ 值和 $^{206}Pb/^{204}Pb$ 值稍大。

第二期石英正长岩 $^{208}Pb/^{204}Pb$ 的范围为 38.400~39.213 之间，平均值为 38.866；$^{207}Pb/^{204}Pb$ 的范围为 15.432~15.477 之间，平均值为 15.459；$^{206}Pb/^{204}Pb$ 的范围为 17.377~17.908 之间，平均值为 17.676。同期的石英正长斑岩 $^{208}Pb/^{204}Pb$ 的范围为 39.391~39.435 之间，平均值为 39.413；$^{207}Pb/^{204}Pb$ 的范围为 15.471~15.497 之间，平均值为 15.484；$^{206}Pb/^{204}Pb$ 的范围为 18.096~18.658 之间，平均值为 18.377。同期的花岗斑岩 $^{208}Pb/^{204}Pb$ 的范围为 38.654~39.103 之间，平均值为 38.879；$^{207}Pb/^{204}Pb$ 的范围为 15.471~15.526 之间，平均值为 15.499；$^{206}Pb/^{204}Pb$ 的范围为 18.167~19.189 之间，平均值为 16.678。同期的闪长玢岩 $^{208}Pb/^{204}Pb$ 的范围为 38.643~38.824 之间，平均值为 38.734；$^{207}Pb/^{204}Pb$ 的范围为 15.448~15.454，平均值为 15.451；$^{206}Pb/^{204}Pb$ 的范围为 17.695~17.758 之间，平均值为 17.727。

3.2.3.3 Lu-Hf 同位素

沙坪沟地区岩浆岩锆石 Hf 同位素分析结果见附录 E。所有颗粒锆石的 $^{176}Lu/^{177}Hf$ 值均较小，说明锆石在形成以后具有较低的放射性成因 Hf 积累，$^{176}Hf/^{177}Hf$ 值可以代表锆石形成时的 $^{176}Hf/^{177}Hf$ 值（吴福元等，2007）。本区岩浆岩 $f_{Lu/Hf}$ 平均值在 –0.96~–0.87 之间，明显小于镁铁质地壳的 $f_{Lu/Hf}$（–0.34）和硅质地壳的 $f_{Lu/Hf}$（–0.72）（Vervoort and Patchett，1996），故二阶段模式年龄能反映其源区物质从亏损地幔被抽取的时间。根据

Hf 同位素相关计算公式（吴福元等，2007），采用硅质大陆地壳 $f_{Lu/Hf}$ 计算了岩浆岩的 $\varepsilon_{Hf}(t)$、T_{DM1} 和 T_{DM2}。

第一期的长英质岩浆岩 $^{176}Lu/^{177}Hf$ 和 $^{176}Hf/^{177}Hf$ 分别为 0.000408~0.003657 和 0.281135~0.282512，计算出 $\varepsilon_{Hf}(t)$ 为 –33.52~–14.70，T_{DM2} 在 1.3~3.6Ga 之间；镁铁质岩浆岩 $^{176}Lu/^{177}Hf$ 和 $^{176}Hf/^{177}Hf$ 分别为 0.00076~0.003657 和 0.281934~0.282055，计算出 $\varepsilon_{Hf}(t)$ 为 –41.02~–22.15，T_{DM2} 在 2.5~3.6 Ga 之间。

第二期的正长岩 $^{176}Lu/^{177}Hf$ 和 $^{176}Hf/^{177}Hf$ 分别为 0.0006~0.004956 和 0.282022~0.282478，计算出 $\varepsilon_{Hf}(t)$ 为 –24.07~–8.00，T_{DM2} 在 1.6~2.7 Ga 之间；石英正长斑岩 $^{176}Lu/^{177}Hf$ 和 $^{176}Hf/^{177}Hf$ 分别为 0.001156~0.002283 和 0.282134~0.282369，计算出 $\varepsilon_{Hf}(t)$ 为 –20.31~–12.00，T_{DM2} 在 1.9~2.4 Ga 之间；花岗斑岩 $^{176}Lu/^{177}Hf$ 和 $^{176}Hf/^{177}Hf$ 分别为 0. 000748~0. 014082 和 0.281779~0.28242，计算出 $\varepsilon_{Hf}(t)$ 为 –32.60~–10.21，T_{DM2} 在 1.7~2.6 Ga 之间。

上述岩浆岩地球化学特征显示，沙坪沟地区存在两期岩浆岩，两期岩浆岩具有一定的共同点，也有一些不同点。表 3.6 对二者的主要特征进行了简要的归纳。

表 3.5　沙坪沟地区岩浆岩全岩铅同位素分析结果

样品编号	岩性	$^{208}Pb/^{204}Pb$	2σ	$^{207}Pb/^{204}Pb$	2σ	$^{206}Pb/^{204}Pb$	2σ	参考文献
J38	花岗闪长岩	37.926	0.005	15.413	0.002	16.943	0.002	王萍，2013
J05	花岗闪长岩	37.855	0.006	15.392	0.002	17.106	0.002	王萍，2013
J34	花岗闪长岩	37.343	0.005	15.296	0.002	16.386	0.002	王萍，2013
J16	花岗闪长岩	37.896	0.007	15.39	0.003	16.813	0.003	王萍，2013
J37	二长花岗岩	37.574	0.006	15.321	0.002	16.583	0.002	王萍，2013
J08	二长花岗岩	37.835	0.005	15.377	0.002	16.713	0.002	王萍，2013
J06	二长花岗岩	37.968	0.005	15.407	0.002	16.960	0.002	王萍，2013
J35	二长花岗岩	37.732	0.005	15.379	0.002	16.802	0.002	王萍，2013
C-4	角闪石岩	37.505	0.004	15.334	0.001	16.487	0.001	本书
C-6	角闪石岩	37.467	0.003	15.320	0.001	16.573	0.001	本书
Y-9	含斜长辉石岩	37.719	0.010	15.375	0.001	18.877	0.001	本书
G-24	辉石岩	37.764	0.001	15.376	0.001	16.974	0.001	本书
C-8	辉石岩	37.691	0.003	15.334	0.001	16.642	0.001	本书
J19-1	角闪石岩	37.955	0.008	15.422	0.003	17.080	0.003	王萍，2013
J20-2	辉石岩	37.834	0.004	15.391	0.002	17.049	0.002	王萍，2013
Jc20-1	辉石岩	37.940	0.005	15.420	0.002	17.173	0.002	王萍，2013
102-51	石英正长岩	38.400	0.004	15.432	0.001	17.377	0.001	本书
132-26	石英正长岩	39.213	0.002	15.467	0.001	17.880	0.001	本书
JC03	石英正长岩	38.664	0.004	15.459	0.002	17.590	0.002	王萍，2013
J11	石英正长岩	39.161	0.005	15.477	0.002	17.908	0.002	王萍，2013

续表

样品编号	岩性	$^{208}Pb/^{204}Pb$	2σ	$^{207}Pb/^{204}Pb$	2σ	$^{206}Pb/^{204}Pb$	2σ	参考文献
ZK501-1	石英正长岩	38.895	0.005	15.458	0.002	17.623	0.002	王萍，2013
95-133	石英正长斑岩	39.435	0.002	15.497	0.001	18.658	0.001	本书
95-131	石英正长斑岩	39.391	0.002	15.471	0.001	18.096	0.001	本书
102-70	花岗斑岩	39.103	0.004	15.526	0.001	19.189	0.001	本书
92-161	花岗斑岩	38.654	0.001	15.471	0.001	18.167	0.001	本书
132-70	闪长玢岩	38.643	0.001	15.448	0.001	17.695	0.001	本书
132-72	闪长玢岩	38.824	0.005	15.454	0.002	17.758	0.001	本书

表 3.6　沙坪沟地区两期岩浆岩主要特征对比表

主要特征	第一期（136~125Ma）	第二期（117~110Ma）
岩性	二长花岗岩、辉石岩、角闪石岩、花岗闪长岩	正长岩、石英正长斑岩、花岗斑岩、闪长玢岩
矿物组成	斜长石、钾长石、石英、辉石、角闪石、橄榄石、黑云母	斜长石、钾长石、石英、黑云母、角闪石
锆石平均温度	二长花岗岩为 685℃；辉石岩为 655℃；角闪石岩为 653℃；花岗闪长岩为 672℃	正长岩为 758℃；石英正长斑岩为 717℃；花岗斑岩为 706℃；闪长玢岩为 702℃。随年龄变新，结晶温度逐渐降低
氧化还原状态	δCe=10~1000，ΔFMQ=–5~12，$\lg(f_{O_2})=-25\sim0$	δCe=5~1000，ΔFMQ=–14~15，$\lg(f_{O_2})=-35\sim0$
Hf 同位素	$\varepsilon_{Hf}(t)=-41.02\sim-14.70$ T_{DM2}=1.3~ 3.6Ga	$\varepsilon_{Hf}(t)=-32.60\sim-8.00$ T_{DM2}=1.6~ 2.7Ga
主量元素	SiO_2 为 45%~73%，K_2O/Na_2O 为 0.4~1.3，CaO、MgO、FeO^T、TiO_2 含量与 SiO_2 含量呈负相关，K_2O 含量与 SiO_2 含量呈正相关，$Mg^\#$ 为 30~80	SiO_2 为 56%~78%，K_2O/Na_2O 为 0.9~1.6，Al_2O_3、CaO、MgO、FeO^T、TiO_2、P_2O_5、K_2O 含量与 SiO_2 含量呈负相关，$Mg^\#$ 为 15~40
岩石系列	钙碱性－高钾钙碱性、准铝质－过铝质系列	高钾钙碱性－钾玄岩、准铝质－弱过铝质系列
微量元素	Sr/Y= 16.4~40.3，U、Ta、Nb 亏损，Ba 富集	Sr/Y= 1.6~52.4，Ba、Sr、P、Ti 亏损，Th、U 富集
稀土元素	$(La/Yb)_N$=8.7~23.5 δEu=0.7~ 0.99	$(La/Yb)_N$=10~31 δEu=0.25~ 0.84 花岗斑岩“V”形配分曲线
Sr-Nd 同位素	$(^{87}Sr/^{86}Sr)_i$=0.7073~0.7089 $\varepsilon_{Nd}(t)=-13.4\sim-23.3$ T_{DM2}=2.02~ 2.81Ga	$(^{87}Sr/^{86}Sr)_i$=0.7073~0.7087 $\varepsilon_{Nd}(t)=-10.6\sim-16.1$ T_{DM2}=1.77~ 2.22Ga
Pb 同位素	$^{208}Pb/^{204}Pb$=37.34~37.97 $^{207}Pb/^{204}Pb$=15.30~15.42 $^{206}Pb/^{204}Pb$=16.49~18.88	$^{208}Pb/^{204}Pb$=38.4~39.44 $^{207}Pb/^{204}Pb$=15.43~15.52 $^{206}Pb/^{204}Pb$=17.38~19.19

续表

主要特征	第一期（136~125Ma）	第二期（117~110Ma）
源区特征	古老下地壳 + 岩石圈地幔 + 大别杂岩，40%~60% 地壳组分（0~35% 大别杂岩组分）	古老下地壳 + 岩石圈地幔 + 大别杂岩，30%~60% 大陆地壳组分（20%~45% 大别杂岩组分）
演化过程	分离结晶是主要的控制因素，同时也受源区性质不均一影响；黑云母、白云母、磷灰石、Fe-Ti 氧化物、石榴子石、角闪石分离结晶	分离结晶是主要的控制因素，同时也受源区性质不均一影响；钾长石、斜长石、磷灰石、褐帘石、Fe-Ti 氧化物、角闪石、黑云母分离结晶
动力学背景	板内伸展背景	板内伸展背景。伸展程度增强，源区深度变浅

3.3　岩浆岩成因

由上述沙坪沟地区的岩浆岩的岩石化学和地球化学特征可见，本区岩浆岩富碱，属于高钾钙碱性 – 钾玄岩、准铝质 – 弱过铝质系列（图 3.10），尽管两期岩浆岩间存在一些岩石学和主量元素成分的差别，但它们在造岩矿物成分、微量和稀土元素组成特征、锆石微量元素、Sr-Nd-Pb 同位素组成特征上具有一定的相似性。例如，除 Ba、Th 和 U 外，在岩浆岩微量元素蛛网图和稀土元素配分曲线（图 3.11）上具有相似的特征，锆石的微量元素组成也具有相似的特征。沙坪沟地区岩浆岩形成于相对较窄的一个时间范围（136~111Ma），对岩浆岩的成因分析如下。

3.3.1　岩浆源区

除了第一期的镁铁质岩浆岩外，沙坪沟地区两期岩浆岩（表 3.6）均显示了较低的 MgO（0.1%~2.0 %），亏损的 Ti 和 Sr，负的 $\varepsilon_{Nd}(t)$（–23.2~–10.6）值，中等的 Mg# 值，以及较高的轻稀土元素（LREE）、大离子亲石元素（LILE）和 $(^{87}Sr/^{86}Sr)_i$ 值（0.7073~7089）的岩石地球化学特征，可以推测其源区具有 LREE、LILE 富集的特征，如古老大陆下地壳和（或）由大陆地壳物质交代的地幔源区。沙坪沟地区第一期镁铁质岩浆岩具有强烈的“似地壳”元素和同位素组成特征，如较高的 SiO_2（高达 56.98%），Na_2O+K_2O（1.6%~6.2%）和轻稀土元素（LREE）含量，高的 $(^{87}Sr/^{86}Sr)_i$ 值（0.70734~0.70787），较低的高场强元素（HFSE）含量和 $\varepsilon_{Nd}(t)$ 值（–23.2~–13.6），这与沙坪沟地区其他岩浆岩类型的地球化学特征相似，但镁铁质岩浆岩具有较高的 MgO 含量（5.1%~23.9%）和 Mg# 值（56~78），这些镁铁质岩浆岩可能源于地壳混染、岩浆源区捕获了一定量的下地壳碎片、异质性的中下地壳碎片或岩石圈地幔异质性（Jahn et al.，1999；Fan et al.，2004）。

在大别造山带北部大面积出露的大别杂岩体由超高压榴辉岩和片麻岩等组成，$(^{87}Sr/^{86}Sr)_i$ 值为 0.704~0.723，与沙坪沟地区两期岩浆岩具有类似的 Sr 同位素组成，但 $\varepsilon_{Nd}(t)$ 值相对更大，为 –15~–1（图 3.13；谢智等，1996；Ma et al.，2000；郑祥身等，2000）。

前人研究提出，白云母和黑云母脱水形成钾长石和一些富水熔体导致超高压榴辉岩和片麻岩（由辉石 + 石榴子石 + 石英 + 斜长石 + 白云母 + 黑云母组成）的熔融通常产生富含钾的和强过铝质熔体，而不是准铝质 – 弱过铝质熔体（Gardien et al.，1995）。超高压榴辉岩和片麻岩的平均 SiO_2 含量大于 62%（Ma et al.，2000），考虑到质量平衡，它是不可能产生更基性（SiO_2<62%）岩浆的。此外，沙坪沟地区岩浆岩 Nd 二阶段模式年龄（T_{DM2}）要比大别杂岩（700~800Ma）老得多（Hacker et al.，1998）。因此，沙坪沟地区的岩浆岩不可能仅通过大别杂岩的重熔直接产生。

大别造山带是华北地块与扬子地块之间的中生代陆陆碰撞带，两者都有可能为沙坪沟地区岩浆岩提供成岩物质。扬子地块已报道的古老基底的成分资料表明，以崆岭群（1.65~3.4Ga）为代表的中下地壳具有负 $\varepsilon_{Nd}(t)$ 值（–47~–25）和较低的 $(^{87}Sr/^{86}Sr)_i$ 值（0.710~0.719；图 3.13；Gao et al.，1999；Ma et al.，2000；Qiu et al.，2000），来自崆岭群重熔的岩石显示了比沙坪沟地区岩浆岩 [$\varepsilon_{Nd}(t)$ =–18.1~–10.6] 更高的 Sr-Nd 同位素组成，而华北地块下地壳岩石比扬子地块的 $\varepsilon_{Nd}(t)$ 值（–18.1~–10.6）更低，Nd 二阶段模式年龄（T_{DM2}）更大（Jahn and Zhang，1984），因此，沙坪沟地区岩浆岩不能通过华北地块下地壳岩石重熔产生。

Wang 等（2014a）确定了沙坪沟地区长英质岩浆岩中的继承锆石的 U-Pb 同位素年龄为古元古代（1808 ± 21~1879 ± 21Ma）和新太古代（2634 ± 36Ma），与大别杂岩的年龄及其周边的基底年龄相近（Jian et al.，2012；Zhang and Zheng，2013）。这些继承锆石的存在表明，大别杂岩在沙坪沟地区岩浆岩的形成过程中可能起了一定的作用。北大别杂岩具有较低的 $^{206}Pb/^{204}Pb$ 值（15.158~17.308）和较高的 $^{208}Pb/^{204}Pb$ 值（36.778~37.968；张宏飞等，2001），扬子地块基底的铅同位素组成相似，$^{206}Pb/^{204}Pb$ 值为 17.8~18.3，$^{208}Pb/^{204}Pb$ 值为 37.9~38.3（朱炳泉等，1998）。华北地块基底 $^{206}Pb/^{204}Pb$ 值为 16.5~16.9 和 $^{208}Pb/^{204}Pb$ 值为 36.5~36.9（朱炳泉等，1998），具有一定的差异。沙坪沟地区的各类侵入体具有较低的 $^{206}Pb/^{204}Pb$ 值（16.487~19.189，均值 =17.725）和较高的 $^{208}Pb/^{204}Pb$ 值（37.467~39.435，均值 =38.478），变化范围很小且相对集中，显示了其岩浆同源性。在岩浆岩铅同位素演化图解（图 3.14）中，沙坪沟地区岩浆岩基本未落于亏损地幔端元，而大部分样品点位于地幔和下地壳或造山带演化线之间靠近下地壳演化线一侧，表明其源区可能与交代地幔有关联，或者幔源岩浆受壳源物质混染。这些样品点落于扬子板块北缘区域和大别杂岩区域，也说明了源区应与扬子板块和大别杂岩有关联。

根据前文研究，沙坪沟地区两期岩浆岩的锆石 $\varepsilon_{Hf}(t)$ 值具有明显的差异，第一期在 –30~–20 之间，第二期在 –20~–10 之间。北大别片麻岩的锆石 $\varepsilon_{Hf}(t)$ 值主要分布在 –7.6~–1.5 和 –4.2~14.5 之间（Zhao et al.，2008）；南大别片麻岩的锆石 $\varepsilon_{Hf}(t)$ 值介于 –13.9~5.3 之间（图 3.15，Zheng et al.，2005，2006）。按照平均地壳 Lu/Hf 值演化至 130Ma 时，两者的锆石 $\varepsilon_{Hf}(t)$ 值都大于 –20，表明沙坪沟第一期的岩浆岩并非起源于北大别片麻岩或中、南大别片麻岩，应该有更古老的物质加入；第二期的岩浆岩 $\varepsilon_{Hf}(t)$ 值与大别片麻岩的 $\varepsilon_{Hf}(t)$ 值相近，指示了此阶段岩浆岩形成过程中，大别杂岩提供了主要的成岩物质。

扬子板块出露的最古老基底主要为崆岭群，包括构成表壳岩系的片麻岩、混合岩（古 –

中太古代，3.4~2.7Ga）和侵入的变形花岗岩（古元古代，2.20~1.65Ga），两者的 Hf 同位素两阶段模式年龄相近，介于 4.35~2.90Ga（Zhang et al.，2006；Guo et al.，2014），与沙坪沟地区第一期岩浆岩的二阶段 Hf 模式年龄（T_{DM2}）有部分区间重合，说明源区有崆岭群等古老地壳物质的加入，且源区还有部分更年轻的物质，综合考虑区域的基底物质，大别杂岩加入源区可以形成这样的 Hf 同位素组成特征。同时，沙坪沟地区岩浆岩锆石 $\varepsilon_{Hf}(t)$ 值和二阶段 Hf 模式年龄范围均有较大变化范围（图 3.15，表 3.6），也指示了本区岩浆源区除了古老的下地壳物质以外，还可能有次富集端元物质如地幔物质的加入。

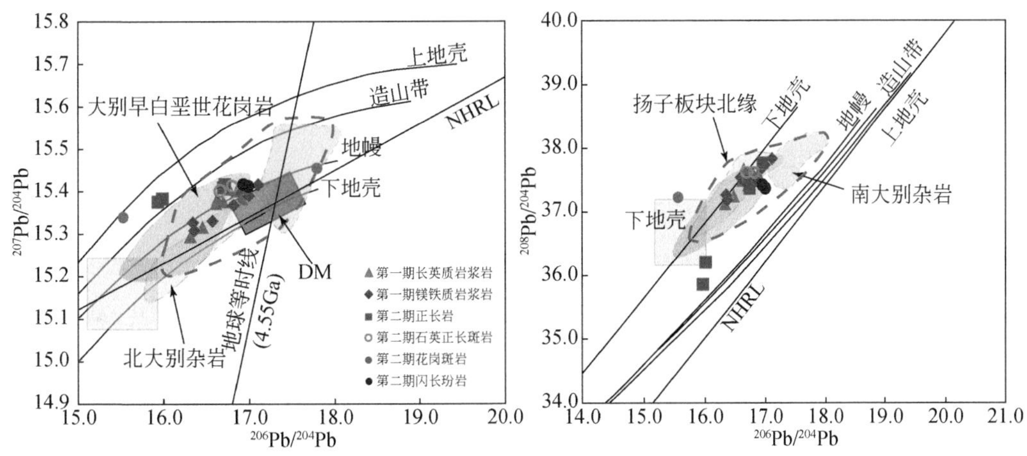

图 3.14 沙坪沟地区岩浆岩 Pb 同位素演化图解

底图据 Zartman and Doe，1981；北大别杂岩据 Zhang et al.，2002；南大别杂岩据 Zhang et al.，2002；大别早白垩世花岗岩据 Zhang et al.，2002；扬子板块北缘据 Chen et al.，2015；下地壳据 Zindler and Hart，1986；DM- 亏损地幔端元据 Zindler and Hart，1986；地球等时线，NHRL- 北半球参考线据 Hart，1984。以沙坪沟地区各类岩浆岩的锆石 U-Pb 年龄（图 3.15）对各岩浆岩的 Pb 同位素进行校正

上述讨论表明，单独的大陆中下地壳部分熔融或岩石圈地幔源的熔融都不能很好地解释沙坪沟地区岩浆岩的起源，沙坪沟地区岩浆岩的源区比较倾向于岩石圈地幔与大陆地壳（大别杂岩和扬子板块基底）之间的混合源（图 3.13）。图 3.13 的 Sr-Nd 同位素模拟显示，上地幔橄榄岩混合 5%~20% 的俯冲中下地壳物质足以解释目前沙坪沟地区岩浆岩的 Sr-Nd 同位素组成特征。岩石圈地幔橄榄岩中注入 5%~20% 的下地壳物质，不仅会改变 Sr-Nd 同位素组成特征，而且会改变源区的主要和微量元素浓度。不考虑热量平衡问题，假设中下地壳的平均 SiO_2 含量为 66%（Gao et al.，1999；Ma et al.，2000），上地幔的 SiO_2 含量为 45%（Sun and McDonough，1989），那么混合源区的 SiO_2 含量为 46%~49%。沙坪沟地区岩浆岩的 SiO_2 含量为 45.2%~77.6%，反映了其源区应该混入了一些其他的含硅更高的物质，如上地壳。较低的 Ba/Rb 值是中上地壳的典型特征（Rudnick and Gao，2003），沙坪沟地区岩浆岩有较低的 Ba/Rb 值，表明其源区混入了一些中上地壳物质。前人研究也指出，北大别杂岩和南大别杂岩分别代表扬子俯冲板片的下地壳和上地壳岩石（Zhang et al.，2002；Li et al.，2005；Chen et al.，2006；Liu et al.，2006），大别造山带下面具有类三明治结构（Fan et al.，2004），因此，大别杂岩是沙坪沟地区岩浆岩源区的重要组成部分。

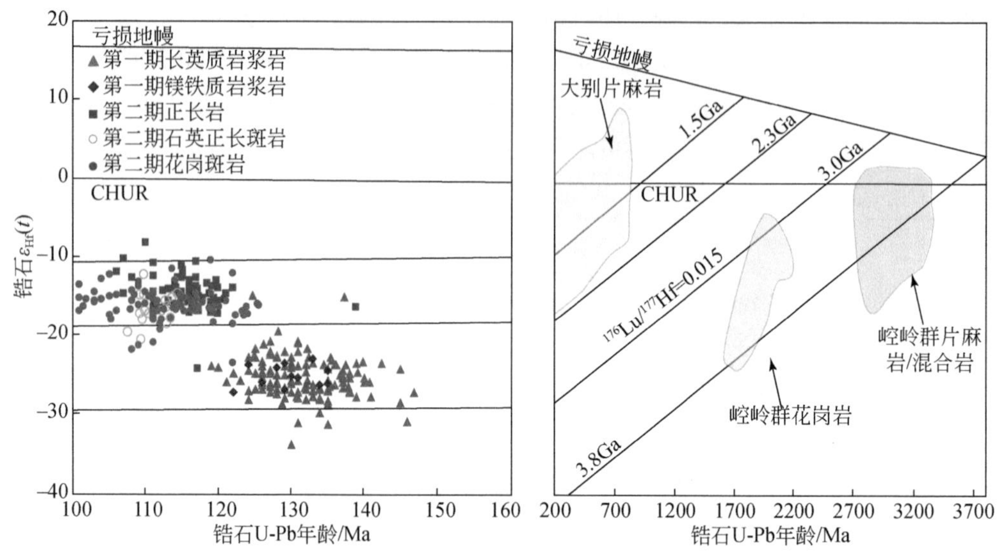

图 3.15　沙坪沟地区岩浆岩与大别造山带及邻区古老岩石锆石 U-Pb 年龄 -$\varepsilon_{Hf}(t)$ 图解

岩浆岩资料据陈红瑾等，2013；于文，2012；刘晓强等，2017；何韬，2016；本研究。崆岭群资料据 Zhang et al.，2006；Guo et al.，2014。大别片麻岩资料据 Zhao et al.，2008；Zheng et al.，2005，2006

混合源区的部分熔融可以解释沙坪沟地区侵入岩的元素和同位素组成特征，沙坪沟地区两期岩浆岩的主量、微量和稀土元素、Sr-Nd-Pb-Hf 同位素组成特征表明其源区为岩石圈地幔、扬子板块地壳和大别杂岩的混合源。通过 Sr-Nd 同位素模拟（图 3.13）可知，第一期岩浆岩源区含 40%~60% 地壳组分（0~35% 大别杂岩组分），第二期岩浆岩源区含 30%~60% 地壳组分（20%~45% 大别杂岩组分）。

3.3.2　岩浆演化过程

3.3.2.1　第一期岩浆岩（早白垩世早期）

沙坪沟地区第一期长英质岩浆岩含有大量的钾长石、斜长石、石英、黑云母等矿物，显示出较高的 SiO_2、Al_2O_3、Na_2O、K_2O、Sr ($>350\times10^{-6}$)、LREE 含量以及 Sr/Y、$(La/Yb)_N$ 值，较低的 MgO、FeO^T、Y、Yb 含量。这些岩浆岩还显示了较高的 $(^{87}Sr/^{86}Sr)_i$（0.7076~0.7089）和负的 $\varepsilon_{Nd}(t)$ 值（–18.1~–13.4），反映了下地壳的源区特征。哈克图解上（图 3.12），随着 SiO_2 含量的增加，Al_2O_3、CaO、P_2O_5、TiO_2、Sr 含量显著降低，同时 Nb、Ta、Sr、P、Ti 也具有明显亏损特征，表明结晶分异过程中，斜长石、黑云母 / 金云母、磷灰石和 Fe-Ti 氧化物是主要的结晶矿物，Eu 负异常（图 3.11）也指示斜长石的晶出。

第一期镁铁质岩浆岩表现出低 SiO_2 含量（低至 45.2%），高 MgO（高至 23.9 %）、Ni（>617 × 10^{-6}）、Cr（高至 1010 × 10^{-6}）含量的特征，反映其源区具有地幔特征。然而这些岩浆岩也具有强烈的"似地壳"主量、微量元素和同位素组成的特征，如较高的 SiO_2 含量（最高到 57.0%）以及 Na_2O+K_2O 含量（高至 6.2%）（图 3.10），较低的 $Mg^{\#}$ 值（56~80），富集大离子亲石元素和轻稀土元素，亏损 Th、U、Nb 和 Ta 元素（图 3.11），较高的 $(^{87}Sr/^{86}Sr)_i$（0.7073~0.7079）和负的 $\varepsilon_{Nd}(t)$ 值（−23.0~−13.7）（图 3.13）。这些岩石地球化学和同位素组成特征表明，在这些镁铁质岩浆岩形成过程中，地壳物质具有很重要的作用（Rapp et al.，1999；Zhang et al.，2012）。随着 SiO_2 含量的增加，这些岩浆岩的 CaO、FeO^T 和 MgO 含量显著降低（图 3.12），表明结晶分异过程中橄榄石和斜方辉石的存在。微弱的 Eu 负异常（图 3.11）表明斜长石少量存在于结晶分异过程中。P_2O_5 和 TiO_2 含量的无规律变化表明在结晶分异过程中存在一些如磷灰石和 Fe-Ti 氧化物的副矿物（图 3.12）。

在 Sr-Rb 图解 [图 3.16（a）] 上的趋势显示，沙坪沟地区第一期岩浆岩发生了白云母（长英质岩石）和黑云母（镁铁质岩石）的分离结晶，而 Sr-Ba 图解上 [图 3.16（b）] 的趋势也显示石榴子石、角闪石和白云母的分离结晶。Dy/Yb 与 SiO_2 呈弱的负相关 [图 3.16（c）] 也反映了角闪石的分离结晶，但没有或有很少的石榴子石分离结晶。

3.3.2.2　第二期岩浆岩（早白垩世晚期）

沙坪沟地区第二期岩浆岩的正长岩中存在大量的钾长石、斜长石和石英，不存在辉石和橄榄石，这一矿物组合特征与典型的碱性岩不同。地球化学特征上，正长岩显示了丰富的 Na_2O、K_2O、Al_2O_3、HFSE（如 Th、U、Zr、Hf）含量以及明显的 Eu 负异常（图 3.11），与 King 等（1997）定义的 A 型花岗岩类似。Patiño Douce（1997）研究表明，只有在较低压力下（$P \leqslant$ 4kbar①）形成的熔体具有 A 型花岗岩的地球化学特征（低 Al、Ca、Sr 和 Eu 含量）。在较高压力下熔融过程中，斜长石的大量熔融会导致熔体富集 Al_2O_3、CaO、Sr 和 Eu（Patiño Douce and Beard，1995）。沙坪沟地区正长岩显示出显著的 Eu 负异常和 Sr 亏损，指示了正长岩熔体形成在高于 4kbar 的压力下，并且经历了斜长石的结晶分异。在地壳较深部（$P \geqslant$ 8kbar）部分熔融产生熔体，残留物主要是斜方辉石，熔体的绝大部分的 A 型花岗岩地球化学特征会丢失（Patiño Douce，1997）。沙坪沟地区正长岩显示了铝质 A 型花岗岩的地球化学特征，如丰富的 Al_2O_3、Na_2O、K_2O、Th、U、La、Ce、Zr、Hf 含量，表明熔体应该形成在低于 8kbar 压力下。因此，沙坪沟地区正长岩形成在 4~8 kbar（14~26km），磷灰石、Fe-Ti 氧化物和斜长石的结晶分异可以大致解释沙坪沟地区正长岩的地球化学特征。

除亏损的 Zr、Hf 外，石英正长斑岩显示出与正长岩类似的地球化学和同位素组成特征，Sr-Rb 图解 [图 3.16（a）] 中的趋势显示了石榴子石 / 角闪石和斜长石的分离结晶，Sr-Ba 图解 [图 3.16（b）] 也显示了钾长石 / 斜长石和石榴子石 / 角闪石的分离作用。Dy/

① 1kbar=10^8 Pa。

Yb 与 SiO_2 呈负相关 [图 3.16（c）] 反映了有角闪石而没有石榴子石的分离结晶。亏损的 Zr、Hf 也指示了磷灰石分离结晶。

第二期花岗斑岩富硅，含有大量的石英、钾长石、斜长石和微量或少量的黑云母。微量或少量的黑云母说明花岗斑岩经历了显著的结晶分异过程，这也得到明显的 Ba、Sr、Eu 和 Ti 亏损的地球化学特征支持（图 3.11）。这些地球化学特征也与铝质 A 型花岗岩相似（King et al.，1997）。低 MgO 含量表明镁铁质矿物的分异，缺少黑云母的岩相特征显示了可能存在的黑云母的分异。斜长石的分离结晶可能会导致 Sr 亏损和 Eu 负异常，而钾长石的分离结晶可能会导致 Eu 负异常和 Ba 亏损。因此，花岗斑岩可能经历了显著的斜长石 / 钾长石分离结晶作用。Ti 亏损应由含 Ti 矿物（如钛铁矿、榍石等）的分离结晶导致，P 亏损则可以认为由磷灰石的分离结晶导致（He et al.，2011；Wu et al.，2003a，2003b）。花岗斑岩显示较低的 $(Dy/Lu)_N$ 值和 V 型的稀土分配模式（图 3.11）被认为发生了磷灰石 – 褐帘石组合的分离结晶（Wang et al.，2014a）。Dy/Yb 与 SiO_2 呈负相关 [图 3.16（c）]，以及从 MREE 到 HREE 的略微上升的趋势（图 3.11）指示了在较低压力下发生了角闪石和斜长石分离结晶；此外，Al_2O_3、Sr 与 SiO_2 的负相关（图 3.12）也说明了较低压力下发生了角闪石和斜长石分离结晶，且不存在较高压力下的石榴子石分离结晶或含石榴子石残留物相（Macpherson et al.，2006；Davidson et al.，2007；Hora et al.，2009）。

与第一期镁铁质岩浆岩相比，第二期的闪长玢岩显示了更高 SiO_2、Na_2O、K_2O、CaO、Al_2O_3、Sr、Ba 含量，低的 MgO、FeO^T 含量和 $Mg^\#$ 值，以及更显著的 Eu 负异常，指示了除具有第一期镁铁质岩浆岩的分离结晶矿物组合外，黑云母也是重要的分离结晶矿物。Sr-Rb 图解 [图 3.16（a）] 指示了石榴子石 / 角闪石和白云母的分离结晶，Sr-Rb 图解 [图 3.16（b）] 也显示了石榴子石 / 角闪石的分离结晶。Dy/Yb 与 SiO_2 呈正相关 [图 3.16（c）]，反映了石榴子石的分离结晶。

在 La-La/Sm、Yb-La/Yb 和 Yb-Tb/Yb 图解中（图 3.17），沙坪沟地区岩浆岩 La 和 La/Sm 呈正相关关系，Tb/Yb 和 Yb 之间呈现负相关关系，表明岩浆演化过程中，分离结晶是主要的控制因素，同时也受到源区性质不均一的影响。

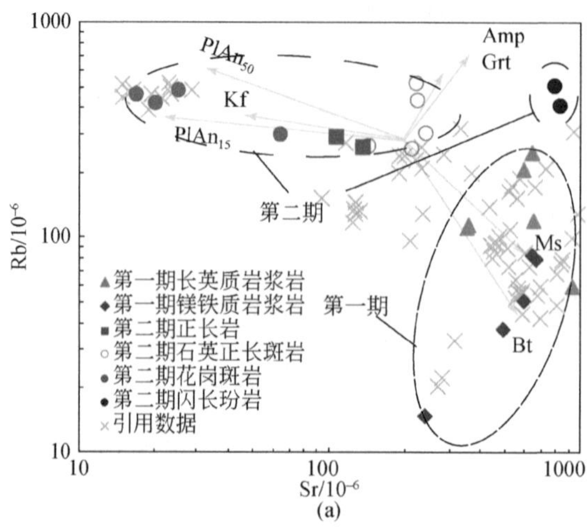

(a)

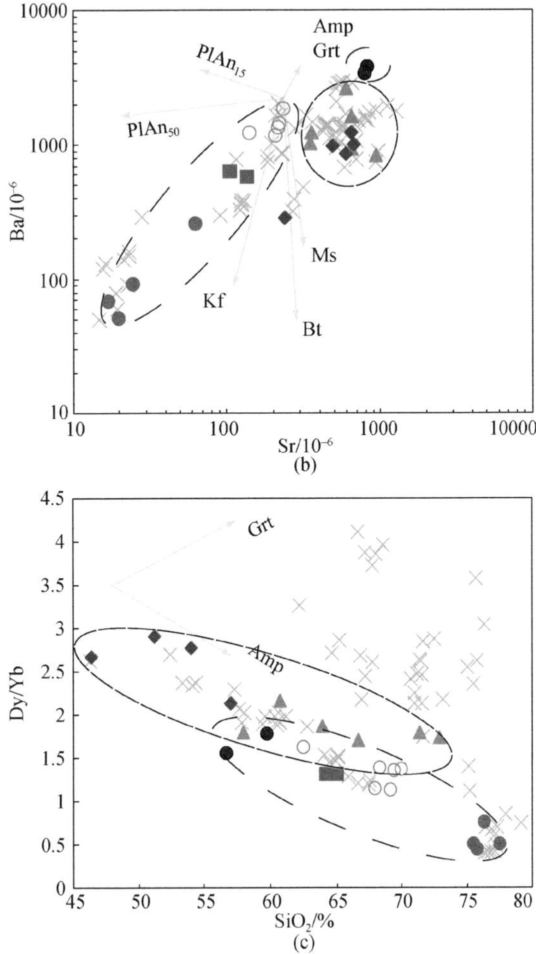

图 3.16　沙坪沟地区岩浆岩分离结晶图解

(a) 和 (b) 底图据 Janoušek et al.，2004；Pl- 斜长石，Kf- 钾长石，Bt- 黑云母，Ms- 白云母，Grt-石榴子石，Amp- 角闪石；An- 斜长石牌号

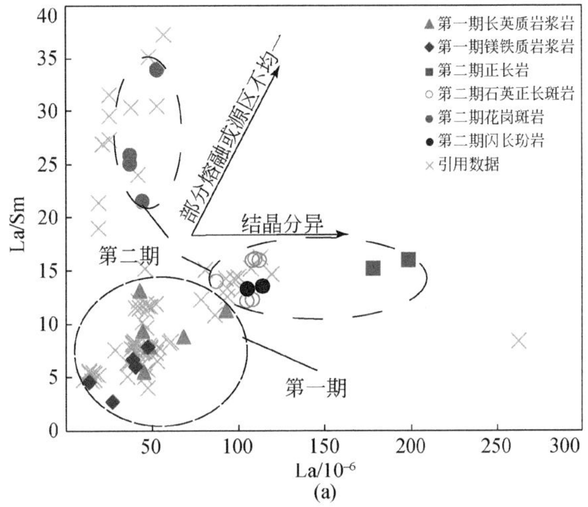

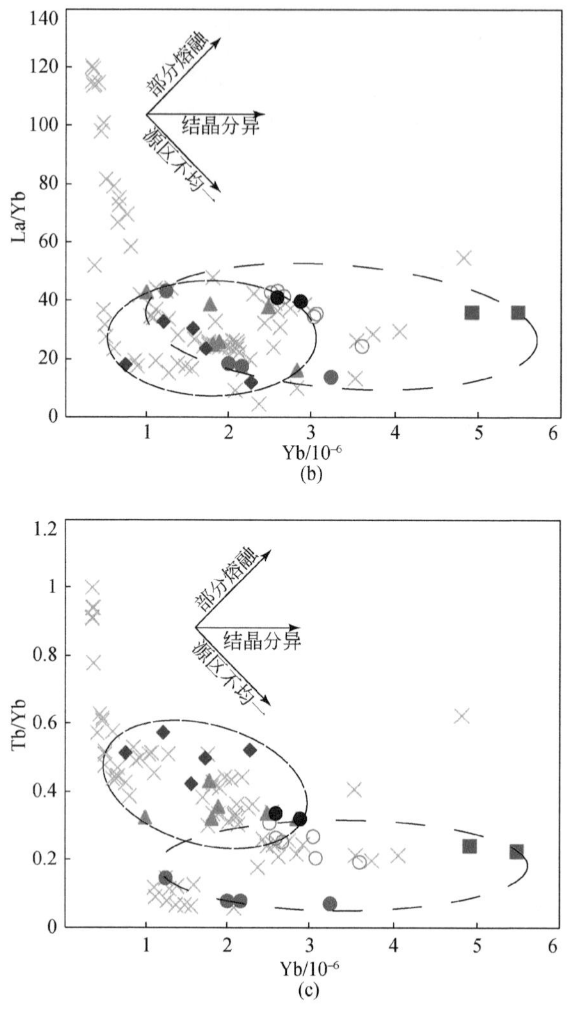

图 3.17　沙坪沟地区岩浆岩部分微量元素关系图解

3.3.3　成岩动力学背景

在沙坪沟地区花岗质岩浆岩构造背景判别图（图 3.18）中，沙坪沟地区第一期早白垩世早期花岗质岩石主要落于火山弧花岗岩（VAG）区域，第二期花岗质岩石主要落于板块内花岗岩（WPG）和碰撞后花岗岩（POG）区域，这与伸展背景下陆壳部分熔融形成的岩浆过程是一致的。在 Nb-Y-Ce 图解（图 3.18d）中，沙坪沟第一期花岗质岩石主要落于造山后 A 型花岗岩（A2）区域，第二期早白垩世晚期花岗质岩石则落于非造山 A 型花岗岩（A1）区域（Eby，1992）。因此，沙坪沟地区花岗质岩石和钼矿床更可能形成于板内伸展背景。

前人研究认为扬子板块和华北板块之间的碰撞发生在三叠纪—晚侏罗世（Ames et

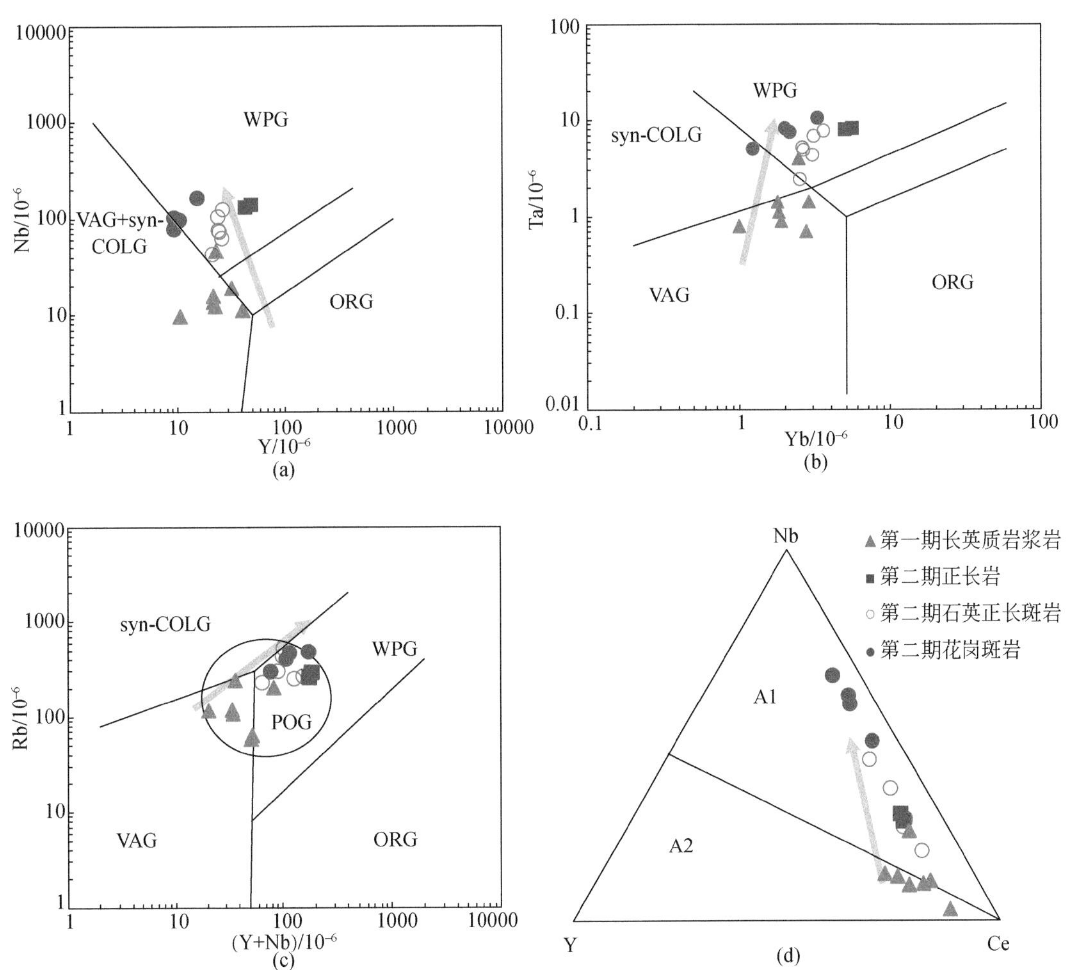

图 3.18　沙坪沟地区花岗质岩浆岩构造背景判别图解

(a) Y-Nb 图解据 Pearce et al.，1984；(b) Yb-Ta 图解据 Pearce et al.，1984；(c) (Y + Nb) -Rb 图解据 Pearce，1996；(d) Nb-Y-Ce 图解据 Eby，1992。VAG- 火山弧花岗岩；ORG- 洋中脊花岗岩；WPG- 板内花岗岩；Syn-COLG 同碰撞花岗岩；POG- 碰撞后花岗岩；A1- 非造山 A 型花岗岩；A2- 造山后 A 型花岗岩

al.，1993；Ernst and Liou，1995；Li et al.，1993，1999；Hacker et al.，1995，1998；Zheng et al.，2003，2005，2006；王清晨和林伟，2002；徐树桐等，1992），也有部分学者认为碰撞活动可持续到早白垩世(Chen et al.,2017)。大别造山带大范围分布的高压–超高压变质岩，表明扬子板块中下地壳完全俯冲到了较深部地幔（徐树桐等，1992；王清晨和从柏林，1998；Li et al.，1999，2000；Zheng et al.，2003）。整个俯冲循环，超高压程度的变质作用以及折返作用有点类似于油炸冰激凌模型，发生在 10~20Ma 间（Zheng et al.，2003；Wang et al.，2005）。Andersen 等（1991），Faure 等（1999）

和 Fan 等（2004）研究得出，在深层大陆俯冲过程中，大量地壳物质可以停留在上地幔中，随后发生一系列由于地幔对流产生的浮力而导致高压 – 超高压变质岩的折返作用。在 220~200Ma 间，东秦岭 – 大别钼矿带发生了以正长岩岩筒或岩脉（Yang et al., 2005）、煌斑岩岩脉（Wang et al., 2007）和环斑状花岗质岩株（卢欣祥等，1999；Zhang et al., 1999）为代表的广泛强烈的岩浆作用，表明该区在当时处于后碰撞伸展背景。通过古地磁对华北板块和华南板块的位移轨迹的研究表明，两者在晚侏罗世完全拼合在一起（Lin et al., 1985；Yang et al., 1991），此后，大别地区进入板块内构造 – 岩浆演化阶段。

中国东部开始成为活跃大陆边缘环境是在约 180Ma 时（Maruyama et al., 1997）或从 Izanagi 板块开始向欧亚板块正交俯冲时（Zhou and Li，2000；Li and Li，2007；Sun et al., 2007）。中国东部广泛存在的岩浆活动经历了由 Izanagi 板块俯冲转向（北西向转变为正北向；Maruyama et al., 1997））引起的晚中生代构造格局转换，以及强烈壳幔相互作用的复杂地球动力过程，构造格局转换发生在 165~145Ma 之间的晚侏罗世—早白垩世，主要构造应力从东西向转变为北东—北北东向，构造背景由挤压转变为伸展（任纪舜等，1992；Dong et al., 1998；周涛发等，2008），并伴随强烈壳幔相互作用的大规模岩石圈减薄的浅部效应。大别造山带的构造背景在约 135Ma 时由挤压向伸展转变（许长海等，2001；马昌前等，2003），加厚下地壳拆沉，岩石圈减薄（Wang et al., 2007；He et al., 2011；Dai et al., 2012）。Sun 等（2007）认为除 Izanagi 板块以外，太平洋板块在 125~122Ma 时，由于南太平洋 Ontong Java 大火山岩省的喷发，其漂移方向大幅度转向为北西向俯冲，正是由于这次转向，中国东部在此期间出现了岩浆宁静期。随着俯冲的深入，俯冲板块约于 115~110Ma 开始后撤，中国东部重新发生岩浆活动。李文达等（1998）通过研究曾提出中国东南部岩石圈的伸展程度在 125~105Ma 之间不断增强。

长江中下游成矿带、大别造山带北淮阳构造带和皖南地区是中国东部的重要组成部分，这三个相邻地区的中生代岩浆岩也存在类似的年代学规律（图 3.19）。综合分析显示，在早白垩世，长江中下游成矿带与铜铁成矿区有关的侵入岩形成于 145~123Ma 之间（Pan and Dong，1999；周涛发等，2008，2011）、大别造山带北淮阳构造带侵入岩形成于 150~111Ma 之间（Wang et al., 2014a；任志，2018）、皖南地区侵入岩形成于 153~123Ma 之间（Wu et al., 2012；范羽等，2016）。很多研究学者认为，中国东部白垩纪强烈的构造 – 岩浆事件与古太平洋 /Izanagi 板块俯冲引起的大规模岩石圈分层拆沉和软流圈地幔上涌有关（Wu et al., 2005；Mao et al., 2011；Pirajno and Zhou, 2015）。因此，大别地区的早白垩世侵入岩是由岩石圈拆沉、软流圈地幔上涌和地幔快速对流产生的热异常而形成，而这一深部过程是受 Izanagi 板块 / 太平洋板块向欧亚板块俯冲、太平洋板块俯冲转向及后撤导致的中国东部构造格局转变的影响。

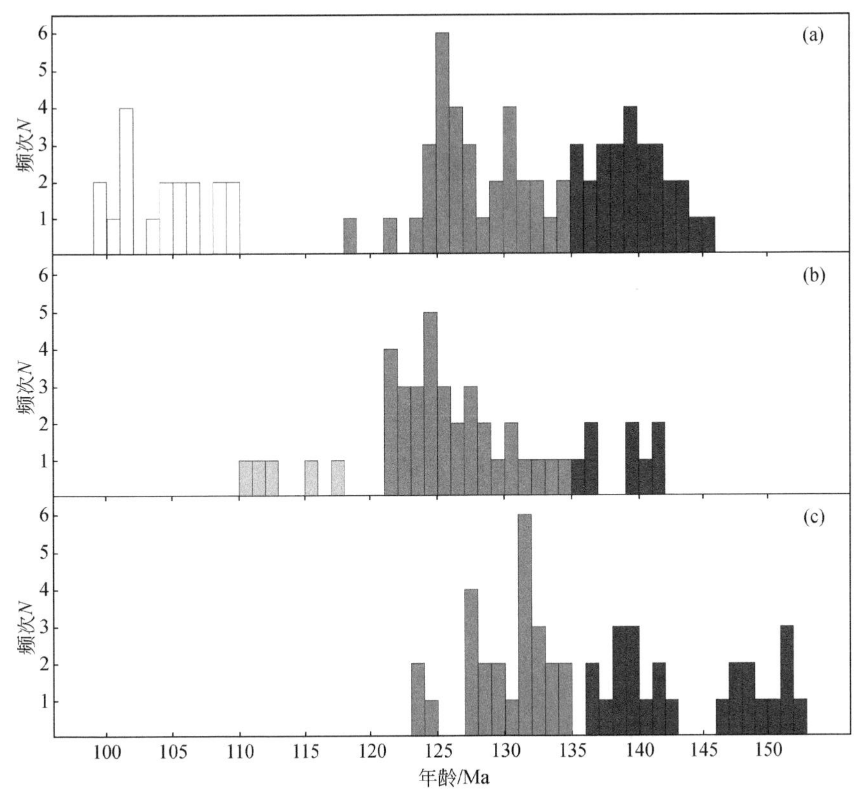

图 3.19 长江中下游成矿带、大别造山带北淮阳构造带和皖南地区成岩时代直方图

（a）长江中下游成矿带侵入岩年龄；（b）大别造山带北淮阳构造带侵入岩年龄；（c）皖南地区侵入岩年龄

3.4 成岩模式

华北板块和扬子板块最后一次全面陆陆碰撞发生在三叠纪（250~205Ma），秦岭的三大陆块——华北板块、秦岭微陆块和扬子板块依次沿勉略和商丹带向北俯冲碰撞，并在秦岭－大别造山带的东部形成了著名的大别－苏鲁超高压变质带（Hacker et al.，1998；Li et al.，2000；Zheng et al.，2003），西部形成了同碰撞花岗岩带（Qin et al.，2009；Sun et al.，2002；周滨等，2008）。碰撞从秦岭－大别造山带的东面开始，始于 240Ma，大约 226 ± 2Ma 为峰值年龄（Li et al.，1993；Liu et al.，2006）。随着碰撞的向西推进，在秦岭造山带形成了两条花岗岩带，南带以同碰撞和后碰撞花岗岩为主，年龄在 220~206Ma 之间（Jiang et al.，2010；Qin et al.，2009；Sun et al.，2002）；北带以具有环斑结构的花岗岩为主，与同碰撞花岗岩一致（王晓霞和卢欣祥，2003；Zhang et al.，1999；周滨等，2008）。此阶段，碰撞事件造成地层叠置逆冲、推覆和走滑，从而使岩石圈加厚，并发生强烈变质、变形和岩浆活动，尤其是碰撞后期（晚期）拉张伸展阶段的岩浆活动和成矿作用更为强烈。大陆深俯冲到地幔，其部分熔融形成的岩浆或脱水形成的流体交代上覆岩石

圈地幔，形成富集地幔楔。

许多研究者认为，中国东部在早白垩世发生了构造体制转变，这种构造体制的转变是引发秦岭－大别造山带早白垩世大规模岩浆和成矿事件的原因（Mao et al., 2008；朱赖民等，2008；李永峰等，2005；李诺等，2007；卢欣祥等，2002）。当其应力场方向转为近东西向开始，中国东部正式进入了太平洋构造演化阶段（任纪舜等，1992）。这一过渡时期开始于约 160Ma（赵越等，1994）或约 180Ma（Zhou et al.,2006），但是也有研究者认为其开始时间可能更早（Li and Li，2007）。125~136Ma 期间，Izanagi 板块近北向俯冲，太平洋板块南—南西向俯冲（Goldfarb et al.，2007；Maruyama et al.，1997），中国东部包括秦岭－大别造山带应力场方向也发生了改变，加速古老下地壳拆沉，软流圈地幔上涌，因热场改变而发生部分熔融，构成三端元源区，由于不均一源区不同程度的部分熔融，形成的熔体性质也不均一，熔体向上运移并聚集，形成大规模浅部岩浆房，并侵位形成沙坪沟地区第一期长英质岩浆岩和镁铁质岩浆岩 [图 3.20（a）（c）]。

古太平洋板块在 125~122Ma 时，由于西太平洋 Ontong Java 大火山岩省的喷发，其漂移方向大幅度转向为北西向俯冲并在随后开始后撤（Sun et al.，2007）。在 120~110Ma 期间，引发源区部分熔融程度增加，岩石圈伸展程度增强，浅部岩浆房中大别杂岩组分增加，且早期残余熔体经过长时间的分异演化，随新加入的熔体侵位至近地表形成第二期岩浆岩，从而形成了沙坪沟超大型斑岩钼矿床的成矿岩浆岩 [图 3.20（b）（d）]。

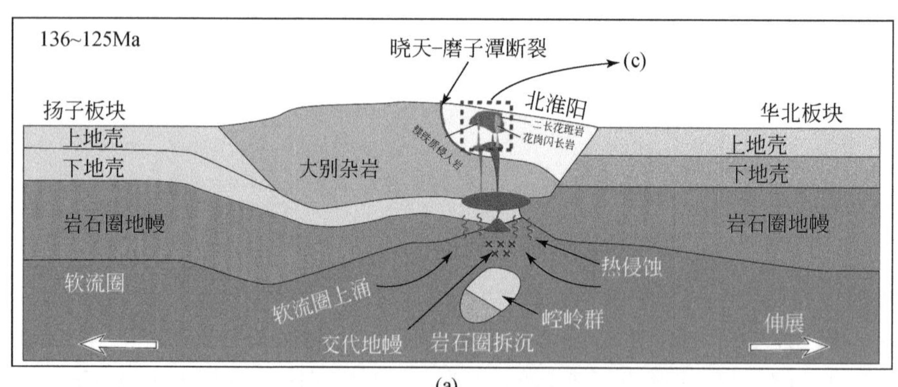

(a)

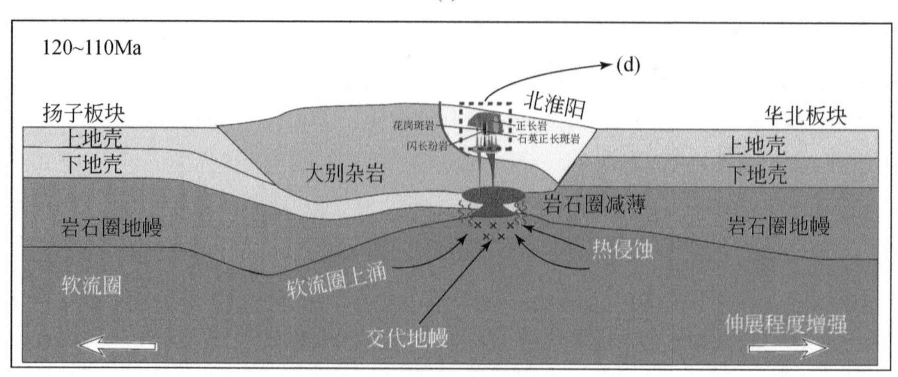

(b)

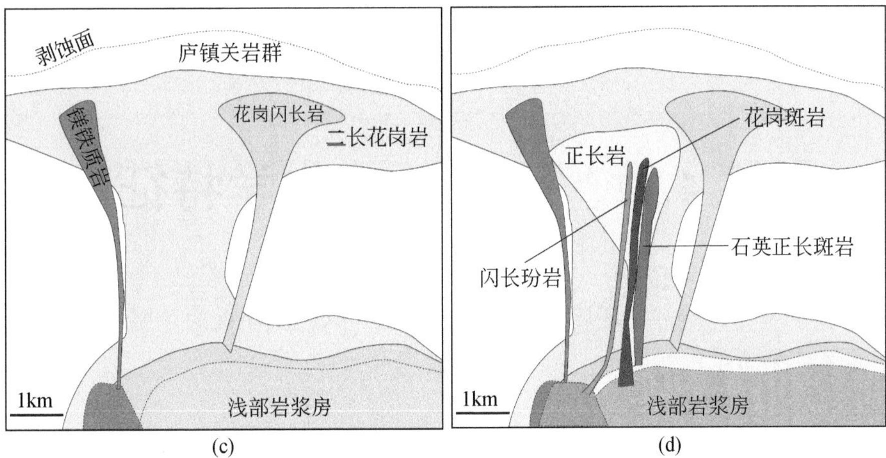

图 3.20　沙坪沟地区岩浆岩成岩模式图

136Ma 之前，Izanagi 板块北西向俯冲，太平洋板块南西向俯冲，大别造山带处于碰撞后背景，岩石圈加厚，形成的岩浆岩多具高 Sr、低 Y 的地球化学特征，此时，沙坪沟地区没有发生岩浆活动。136~125Ma，Izanagi 板块近北向俯冲，太平洋板块南西向俯冲，大别造山带进入伸展背景，岩石圈拆沉且减薄，软流圈上涌，造成热场改变，岩石圈地幔 + 大别杂岩 + 扬子古老下地壳的混合源区不均一部分熔融，形成沙坪沟地区第一期长英质和镁铁质岩浆岩。125Ma 之后，太平洋板块转至北西向俯冲，随后开始后撤，在 120~110Ma 期间，伸展程度增强，岩石圈进一步减薄，源区部分熔融程度增加，岩浆房中古老下地壳和大别杂岩组分增加，形成了沙坪沟第二期的岩浆岩

第 4 章　矿床地球化学特征

为了进一步探讨沙坪沟钼矿床的成矿物质来源和成矿流体性质及演化过程，本章重点讨论矿床地球化学特征。

4.1　矿石矿物微量元素地球化学特征

4.1.1　辉钼矿

应用LA-ICP-MS 原位分析技术，对来自沙坪沟钼矿床六个钻孔的11 个辉钼矿样品（图4.1）进行了高精度成分分析。样品中，辉钼矿呈滕折状或薄片状，粒径 0.1~2mm。这些样品可以划分为两组，分别对应成矿高温 – 中高温组合和中温组合，详细的采样位置和特征描述见表 4.1 所示。

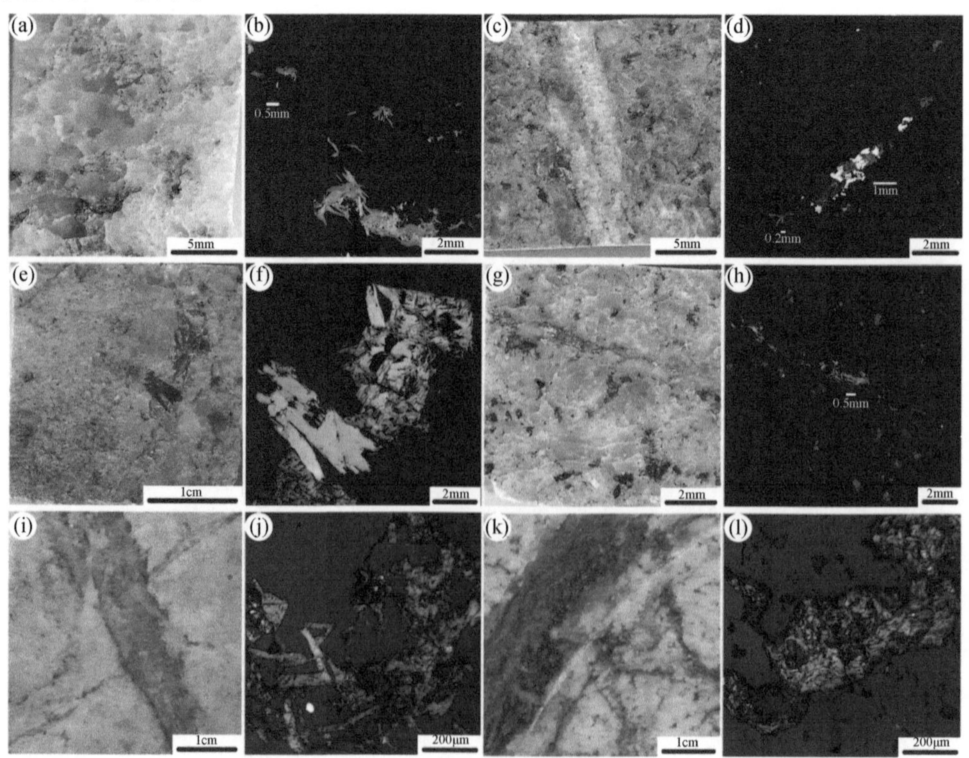

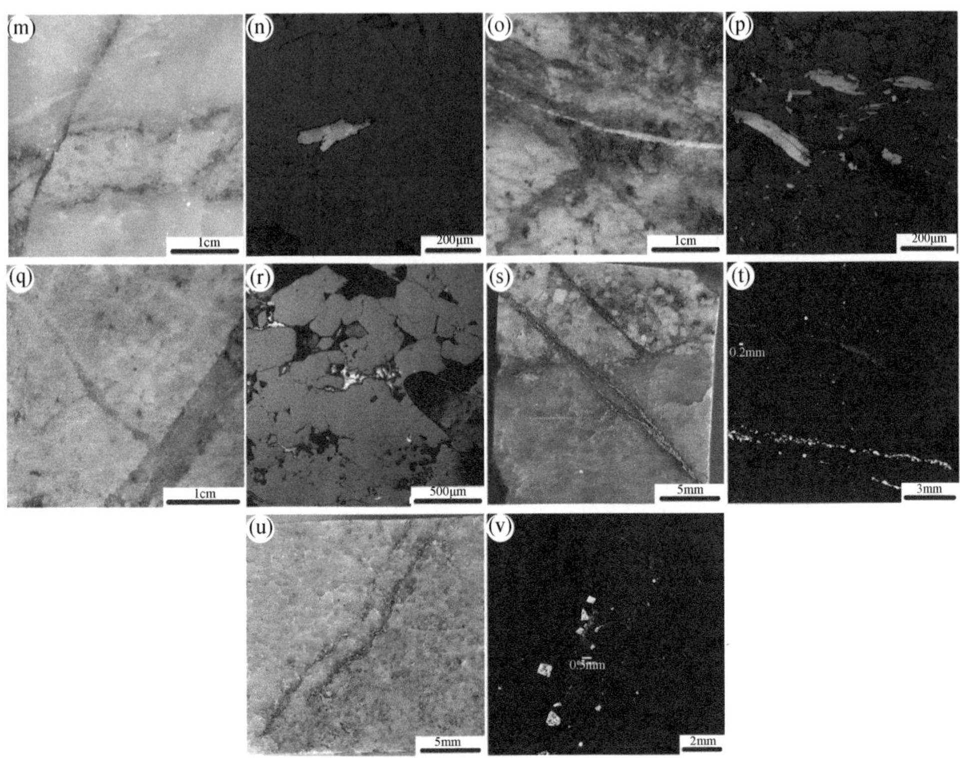

图 4.1　沙坪沟钼矿床辉钼矿手标本和显微特征照片

（a）（b）91-85；（c）（d）95-126；（e）（f）91-45；（g）（h）92-130；（i）（j）52-166；（k）（l）94-545；（m）（n）52-775；（o）（p）94-571；（q）（r）52-820；（s）（t）132-64；（u）（v）92-97。样品特征参见表 4.1 描述

表 4.1　沙坪沟钼矿床辉钼矿样品特征

样品编号	采样位置	矿物组合	特征描述
91-85	91 号钻孔 1193m	Mo	石英 – 辉钼矿脉，辉钼矿呈小片状集合体，0.2~1mm [图 4.1(a)(b)]
95-126	95 号钻孔 1287m	Mo，Py	石英 – 辉钼矿 – 黄铁矿脉，片状，0.4~5mm [图 4.1(c)(d)]
91-45	91 号钻孔 1055m	Mo	石英团块中的粗粒辉钼矿，片状或膝折状，1~4mm [图 4.1(e)(f)]
92-130	92 号钻孔 1381m	Mo，Py	石英 – 辉钼矿 – 黄铁矿脉，片状，0.2~1mm [图 4.1(g)(h)]
52-166	52 号钻孔 766m	Mo	石英 – 辉钼矿脉，辉钼矿呈小片状集合体或片状，0.1~0.2mm [图 4.1(i)(j)]
94-545	94 号钻孔 545m	Mo	辉钼矿细网脉，纤细片状，0.1~0.2mm [图 4.1(k)(l)]
52-775	52 号钻孔 775m	Mo	辉钼矿脉，纤细片状，0.2~0.3mm [图 4.1(m)(n)]
94-571	94 号钻孔 571m	Mo	石英 – 辉钼矿 – 硬石膏脉，纤细片状，0.2mm [图 4.1(o)(p)]
52-820	52 号钻孔 820m	Mo	石英 – 辉钼矿脉，辉钼矿呈小片状集合体或片状，0.1~0.4mm [图 4.1(q)(r)]
132-64	132 号钻孔 627m	Mo，Py	辉钼矿脉被石英脉切断，石英脉穿切石英 – 黄铁矿脉，辉钼矿呈小片状集合体 <0.1mm [图 4.1(s)(t)]
92-97	92 号钻孔 843m	Mo，Py	石英 – 辉钼矿脉，辉钼矿分布在脉两侧边缘，脉状有浸染状黄铁矿，辉钼矿呈小片状集合体，约 0.1mm [图 4.1(u)(v)]

第一组：样品 91-85，95-126，91-45，92-130。这些辉钼矿脉矿物组合为石英－辉钼矿 ± 黄铁矿，与钾硅酸盐化有关，属于高温热液矿物组合。

第二组：样品 52-166，94-545，52-775，94-571，52-820，132-64，92-97。这些辉钼矿脉主要组成矿物为石英－辉钼矿 ± 绢云母 ± 黄铁矿，与硅化和绢英岩化有关，属于中高温－中温热液矿物组合。

Mo 在辉钼矿中以 Mo^{4+} 的形式存在，与 Re^{4+}，W^{4+}，Sn^{4+}，Ta^{5+}，Ta^{4+}，Mn^{3+}，Ti^{3+} 具有相似的离子半径和离子电荷（Shannon，1976），这些元素均为亲氧元素，替换晶格中的 Mo^{4+} 的位置较为困难。它们在辉钼矿中含量较高可能是通过机械混合或以矿物包裹体的形式存在。

图 4.2 是沙坪沟钼矿床辉钼矿微量元素 LA-ICP-MS 信号谱图，分析结果如表 4.2 和表 4.3 所示，可见，Re 含量范围较广，在 0.05×10^{-6}~154.94×10^{-6} 之间，具有较低的标准方差（30.76），其中两个样品含较高的 Re 含量（19.04×10^{-6}~84.33×10^{-6}、24.21×10^{-6}~154.94×10^{-6}），其他的样品含量在 0.05×10^{-6}~12.15×10^{-6} 之间。Pb 含量在 0.03×10^{-6}~2846.51×10^{-6} 之间。样品 92-97 含有高达 602.68×10^{-6} 的 Cu 含量，绝大部分样品的 Cu 含量在 0.35×10^{-6}~124.15×10^{-6} 之间，具有较高的标准方差（71.35）。Zn 含量范围较大，在 0.52×10^{-6}~1724.79×10^{-6} 之间，具有较高的标准方差（198.71）。Se 含量在 8.76×10^{-6}~467.64×10^{-6} 之间，平均值为 28.33×10^{-6}，标准方差为 69.98，样品 92-97、132-64 含有更高的 Se 含量，其他的样品中 Se 含量小于 22×10^{-6}。除了样品 92-97 外，其他样品的 Sn 含量在 0.09×10^{-6}~4.64×10^{-6} 之间。样品的 Te 含量分布范围较窄，在 0.34×10^{-6}~51.76×10^{-6} 之间，具有较低的标准方差（5.94）。W 含量分布范围较广，在 6.56×10^{-6}~469.57×10^{-6} 之间，平均值为 85.28×10^{-6}，标准方差为 125.07。

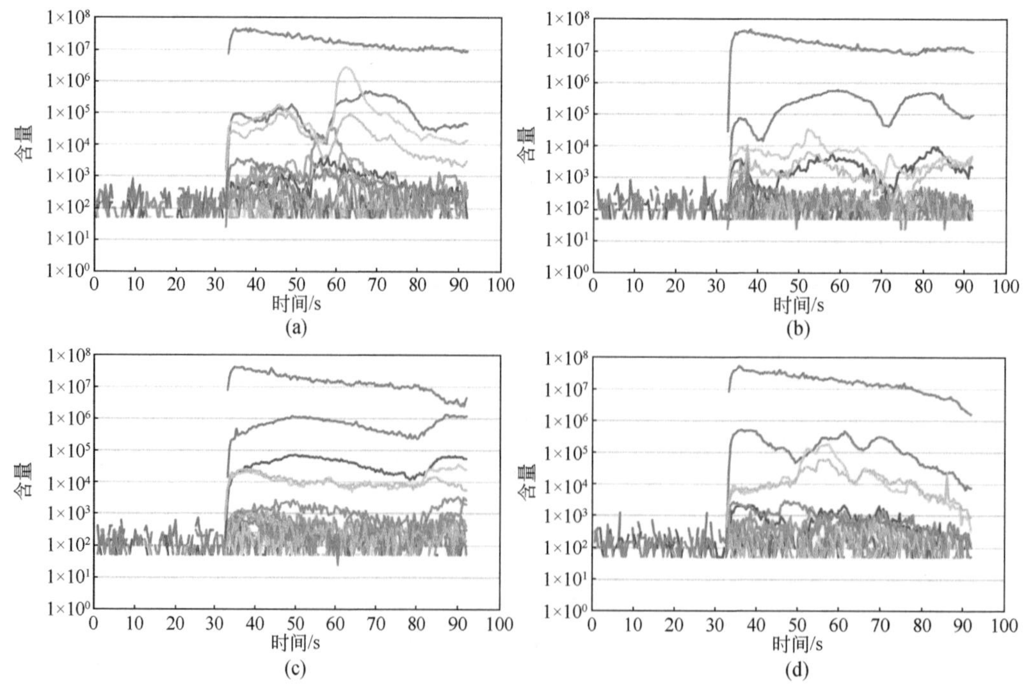

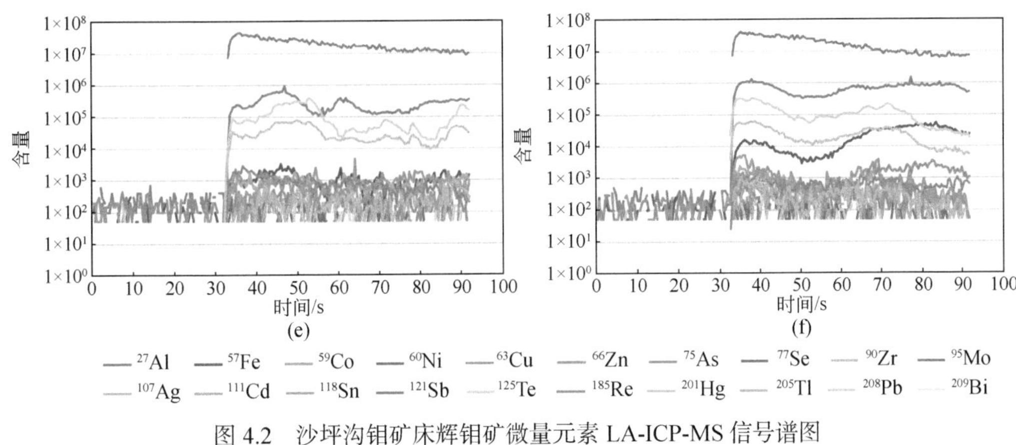

图 4.2　沙坪沟钼矿床辉钼矿微量元素 LA-ICP-MS 信号谱图

4.1.1.1　辉钼矿晶型

斑岩型矿床中的辉钼矿是 Re 的最主要的赋存矿物（McCandless et al.，1993），辉钼矿中 Re 含量可能与母岩浆成分和 / 或岩浆分异过程、地壳岩石与岩浆之间的反应、岩浆房的深度、结晶过程中物理化学条件的变化（f_{O_2}、P、T）以及辉钼矿本身的类型（$2H_1$ 和 3R）（Giles and Schilling，1972；Newberry，1979；Todorov and Staikov，1985；Ishihara，1988；Xiong and Wood，2002；Berzina et al.，2005）等有关。3R 型辉钼矿通常含有更高的 Re 含量，含量在 0.3%~1.0% 之间（McCandless et al. 1993；Grabezhev and Voudouris，2014），3R 型辉钼矿一般发育在斑岩型铜矿中，呈浸染状、脉状，或分布于花岗岩中的石榴子石 – 石英岩筒中（Ayres，1973）。$2H_1$ 型辉钼矿具有较宽的 Re 含量分布范围，在 0.1×10^{-6}~830×10^{-6} 之间，发育于伟晶岩、石英 – 伟晶岩筒、简单的石英脉或夕卡岩中（Ayres，1973）。Frondel 和 Wickman (1970) 对来自 83 个不同地区的 108 个辉钼矿样品进行了研究，发现其中约 80% 的辉钼矿为 $2H_1$ 型，只有 3 个样品是 3R 型，其他的样品为 $2H_1$+3R 混合型。Huang (2015) 报道了来自东秦岭 – 大别钼矿带的金堆城斑岩钼矿（300~400℃）、石家湾斑岩钼矿（300℃）、南泥湖 – 三道庄斑岩 – 夕卡岩钼矿床（220~410℃）的辉钼矿均为 $2H_1$ 型和 $2H_1$+3R 型。

沙坪沟矿床辉钼矿 Re-Os 数据显示 Re 含量为 0.36×10^{-6}~36.25×10^{-6}（张红等，2011；黄凡等，2011；孟祥金等，2012）。本次原位分析显示沙坪沟辉钼矿中 Re 含量总体上小于 12×10^{-6}，仅样品 52-775 和 94-571 含量稍高（表 4.2，表 4.3）。沙坪沟钼矿床中的辉钼矿与金堆城斑岩钼矿、石家湾斑岩钼矿和南泥湖 – 三道庄斑岩 – 夕卡岩钼矿床中的辉钼矿具有相似的 Re 含量，这些矿床具有类似的构造背景，沙坪沟钼矿床中辉钼矿更可能是 $2H_1$ 型和 / 或 $2H_1$+3R 型辉钼矿。

4.1.1.2　辉钼矿中 Re、Cu、Te、W、Se 含量特征

有研究认为，辉钼矿中 Re 的浓度与矿化体系的 Mo 浓度成反比（Giles and Schilling，

表 4.2　沙坪沟矿床辉钼矿 LA-ICP-MS 分析结果

样品编号	Al	Fe	Co	Ni	Cu	Zn	As	Se	Zr	Ag	Cd	Sn	Sb	Te	W	Re	Tl	Pb	Bi
91-85 Mo-1	1.40	18.14	0.13	0.23	0.74	0.80	3.01	15.91	0.01	0.09	4.31	0.21	0.05	3.30	—	1.59	0.02	1.06	0.89
91-85 Mo-2	1.52	71.28	0.20	0.50	2.60	1.65	2.68	17.39	0.06	1.53	4.34	0.26	0.03	5.01	—	1.15	0.32	55.90	5.29
91-85 Mo-3	30.48	68.38	0.47	0.39	3.74	1.55	2.70	18.26	0.00	1.07	4.53	0.30	0.19	4.48	—	1.94	1.68	356.51	22.69
91-85 Mo-4	1.93	15.59	0.16	0.19	1.90	0.88	3.09	19.13	0.03	0.11	4.31	0.33	0.09	1.44	—	0.37	0.02	8.85	0.23
91-85 Mo-5	1.38	21.04	0.20	0.24	0.98	1.16	2.89	14.30	0.07	0.23	5.02	0.38	0.03	2.00	—	0.36	0.17	12.77	1.42
91-85 Mo-6	1.21	47.34	0.09	0.31	0.69	4.55	2.07	21.47	0.00	0.08	4.52	0.25	0.04	1.51	—	0.49	0.02	1.03	0.31
91-85 Mo-7	1.90	17.23	0.18	0.30	1.04	2.63	3.73	18.84	0.00	0.12	5.00	0.28	0.08	3.90	—	0.99	0.05	1.79	0.49
95-126 Mo-1	9354.91	7959.78	1.04	0.67	3.24	202.60	5.33	17.11	0.18	1.11	4.76	2.10	0.18	1.28	—	1.55	0.16	178.78	21.67
95-126 Mo-2	9155.06	4438.10	2.27	0.37	20.34	27.85	3.83	21.20	0.03	8.13	4.54	4.64	0.27	4.86	—	2.77	0.99	434.84	57.03
95-126 Mo-3	1.51	15.64	0.10	0.58	1.15	1.46	2.64	18.74	0.01	0.23	4.44	0.29	0.06	0.79	—	5.94	0.01	3.42	0.71
91-45 Mo-1	1.40	14.53	0.07	0.66	1.00	0.66	2.73	10.52	0.01	0.12	4.29	0.22	0.03	0.71	—	4.53	0.03	0.06	0.01
91-45 Mo-2	1.47	18.67	0.09	0.34	0.75	0.72	3.13	15.88	0.00	0.15	4.26	0.22	0.07	0.67	—	1.51	0.01	0.14	0.14
91-45 Mo-3	1.55	14.98	0.14	0.25	1.12	0.78	2.70	12.61	0.03	0.10	4.61	0.30	0.03	0.72	—	1.37	0.01	0.03	0.02
91-45 Mo-4	1.38	14.78	0.05	0.29	0.64	0.74	2.60	11.49	0.03	0.00	4.66	0.32	0.06	1.06	—	0.85	0.00	0.04	0.01
91-45 Mo-5	484.85	64.89	0.13	0.19	1.45	2.31	3.28	14.08	0.02	0.08	4.11	0.39	0.06	1.38	—	3.23	0.03	1.22	0.09
91-45 Mo-6	1.75	18.81	0.08	0.36	0.77	0.91	2.99	12.41	0.08	0.09	4.32	0.31	0.06	1.28	—	1.69	0.03	0.05	0.02
91-45 Mo-7	1.60	20.07	0.07	0.41	0.68	0.89	2.91	17.21	0.01	0.04	4.74	0.29	0.09	0.70	—	1.26	0.02	53.76	0.73
91-45 Mo-8	1.94	16.82	0.99	0.18	1.35	1.97	2.92	13.70	0.07	0.16	4.18	0.44	0.07	1.13	—	2.71	0.20	202.67	13.91
91-45 Mo-9	3136.41	393.35	0.10	0.19	0.85	2.42	3.42	8.76	0.04	0.06	4.15	0.84	0.03	1.12	—	4.27	0.20	17.89	0.43

续表

样品编号	Al	Fe	Co	Ni	Cu	Zn	As	Se	Zr	Ag	Cd	Sn	Sb	Te	W	Re	Tl	Pb	Bi
91-45 Mo-10	1.46	18.40	0.12	0.90	0.99	0.75	3.21	11.96	0.02	0.12	4.50	0.29	0.01	0.34	—	1.19	0.02	0.04	0.04
91-45 Mo-11	1.51	17.93	0.38	0.36	0.60	1.08	2.71	14.53	0.07	0.09	5.24	0.28	0.03	0.86	—	2.05	0.01	0.15	0.18
92-130 Mo-1	1.23	19.70	0.09	0.43	0.85	2.31	3.23	14.03	0.07	0.08	3.00	0.18	0.04	2.89	—	1.11	0.06	1.97	2.02
92-130 Mo-2	7364.49	1170.12	0.95	0.42	4.28	6.17	6.96	13.62	0.00	0.46	3.65	0.81	0.09	2.73	—	1.14	5.44	42.81	10.89
92-130 Mo-3	2917.94	571.47	0.69	0.36	2.13	4.38	2.85	11.06	0.08	0.38	3.64	0.64	0.10	2.94	—	2.07	0.51	18.71	8.57
92-130 Mo-4	1.40	16.51	0.10	0.42	0.84	0.76	2.70	13.29	0.11	0.12	4.08	0.32	0.03	1.33	—	0.22	0.02	1.02	0.33
92-130 Mo-5	306.24	44.57	0.09	0.36	0.88	0.74	2.79	14.76	0.03	0.11	4.74	0.28	0.11	1.44	—	0.05	0.05	7.48	0.75
92-130 Mo-6	5454.92	1314.58	0.72	0.52	1.74	8.19	3.28	12.97	0.41	0.24	4.44	1.88	0.05	1.83	—	1.13	0.48	27.23	5.39
92-130 Mo-7	5004.01	3647.32	6.81	1.78	12.25	93.39	3.27	10.06	0.080	1.90	4.28	2.68	0.08	7.32	—	1.55	1.40	56.00	34.11
92-130 Mo-8	1.36	19.07	0.97	0.69	1.82	0.97	2.62	14.68	0.02	0.34	4.28	0.28	0.06	4.53	—	1.10	0.70	9.95	6.65
92-130 Mo-9	9432.05	153.68	0.16	0.49	1.45	4.13	3.01	16.29	0.00	0.17	4.09	0.35	0.08	1.79	—	2.23	0.55	8.11	2.80
52-166-C3-1	7160.42	699.84	0.20	2.47	26.65	17.59	—	—	0.16	0.51	5.05	0.57	3.51	2.22	51.84	2.28	—	148.11	10.93
52-166-C3-2	35.65	158.77	0.22	10.67	7.27	6.93	—	—	0.04	0.26	3.01	0.14	0.43	—	43.26	2.64	—	83.60	4.72
52-166-C3-3	5.33	64.38	0.08	0.61	1.41	1.14	—	—	—	0.16	3.65	0.14	0.40	—	32.49	0.64	—	34.61	3.33
52-166-C3-4	109.08	113.19	—	—	1.26	2.10	—	—	—	0.37	3.89	—	—	1.23	53.33	2.90	—	71.58	8.75
52-166-C2-1	107.16	23.92	—	0.25	2.51	0.93	—	—	0.01	0.14	3.95	—	—	1.72	21.19	10.56	—	6.70	9.03
52-166-C2-2	6233.31	396.56	—	0.63	5.50	4.09	—	—	0.05	0.12	3.21	0.11	—	1.45	27.18	12.15	—	4.30	6.03
52-166-C2-3	23.72	40.79	—	0.40	3.31	—	—	—	0.00	0.38	3.35	—	—	3.50	27.53	10.23	—	16.75	30.24
52-166-C1-1	10.17	28.74	—	1.74	3.36	—	—	—	0.01	0.39	3.58	—	—	3.10	35.14	7.19	—	15.94	28.21

续表

样品编号	Al	Fe	Co	Ni	Cu	Zn	As	Se	Zr	Ag	Cd	Sn	Sb	Te	W	Re	Tl	Pb	Bi
52-166-C1-2	3.14	27.06	—	—	2.03	0.52	—	—	—	0.27	3.43	—	—	3.21	19.70	3.71	—	4.70	10.93
52-166-C1-3	29.55	—	—	—	—	—	—	—	—	—	7.40	—	—	—	29.15	11.16	—	1.84	4.39
94-545-C1-1	4505.89	3218.87	0.68	6.48	63.78	82.53	—	—	1.07	0.62	2.91	0.52	4.06	4.67	439.03	2.75	—	777.11	75.84
94-545-C1-2	6763.28	1816.62	0.75	5.15	17.73	27.60	—	—	1.19	0.81	3.94	0.47	5.09	4.03	469.57	3.03	—	302.05	23.57
94-545-C1-3	5915.83	1703.10	—	6.35	63.61	37.90	—	—	0.57	0.24	3.88	0.47	1.57	1.60	408.46	2.53	—	189.13	11.01
94-545-C2-1	4374.41	160.63	0.22	1.24	8.76	11.51	—	—	0.37	0.27	1.97	0.43	1.04	1.59	288.19	1.78	—	14.57	0.92
94-545-C2-2	2121.47	469.33	—	2.05	23.52	11.21	5.44	—	0.72	0.55	3.39	0.24	0.79	1.17	319.36	2.30	—	12.55	1.93
94-545-C2-3	5604.50	247.02	0.19	0.84	6.76	5.71	—	—	0.12	0.10	2.84	0.19	0.50	1.01	209.88	2.70	—	10.86	1.25
52-775-C1-1	2.73	10.52	—	—	0.58	2.28	—	—	—	—	2.69	0.11	—	0.79	12.99	84.33	—	1.86	0.70
52-775-C1-2	16.97	18.33	—	—	1.98	3.36	—	—	0.08	0.23	2.81	—	0.34	1.75	27.95	24.31	—	7.60	4.60
52-775-C1-3	25.00	14.45	—	—	0.97	3.54	—	—	0.09	0.16	2.98	0.26	—	1.13	20.12	30.08	—	2.16	0.93
52-775-C2-1	—	16.23	—	—	1.42	1.12	—	—	0.00	0.21	2.42	—	—	1.59	43.57	23.61	—	3.58	6.08
52-775-C2-2	3.09	74.00	—	0.38	3.06	1.48	—	—	—	0.75	2.83	0.14	—	7.04	33.84	58.20	—	8.17	14.21
52-775-C2-3	5.48	43.38	—	0.23	4.80	6.36	—	—	—	0.69	2.73	0.13	—	5.96	70.17	19.04	—	23.76	15.02
52-775-C3-1	—	12.49	0.38	3.80	—	1.19	—	—	—	—	2.72	0.14	—	0.56	13.42	37.23	—	0.88	0.49
52-775-C3-2	4.31	42.46	0.55	0.47	0.35	10.07	—	—	0.00	0.11	2.77	—	0.28	1.60	19.42	39.48	—	2.21	0.80
52-775-C3-3	—	20.38	0.47	—	—	3.98	—	—	—	0.06	3.78	—	—	2.20	16.17	79.68	—	4.17	0.84
94-571-C1-1	—	—	—	—	—	2.13	—	—	—	—	3.05	0.09	—	1.29	6.56	65.87	—	0.65	0.07
94-571-C1-2	—	—	—	—	—	1.03	—	—	—	—	3.03	—	—	1.12	8.15	71.33	—	0.16	0.10

续表

样品编号	Al	Fe	Co	Ni	Cu	Zn	As	Se	Zr	Ag	Cd	Sn	Sb	Te	W	Re	Tl	Pb	Bi
94-571-C2-1	5.19	—	—	0.30	1.86	1.92	—	—	0.01	0.05	2.27	0.12	—	—	27.85	66.71	—	2.08	0.66
94-571-C2-2	—	—	—	—	0.89	—	—	—	—	—	3.16	—	—	0.65	6.83	80.57	—	0.38	0.19
94-571-C2-3	—	—	0.10	—	1.69	0.84	—	—	—	0.12	2.58	—	—	1.05	8.26	135.74	—	0.67	0.52
94-571-C2-4	116.32	81.81	—	0.78	5.56	1.89	—	—	—	0.30	5.93	0.13	0.45	1.23	24.55	154.94	—	61.12	11.61
94-571-C3-1	5396.08	880.21	—	1.93	20.62	14.35	3.72	—	—	2.94	2.59	0.18	—	2.10	28.53	27.22	—	75.19	4.54
94-571-C3-2	8211.99	1784.81	—	1.49	4.87	38.75	—	—	0.06	0.24	2.67	0.47	0.29	1.22	50.08	24.21	—	39.91	4.41
94-571-C3-3	104.16	19.77	—	0.90	21.14	4.08	—	—	—	6.07	3.52	—	—	1.08	9.63	95.48	—	68.12	3.89
52-820-C1-2	2582.88	88.23	0.68	2.45	9.33	7.42	—	—	0.41	0.41	2.90	0.47	—	8.58	70.77	4.78	—	91.90	31.13
52-820-C1-3	43.79	52.67	0.37	0.67	20.92	8.65	—	—	0.04	2.54	2.53	0.15	—	4.84	32.17	2.72	—	116.01	17.85
52-820-C2-1	8843.74	296.88	0.37	0.66	13.59	8.75	—	—	4.95	0.52	4.37	0.78	1.08	0.95	111.24	4.45	—	177.30	4.82
52-820-C2-2	189.86	59.19	0.60	2.35	8.38	1.80	3.51	—	0.22	0.68	2.65	0.18	0.29	4.31	123.22	3.79	—	196.18	24.52
132-64 Mo-1	7857.89	934.31	2.17	1.13	8.76	16.88	3.96	17.01	0.02	3.58	3.83	0.71	0.31	2.55	—	3.94	2.20	882.78	47.42
132-64 Mo-2	2838.52	176.88	2.50	1.75	12.22	7.42	5.27	16.72	0.11	3.53	3.78	0.73	0.34	1.98	—	3.95	0.47	816.00	34.96
132-64 Mo-3	9109.33	7235.05	4.01	4.42	27.76	131.55	8.22	23.81	0.01	5.26	3.96	1.21	0.08	1.58	—	1.93	0.07	173.12	18.00
132-64 Mo-4	276.74	283.99	4.63	20.98	65.69	23.77	33.21	65.19	0.06	56.34	4.87	0.54	0.08	5.48	—	1.70	1.98	2846.51	110.93
132-64 Mo-5	16.57	27.79	1.11	1.91	7.63	1.98	4.74	17.41	0.02	7.42	4.18	0.42	0.08	2.10	—	2.08	0.32	734.17	29.98
132-64 Mo-6	5779.68	209.50	4.91	2.91	27.14	21.66	3.84	17.02	0.05	9.34	4.31	0.48	0.22	6.05	—	4.79	3.76	2726.25	108.05
92-97 Mo-1	3166.51	311.57	0.05	0.33	4.55	3.82	2.09	17.95	0.11	6.12	4.33	3.80	0.04	2.75	—	5.22	0.56	131.33	47.57
92-97 Mo-2	2759.27	429.44	0.03	0.36	78.37	3.40	3.06	28.12	0.09	20.38	4.85	2.47	0.07	3.00	—	5.16	0.67	1139.27	78.18

续表

样品编号	Al	Fe	Co	Ni	Cu	Zn	As	Se	Zr	Ag	Cd	Sn	Sb	Te	W	Re	Tl	Pb	Bi
92-97 Mo-3	3913.91	1949.42	0.14	0.47	124.15	12.91	2.92	23.76	0.21	22.52	4.36	10.01	0.07	5.46	—	3.53	1.94	149.29	63.89
92-97 Mo-4	8590.92	4785.31	5.99	34.36	602.68	1724.79	252.54	467.64	13.84	9.47	50.88	2750.17	7.60	51.76	—	9.78	436.74	138.87	95.74
92-97 Mo-5	4727.60	453.35	0.08	0.62	18.83	5.47	2.77	20.80	0.08	9.82	4.71	3.89	0.07	3.97	—	4.00	0.79	391.68	80.13

注：表中数据单位均为 10^{-6}。

表 4.3 沙坪沟矿床辉钼矿微量元素成分统计

样品编号	统计值	Al	Fe	Co	Ni	Cu	Zn	As	Se	Zr	Ag	Cd	Sn	Sb	Te	W	Re	Tl	Pb	Bi
91-85	平均值	5.69	37.00	0.21	0.31	1.67	1.89	2.88	17.90	0.02	0.46	4.58	0.29	0.07	3.09	—	0.98	0.32	62.56	4.47
	标准差	10.13	23.07	0.12	0.10	1.06	1.23	0.47	2.15	0.03	0.55	0.29	0.05	0.05	1.35	—	0.58	0.56	121.35	7.61
	最大值	30.48	71.28	0.47	0.50	3.74	4.55	3.73	21.47	0.07	1.53	5.02	0.38	0.19	5.01	—	1.94	1.68	356.51	22.69
	最小值	1.21	15.59	0.09	0.19	0.69	0.80	2.07	14.30	0.00	0.08	4.31	0.21	0.03	1.44	—	0.36	0.02	1.03	0.23
	中位数	1.52	21.04	0.18	0.30	1.04	1.55	2.89	18.26	0.01	0.12	4.52	0.28	0.05	3.30	—	0.99	0.05	8.85	0.89
95-126	平均值	6170.49	4137.84	1.14	0.54	8.25	77.31	3.93	19.02	0.07	3.16	4.58	2.34	0.17	2.31	—	3.42	0.39	205.68	26.47
	标准差	4362.89	3250.12	0.89	0.13	8.60	89.25	1.10	1.68	0.08	3.53	0.13	1.78	0.09	1.81	—	1.85	0.43	177.15	23.24
	最大值	9354.91	7959.78	2.27	0.67	20.34	202.60	5.33	21.20	0.18	8.13	4.76	4.64	0.27	4.86	—	5.94	0.99	434.84	57.03
	最小值	1.51	15.65	0.10	0.37	1.15	1.46	2.64	17.11	0.01	0.23	4.44	0.29	0.06	0.79	—	1.55	0.01	3.42	0.71
	中位数	9155.06	4438.10	1.04	0.58	3.24	27.85	3.83	18.74	0.03	1.11	4.54	2.10	0.18	1.28	—	2.77	0.16	178.78	21.67
91-45	平均值	330.49	55.75	0.20	0.37	0.93	1.20	2.96	13.01	0.03	0.09	4.46	0.35	0.05	0.91	—	2.24	0.05	25.10	1.42
	标准差	898.02	107.64	0.26	0.21	0.27	0.65	0.26	2.29	0.03	0.04	0.32	0.17	0.02	0.30	—	1.21	0.07	58.28	3.96
	最大值	3136.41	393.35	0.99	0.90	1.45	2.42	3.42	17.21	0.08	0.16	5.24	0.84	0.09	1.38	—	4.53	0.20	202.67	13.91

续表

样品编号	统计值	Al	Fe	Co	Ni	Cu	Zn	As	Se	Zr	Ag	Cd	Sn	Sb	Te	W	Re	Tl	Pb	Bi
91-45	最小值	1.38	14.53	0.05	0.18	0.60	0.66	2.60	8.76	0.00	0.00	4.11	0.22	0.01	0.34	—	0.85	0.00	0.03	0.01
	中位数	1.55	18.40	0.10	0.34	0.85	0.89	2.92	12.61	0.03	0.09	4.32	0.30	0.06	0.86	—	1.69	0.02	0.14	0.09
92-130	平均值	3387.07	773.00	1.18	0.61	2.92	13.45	3.41	13.42	0.09	0.42	4.02	0.82	0.07	2.98	—	1.18	1.02	19.25	7.95
	标准差	3388.76	1124.26	2.02	0.43	3.45	28.37	1.28	1.80	0.12	0.54	0.49	0.82	0.03	1.80	—	0.69	1.61	18.10	9.85
	最大值	9432.05	3647.32	6.81	1.78	12.25	93.39	6.96	16.29	0.41	1.90	4.74	2.68	0.11	7.32	—	2.23	5.44	56.00	34.11
	最小值	1.23	16.51	0.09	0.36	0.84	0.74	2.62	10.06	0.00	0.08	3.00	0.18	0.03	1.33	—	0.05	0.02	1.02	0.33
	中位数	2917.94	153.68	0.69	0.43	1.74	4.13	3.01	13.62	0.07	0.24	4.09	0.35	0.08	2.73	—	1.13	0.51	9.95	5.39
52-166	平均值	1371.75	172.58	0.17	2.40	5.92	4.76	—	—	0.04	0.29	4.05	0.24	1.44	2.35	34.08	6.35	—	38.81	11.66
	标准差	2670.86	217.29	0.06	3.46	7.56	5.64	—	—	0.05	0.13	1.24	0.19	1.46	0.85	11.23	4.15	—	45.61	9.15
	最大值	7160.42	699.84	0.22	10.67	26.65	17.59	—	—	0.16	0.51	7.40	0.57	3.51	3.50	53.33	12.15	—	148.11	30.24
	最小值	3.14	23.92	0.08	0.25	1.26	0.52	—	—	0.00	0.12	3.01	0.11	0.40	1.23	19.70	0.64	—	1.84	3.33
	中位数	32.60	64.38	0.20	0.63	3.31	2.10	—	—	0.03	0.27	3.61	0.14	0.43	2.22	30.82	5.45	—	16.35	8.89
94-545	平均值	4880.90	1269.26	0.46	3.68	30.69	29.41	5.44	—	0.67	0.43	3.16	0.39	2.18	2.34	355.75	2.51	—	217.71	19.09
	标准差	1480.41	1095.65	0.26	2.37	23.98	26.18	0.00	—	0.37	0.25	0.68	0.13	1.75	1.44	91.14	0.40	—	272.95	26.61
	最大值	6763.28	3218.87	0.75	6.48	63.78	82.53	5.44	—	1.19	0.81	3.94	0.52	5.09	4.67	469.57	3.03	—	777.11	75.84
	最小值	2121.47	160.63	0.19	0.84	6.76	5.71	5.44	—	0.12	0.10	1.97	0.19	0.50	1.01	209.88	1.78	—	10.86	0.92
	中位数	5055.20	1086.22	0.45	3.60	20.62	19.55	5.44	—	0.64	0.41	3.15	0.45	1.30	1.59	363.91	2.62	—	101.85	6.47
52-775	平均值	9.60	28.03	0.47	1.22	1.88	3.71	—	—	0.04	0.31	2.86	0.16	0.31	2.52	28.63	43.99	—	6.04	4.85
	标准差	8.43	19.95	0.07	1.49	1.46	2.75	—	—	0.04	0.26	0.36	0.05	0.03	2.20	17.53	23.06	—	6.70	5.54

续表

样品编号	统计值	Al	Fe	Co	Ni	Cu	Zn	As	Se	Zr	Ag	Cd	Sn	Sb	Te	W	Re	Tl	Pb	Bi
52-775	最大值	25.00	74.00	0.55	3.80	4.80	10.07	—	—	0.09	0.75	3.78	0.26	0.34	7.04	70.17	84.33	—	23.76	15.02
	最小值	2.73	10.52	0.38	0.23	0.35	1.12	—	—	0.00	0.06	2.42	0.11	0.28	0.56	12.99	19.04	—	0.88	0.49
	中位数	4.89	18.33	0.47	0.43	1.42	3.36	—	—	0.04	0.21	2.77	0.14	0.31	1.60	20.12	37.23	—	3.58	0.93
94-571	平均值	3566.75	691.65	0.10	1.08	8.09	8.12	3.72	—	0.04	1.62	3.20	0.20	0.37	1.22	18.94	80.23	—	27.59	2.89
	标准差	4788.87	716.57	0.00	0.57	8.24	12.30	0.00	—	0.03	2.23	1.03	0.14	0.08	0.38	14.10	41.25	—	31.23	3.58
	最大值	12211.99	1784.81	0.10	1.93	21.14	38.75	3.72	—	0.06	6.07	5.93	0.47	0.45	2.10	50.08	154.94	—	75.19	11.61
	最小值	5.19	19.77	0.10	0.30	0.89	0.84	3.72	—	0.01	0.05	2.27	0.09	0.29	0.65	6.56	24.21	—	0.16	0.07
	中位数	116.32	481.01	0.10	0.90	4.87	2.03	3.72	—	0.04	0.27	3.03	0.13	0.37	1.17	9.63	71.33	—	2.08	0.66
52-820	平均值	2915.07	124.24	0.50	1.53	13.06	6.66	3.51	—	1.41	1.04	3.11	0.40	0.68	4.67	84.35	3.94	—	145.35	19.58
	标准差	3568.28	100.57	0.14	0.87	4.95	2.85	0.00	—	2.05	0.87	0.74	0.26	0.39	2.71	35.85	0.79	—	42.78	9.73
	最大值	8843.74	296.88	0.68	2.45	20.92	8.75	3.51	—	4.95	2.54	4.37	0.78	1.08	8.58	123.22	4.78	—	196.18	31.13
	最小值	43.79	52.67	0.37	0.66	8.38	1.80	3.51	—	0.04	0.41	2.53	0.15	0.29	0.95	32.17	2.72	—	91.90	4.82
	中位数	1386.37	73.71	0.49	1.51	11.46	8.04	3.51	—	0.32	0.60	2.77	0.33	0.68	4.58	91.00	4.12	—	146.66	21.18
132-64	平均值	4313.12	1477.92	3.22	5.52	24.87	33.88	9.87	26.19	0.04	14.24	4.16	0.68	0.19	3.29	—	3.07	1.46	1363.14	58.22
	标准差	3527.20	2590.69	1.39	6.99	19.98	44.35	10.54	17.62	0.03	18.94	0.37	0.26	0.11	1.78	—	1.20	1.31	1032.82	37.27
	最大值	9109.33	7235.05	4.91	20.98	65.69	131.55	33.21	65.19	0.11	56.34	4.87	1.21	0.34	6.05	—	4.79	3.76	2846.51	110.93
	最小值	16.57	27.79	1.11	1.13	7.63	1.98	3.84	16.72	0.01	3.53	3.78	0.42	0.08	1.58	—	1.70	0.07	173.12	18.00
	中位数	4309.10	246.75	3.26	2.41	19.68	19.27	5.00	17.22	0.03	6.34	4.07	0.62	0.15	2.33	—	3.01	1.22	849.39	41.19

续表

样品编号	统计值	Al	Fe	Co	Ni	Cu	Zn	As	Se	Zr	Ag	Cd	Sn	Sb	Te	W	Re	Tl	Pb	Bi
92-97	平均值	4631.64	1585.82	1.26	7.23	165.72	350.08	52.68	111.65	2.86	13.66	13.83	554.07	1.57	13.39	—	5.53	88.14	390.09	73.10
	标准差	2090.58	1709.53	2.37	13.57	222.64	687.36	99.94	178.03	5.49	6.53	18.53	1098.05	3.02	19.21	—	2.22	174.30	387.12	16.28
	最大值	8590.92	4785.31	5.99	34.36	602.68	1724.79	252.55	467.64	13.84	22.52	50.88	2750.17	7.60	51.76	—	9.78	436.74	1139.27	95.74
	最小值	2759.27	311.57	0.03	0.33	4.55	3.40	2.09	17.95	0.08	6.12	4.33	2.47	0.04	2.75	—	3.53	0.56	131.33	47.57
	中位数	3913.91	453.35	0.08	0.47	78.37	5.47	2.92	23.76	0.11	9.82	4.71	3.89	0.07	3.97	—	5.16	0.79	149.29	78.18
总和	平均值	2364.75	681.15	0.88	2.06	19.06	35.57	9.79	28.33	0.42	2.64	4.45	43.10	0.56	3.11	85.28	16.59	11.28	179.90	16.35
	标准差	3180.89	1518.46	1.50	4.97	71.35	198.71	37.30	69.98	1.82	7.53	5.34	338.39	1.35	5.94	125.07	30.76	67.28	474.41	25.83
	最大值	9432.05	7959.78	6.81	34.36	602.68	1724.79	252.55	467.64	13.84	56.34	50.88	2750.17	7.60	51.76	469.57	154.94	436.74	2846.51	110.93
	最小值	1.21	10.52	0.03	0.18	0.35	0.52	2.07	8.76	0.00	0.00	1.97	0.09	0.01	0.34	6.56	0.05	0.00	0.03	0.01
	中位数	105.66	64.89	0.21	0.58	2.83	3.36	3.08	16.29	0.05	0.27	3.96	0.32	0.08	1.72	30.66	3.03	0.20	15.94	4.72

注：表中数据单位均为 10^{-6}。

1972；Newberry，1979；Berzina et al.，2005）。全球范围内斑岩 Cu（Mo）矿床的 Re 浓度范围为 50×10^{-6}~42100×10^{-6}（Giles and Schiling，1972；Berzina et al.，2005；Pašava et al.，2016），而在斑岩 Mo 或 Mo（Cu）矿床中，Re 浓度范围为 0.50×10^{-6}~170×10^{-6}（Giles and Schiling，1972；Berzina et al.，2005；Stein et al.，1997；Mao et al.，2008）。Stein 等（2001）提出斑岩 Cu-Mo 矿床与斑岩 Mo 矿床中辉钼矿的 Re 含量存在较大差异，可能因为质量平衡现象，他们认为斑岩 Cu-Mo 岩浆系统中几乎所有的 Re 都限制于辉钼矿，在斑岩 Mo 岩浆系统中，所有的 Re 都被大量的辉钼矿吸收。Mao 等（1999），Stein 等（2001），Sinclair 等（2009）提出，辉钼矿的 Re 含量可以用于研究矿床中金属的来源，因为辉钼矿中的 Re 含量可能与钼的来源有关。由于地幔熔化过程中 Re 的中等不相容特征，辉钼矿的 Re 含量从地幔源到地幔和地壳之间的混合物逐渐降低，到地壳岩石中的最低值，导致地幔衍生的熔体显著富集 Re（Shirey and Walker，1998）。前人研究表明，Re 含量从地幔来源的辉钼矿中的 100×10^{-6} 降低到地壳来源的辉钼矿中的 10×10^{-6}（Mao et al.，1999；Berzina et al.，2005；Voudouris et al.，2009，2013）。沙坪沟矿床中辉钼矿 Re 含量大多 $<12\times10^{-6}$（表 4.2，表 4.3），只有两个样品（52-775 和 94-571）具有较高的 Re 浓度，这表明沙坪沟钼主要来源于地壳。

斑岩 Cu（Mo）和斑岩 Mo 矿床提供了全球最重要的钼资源（Carten et al.，1993；Audétat，2010）。这两类矿床虽具有类似的流体源和演化模式，但 Cu/Mo 值、矿石品位、矿物组合、蚀变类型和原始流体组成具有较大的差异，特别是原始流体成分的差异尤为明显。斑岩型 Cu（Mo）矿床中流体的 Cl^-/F^-、SO_2/H_2S 和 H^+/K^+ 高于斑岩型 Mo 矿床的流体（Seedorff et al.，2005；Heinrich，2005，2007；Sillitoe，2010）。在流体演化过程中，两个因素可能影响斑岩系统中的最终 Cu/Mo 值：① Cu 和 Mo 在水热流体中的不同行为；② f_{O_2}、f_{S_2}、pH 和原始流体成分的改变（Ulrich et al.，2002；Seedorff et al.，2005；Klemm et al.，2008）。沙坪沟钼矿床是典型的斑岩 Mo 矿床，仅发育微量含 Cu 矿物（任志等，2015）。沙坪沟矿床辉钼矿中的 Cu 含量显示从第一组到第二组、从高温到低温都非常明显的降低趋势（图 4.3），表明在沙坪沟矿床成矿流体演化过程中，Mo/Cu 的比例逐渐下降。第一组钾化较强，辉钼矿主要沉积在第二组，萤石在第二组是常见的，随着流体中的 K^+，F^- 和 S^{2-} 减少，流体中 Cl^-/F^-，SO_2/H_2S 和 H^+/K^+ 增大，氧逸度也随之升高。

辉钼矿的 Re 含量受沉淀温度或沉淀阶段影响（Giles and Schilling，1972；Newberry，1979；Todorov and Staikov，1985）。ReS_2 在高温条件下，溶解度轻微增加，意味着 ReS_2 在较高温时更趋向溶解于熔体或流体中（Xiong and Wood，2002），这解释了较高温度时沉淀的辉钼矿中含有较少的 Re。与斑岩 Mo 或 Mo（Cu）矿床相比，斑岩 Cu（Mo）矿床中较高的 Re 含量可能与 Re 的亲铜性有关。沙坪沟第一组辉钼矿的 Re 含量为 0.053×10^{-6}~5.935×10^{-6}，而第二组大部分低于 100×10^{-6}（两个样品较高）。从第一组到第二组，从高温到低温，从早到晚，沙坪沟辉钼矿中 Re 含量呈现明显上升的趋势（图 4.3）。

$MoTe_2$ 与 MoS_2 具有类似的晶体结构，理论上讲，Te^{2-} 可以取代辉钼矿结构 S^{2-}，

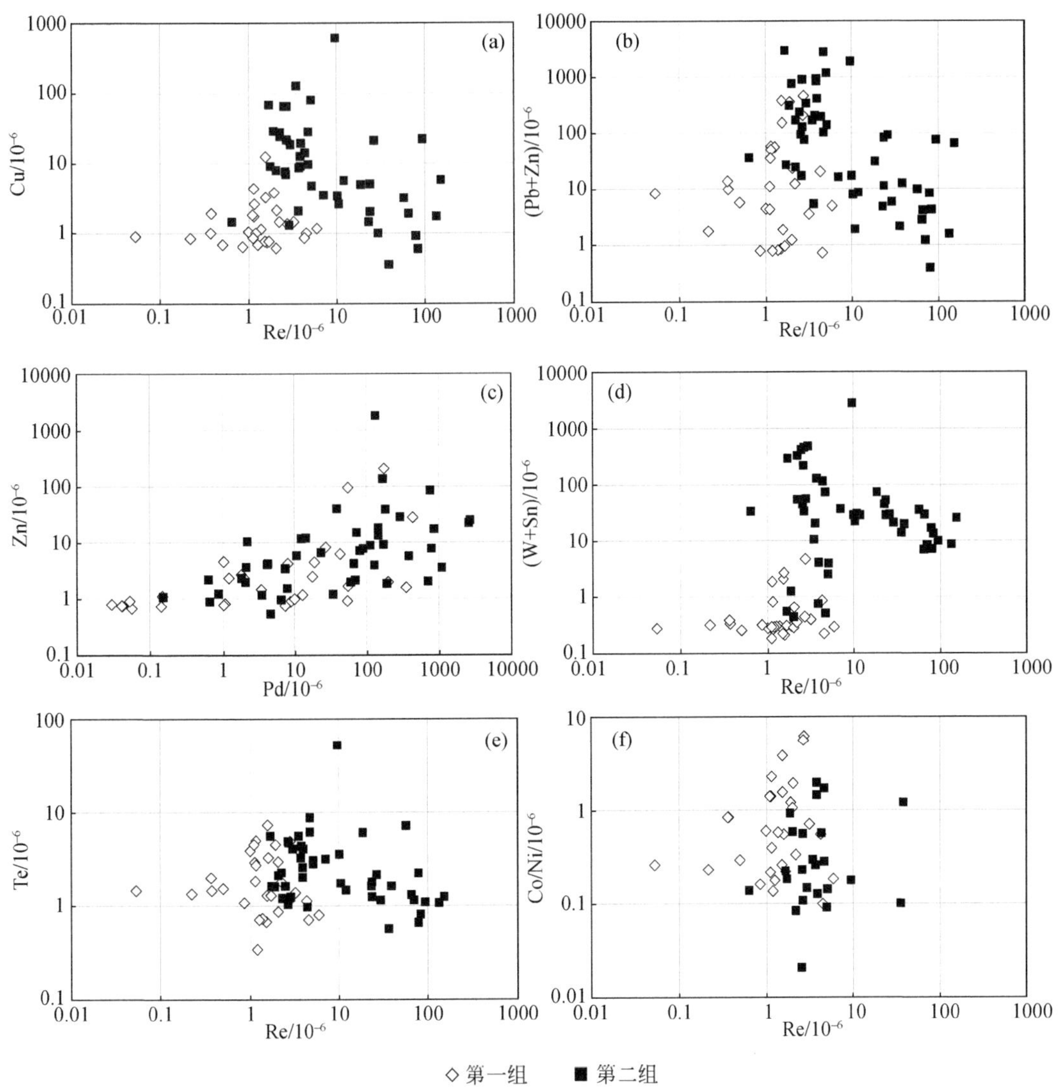

图4.3　沙坪沟钼矿床辉钼矿微量元素相关图解

Drábek（1995）在600℃和800℃温度下实验证实了这种替代的存在，且MoS_2和$MoTe_2$的完全固溶体存在温度低至400℃。与MoS_2不同，$MoTe_2$不能形成独立矿物。沙坪沟辉钼矿中Te含量较低，普遍低于7.32×10^{-6}，除了样品92-97为51.76×10^{-6}。同时，从第一组到第二组，辉钼矿中的Te含量较为稳定（图4.3）。沙坪沟辉钼矿的Te含量与Ciobanu等(2013)（24×10^{-6}~6219×10^{-6}），Drábek等(1995)（2×10^{-6}~70×10^{-6}）以及Pašava等(2016)（$<30\times10^{-6}$）报道的数据一致。这表明沙坪沟辉钼矿缺乏碲化物/硫碲化物包体，Te替换S的情况微弱，且缺乏MoS_2和$MoTe_2$的完全固溶体存在，指示沙坪沟钼成矿温度在400℃以下，这与沙坪沟流体包裹体的均一温度一致（Ni et al.，2015；于文，2012；黄凡等，2013）。

Golden等（2013）指出，自3.0Ga以来，辉钼矿中Re浓度的平均值和最大值的总体增加指向了氧化性增强的近地表流体的风化作用，而这种增加可能反映了 Re 在近地表具氧化性的环境中移动性逐渐增强，更利于富集。沙坪沟矿床辉钼矿的 Re 和 Cu 浓度从早到晚增加（图 4.3），表明沙坪沟矿化流体在成矿过程中氧化态增强（Kump，2008；Golden et al.，2013）。与 Re 相似，W 可以不均匀地并入辉钼矿晶格（Frondel and Wickman，1970）。辉钼矿中 W 的含量反映了岩浆体系中该元素的丰度及其化学键，这也取决于硫逸度和氧逸度之比，后者控制 W 是形成氧化物键还是硫化物键（Štemprok，1971；Drábek，1982；Pašava et al.，2016）。沙坪沟矿床辉钼矿样品显示出 Re 和 W+Sn 之间显著的负相关关系（图 4.3）。从第一组到第二组样品辉钼矿的 W+Sn 值增加（图 4.3），同时在时间含量波谱（图 4.2）上可识别出少量或微量的含 W+Sn 矿物。因此可以认为，W+Sn 在相对氧化的环境中更趋向于进入辉钼矿结构中，而不是形成独立矿物，且随氧逸度升高，辉钼矿中 W+Sn 含量升高。

由于 $MoSe_2$ 与 MoS_2 是同构的，所以在辉钼矿结构中，Se^{2+} 取代 S^{2-} 具有理论上的可能性，这种替代的可能性被 Drábek（1995）的实验证实。Čech 等（1973）对硒钼矿（$MoSe_2$）进行了描述，Povarennykh 和 Smith（1972）指出辉钼矿可以容纳高达 25%的 Se 作为同构成分。Ødegård (1984) 研究得到来自挪威 Russeholmen 的前寒武纪角闪岩石英脉中与黄铁矿、黄铜矿共生的辉钼矿的 Se 含量为 0.7%。Ciobanu 等 (2013) 报道了产于美国和西澳大利亚浅成热液的斑岩 Cu-Au-Mo 体系的辉钼矿中 Se 的浓度范围为 292×10^{-6}~1543×10^{-6}，并得出 Se 与钼辉石同构的结论。沙坪沟矿床第一组至第二组辉钼矿样品中的 Se 浓度几乎没有显著差异，Se 的含量范围为 8.76×10^{-6}~65.19×10^{-6}，仅样品 92-97 中的辉钼矿显示较高的 Se 值（467.64×10^{-6}）（表 4.2，表 4.3），沙坪沟辉钼矿中缺少含 Se 矿物包体，Se 是沙坪沟辉钼矿中的同晶成分。Cox 等 (2007) 得出 Se 浓度由矿床中主要硫化物矿物控制。因此，作为同晶成分的 Se 含量很可能与斑岩系中辉钼矿的微量元素含量无关。

黄凡等（2014）研究指出，来自中国 60 个斑岩、夕卡岩和石英脉型矿床辉钼矿的 Co/Ni 含量一般 <1，不同类型矿床的 Co/Ni 无显著差异。沙坪沟辉钼矿中的 Co/Ni 值低，除了第一组中的少数数据 >1，辉钼矿的温度与 Co/Ni 值呈负相关（图 4.3），表明辉钼矿的 Co/Ni 值与矿物沉淀时流体的温度有关。

4.1.1.3　辉钼矿中 Pb、Zn 含量特征

斑岩 Cu-Mo 矿床中，辉钼矿中的 Pb 和 Zn 含量分别为 3.1×10^{-6}~475×10^{-6} 和 2.1×10^{-6}~138×10^{-6}（Pašava et al.，2016）。Ciobanu 等 (2013) 报道了 Hilltop Cu-Au-Mo 矿床中辉钼矿的 Pb 和 Zn 含量分别为 0.74×10^{-6}~4555×10^{-6} 和 0.26×10^{-6}~333×10^{-6}。沙坪沟辉钼矿中的 Pb 和 Zn 含量较高，分别为 0.03×10^{-6}~2846×10^{-6} 和 0.52×10^{-6}~1724×10^{-6}。在 Re-Pb+Zn 图中（图 4.3），Re 和 Pb+Zn 存在明显的负相关，与 Pašava 等（2016）的报道数据一致；在 Pb-Zn 图中（图 4.3）显示了明显的正相关。

斑岩钼矿床外围的热液 Pb-Zn 矿床已被证实有成因联系（Mao et al.，2008；Lawley et al.，2010）。在美国科罗拉多州的 Climax 斑岩 Mo 矿系统中，Pb-Zn 矿脉与斑岩系统有关（Stein and Hannah，1985），在北美西部的其他斑岩 Mo 矿区也观察到与之共生的较晚的 Pb-Zn 矿，如爱达荷 – 蒙大拿斑岩钼矿带、不列颠 - 哥伦比亚省的几个斑岩 Mo 矿床（Soregaroli and Sutherland Brown，1976；Seedorff et al.，2005；Worthington，2007）。Jones (1992) 还提出，斑岩矿化与包括夕卡岩、贱金属和贵金属矿脉以及低温热液贵金属矿床在内的各种矿床具有成因相关性。在沙坪沟地区，斑岩型钼矿体周边发育了多个 Pb-Zn 矿点。

沙坪沟矿田辉钼矿 Re-Os 同位素年龄分析表明，沙坪沟 Mo 矿床形成于 113~110Ma（黄凡等，2011；孟祥金等，2012；Xu et al.，2011；张红等，2011），沙坪沟钼矿周边的 Pb-Zn 矿床中的闪锌矿 Rb-Sr 同位素测年表明，Pb-Zn 矿床形成在 120~110Ma 之间（陆三明等，2016），考虑到 Rb-Sr 同位素测年的误差，辉钼矿和闪锌矿形成年代基本一致，属于同时期产物。在沙坪沟钼矿床中温阶段出现的石英 – 绢云母脉中发现部分方铅矿和闪锌矿，这样的矿物组合与外围的铅锌矿床的矿物组合一致。根据一致的形成年代、地质与矿物组合特征，周边的 Pb-Zn 矿床应该与沙坪沟斑岩型 Mo 矿床相关，同属于一个巨型的斑岩成矿系统。

基于数据统计分析和本次研究，可以推断斑岩钼矿床中辉钼矿如果含有很高的 Pb 和 Zn 含量，周边存在同系统演化的 Pb-Zn 矿床的可能性较高。此外，Mo 的地壳来源可能会提供更多的 Pb 和 Zn，从而更容易在源自地壳的低 Re 的斑岩 Mo 成矿系统中形成热液 Pb-Zn 矿床。

4.1.2　黄铁矿

对沙坪沟钼矿床从高温热液矿物组合到低温热液矿物组合，以及外围的 Pb-Zn 矿点中的黄铁矿进行了电子探针和 LA-ICP-MS 分析，结果如表 4.4 所示，不同组合中黄铁矿的元素组成特征具有一定的差别。

高温热液矿物组合中，黄铁矿 Co、Ni、Cu、Zn、As、Se、Te、Pb、Bi 元素含量较高，其中 Co 的含量范围为 0.03×10^{-6}~67.73×10^{-6}，平均值为 8.98×10^{-6}；Ni 的含量范围为 0.21×10^{-6}~44.98×10^{-6}，平均值为 16.56×10^{-6}；Cu 的含量范围为 0.32×10^{-6}~21.02×10^{-6}，平均值为 2.98×10^{-6}；Zn 的含量范围为 0.35×10^{-6}~4.85×10^{-6}，平均值为 0.87×10^{-6}；As 的含量范围为 1.99×10^{-6}~107.45×10^{-6}，平均值为 18.08×10^{-6}；Se 的含量范围为 1.47×10^{-6}~13.96×10^{-6}，平均值为 6.83×10^{-6}；Te 的含量为 0.08×10^{-6}~5.12×10^{-6}，平均值为 2.12×10^{-6}；Pb 的含量除一个点异常高外（2191×10^{-6}），其他均 $<6\times10^{-6}$；Bi 的含量范围为 0.001×10^{-6}~45.85×10^{-6}，平均值为 7.65×10^{-6}；Mo 的含量除一个点异常高外（3194×10^{-6}），其他均 $<0.5\times10^{-6}$。

中高温热液矿物组合中，黄铁矿 Co、Ni、Cu、Zn、As、Se、Te、Pb、Bi 元素含量较高，其中 Co 的含量范围为 18.67×10^{-6}~138.91×10^{-6}，平均值为 60.14×10^{-6}；Ni 的含量范围为 7.40×10^{-6}~92.68×10^{-6}，平均值为 35.47×10^{-6}；Cu 的含量范围为 0.29×10^{-6}~4.17×10^{-6}，平均值为 1.61×10^{-6}；Zn 的含量范围为 0.44×10^{-6}~1.11×10^{-6}，平均值为 0.67×10^{-6}；

表 4.4　沙坪沟钼矿床黄铁矿 LA-ICP-MS 分析结果

样品编号	组合	^{59}Co	^{60}Ni	^{63}Cu	^{66}Zn	^{75}As	^{77}Se	^{95}Mo	^{107}Ag	^{111}Cd	^{118}Sn	^{121}Sb	^{125}Te	^{185}Re	^{205}Tl	^{208}Pb	^{209}Bi
92-97 Py-1	QTZ-KSP EVP	<0.037	<0.313	0.558	<0.426	17.213	<1.935	0.013	<0.067	<0.000	0.148	<0.032	1.632	<0.007	<0.009	<0.034	0.310
92-97 Py-2	QTZ-KSP EVP	1.245	1.660	0.646	0.554	3.537	<1.693	0.166	<0.058	0.050	<0.115	<0.026	1.589	0.001	0.009	0.161	0.820
92-97 Py-3	QTZ-KSP EVP	<0.032	<0.208	<0.320	0.490	2.834	<1.474	<0.115	<0.032	0.021	0.388	0.087	0.079	<0.000	<0.006	0.254	0.915
92-97 Py-4	QTZ-KSP EVP	0.334	0.086	7.448	0.629	1.990	<1.598	3193.681	0.752	<0.066	0.210	0.426	0.684	0.051	0.018	5.070	32.741
92-97 Py-5	QTZ-KSP EVP	0.761	0.740	0.961	<0.349	107.449	<3.045	<0.000	0.505	<0.000	0.142	0.066	5.118	0.002	0.003	1.242	3.134
95-126 Py-1	QTZ-KSP EVP	17.204	41.215	<0.338	<0.416	4.973	9.371	<0.000	<0.039	<0.000	0.117	<0.025	3.964	<0.003	<0.004	0.024	<0.007
95-126 Py-2	QTZ-KSP EVP	67.728	23.510	<0.442	<0.491	10.346	12.880	<0.000	<0.069	<0.000	<0.148	<0.056	<0.147	<0.009	<0.011	0.020	0.023
95-126 Py-3	QTZ-KSP EVP	0.991	32.571	<0.336	<0.418	11.979	12.600	<0.000	<0.017	<0.068	<0.094	<0.030	3.265	<0.005	<0.015	<0.025	0.001
95-126 Py-4	QTZ-KSP EVP	1.061	7.918	<0.357	<0.512	7.277	9.606	<0.000	<0.051	<0.000	0.159	<0.014	0.767	<0.007	<0.009	0.344	0.327
95-126 Py-5	QTZ-KSP EVP	8.488	44.981	21.017	4.850	22.778	13.963	0.498	20.155	<0.190	0.382	<0.097	3.735	<0.019	<0.026	2191.178	45.854
95-126 Py-6	QTZ-KSP EVP	0.924	28.969	<0.380	<0.435	8.458	6.956	<0.000	<0.035	<0.000	0.177	<0.025	2.339	<0.000	<0.006	0.052	0.003
132-64 Py-1	QTZ-SER	566.719	68.393	1.059	0.771	<1.459	7.333	482.226	<0.044	<0.000	<0.105	<0.030	0.109	0.001	0.015	0.869	0.851
132-64 Py-2	QTZ-SER	776.483	44.477	5.520	<0.448	<1.624	4.900	0.536	0.978	0.035	0.142	<0.052	0.302	<0.004	0.024	17.771	18.899
132-64 Py-3	QTZ-SER	707.127	47.220	5.642	0.823	<1.838	3.629	2103.820	0.811	0.111	<0.121	0.033	0.570	<0.004	0.027	54.094	19.575
132-64 Py-4	QTZ-SER	1041.110	52.678	4.036	<0.483	<1.624	5.649	9072.250	0.289	0.129	0.162	0.016	0.703	<0.007	0.055	16.029	13.265
132-64 Py-5	QTZ-SER	219.739	36.101	1.193	<0.440	<1.900	3.685	<0.098	<0.049	<0.000	0.153	<0.031	0.541	<0.004	<0.010	1.288	3.000
132-64 Py-6	QTZ-SER	726.510	59.766	<0.358	0.591	<1.772	5.795	202.427	<0.091	0.012	0.138	<0.031	0.088	0.002	0.015	0.417	0.605
132-64 Py-7	QTZ-SER	1218.049	38.168	1.029	5.629	<1.720	7.929	164.619	0.046	<0.157	0.186	<0.034	0.241	0.003	<0.007	0.639	1.845
132-64 Py-8	QTZ-SER	1129.947	41.446	15.307	0.640	<1.569	8.184	4.565	2.157	0.194	<0.105	<0.033	1.266	<0.007	0.029	83.631	35.887

续表

样品编号	组合	^{59}Co	^{60}Ni	^{63}Cu	^{66}Zn	^{75}As	^{77}Se	^{95}Mo	^{107}Ag	^{111}Cd	^{118}Sn	^{121}Sb	^{125}Te	^{185}Re	^{205}Tl	^{208}Pb	^{209}Bi
132-68 Py-1	QTZ-SER	2268.114	73.630	2.244	7.153	<3.299	10.304	<0.000	<0.112	0.165	0.354	<0.101	0.174	<0.000	0.102	7.202	2.380
132-68 Py-2	QTZ-SER	2403.223	107.209	2.270	4.157	<1.571	7.137	0.014	<0.020	0.381	0.105	<0.015	0.191	<0.004	0.048	1.619	0.815
132-68 Py-3	QTZ-SER	1619.758	107.295	4.136	<0.587	<1.325	11.126	<0.180	0.130	0.012	0.179	0.033	0.724	<0.000	<0.005	1.023	7.543
132-68 Py-4	QTZ-SER	2064.069	98.419	1.476	0.453	<1.494	5.756	0.042	0.031	<0.000	0.188	<0.042	0.345	<0.007	<0.009	0.109	1.678
132-68 Py-5	QTZ-SER	3497.836	126.486	8.190	<0.449	<1.651	9.096	<0.000	1.191	0.023	0.136	0.093	2.491	<0.004	<0.010	2.331	17.538
132-68 Py-6	QTZ-SER	2738.848	99.423	14.822	<0.840	3.615	6.212	0.055	0.630	0.461	0.264	0.202	4.304	0.004	0.028	25.810	31.307
92-130 Py-1	QTZ-MO	18.670	30.112	<0.287	<0.437	107.809	<2.096	<0.088	0.063	<0.074	<0.089	<0.034	0.472	<0.000	<0.006	0.095	0.591
92-130 Py-2	QTZ-MO	28.187	7.404	4.173	<1.105	51.278	3.335	120.550	0.108	0.058	0.372	<0.082	1.483	0.004	0.021	26.504	10.735
92-130 Py-3	QTZ-MO	138.905	92.676	0.411	0.486	43.396	1.738	0.137	0.182	<0.000	0.118	0.022	27.205	<0.000	0.019	1.026	4.464
92-130 Py-4	QTZ-MO	54.800	11.700	1.588	0.655	53.607	2.226	<0.000	0.346	0.022	0.131	<0.028	3.334	<0.000	<0.010	2.214	10.620
G-7 Py-1	Pb-Zn 矿点	55.785	19.820	6.033	12.669	4.590	1.450	0.027	0.685	0.079	1.932	0.099	2.712	<0.000	0.029	29.534	15.629
G-7 Py-2	Pb-Zn 矿点	78.207	19.502	2.691	12.636	<2.386	<2.819	<0.119	0.999	<0.096	0.166	0.139	3.190	<0.000	0.032	80.829	1.277
G-7 Py-3	Pb-Zn 矿点	35.024	11.660	11.722	14.674	635.872	2.526	0.074	1.569	<0.072	1.566	0.077	33.739	<0.000	1.099	76.841	50.017
G-7 Py-4	Pb-Zn 矿点	7.620	21.070	1.692	0.515	<1.577	<2.086	<0.000	0.119	<0.143	0.146	0.173	1.565	<0.007	0.014	6.300	0.508

注：表中数据单位均为 10^{-6}。

As 的含量范围为 43.40×10^{-6}~107.81×10^{-6}，平均值为 64.02×10^{-6}；Se 的含量范围为 1.74×10^{-6}~3.34×10^{-6}，平均值为 2.35×10^{-6}；Te 的含量为 0.47×10^{-6}~27.20×10^{-6}，平均值为 8.12×10^{-6}；Pb 的含量范围为 0.10×10^{-6}~26.50×10^{-6}，平均值为 7.46×10^{-6}；Bi 的含量范围为 0.59×10^{-6}~10.74×10^{-6}，平均值为 6.60×10^{-6}；Mo 的含量除一个点异常高外（120.55×10^{-6}），其他均 $<0.2\times10^{-6}$。

中温－低温热液矿物组合中，黄铁矿 Co、Ni、Cu、Zn、As、Se、Te、Pb、Bi 元素含量较高，其中 Co 的含量范围为 219×10^{-6}~3498×10^{-6}，平均值为 1498×10^{-6}；Ni 的含量范围为 38×10^{-6}~126×10^{-6}，平均值为 71×10^{-6}；Cu 的含量范围为 0.36×10^{-6}~14.82×10^{-6}，平均值为 4.81×10^{-6}；Zn 的含量范围为 0.44×10^{-6}~7.15×10^{-6}，平均值为 1.68×10^{-6}；As 的含量范围为 1.46×10^{-6}~3.62×10^{-6}，平均值为 1.89×10^{-6}；Se 的含量范围为 3.63×10^{-6}~11.13×10^{-6}，平均值为 6.91×10^{-6}；Te 的含量为 0.11×10^{-6}~4.30×10^{-6}，平均值为 0.86×10^{-6}；Pb 的含量范围为 0.11×10^{-6}~83.63×10^{-6}，平均值为 15.20×10^{-6}；Bi 的含量范围为 0.61×10^{-6}~35.89×10^{-6}，平均值为 11.08×10^{-6}；Mo 的含量在部分分析点异常高（高达 9072×10^{-6}），大多分析点均 $<0.1\times10^{-6}$。

矿区外围的 Pb-Zn 矿床中，黄铁矿 Co、Ni、Cu、Zn、As、Se、Te、Pb、Bi 元素含量较高，其中 Co 的含量范围为 7.62×10^{-6}~78.21×10^{-6}，平均值为 44.16×10^{-6}；Ni 的含量范围为 11.66×10^{-6}~21.07×10^{-6}，平均值为 18.01×10^{-6}；Cu 的含量范围为 2.69×10^{-6}~11.72×10^{-6}，平均值为 5.53×10^{-6}；Zn 的含量范围为 0.51×10^{-6}~14.67×10^{-6}，平均值为 10.12×10^{-6}；As 的含量除一个点高达 636×10^{-6} 外，其他点含量范围为 1.58×10^{-6}~4.59×10^{-6}；Se 的含量范围为 1.45×10^{-6}~2.82×10^{-6}，平均值为 2.22×10^{-6}；Te 的含量为 1.56×10^{-6}~33.74×10^{-6}，平均值为 10.30×10^{-6}；Pb 的含量范围为 6.30×10^{-6}~80.83×10^{-6}，平均值为 48.38×10^{-6}；Bi 的含量范围为 0.51×10^{-6}~50.02×10^{-6}，平均值为 16.86×10^{-6}；Mo 的含量 $<0.2\times10^{-6}$。

本次研究中，还选择了 QTZ-MO 和 QTZ-SER 组合中具有代表性的黄铁矿颗粒进行 LA-ICP-MS 面扫描分析（图 4.4，图 4.5），结果显示，两个组合中的黄铁矿都不具有生长环带，Pb、Bi 等微量元素存在较明显的不均一性，但其他微量元素较均一，这与黄铁矿单点 LA-ICP-MS 原位分析结果非常一致。

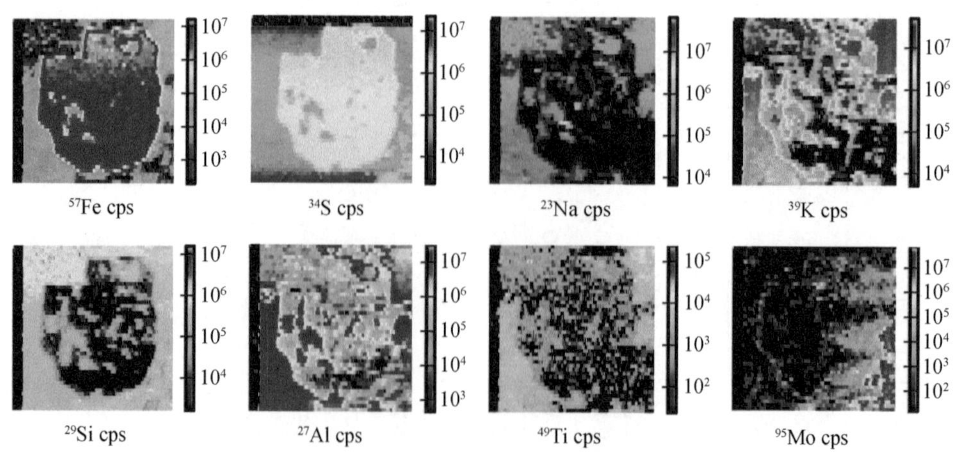

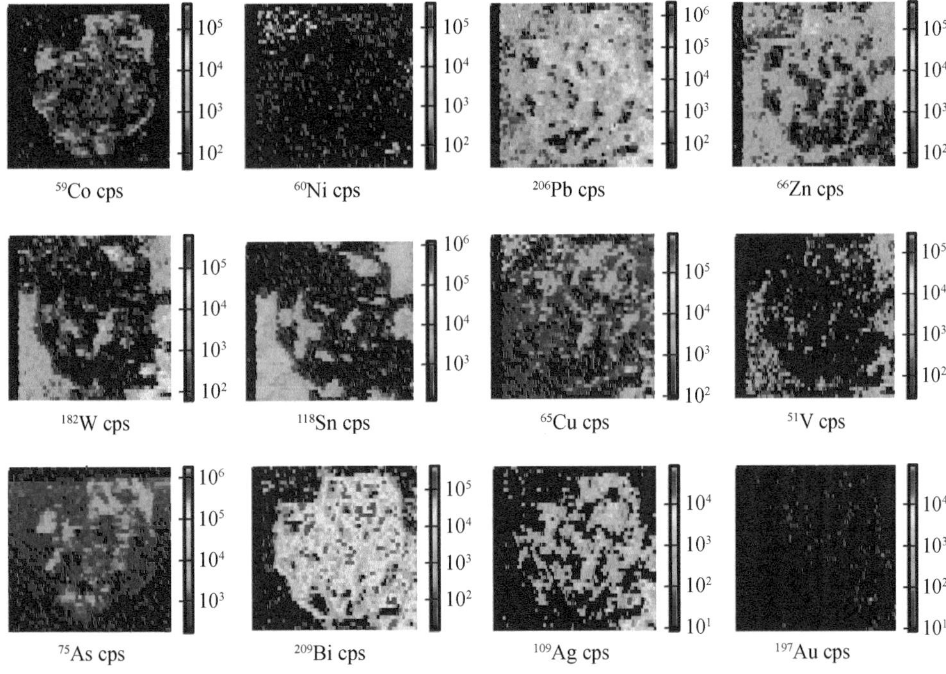

图 4.4　沙坪沟钼矿床 QTZ-MO 黄铁矿 LA-ICP-MS 微量元素面扫描图像

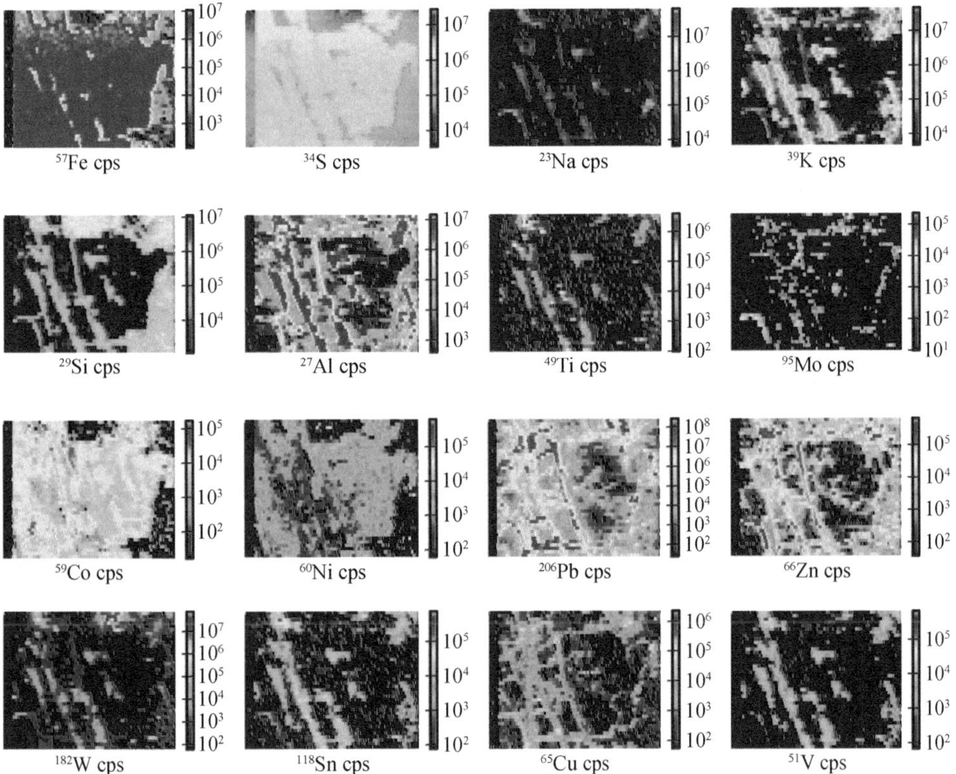

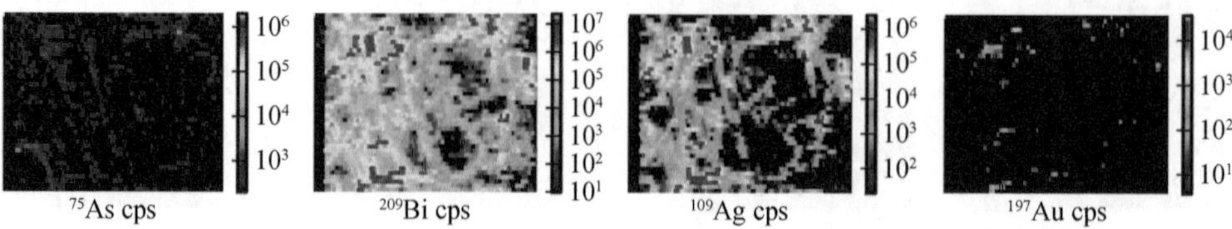

图 4.5　沙坪沟钼矿床 QTZ-SER 黄铁矿 LA-ICP-MS 微量元素面扫描图像

沙坪沟钼矿床黄铁矿中 Co、Ni、As 和 Se 这一组亲铜、亲铁元素普遍存在，其中 Co 和 Ni 是强亲铜元素，它们更优先进入黄铁矿的晶体结构中，与 Fe 存在广泛的类质同象，同时 As 也能以类质同象的形式替代 S 而进入黄铁矿的晶格中。在不同阶段黄铁矿微量元素相关性图解（图 4.6）中，高温热液组合黄铁矿中 Co/Ni 值通常 <1，其他组合以及外围 Pb-Zn 矿点的黄铁矿中 Co/Ni 值通常 >1，且中低温组合的 Co/Ni 值更大；Se 和 Te 没有明显的相关性，但外围 Pb-Zn 矿点黄铁矿比钼矿中心黄铁矿的 Te 含量更高；As 含量在中高温组合中最高，随后从高温组合到中－低温组合和外围 Pb-Zn 矿点逐渐减小。外围 Pb-Zn 矿床黄铁矿中 Pb、Zn 含量高于钼矿床，钼矿床黄铁矿中 Mo 含量高于外围 Pb-Zn 矿点，Sn 含量相对一致。Sb 和 Bi 在黄铁矿中的含量没有明显的规律性变化。

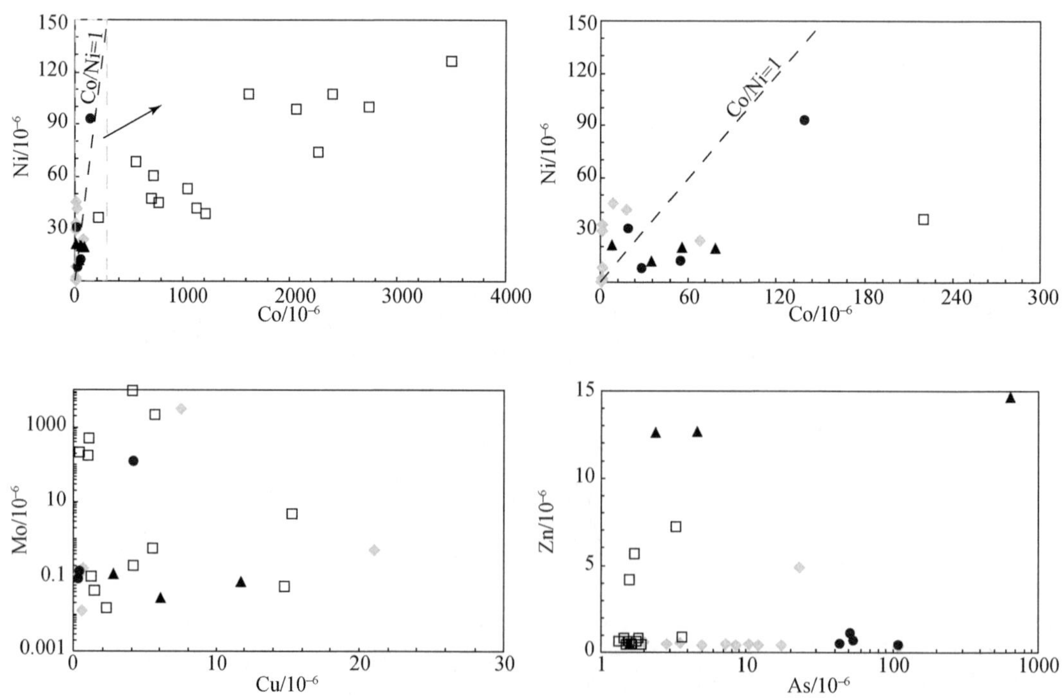

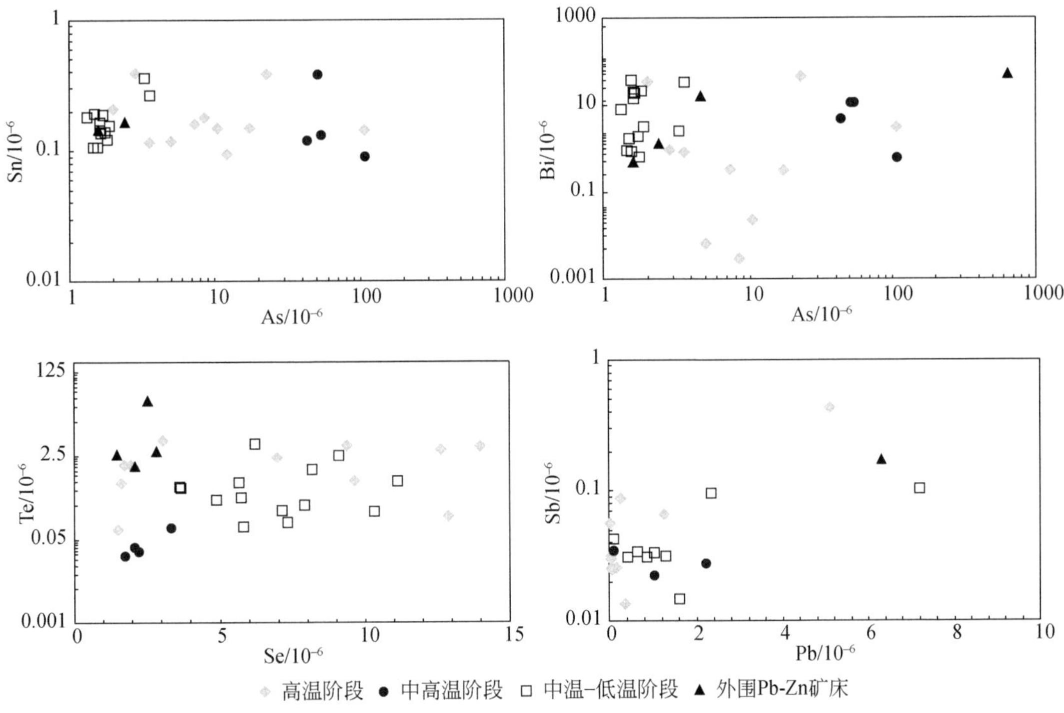

图 4.6　沙坪沟矿床不同阶段黄铁矿微量元素相关性图解

4.2　蚀变岩与蚀变矿物地球化学特征

4.2.1　蚀变岩

表 4.5 列举了蚀变岩及其原岩的化学成分，可以讨论不同蚀变带岩石在矿化蚀变过程中物质组分的带入带出情况。各类蚀变岩的元素组成有如下特征：

钾硅酸盐化石英正长斑岩：SiO_2 含量为 68.85%，Al_2O_3 含量为 13.48%，Na_2O 含量为 0.22%，K_2O 含量为 4.42%，K_2O+Na_2O 含量为 4.64%。强硅化花岗斑岩：SiO_2 含量为 95.84%，Al_2O_3 含量为 1.12%，Na_2O 含量为 0.12%，K_2O 含量为 0.70%，K_2O+Na_2O 含量为 0.82%。绢英岩化二长花岗岩：SiO_2 含量为 74.74%，Al_2O_3 含量为 11.04%，Na_2O 含量为 0.13%，K_2O 含量为 3.33%，K_2O+Na_2O 含量为 3.46%。绢云母化－泥化正长岩：SiO_2 含量为 67.65%，Al_2O_3 含量为 16.74%，Na_2O 含量为 0.54%，K_2O 含量为 5.03%，K_2O+Na_2O 含量为 5.57%。

不同蚀变类型的矿物组合变化较大，因而全岩的地球化学成分相差也很大。根据不同类型蚀变岩在矿田中的产出位置，可以得出部分主量元素在不同蚀变带中具有一定的变化规律。

SiO_2：在强硅化蚀变岩中显著升高，在钾硅酸盐化蚀变岩中也有一定程度的升高，在绢英岩化蚀变岩和绢云母化－泥化蚀变岩中相比于原岩略有升高。Al_2O_3：在强硅化蚀变岩中由原岩的 13.00% 降至 1.12%，在钾硅酸盐化蚀变岩和绢英岩化蚀变岩中有一定程度的降低，绢云母化－泥化蚀变岩中相比于原岩略有降低。FeO^T：全铁的含量在强硅化蚀变岩和钾硅酸盐化蚀变岩中略微降低，在绢英岩化蚀变岩中大幅升高至 4.84%，绢云母化－泥化蚀变岩中有一定程度的升高。MgO：在强硅化蚀变岩和钾硅酸盐化蚀变岩中有所降低，绢英岩化蚀变岩与原岩基本相等，绢云母化泥化蚀变岩中则一定程度上升高。CaO：在强硅化蚀变岩和绢云母化－泥化蚀变岩中有一定程度的降低，钾硅酸盐化蚀变岩中则略有升高，绢英岩化蚀变岩中大幅降低至 0.04%，与硬石膏被蚀变分解有关。Na_2O 和 K_2O：在强硅化蚀变岩中 Na_2O 和 K_2O 含量均大幅降低，钾硅酸盐化蚀变岩、绢英岩化蚀变岩和绢云母化－泥化蚀变岩中 Na_2O 含量均大幅降低，K_2O 含量则少量降低，是后期的绢英岩化等蚀变造成斜长石的大量分解导致的。P_2O_5：相对较为稳定，在强硅化蚀变岩和绢云母化－泥化蚀变岩中基本与原岩相等，在钾硅酸盐化蚀变岩和绢英岩化蚀变岩中降低一半有余。LOI（SO_3、H_2S、CO_2 和 H_2O）：挥发组分和原岩相比较都有升高，普遍高出若干倍。

表 4.5　沙坪沟矿区蚀变岩与原岩的主量、微量及稀土元素分析结果

成分	102-51	132-27	组分变化（Al_2O_3）	92-161	51-63	组分变化（P_2O_5）	SPG-44	91-101	组分变化（Al_2O_3）	SPG-15	95-42	组分变化（Al_2O_3）
	石英正长斑岩	钾硅酸盐化		花岗斑岩	强硅化		二长花岗岩	绢英岩化		正长岩	绢云母化	
SiO_2/%	62.60	68.85	22.19	75.80	95.84	20.04	72.90	74.74	22.56	65.00	67.65	4.91
TiO_2/%	0.60	0.36	–0.16	0.10	0.03	–0.07	0.20	0.09	–0.09	0.30	0.43	0.14
Al_2O_3/%	16.60	13.48	0.00	13.00	1.12	–11.88	14.10	11.04	0.00	17.30	16.74	0.00
FeO^T/%	3.50	3.36	0.63	0.90	0.64	–0.26	0.90	4.84	5.28	1.00	2.87	1.97
MnO/%	0.10	0.04	–0.05	0.00	0.01	0.01	0.10	0.02	–0.07	0.10	0.01	–0.09
MgO/%	1.20	0.68	–0.36	0.10	0.06	–0.04	0.30	0.31	0.10	0.30	0.66	0.38
CaO/%	2.50	2.84	1.00	0.50	0.15	–0.35	1.10	0.04	–1.05	0.30	0.05	–0.25
Na_2O/%	4.90	0.22	–4.63	4.30	0.12	–4.18	3.90	0.13	–3.73	6.30	0.54	–5.74
K_2O/%	5.40	4.42	0.04	4.80	0.70	–4.10	4.90	3.33	–0.65	5.70	5.03	–0.50
P_2O_5/%	0.40	0.16	–0.20	0.02	0.02	0.00	0.10	0.02	–0.07	0.10	0.10	0.00
LOI/%	1.20	4.02	3.75	0.20	0.20	0.00	0.50	4.27	4.95	0.80	3.98	3.31
总和 /%	99.00	98.43		99.72	98.89		99.00	98.83		97.20	98.06	
La/10^{-6}	108.00	53.10	–42.61	44.60	18.30	–26.30	42.70	16.00	–22.27	177.50	278.00	109.80

续表

成分	102-51 石英正长斑岩	132-27 钾硅酸盐化	组分变化（Al_2O_3）	92-161 花岗斑岩	51-63 强硅化	组分变化（P_2O_5）	SPG-44 二长花岗岩	91-101 绢英岩化	组分变化（Al_2O_3）	SPG-15 正长岩	95-42 绢云母化	组分变化（Al_2O_3）
Ce/10^{-6}	169.00	87.40	−61.37	68.10	25.30	−42.80	73.50	25.80	−40.55	296.00	392.00	109.11
Pr/10^{-6}	17.50	9.23	−6.13	5.58	2.26	−3.32	7.17	2.75	−3.66	27.90	38.20	11.58
Nd/10^{-6}	58.00	32.30	−18.22	15.10	7.00	−8.10	22.60	8.30	−12.00	81.80	126.00	48.42
Sm/10^{-6}	8.74	5.28	−2.24	2.06	1.03	−1.03	3.23	1.49	−1.33	11.60	16.45	5.40
Eu/10^{-6}	2.12	0.99	−0.90	0.15	0.14	−0.01	0.80	0.30	−0.42	1.40	2.86	1.56
Gd/10^{-6}	6.01	3.44	−1.77	1.53	0.63	−0.90	2.31	1.44	−0.47	7.95	9.82	2.20
Tb/10^{-6}	0.77	0.48	−0.18	0.23	0.07	−0.16	0.32	0.26	0.01	1.18	1.28	0.14
Dy/10^{-6}	4.10	2.31	−1.26	1.48	0.39	−1.09	1.72	1.35	0.00	6.49	6.47	0.20
Ho/10^{-6}	0.78	0.36	−0.34	0.37	0.06	−0.31	0.32	0.28	0.04	1.34	1.03	−0.28
Er/10^{-6}	2.19	0.96	−1.01	1.60	0.20	−1.40	0.91	0.97	0.33	4.10	3.03	−0.97
Tm/10^{-6}	0.33	0.14	−0.16	0.35	0.02	−0.33	0.14	0.12	0.01	0.70	0.46	−0.22
Yb/10^{-6}	2.51	0.85	−1.46	3.24	0.18	−3.06	0.99	0.93	0.20	4.91	3.16	−1.64
Lu/10^{-6}	0.40	0.12	−0.25	0.68	0.03	−0.65	0.16	0.12	−0.01	0.80	0.49	−0.29
Y/10^{-6}	21.20	11.30	−7.28	15.30	2.30	−13.00	10.60	9.60	1.66	43.10	29.10	−13.03
Rb/10^{-6}	234	1150	1182.17	483	62	−421.10	113	226	175.64	262	323	71.81
Ba/10^{-6}	3680	620	−2916.50	93	190	97.30	1235	60	−1158.37	575	470	−89.28
Sr/10^{-6}	1110.0	166.0	−905.58	24.8	0.5	−24.30	357.0	11.9	−341.80	135.5	8.2	−127.03
U/10^{-6}	6.50	3.27	−2.47	25.10	1.47	−23.63	1.49	1.36	0.25	13.45	16.50	3.60
Cs/10^{-6}	4.36	18.85	18.85	3.40	0.65	−2.75	0.76	1.43	1.07	2.83	2.81	0.07
Ga/10^{-6}	22.50	39.70	26.39	30.50	1.56	−28.94	20.00	19.20	4.52	29.00	28.00	−0.06
Th/10^{-6}	29.50	11.40	−15.46	54.10	3.00	−51.10	14.50	6.90	−5.69	99.20	35.30	−62.72
Nb/10^{-6}	43.50	5.80	−36.36	163.00	1.10	−161.90	9.80	4.00	−4.69	135.50	6.10	−129.20
Zr/10^{-6}	14.50	204.00	236.72	43.80	15.00	−28.80	143.00	69.00	−54.88	977.00	415.00	−548.12
Ta/10^{-6}	2.44	0.20	−2.19	10.75	0.10	−10.65	0.80	0.10	−0.67	8.10	0.50	−7.58
Hf/10^{-6}	0.70	5.10	5.58	3.00	0.30	−2.70	4.40	2.70	−0.95	23.60	9.10	−14.20
Co/10^{-6}	6.00	2.30	−3.17	0.60	3.30	2.70	2.50	2.00	0.05	1.60	3.10	1.60

续表

成分	102-51	132-27	组分变化（Al_2O_3）	92-161	51-63	组分变化（P_2O_5）	SPG-44	91-101	组分变化（Al_2O_3）	SPG-15	95-42	组分变化（Al_2O_3）
	石英正长斑岩	钾硅酸盐化		花岗斑岩	强硅化		二长花岗岩	绢英岩化		正长岩	绢云母化	
$Bi/10^{-6}$	0.08	1.63	1.93	0.02	0.19	0.17	0.02	0.20	0.24	1.50	0.97	−0.50
$Cr/10^{-6}$	11.00	15.00	7.47	21.00	30.00	9.00	50.20	17.00	−28.49	3.50	12.00	8.90
$Cu/10^{-6}$	6.70	2.90	−3.13	1.60	1.70	0.10	3.50	1.20	−1.97	2.80	6.80	4.23
$Li/10^{-6}$	73.00	99.40	49.41	4.90	16.20	11.30	8.30	16.60	12.90	3.20	14.10	11.37
$Ni/10^{-6}$	2.00	1.50	−0.15	0.90	1.50	0.60	29.90	1.70	−27.73	3.30	1.60	−1.65
$Pb/10^{-6}$	19.40	2.80	−15.95	23.50	2.60	−20.90	18.50	6.00	−10.84	19.00	8.20	−10.53
$Sn/10^{-6}$	2.60	166.00	201.82	1.00	0.50	−0.50	1.10	11.90	14.10	6.70	8.20	1.77
$W/10^{-6}$	6.20	31.60	32.71	4.10	1.40	−2.70	3.70	32.90	38.32	5.90	61.80	57.97
$Zn/10^{-6}$	44.0	11.0	−30.45	6.0	2.0	−4.00	45.0	46.0	13.75	42.0	63.0	23.11
$Mo/10^{-6}$	81.90	332.00	326.94	8.20	2470.00	2461.80	4.70	13.80	12.93	3.60	1.48	−2.07

4.2.2　组分迁移特征

用 Gresens 方程（Grant，1986）可以计算沙坪沟钼矿床热液交代作用形成蚀变岩石过程中元素的定量迁移情况，具体步骤见附录 A，根据 Gresens 方程对沙坪沟钼矿床中不同蚀变岩和对应原岩进行计算分析得出不同蚀变带在形成过程中物质组分的带入带出情况如下。

石英正长斑岩发生强烈的钾硅酸盐化形成蚀变岩，选取了 Al_2O_3 作为不活动元素，其蚀变岩 – 原岩元素定量迁移计算可以简述为：$C_{Al_2O_3}^{钾硅酸盐化石英正长斑岩}=13.48$，$C_{Al_2O_3}^{石英正长斑岩}=16.60$。则 $C_{Al_2O_3}^{钾硅酸盐化石英正长斑岩}=0.812\,C_{Al_2O_3}^{石英正长斑岩}$，即 f_v（g_B/g_A）=1/0.812=1.23，得出强硅化花岗斑岩 – 花岗斑岩等浓度线图（图 4.7），从图中可以明显看出，Na 明显带出，Si 则大量带入，Fe 和 Ca 少量带入。通过计算组分的变化得出质量平衡反应式：99.1g 石英正长斑岩 +22.19g SiO_2+0.63g FeO^T+1.0g CaO+0.04g K_2O+3.75g LOI $\longrightarrow$ 98.43g钾硅酸盐化石英正长斑岩 +0.16g TiO_2+0.05g MnO+0.36g MgO+ 4.63g Na_2O+0.2g P_2O_5。

花岗斑岩发生强烈的硅化形成蚀变岩，选取了 P_2O_5 作为不活动元素，其蚀变岩 – 原岩元素定量迁移计算可以简述为：$C_{P_2O_5}^{强硅化花岗斑岩}=0.02$，$C_{P_2O_5}^{花岗斑岩}=0.02$，则 $C_{P_2O_5}^{强硅化花岗斑岩}=C_{P_2O_5}^{花岗斑岩}$，即 f_v（g_B/g_A）=1/1=1，进而得出强硅化花岗斑岩 – 花岗斑岩等浓度线图（图 4.7），从图中可以明看出，Al、Na、K 明显带出，Si、Fe 则大量带入。通过计算组分的变化得出质量平衡反应式：99.8g 花岗斑岩 + 20.04g SiO_2+ 0.01g MnO $\longrightarrow$ 98.89g 强硅化

花岗斑岩 + 0.07g TiO_2+ 11.88g Al_2O_3+ 0.26g FeO^T+ 0.04g MgO+ 0.35g CaO+ 4.18g Na_2O+ 4.1g K_2O。

二长花岗岩发生强烈的绢英岩化形成蚀变岩，选取了 Al_2O_3 作为不活动元素，其蚀变岩 – 原岩元素定量迁移计算可以简述为：$C_{Al_2O_3}^{绢英岩化二长花岗岩}$ =11.04，$C_{Al_2O_3}^{二长花岗岩}$ =14.10，则 $C_{Al_2O_3}^{绢英岩化二长花岗岩}$ =0.783 $C_{Al_2O_3}^{二长花岗岩}$，即 f_v（g_B/g_A）=1/0.783=1.28，进而得出强硅化花岗斑岩 – 花岗斑岩等浓度线图（图 4.7），从图中可以看出，Ca 和 Na 明显带出，Si 则大量带入，Fe 少量带入。通过计算组分的变化得出质量平衡反应式：99.9g 二长花岗岩 +22.56g SiO_2+5.28g FeO^T+ 0.1g MgO+4.95g LOI ⟶ 98.83g 绢英岩化二长花岗岩 +0.09g TiO_2+0.07g MnO+1.05g CaO+3.73g Na_2O+0.65g K_2O+0.07g P_2O_5。

正长岩发生强烈的绢云母化和泥化形成蚀变岩，选取了 Al_2O_3 作为不活动元素，其蚀变岩 – 原岩元素定量迁移计算可以简述为：$C_{Al_2O_3}^{绢云母化泥化正长岩}$ =16.74，$C_{Al_2O_3}^{正长岩}$ =17.30。则 $C_{Al_2O_3}^{绢云母化泥化正长岩}$ =0.968 $C_{Al_2O_3}^{正长岩}$，即 f_v（g_B/g_A）=1/0.968=1.03，进而得出强硅化花岗斑岩 – 花岗斑岩等浓度线图（图 4.7），从图 4.7 中可以看出，Na 明显带出，Si 和 Fe 少量带入。通过计算组分的变化得出质量平衡反应式：99g 正长岩 + 4.91g SiO_2+ 0.14g TiO_2+ 1.97g FeO^T+ 0.38g MgO+ 3.31g LOI ⟶ 98.06g 绢云母化泥化正长岩 + 0.09g MnO+ 0.25g CaO+ 5.74g Na_2O+ 0.5g K_2O。

从上面分析可以看出，发生钾硅酸盐化有大量的 Si 及少量的 K、Fe、Ca 从溶液进入岩石，大量的 Na 从原岩析出，并富含 F、P、CO_2 等挥发分。到强硅化、绢英岩化发生时，

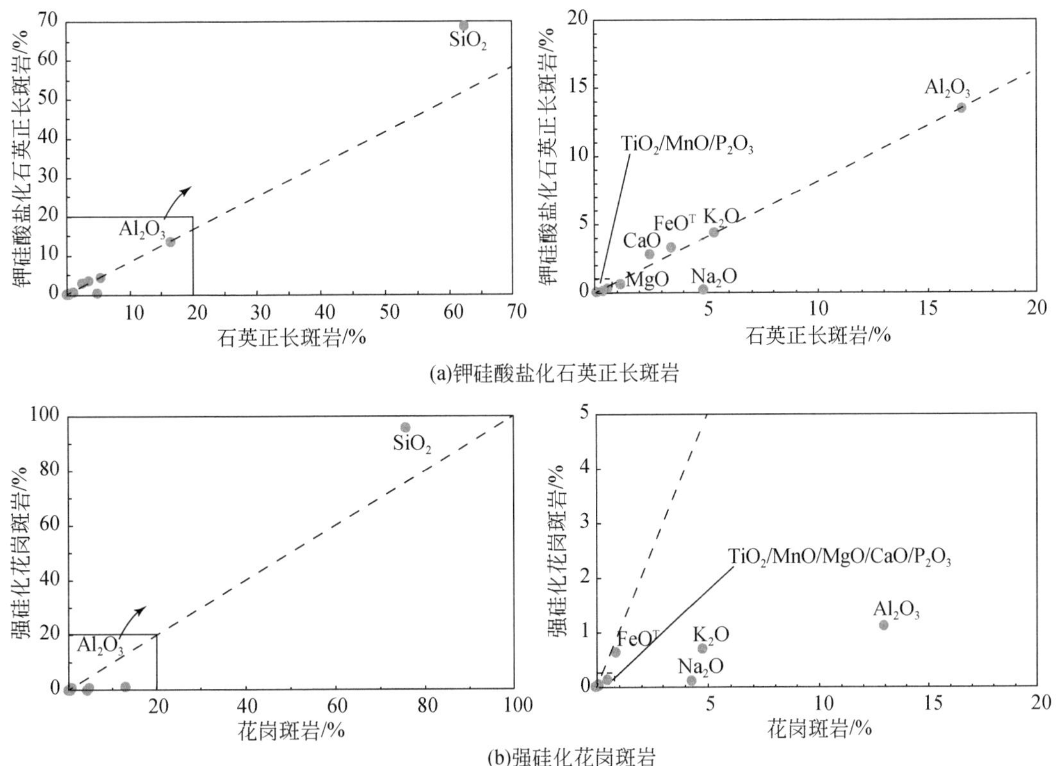

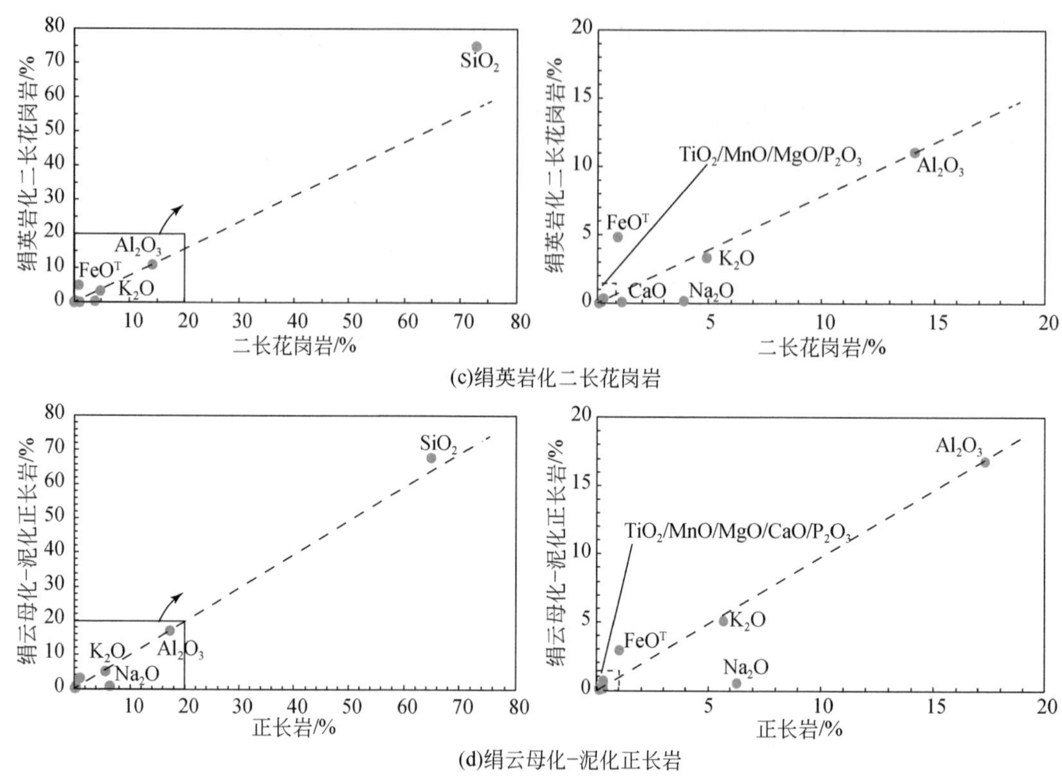

(c)绢英岩化二长花岗岩

(d)绢云母化-泥化正长岩

图 4.7　不同类型蚀变岩与原岩间组分变化关系图解

大量的 Si 和 Fe 从溶液中进入岩石，并有大量的 Na 和 Ca 析出，主要为挥发分 H_2O、CO_2 起作用使早期硅酸盐矿物（如钾长石、斜长石等）转变为绢云母、绿泥石等。浅部发育的泥化蚀变伴随着大量的 Na 析出，少量的 Si 和 Fe 加入。挥发组分的活动顺序为：（HF）→ P_2O_5（SO_3）→ H_2S（S）→ CO_2 → H_2O。

蚀变岩在微量元素组分和成矿元素 Mo 上也有变化（图 4.8）：钾硅酸盐化石英正长斑岩形成时有大量 Ba 和 Sr 带出，大量 Rb 和少量的 Zr 和 Sn 带入，有一定量的 Mo 带入；强硅化花岗斑岩形成时有大量 Rb 和 Nb 带出，少量 La、Ce、Sr、U、Ga、Th、Zr、Pb 等带出，大量 Ba 和 Mo 带入；绢英岩化二长花岗岩形成时有大量 Ba、Sr 和少量 La、Ce、Zr、Cr、Ni 等带出，大量的 Rb 和少量的 W、Zn 带入，Mo 变化不明显；绢云母化泥化正长岩形成时有大量 Ba、Sr、Th、Nb、Zr 等带出，大量 La、Ce、Nd、Rb、W 和少量 Zn 的带入，Mo 变化不明显。

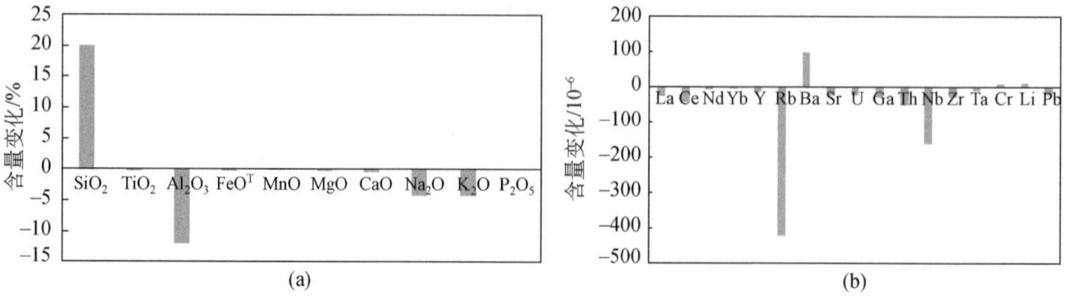

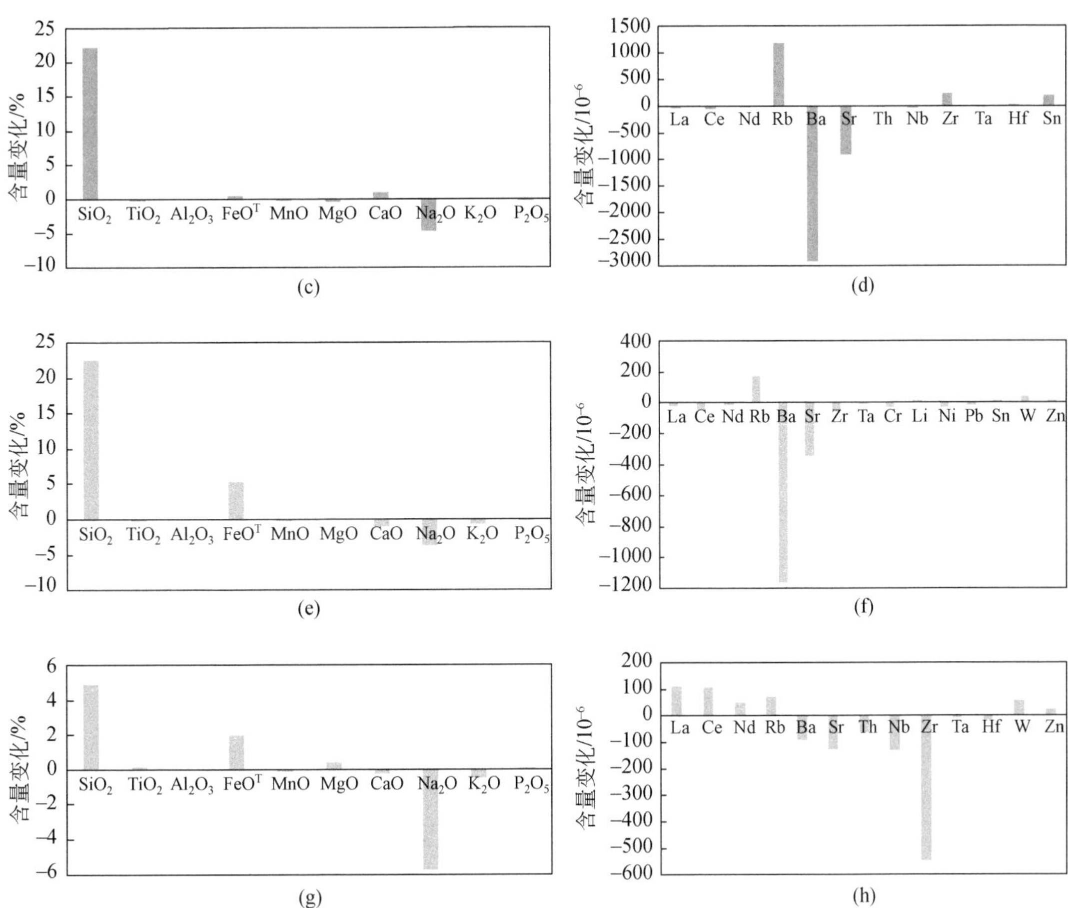

图 4.8 沙坪沟钼矿床不同类型蚀变岩与原岩间主、微量元素组分变化直方图

(a)(b) 钾硅酸盐化石英正长斑岩与新鲜石英正长斑岩；(c)(d) 强硅化花岗斑岩与新鲜花岗斑岩；(e)(f) 绢英岩化二长花岗岩与新鲜二长花岗岩；(g)(h) 绢云母化－泥化正长岩与新鲜正长岩

4.2.3 蚀变矿物地球化学特征

沙坪沟钼矿床高温热液矿物组合 KSP-QTZ 中蚀变钾长石电子探针分析结果（表 4.6）显示，硅在重结晶钾长石斑晶、钾长石脉状充填、钾长石蚀变晕中逐渐增多，钾在钾长石脉充填、重结晶钾长石斑晶、钾长石蚀变晕中逐渐增多；Or 分子在重结晶钾长石斑晶（0.88~0.89）、钾长石脉状充填（0.88~0.91）、钾长石蚀变晕（0.93~0.94）中逐渐增多。阳珊等（2013）对沙坪沟钼矿床中早期蚀变钾长石也进行了 X 射线粉晶衍射分析，结果显示沙坪沟钼矿床早期蚀变钾长石主要为钾微斜长石。

高温热液矿物组合中的蚀变黑云母的电子探针分析结果见表 4.7，Ti-Mg/ (Mg+Fe) 图解（图 4.9）显示，黑云母的形成温度从 KSP-QTZ 组合（630℃）到 BIO-MT 组合（450℃）降低（计算公式据 Henry et al.，2005）。黑云母中 F 和 Cl 含量运用 Munoz（1992）和

表 4.6　沙坪沟钼矿床高温热液矿物组合 KSP-QTZ 中蚀变钾长石电子探针分析结果

项目	ZK52-986	ZK52-986	ZK52-986	ZK94-214	ZK94-214	ZK94-214	ZK52-820	ZK52-820	ZK52-820
	3-kfs-1	1-kfs-7	2-kfs26	2-kfs-4	1-kfs-8	1-kfs-9	1kf-6	1kf-8	3kf-13
	重结晶钾长石斑晶			钾长石脉状充填			钾长石蚀变晕		
SiO_2	64.486	64.171	64.092	65.998	65.809	65.394	66.429	66.602	65.473
Al_2O_3	17.994	17.859	17.860	17.944	17.780	17.726	17.544	17.699	17.605
CaO	0.000	0.009	0.000	0.000	0.001	0.000	0.000	0.001	0.028
Na_2O	1.249	1.249	1.270	1.129	1.134	1.011	0.730	0.669	0.721
K_2O	15.322	15.155	15.158	14.930	14.830	15.209	15.753	16.046	15.638
Si	3.00342	3.00564	3.00447	3.02854	3.03249	3.02739	3.04320	3.03810	3.03163
Al	0.98772	0.98585	0.98674	0.97046	0.96561	0.96716	0.94723	0.95152	0.96074
Ca	0.00000	0.00045	0.00000	0.00000	0.00005	0.00000	0.00000	0.00005	0.00139
Na	0.11279	0.11342	0.11543	0.10045	0.10132	0.09075	0.06484	0.05917	0.06473
K	0.91038	0.90555	0.90649	0.87402	0.87179	0.89823	0.92065	0.93377	0.92375
An	0.00000	0.04000	0.00000	0.00000	0.01000	0.00000	0.00000	0.00000	0.14000
Ab	11.02000	11.13000	11.30000	10.31000	10.41000	9.18000	6.58000	5.96000	6.54000
Or	88.98000	88.83000	88.70000	89.69000	89.58000	90.82000	93.42000	94.04000	93.32000

注：分析单位：合肥工业大学资源与环境工程学院电子探针实验室；仪器型号：JXA-8230；电子探针定量分析检测限：100×10^{-6}。测试条件：加速电压 15kV，束流 20nA，光束直径 5μm，特征峰测量时间 10s，背景测量时间 5s。

表 4.7　沙坪沟钼矿床蚀变黑云母电子探针分析结果

项目	ZK52-986	ZK52-986	ZK52-986	ZK94-671	ZK94-214	ZK94-214
	4-bt-22	4-bt-23	4-bt-24	5-bt-20	3-bt-10	3-bt-11
	BIO-MT	BIO-MT	BIO-MT	BIO-MT	KSP-QTZ	KSP-QTZ
	交代	交代	交代	脉状充填	交代	交代
SiO_2/%	40.5000	41.1190	42.3840	40.4430	39.3840	39.2130
TiO_2/%	2.1040	2.1310	1.4840	1.2940	3.9270	3.4750
Al_2O_3/%	11.1090	11.4330	13.7110	13.1830	14.4100	14.0680
FeO/%	13.6780	13.7620	12.5360	9.9380	14.8470	14.6070
MnO/%	1.0990	1.1090	1.0850	0.3980	0.1730	0.1580
MgO/%	15.0860	15.6810	13.7180	17.1790	13.8750	13.7940
CaO/%	0.0000	0.0070	0.0260	0.0000	0.0000	0.0030
Na_2O/%	0.3740	0.2630	0.2680	0.1970	0.3170	0.2330

续表

项目	ZK52-986	ZK52-986	ZK52-986	ZK94-671	ZK94-214	ZK94-214
	4-bt-22	4-bt-23	4-bt-24	5-bt-20	3-bt-10	3-bt-11
	BIO-MT	BIO-MT	BIO-MT	BIO-MT	KSP-QTZ	KSP-QTZ
	交代	交代	交代	脉状充填	交代	交代
K_2O/%	9.6280	9.6900	9.5880	10.2250	9.9270	9.8700
F/%	5.1600	3.8500	4.1100	5.8600	3.6200	3.7200
Cl/%	0.1100	0.0900	0.0900	0.1200	0.0800	0.0900
Li_2O/%	2.0715	2.2492	2.6122	2.0551	1.7512	1.7021
H_2O/%	1.5959	2.3069	2.2464	1.3135	2.4488	2.3396
部分和 /%	102.5154	103.6911	103.8586	102.2056	104.7600	103.2727
O=F,Cl/%	2.1974	1.6413	1.7508	2.4944	1.5422	1.5866
成分总和 /%	100.3180	102.0498	102.1078	99.7112	103.2178	101.6861
Si	5.9665	5.9340	6.0255	5.8829	5.6424	5.6986
不同位置分子数 Al^{IV}	1.9290	1.9448	1.9745	2.1171	2.3576	2.3014
该位置分子数总和 T site	7.8956	7.8787	8.0000	8.0000	8.0000	8.0000
不同位置分子数 Al^{VI}	0.0000	0.0000	0.3230	0.1432	0.0758	0.1084
Ti	0.2331	0.2313	0.1587	0.1416	0.4231	0.3798
Fe	1.6852	1.6610	1.4905	1.2090	1.7789	1.7753
Mn	0.1371	0.1356	0.1307	0.0490	0.0210	0.0194
Mg	3.3131	3.3734	2.9072	3.7251	2.9633	2.9883
Li	0.6137	0.6527	0.7468	0.6012	0.5046	0.4975
该位置分子数总和 O site	5.9823	6.0539	5.7568	5.8690	5.7667	5.7686
Ca	0.0000	0.0011	0.0040	0.0000	0.0000	0.0005
Na	0.1068	0.0736	0.0739	0.0556	0.0881	0.0657
K	1.8092	1.7837	1.7386	1.8971	1.8141	1.8296
该位置分子数总和 A site	2.5298	2.5111	2.5633	2.5539	2.4067	2.3931
F	2.4042	1.7572	1.8479	2.6958	1.6402	1.7097
Cl	0.0275	0.0220	0.0217	0.0296	0.0194	0.0222
OH	1.5684	2.2208	2.1304	1.2746	2.3403	2.2681
分子数总和	20.4076	20.4438	20.3201	20.4229	20.1734	20.1618
Fe/(Fe+Mg)	0.3372	0.3299	0.3389	0.2450	0.3751	0.3727

续表

项目	ZK52-986	ZK52-986	ZK52-986	ZK94-671	ZK94-214	ZK94-214
	4-bt-22	4-bt-23	4-bt-24	5-bt-20	3-bt-10	3-bt-11
	BIO-MT	BIO-MT	BIO-MT	BIO-MT	KSP-QTZ	KSP-QTZ
	交代	交代	交代	脉状充填	交代	交代
Mg/(Mg+Fe)	0.6628	0.6701	0.6611	0.7550	0.6249	0.6273
Mn/(Mn+Fe)	0.0752	0.0755	0.0806	0.0390	0.0117	0.0108
$Fe+Mn+Ti-Al^{VI}$	1.0278	1.0139	0.7284	0.6282	1.0736	1.0331
X_{Mg}	0.4690	0.4741	0.4471	0.5246	0.4161	0.4218
X_{Fe}	0.3372	0.3299	0.3842	0.2663	0.3850	0.3866
X_F	0.1265	0.0925	0.0973	0.1419	0.0863	0.0900
X_{Cl}	0.0008	0.0006	0.0006	0.0008	0.0005	0.0006
X_{OH}	0.0923	0.1306	0.1253	0.0750	0.1377	0.1334
$\lg(X_{Cl}/X_{OH})$	−2.0758	−2.3229	−2.3114	−1.9534	−2.4000	−2.3291
$\lg(X_F/X_{OH})$	0.1372	−0.1500	−0.1101	0.2770	−0.2027	−0.1710
$\lg(X_F/X_{Cl})$	2.2130	2.1729	2.2013	2.2304	2.1973	2.1580
$\lg[(f_{H_2O})/(f_{HF})]_{fluid}$	6.0645	6.3631	6.2636	6.7021	5.3456	5.3243
$\lg[(f_{H_2O})/(f_{HCl})]_{fluid}$	5.5716	5.8245	5.7832	5.8302	5.3782	5.3124
$\lg[(f_{HF})/(f_{HCl})]_{fluid}$	−1.5246	−1.5817	−1.4640	−2.1544	−0.7304	−0.7853

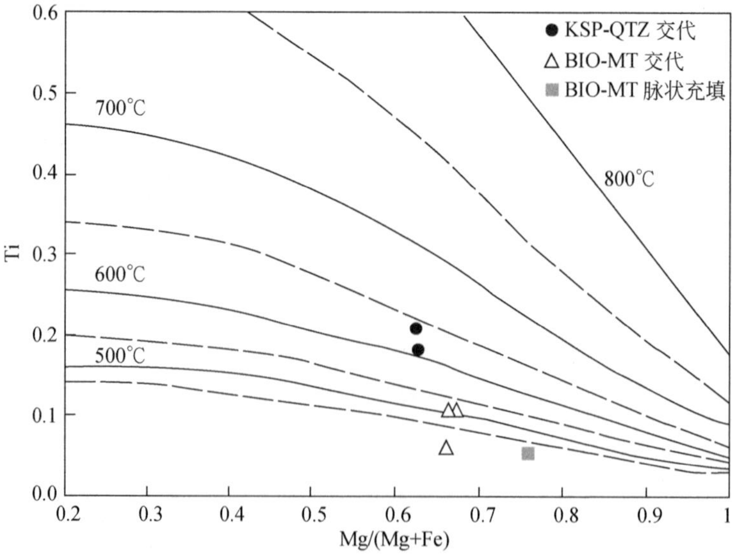

图 4.9　沙坪沟钼矿床蚀变黑云母 Ti-Mg/(Mg+ Fe) 图解

底图据 Henry et al.，2005

Selby 等（2000）的公式来计算当时热液中的 lg $[(f_{H_2O})/(f_{HF})]_{fluid}$、lg $[f_{H_2O})/(f_{HCl})]_{fluid}$ 和 lg $[f_{HF})/(f_{HCl})]_{fluid}$ 值（Munoz，1992），BIO-MT 组合中脉状黑云母具有最高的 lg $[(f_{H_2O})/(f_{HF})]_{fluid}$ 和 lg $[(f_{H_2O})/(f_{HCl})]_{fluid}$ 值，最低的 lg $[(f_{HF})/(f_{HCl})]_{fluid}$ 值（图 4.10）。KSP-QTZ 组合中的交代黑云母具有最高的 lg $[(f_{HF})/(f_{HCl})]_{fluid}$ 值，最低的 lg $[(f_{H_2O})/(f_{HF})]_{fluid}$ 和 lg $[(f_{H_2O})/(f_{HCl})]_{fluid}$ 值（图 4.10），指示了随着温度降低，F^-/Cl^- 值减小，OH^-/F^- 值和 OH^-/Cl^- 值增大（即流体的碱度增强）。

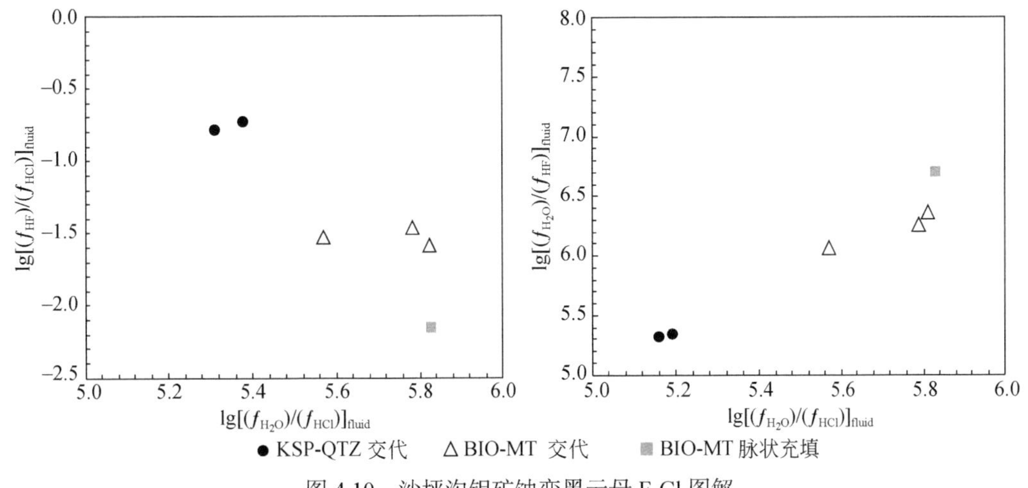

图 4.10　沙坪沟钼矿蚀变黑云母 F-Cl 图解

黄铁矿的电子探针分析如表 4.8 所示，可见高温热液矿物组合 QTZ-KSP EVP 中的脉状的黄铁矿 FeO 含量在 45.971%~46.19% 之间，平均为 46.081%；S 含量在 51.323% ~ 51.429% 之间，平均为 51.376%；Mo 含量在 0.796%~0.833% 之间，平均为 0.815%。中高温热液矿物 QTZ-MO 中的黄铁矿 FeO 含量在 45.472%~46.379% 之间，平均为 46.011%；S 含量在 51.587%~51.878% 之间，平均为 51.75%；Mo 含量在 0.835%~0.878% 之间，平均为 0.853%。QTZ-MS-PY 中的黄铁矿 FeO 含量在 45.506%~45.934% 之间，平均为 45.688%；S 含量在 52.256% ~ 52.794% 之间，平均为 52.445%；Mo 含量在 0.812%~0.853% 之间，平均为 0.826%。

中温热液矿物组合中（表 4.8），QTZ-MO-SER 中的黄铁矿 FeO 含量在 45.119% ~ 45.712% 之间，平均为 45.416%；S 含量在 52.539% ~ 53.13% 之间，平均为 52.835%；Mo 含量在 0.834%~0.884% 之间，平均为 0.859%。QTZ-SER 中的黄铁矿 FeO 含量在 45.569% ~ 46.021% 之间，平均为 45.795%；S 含量在 52.573% ~ 52.695% 之间，平均为 52.634%；Mo 含量在 0.814%~0.818% 之间，平均为 0.816%。

低温热液矿物组合中（表 4.8），PY 中的黄铁矿 FeO 含量在 45.052% ~ 45.74% 之间，平均为 45.396%；S 含量在 52.763% ~ 53.004% 之间，平均为 52.884%；Mo 含量在 0.793%~0.798% 之间，平均为 0.7955%。

总体上，从高温到低温，黄铁矿中的 Fe 含量减少，S 含量升高，流体中 S^{2-} 含量增大；Mo 含量在 QTZ-MO 和 QTZ-MO-SER 中相对更高，这与 Mo 成矿的主要阶段一致。

表 4.8　沙坪沟钼矿床黄铁矿电子探针分析结果

（单位：%）

项目	ZK94-58	ZK94-62	ZK94-35	ZK94-37	ZK94-41	ZK94-44	ZK94-45	ZK94-44	ZK94-27	ZK94-27	ZK94-23	ZK94-23	ZK94-17	ZK94-17
	3-py-2	1-py-3	1-py-8	3-py-1	1-py-2	6-py-3	5-py-4	1-py-7	3-py-9	1-py-1	2-py-5	1-py-7	3-py-1	2-py-3
	QTZ-KSP EVP	QTZ-KSP EVP	QTZ-MS-PY	QTZ-MS-PY	QTZ-MS-PY	QTZ-MO	QTZ-MO	QTZ-MO	QTZ-MO-SER	QTZ-MO-SER	QTZ-SER	QTZ-SER	PY	PY
	脉状充填	脉状充填	脉状充填	脉状充填	脉状充填	脉状充填	脉状充填	脉状充填	脉状充填	脉状充填	脉状充填	脉状充填	脉状充填	脉状充填
FeO	46.19	45.971	45.506	45.623	45.934	46.181	45.472	46.379	45.119	45.712	45.569	46.021	45.052	45.74
Co	0.304	0.344	0.224	0.464	0.603	0.344	0.216	0.241	0.377	—	0.304	0.528	0.104	0.296
Se	—	0.456	0.185	0.234	0.236	0.148	0.617	—	0.037	0.123	—	0.358	0.543	0.333
As	0.007	—	0.009	—	0.004	—	—	0.011	—	—	0.022	—	—	—
Mo	0.833	0.796	0.853	0.812	0.813	0.878	0.845	0.835	0.884	0.834	0.818	0.814	0.798	0.793
S	51.429	51.323	52.256	52.794	52.286	51.587	51.878	51.784	53.13	52.539	52.573	52.695	53.004	52.763
Ni	—	—	—	—	—	0.009	0.029	—	0.005	—	0.01	—	—	—
总和	98.763	98.89	99.033	99.927	99.876	99.147	99.057	99.25	99.552	99.208	99.296	100.416	99.501	99.925

中高温热液矿物组合 CHL 中绿泥石电子探针分析结果（表 4.9）显示，交代绿泥石比脉状绿泥石含有更高的 Si、Al^{VI}、K 以及更低的 Fe/(Fe+Mg) 值。

沙坪沟钼矿中广泛发育绢云母化，选取了中高温热液矿物组合 QTZ-MS-PY 和 QTZ-MO 以及中温热液矿物组合 QTZ-MO-SER 和 QTZ-SER 中绢云母进行了探针分析，结果（表 4.10）显示，这些绢云母均为白云母，且元素组成较为一致，经过换算，与白云母标准式（K_2O 含量为 11.8%，Al_2O_3 含量为 38.4%，SiO_2 含量为 45.3%）相比，Si 含量偏高，Al_2O_3 含量偏低，K_2O 含量基本一致，指示了成矿热液富硅；绢云母富氟贫氯，与 Climax 型斑岩钼矿相似（如 Henderson 钼矿，Gunow et al.，1980），也指示了成矿热液富氟的特征，且从高温到低温，F/Cl 值减小。

表 4.9　沙坪沟钼矿床绿泥石电子探针分析结果

项目	ZK52-986	ZK52-986	ZK52-986
	1-chl-14	1-chl-15	1-chl-16
	CHL	CHL	CHL
	交代	脉状充填	脉状充填
SiO_2/%	47.696	28.805	28.015
TiO_2/%	0.384	0.094	0.035
Al_2O_3/%	23.275	18.446	18.299
FeO/%	4.992	19.781	20.324
MnO/%	4.697	17.122	17.75
MgO/%	0.537	1.756	1.882
CaO/%	0	0.079	0.098
Na_2O/%	0.352	0.104	0.057
K_2O/%	10.383	0.337	0.04
F/%	0	0	0
Cl/%	0	0	0
H_2O/%	13.10954	10.65887	10.57584
成分总和 /%	105.42554	97.18287	97.07584
Si	8.239242	6.366494	6.261523
Al^{IV}	0	1.633506	1.738477
Al^{VI}	5.019386	3.259091	3.153239
Ti	0.049888	0.015625	0.005883
Fe^{3+}	0.721199	0.857514	0.77573

续表

项目	ZK52-986	ZK52-986	ZK52-986
	1-chl-14	1-chl-15	1-chl-16
	CHL	CHL	CHL
	交代	脉状充填	脉状充填
Fe^{2+}	0	2.798907	3.023311
Mn	0.687285	3.205516	3.36046
Mg	0.138283	0.578557	0.627045
Ca	0	0.018709	0.02347
Na	0.235808	0.089141	0.049405
K	4.575592	0.190012	0.022807
F	0	0	0
Cl	0	0	0
OH	16	16	16
元素总和	35.66668	35.01307	35.04135
Fe(Fe+Mg)	0.839109	0.863386	0.85833
Al 总和	5.019386	4.892597	4.891716

QTZ-MS-PY 组合中，脉状充填绢云母 SiO_2 含量平均为 48.64%，Al_2O_3 含量平均为 28.18%，MgO 含量平均为 3.25%，K_2O 含量平均为 10.77%，Na_2O 含量平均为 0.52%，F 含量平均为 2.68%，Cl 含量平均为 0.02%；交代绢云母 SiO_2 含量平均为 47.82%，Al_2O_3 含量平均为 22.49%，MgO 含量平均为 6.14%，K_2O 含量平均为 10.29%，Na_2O 含量平均为 0.41%，F 含量平均为 2.72%，Cl 含量平均为 0.02%。

QTZ-MO 组合中，交代绢云母 SiO_2 含量平均为 49.79%，Al_2O_3 含量平均为 27.63%，MgO 含量平均为 6.14%，K_2O 含量平均为 11.00%，Na_2O 含量平均为 0.41%，F 含量平均为 2.31%，Cl 含量平均为 0.03%。

QTZ-MO-SER 组合中，交代绢云母 SiO_2 含量平均为 48.46%，Al_2O_3 含量平均为 27.88%，MgO 含量平均为 3.43%，K_2O 含量平均为 10.74%，Na_2O 含量平均为 0.48%，F 含量平均为 2.05%，Cl 含量平均为 0.06%。

QTZ-SER 组合中，脉状充填绢云母 SiO_2 含量平均为 51.02%，Al_2O_3 含量平均为 26.75%，MgO 含量平均为 3.33%，K_2O 含量平均为 10.71%，Na_2O 含量平均为 0.19%，F 含量平均为 1.95%，Cl 含量平均为 0.07%；交代绢云母 SiO_2 含量平均为 49.95%，Al_2O_3 含量平均为 29.67%，MgO 含量平均为 2.01%，K_2O 含量平均为 10.90%，Na_2O 含量平均为 0.32%，F 含量平均为 1.87%，Cl 含量平均为 0.07%。

表 4.10　沙坪沟钼矿床蚀变白（绢）云母电子探针分析结果

项目	ZK94-671	ZK94-671	ZK52-986	ZK52-986	ZK94-406	ZK94-406	ZK94-406	ZK94-406	ZK94-406	ZK52-452	ZK52-452	ZK94-214	ZK94-214	ZK52-226	ZK52-226	ZK52-41
	4-ms-1	5-ms-5	2-ms-1	3-ms-3	2-ms-1	2-ms-2	3-ms-1	3-ms-2	3-ms-3	1-ms-1	1-ms-2	3-ms-4	3-ms-5	2-ms-5	2-ms-6	3-ms-1
	QTZ-MS-PY	QTZ-MS-PY	QTZ-MS-PY	QTZ-MS-PY	QTZ-MO	QTZ-MO	QTZ-MO-SER	QTZ-MO-SER	QTZ-MO-SER	QTZ-MO-SER	QTZ-MO-SER	QTZ-SER	QTZ-SER	QTZ-SER	QTZ-SER	QTZ-SER
	脉状充填	脉状充填	交代	交代	交代	交代	交代	交代	交代	脉状充填	脉状充填	脉状充填	脉状充填	交代	交代	交代
SiO_2/%	48.068	49.203	47.691	47.958	49.559	50.027	48.573	48.576	48.226	50.031	49.670	52.081	52.294	49.456	50.739	49.656
TiO_2/%	0.402	0.403	0.486	0.360	0.467	0.302	0.619	0.498	0.553	0.299	0.462	0.113	0.330	0.625	0.272	0.545
Al_2O_3/%	28.090	28.278	22.824	22.159	27.415	27.838	27.790	27.688	28.158	28.754	27.950	24.663	25.647	29.207	30.316	29.483
FeO/%	0.890	0.724	3.670	3.851	0.384	0.264	0.800	0.728	0.828	0.314	0.330	1.565	1.551	0.521	0.403	0.681
MnO/%	0.030	0.046	0.716	0.762	0.000	0.004	0.012	0.022	0.000	0.000	0.000	0.000	0.008	0.006	0.000	0.000
MgO/%	3.192	3.304	5.947	6.327	4.057	3.878	3.574	3.418	3.299	2.856	3.027	3.854	3.571	2.176	1.791	2.074
CaO/%	0.018	0.026	0.052	0.059	0.020	0.001	0.027	0.008	0.011	0.000	0.009	0.033	0.000	0.021	0.009	0.000
Na_2O/%	0.505	0.518	0.391	0.433	0.396	0.427	0.390	0.536	0.521	0.278	0.300	0.086	0.089	0.357	0.345	0.263
K_2O/%	10.756	10.786	10.136	10.440	11.020	10.987	10.911	10.614	10.706	11.112	10.907	10.194	10.610	11.088	10.614	11.006
F/%	2.720	2.630	2.850	2.590	2.350	2.270	1.980	2.060	2.110	2.220	1.950	1.830	1.790	1.920	1.750	1.930
Cl/%	0.020	0.030	0.010	0.030	0.040	0.020	0.050	0.060	0.070	0.050	0.060	0.080	0.070	0.070	0.090	0.060
Li_2O^*/%	0.771	0.743	0.811	0.730	0.656	0.631	0.541	0.565	0.581	0.615	0.531	0.494	0.481	0.522	0.469	0.525
H_2O^*/%	3.090	3.201	2.940	3.058	3.330	3.400	3.455	3.397	3.375	3.417	3.491	3.544	3.627	3.533	3.687	3.547
部分和 /%	98.552	99.892	98.525	98.758	99.693	100.049	98.722	98.170	98.438	99.947	98.687	98.537	100.069	99.502	100.485	99.770
O=F,Cl/%	1.150	1.114	1.202	1.097	0.998	0.960	0.845	0.881	0.904	0.946	0.835	0.789	0.769	0.824	0.757	0.826

续表

项目	ZK94-671	ZK94-671	ZK52-986	ZK52-986	ZK94-406	ZK94-406	ZK94-406	ZK94-406	ZK94-406	ZK52-452	ZK52-452	ZK94-214	ZK94-214	ZK52-226	ZK52-226	ZK52-41
	4-ms-1	5-ms-5	2-ms-1	3-ms-3	2-ms-1	2-ms-2	3-ms-1	3-ms-2	3-ms-3	1-ms-1	1-ms-2	3-ms-4	3-ms-5	2-ms-5	2-ms-6	3-ms-1
	QTZ-MS-PY	QTZ-MS-PY	QTZ-MS-PY	QTZ-MS-PY	QTZ-MO	QTZ-MO	QTZ-MO-SER	QTZ-MO-SER	QTZ-MO-SER	QTZ-MO-SER	QTZ-MO-SER	QTZ-SER	QTZ-SER	QTZ-SER	QTZ-SER	QTZ-SER
	脉状充填	脉状充填	交代	交代	交代	交代	交代	交代	交代	脉状充填	脉状充填	脉状充填	脉状充填	交代	交代	交代
成分总和/%	97.402	98.778	97.322	97.661	98.695	99.089	97.877	97.289	97.534	99.001	97.853	97.748	99.299	98.677	99.728	98.943
Si	6.574	6.621	6.660	6.697	6.672	6.694	6.610	6.637	6.582	6.693	6.722	7.046	6.978	6.648	6.702	6.651
Al^{IV}	1.426	1.379	1.340	1.303	1.328	1.306	1.390	1.363	1.418	1.307	1.278	0.954	1.022	1.352	1.298	1.349
T site	8.000	8.000	8.000	8.000	8.000	8.000	8.000	8.000	8.000	8.000	8.000	8.000	8.000	8.000	8.000	8.000
Al^{VI}	3.103	3.107	2.417	2.344	3.022	3.084	3.067	3.096	3.112	3.226	3.180	2.980	3.011	3.275	3.422	3.306
Ti	0.041	0.041	0.051	0.038	0.047	0.030	0.063	0.051	0.057	0.030	0.047	0.011	0.033	0.063	0.027	0.055
Fe	0.102	0.081	0.429	0.450	0.043	0.030	0.091	0.083	0.095	0.035	0.037	0.177	0.173	0.059	0.045	0.076
Mn	0.003	0.005	0.085	0.090	0.000	0.000	0.001	0.003	0.000	0.000	0.000	0.000	0.001	0.001	0.000	0.000
Mg	0.651	0.663	1.238	1.317	0.814	0.773	0.725	0.696	0.671	0.570	0.611	0.777	0.710	0.436	0.353	0.414
Li*	0.424	0.402	0.456	0.410	0.355	0.339	0.296	0.311	0.319	0.331	0.289	0.269	0.258	0.282	0.249	0.283
O site	4.324	4.299	4.675	4.649	4.282	4.257	4.244	4.240	4.253	4.192	4.164	4.214	4.187	4.116	4.096	4.134
Ca	0.003	0.004	0.008	0.009	0.003	0.000	0.004	0.001	0.002	0.000	0.001	0.005	0.000	0.003	0.001	0.000
Na	0.134	0.135	0.106	0.117	0.103	0.111	0.103	0.142	0.138	0.072	0.079	0.023	0.023	0.093	0.088	0.068
K	1.876	1.851	1.805	1.860	1.892	1.875	1.894	1.850	1.864	1.896	1.883	1.759	1.806	1.901	1.788	1.880
A site	2.013	1.990	1.919	1.986	1.999	1.986	2.001	1.993	2.003	1.968	1.963	1.787	1.829	1.997	1.878	1.949

续表

项目	ZK94-671	ZK94-671	ZK52-986	ZK52-986	ZK94-406	ZK94-406	ZK94-406	ZK94-406	ZK94-406	ZK52-452	ZK52-452	ZK94-214	ZK94-214	ZK52-226	ZK52-226	ZK52-41
	4-ms-1	5-ms-5	2-ms-1	3-ms-3	2-ms-1	2-ms-2	3-ms-1	3-ms-2	3-ms-3	1-ms-1	1-ms-2	3-ms-4	3-ms-5	2-ms-5	2-ms-6	3-ms-1
	QTZ-MS-PY	QTZ-MS-PY	QTZ-MS-PY	QTZ-MS-PY	QTZ-MO	QTZ-MO	QTZ-MO-SER	QTZ-MO-SER	QTZ-MO-SER	QTZ-MO-SER	QTZ-MO-SER	QTZ-SER	QTZ-SER	QTZ-SER	QTZ-SER	QTZ-SER
	脉状充填	脉状充填	交代	交代	交代	交代	交代	交代	交代	脉状充填	脉状充填	脉状充填	脉状充填	交代	交代	交代
F	1.177	1.119	1.259	1.144	1.001	0.961	0.852	0.890	0.911	0.939	0.835	0.783	0.755	0.816	0.731	0.818
Cl	0.005	0.007	0.002	0.007	0.009	0.005	0.012	0.014	0.016	0.011	0.014	0.018	0.016	0.016	0.020	0.014
OH*	2.819	2.874	2.739	2.849	2.990	3.035	3.136	3.096	3.073	3.049	3.152	3.199	3.229	3.168	3.249	3.169
总分子数	18.337	18.290	18.594	18.635	18.281	18.243	18.244	18.233	18.257	18.160	18.127	18.001	18.016	18.113	17.974	18.082
Mg/(Mg+Fe)	0.865	0.891	0.743	0.745	0.950	0.963	0.888	0.893	0.876	0.942	0.943	0.814	0.804	0.881	0.887	0.845
Ti/(Mg+Fe+Ti+Mn)	0.051	0.052	0.028	0.020	0.052	0.036	0.072	0.061	0.069	0.047	0.068	0.011	0.036	0.113	0.064	0.101
X_{Mg}	0.169	0.172	0.297	0.313	0.210	0.199	0.187	0.180	0.173	0.149	0.160	0.198	0.182	0.116	0.092	0.109
X_{Fe}	0.831	0.828	0.697	0.680	0.790	0.801	0.813	0.820	0.827	0.851	0.840	0.802	0.818	0.884	0.908	0.891
X_F	0.062	0.059	0.066	0.060	0.053	0.051	0.045	0.047	0.048	0.049	0.044	0.041	0.040	0.043	0.038	0.043
X_{Cl}	0.000	0.000	0.000	0.000	0.000	0.000	0.000	0.000	0.000	0.000	0.000	0.001	0.000	0.000	0.001	0.000
X_{OH}	0.166	0.169	0.161	0.168	0.176	0.179	0.184	0.182	0.181	0.179	0.185	0.188	0.190	0.186	0.191	0.186
$\lg(X_{Cl}/X_{OH})$	−3.103	−2.942	−3.383	−2.923	−2.834	−3.145	−2.754	−2.667	−2.597	−2.749	−2.679	−2.561	−2.629	−2.617	−2.527	−2.686
$\lg(X_F/X_{OH})$	−0.428	−0.458	−0.386	−0.445	−0.524	−0.548	−0.614	−0.590	−0.576	−0.560	−0.625	−0.659	−0.679	−0.637	−0.696	−0.637
$\lg(X_F/X_{Cl})$	2.675	2.485	2.997	2.478	2.311	2.597	2.139	2.077	2.021	2.189	2.054	1.901	1.949	1.980	1.831	2.049

* 代表计算值，非测量值。

中高温热液矿物组合 QTZ-MO 中石英成分较为复杂（表 4.11），Al_2O_3 含量为 0.048%，FeO 含量为 0.004%，TiO_2 含量为 0.027%，K_2O 含量为 0.001%，Na_2O 含量为 0.004%，并含少量 Fe、Ti、K、Na、Mn 等，指示此时成矿流体中元素成分较为复杂，除 Mo 过饱和外，还含有较多种类的其他金属。中温热液矿物组合 QTZ-SER 中石英相对成分较为单一（表 4.11），Al_2O_3 含量为 0.023%，FeO 含量为 0.009%，指示此时成矿作用基本已经结束，流体演化至较低温度，流体中金属离子大幅减少。

表 4.11　沙坪沟钼矿床石英电子探针分析结果　（单位：%）

样号	矿物及特征	SiO_2	TiO_2	Al_2O_3	FeO	MgO	MnO	CaO	Na_2O	K_2O	Cr_2O_3	总和
4-Qtz-8	QTZ-MO 中的石英	97.078	0.027	0.048	0.004	—	0.006	—	0.004	0.001	—	97.168
5-Qtz-2	QTZ-SER 中的石英	97.616	—	0.023	0.009	—	—	—	—	—	—	97.648

4.2.4　蚀变与矿化的关系

沙坪沟钼矿床围岩蚀变发生的顺序由早到晚为钾硅酸盐化、石英内核→青磐岩化、硅化→绢英岩化→泥化，与钼矿化关系最为密切的是硅化，其次为钾硅酸盐化，这与国外斑岩钼矿床有较大的差别。

前人研究表明，斑岩铜矿床早期发生钾化、硅化和青磐岩化，晚期发生绢英岩化和高级泥化（Gustafson and Hunt，1975；Gustafson and Quiroga，1995；Sillitoe，2010），斑岩钼矿床蚀变由早到晚具有钾化、硅化→青磐岩化→泥化以及绢英岩化的特征（Mutschler et al.，1981；Seedorff and Einaudi，2004a，2004b）。斑岩钼矿床中，与钼矿化关系最紧密的蚀变类型为绢（云）英岩化，其次为钾硅酸盐化、硅化，而青磐岩化、泥化、黄铁绢英岩化与成矿的关系是间接的，仅作为同一系统的蚀变现象而存在（Wallace et al.，1978；Seedorff and Einaudi，2004a，2004b）。例如，Selby 等（2000）研究 Endako 钼矿床显示，钼矿化与绢云母化蚀变关系最密切，在条带状矿化脉两侧绢云母呈团块集合体（0.1~0.5mm）分布并与辉钼矿共生，靠近矿化脉的斜长石、钾长石和黑云母被强烈蚀变成绢云母和绿泥石，远离矿化脉，绢云母化蚀变减弱。

沙坪沟钼矿各成矿阶段蚀变与矿化的关系探讨如下：

沙坪沟钼矿床高温阶段发生的蚀变类型主要是早期的钾硅酸盐化，并在钾硅酸盐化带内部形成石英内核。高温阶段的 4 种热液矿物组合中均含有与早期钾硅酸盐化蚀变相关的如钾长石、黑云母等代表性矿物，这些蚀变与脉体的分布位置如图 2.7 所示。此阶段的蚀变岩发生了大量 Na、Ba、Sr 等元素的带出，大量 Si、Rb 和少量 Fe、Ca、Zr、Sn 等元素的带入，Mo 也有一定量的带入，辉钼矿化应始于此阶段晚期，以辉钼矿 ± 石英脉（脉两侧具弱钾长石化晕）的出现为标志。其主要的蚀变反应如下：

$$NaAlSi_3O_8(\text{钠长石})+K^+ = KAlSi_3O_8(\text{钾长石})+Na^+$$

$$KFe_3AlSi_3O_{10}(OH)_2(\text{羟铁云母})+0.5O_2 = KAlSi_3O_8(\text{钾长石})+Fe_3O_4(\text{磁铁矿})+H_2O$$

同时，高温阶段形成不同类型的钾长石，硅含量在重结晶（较早）、脉、晕（较晚）中逐渐增多，Or（正长石）分子含量在重结晶、脉、晕中逐渐增大，同时，此阶段磁铁矿、赤铁矿较多，指示流体氧化性较高。因此，高温阶段流体高硅高钾偏氧化，且随温度降低，体系中不断消耗Si和K^+，K/H值将减小，流体中将更富Na^+，相对富H^+。黑云母的成分显示，随着温度降低，流体F^-/Cl^-值减小，OH^-/F^-值和OH^-/Cl^-值增大，流体的碱度增强。白云母的组成显示，其Si含量较标准式偏高，Al含量偏低，且F/Cl值在80~280之间，K/Na值在15左右。黄铁矿中的Fe/S值较高，在0.9左右，Mo含量也较高，在0.8%~0.83%之间，显示了此阶段系统中S^{2-}含量较低，偏氧化，且富Mo。

中高温阶段发生的蚀变类型主要有青磐岩化、强硅化、黄铁矿化等，产出在中深部的花岗斑岩与正长岩中，比高温阶段的蚀变和矿化范围更大，在远离花岗斑岩体的位置发育青磐岩化（图2.7）。此阶段热液矿物组合中均含有与强硅化、黄铁矿化或青磐岩化相关的石英、金属硫化物、绿泥石等矿物，不含或含少量钾长石、绢云母等矿物。中高温阶段的白云母成分显示，其Si含量较高温阶段有所增大，Al含量偏低，且F/Cl值较高温阶段大大减小，在50~110之间，K/Na值在15左右。黄铁矿中的Fe/S值较高温阶段稍低，在0.88~0.89之间，Mo含量较高温阶段则更高，在0.83%~0.88%之间，显示了此阶段流体富Si和Mo。F/Cl值的减小也说明了此阶段Mo的Cl络合物大量分解，辉钼矿开始大量沉淀，这也与此阶段大量发育含辉钼矿脉体一致。以下方程说明了强硅化与辉钼矿的沉淀关系较为密切。

$$3KAlSi_3O_8(\text{钾长石})+2H^++2H_2MoO_4+4H_2S = KAl_2(AlSi_3O_{10})(OH)_2(\text{白云母})+2K^+ + 6SiO_2(\text{石英})+2MoS_2(\text{辉钼矿})+6H_2O+O_2$$

或：

$$3KAlSi_3O_8(\text{钾长石})+4H^++2HMoO_4^-+4H_2S = KAl_2(AlSi_3O_{10})(OH)_2(\text{白云母}) + 2K^++6SiO_2(\text{石英})+2MoS_2(\text{辉钼矿})+6H_2O+O_2$$

在成矿流体演化的早期，钾化持续发生，体系中K^+值增大，钾长石含量增加，促进以上方程正反应，辉钼矿形成量增加，并开始形成白（绢）云母，随后大量辉钼矿开始沉淀，同时形成较多的石英、白（绢）云母等。成矿晚期，绢云母含量增加到了较大程度，抑制以上方程的正反应，辉钼矿形成减少，最终反应彻底停止。因此，辉钼矿沉淀与强硅化关系密切。

沙坪沟钼矿床中温阶段发生的围岩蚀变主要有绢英岩化、黄铁矿化等，产出于矿床较浅部位的正长岩和二长花岗岩中，主要的蚀变矿物有石英、绢云母、黄铁矿等，绢云母成分主要为白云母，其次为金云母。此阶段两种热液矿物组合中都发育大量的绢云母或在脉体边缘发育绢英岩化晕。白云母成分显示，其F/Cl值较中高温阶段略有减小，在30~50之间，K/Na值增大，在15~80之间，显示此阶段流体中K^+大量增加。黄铁矿中的Fe/S值较中高温阶段降低，在0.85~0.87之间，Mo含量较中高温阶段有所降低，在0.79%~0.88%之间。

此阶段蚀变与脉体的分布位置如图 2.7 所示，此阶段也有少量辉钼矿沉淀。其主要的蚀变反应如下：

$$3KAlSi_3O_8(\text{钾长石})+2H^+ = KAl_2(AlSi_3O_{10})(OH)_2(\text{白云母})+2K^++6SiO_2(\text{石英})$$

$$3NaAlSi_3O_8(\text{斜长石})+K^++2H^+ = KAl_2(AlSi_3O_{10})(OH)_2(\text{白云母})+3Na^++6SiO_2(\text{石英})$$

经由以上反应，体系中将消耗更多的 H^+ 和少量的 K^+，K/H 值将增大，随着体系温度下降，可能会出现钾长石与白云母共生，这一现象在高温阶段可见，但在中温阶段基本不可见，可能指示还存在其他的控制因素。

沙坪沟钼矿床低温阶段围岩蚀变较弱，蚀变类型主要有石英 – 萤石 – 石膏化、黄铁绢英岩化等，产出于矿床上部的正长岩和二长花岗岩中，距离钼矿体较远的位置。此阶段有 3 种热液矿物组合，矿物成分较单一，常形成晶洞构造。这些蚀变与脉体的分布位置如图 2.7 所示。低温阶段的出现标志着沙坪沟斑岩钼矿成矿流体系统演化到达晚期。其主要的蚀变反应如下：

$$1.17NaAlSi_3O_8(\text{斜长石})+H^+ = 0.5Na_{0.38}Al_{2.33}Si_{3.67}O_{10}(OH)_2(\text{蒙脱石})+Na^++1.67\ SiO_2(\text{石英})$$

$$Al_2Si_2O_5(OH)_2(\text{高岭石})+2SiO_2 = Al_2Si_4O_{10}(OH)_2(\text{叶蜡石})+H_2O$$

$$2(K,Na)AlSi_3O_8(\text{长石})+2H^++4H_2O = Al_2Si_4O_{10}(OH)_2(\text{叶蜡石})+2(K,Na)^++2H_4SiO_4(\text{石英})$$

4.3 流体包裹体地球化学特征

流体包裹体的测试样品采自沙坪沟钼矿床 ZK52、ZK94、ZK92、ZK93、ZK95、ZK91、ZK102、ZK132 的钻孔岩心，每个钻孔采样 7~10 个，样品间距 80m 左右，所有测试样品均来自石英脉体。NaCl-H_2O 包裹体和含子矿物流体包裹体的盐度分别采用冰点温度和子矿物的熔化温度（Bodnar，1993；Bodnar and Vityk，1994）计算。含 CO_2 包裹体采用 CO_2 笼形物的最终消失温度计算流体相的盐度（Collins，1974）。

考虑到热液矿床中常发育多期次流体的相互叠加作用，同一条脉系可能受到多期次流体的改造，导致包裹体测温数据不准确，对样品石英进行阴极发光测定。由于阴极发光是石英的重要特性，不同化学成分的石英阴极发光特征也不同，因此，石英阴极发光图像可以很好地揭示肉眼和偏光显微镜下不能观察到的同一矿床、同一脉体中石英的生长世代（Rusk and Reed，2002；Allan and Yardley，2007；Müller et al，2010）。沙坪沟钼矿床不同产状石英阴极发光特征（图 4.11）显示，石英脉中石英颗粒呈糖粒状展布，部分显示较规则的自然生长细条带，部分不显示生长条带（图 4.11），也有少量脉中石英显示了二次生长的现象，CL 为灰色的石英内核被 CL 为白色的石英生长边包裹（图 4.11）。因此，沙坪沟矿床石英脉主要是一次形成，充填 – 张开 – 再充填的情况较少，各阶段脉体中的石英流体包裹体基本可以指示脉体形成时流体的性质。

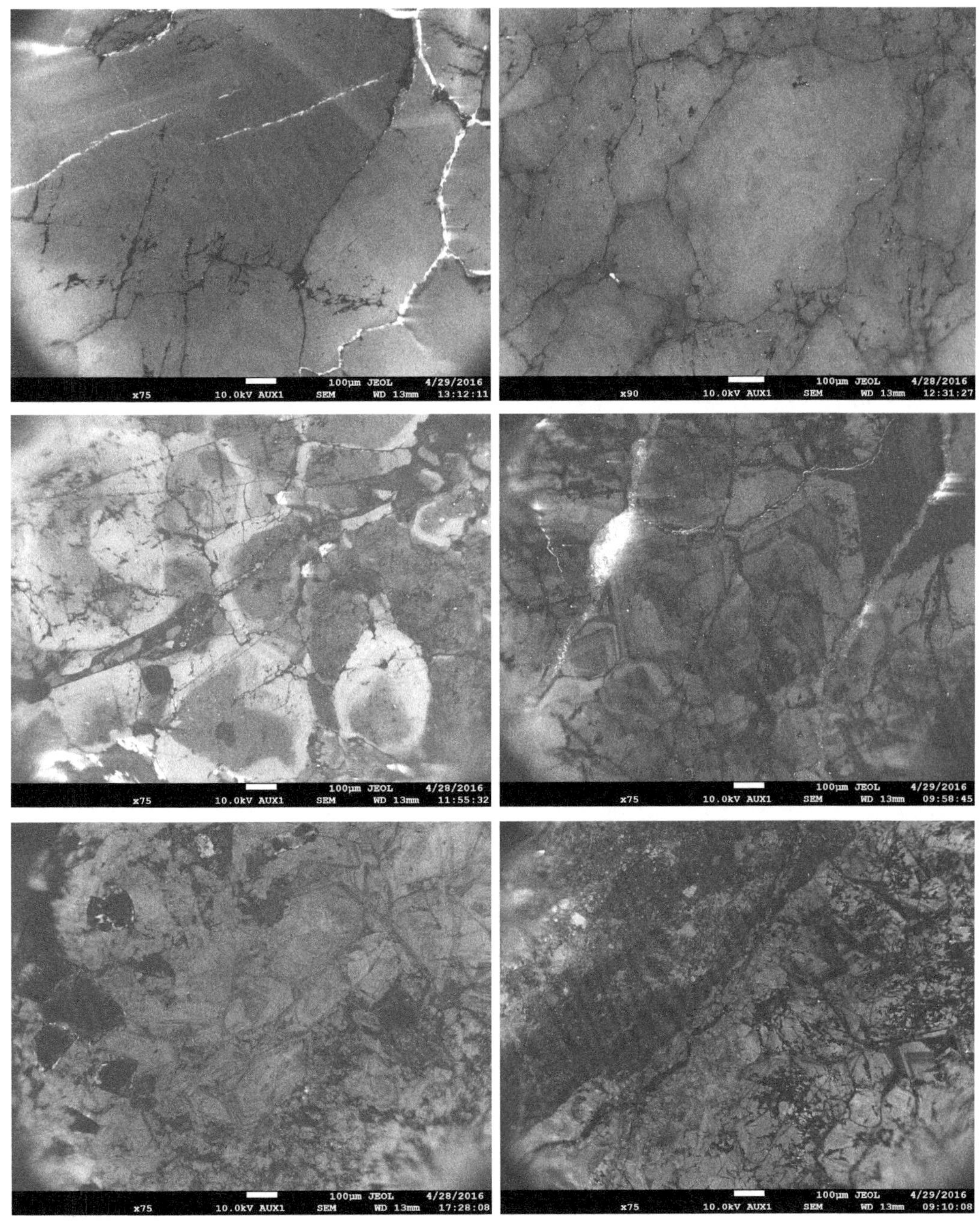

图 4.11　沙坪沟钼矿床不同产状石英阴极发光特征

4.3.1　流体包裹体特征

对沙坪沟钼矿床石英样品中流体包裹体的观察表明，石英中流体包裹体形态多样，多呈随机分布或孤立分布，有原生包裹体、假次生和次生包裹体。原生包裹体多呈椭圆状、长板状、规则状孤立分布，形态较好；假次生、次生包裹体呈定向的串珠状分布，多沿石英裂隙分布，为石英脉体受到后期构造应力作用时形成。

包裹体大小不等，在2~25μm之间，多数为5~20μm。以室温（25℃）下的相态特征和组成，将包裹体分为三类：富水气液两相包裹体（Ⅰ型）、富CO_2两相或三相包裹体（Ⅱ型）和含子晶多相包裹体（Ⅲ型）。

富水气液两相包裹体（Ⅰ型）：形态呈规则或不规则状椭圆状、长条状或负晶形等，大小主要在3~20μm之间，气相体积比通常在5%~25%之间。是三类包裹体中数量最多的一种，孤立或成群分布，见于成矿各阶段，在成矿早期和成矿晚期发育最多，分布较密集。

富CO_2两相或三相包裹体（Ⅱ型）：形态呈不规则状、长板状、椭圆状或负晶形，大小多在10~19μm之间，常孤立或成群分布，气相CO_2所占体积比较高，一般在40%~70%，少数大于80%，包括富CO_2型和纯CO_2型，主要见于中高温矿物组合含矿脉体中，无矿的其他组合脉体中少见，常温下为三相（气相CO_2+液态CO_2+液态H_2O）（图4.12）。

含子晶多相包裹体（Ⅲ型）：呈不规则椭圆状或负晶形，大小在6~25μm之间，主要见于中高温矿物组合、中温矿物组合脉体中，含矿物包裹体或者多相包裹体，包括一个或多个子矿物，呈单相或多相（图4.12）。透明子矿物呈立方体形的可能为NaCl子晶，呈浑圆状的可能是KCl子晶（钾盐），不透明子矿物可能是黄铜矿（图4.12），偏红色椭圆

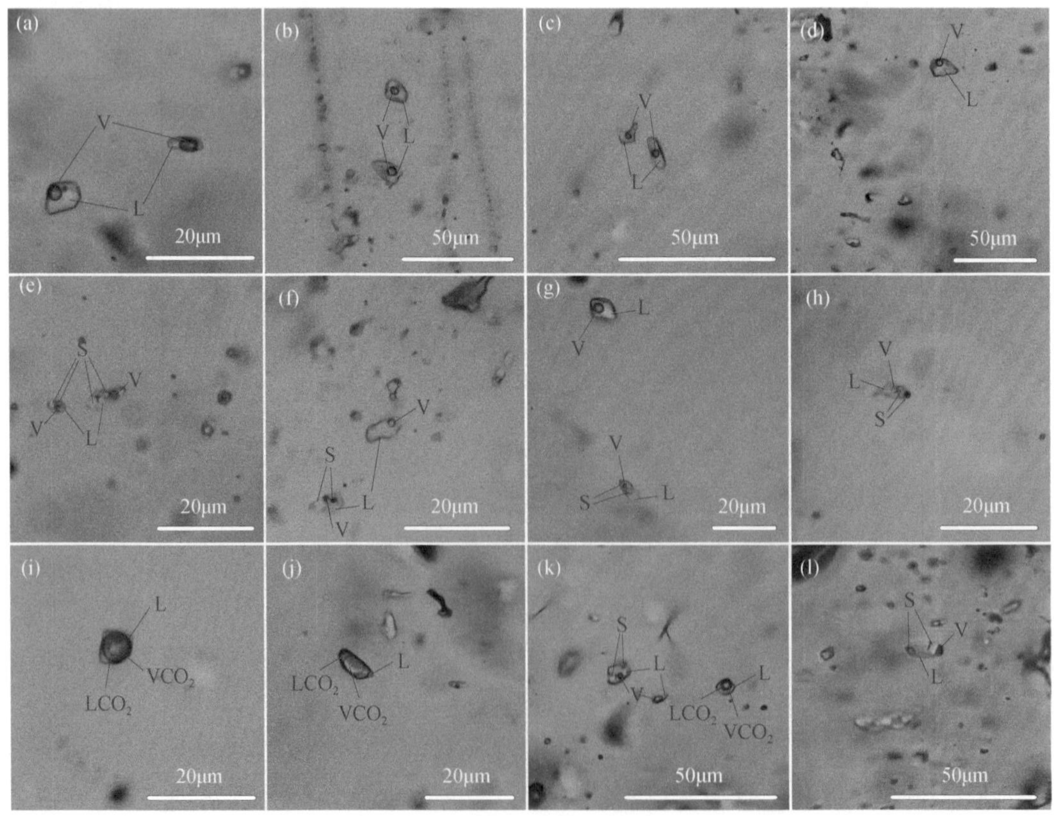

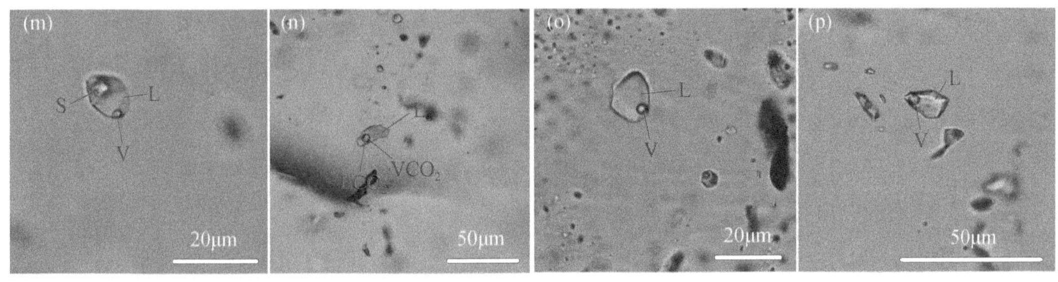

图 4.12　沙坪沟钼矿床流体包裹体显微照片

（a）~（d）高温阶段气液两相包裹体，包裹体呈不规则椭圆形、纺锤形、不规则多边形，5~15μm，气液比为 10%~40%；（e）~（h）中高温阶段含子晶多相包裹体和气液两相包裹体，包裹体呈不规则椭圆形、不规则多边形，10~15μm，气液比为 10%~25%，多相包裹体子晶主要为钠盐、钾盐、赤铁矿等；（i）（j）中高温阶段富 CO_2 包裹体，包裹体呈不规则椭圆形，8~10μm，显示“双眼皮”特征，CO_2 比例为 80%~90%；（k）中温阶段气液两相包裹体、富 CO_2 包裹体和含子晶多相包裹体，包裹体呈不规则椭圆形、不规则多边形，5~15μm，子晶主要为钠盐、钾盐，CO_2 比例为 40%；（l）（m）中温阶段含子晶多相包裹体，包裹体呈不规则椭圆形，12~15μm，子晶主要为钠盐、钾盐；（n）富 CO_2 包裹体，20μm，包裹体呈不规则纺锤形，显示“双眼皮”特征，CO_2 比例为 15%；（o）（p）低温阶段气液两相包裹体，包裹体呈不规则椭圆形、不规则多边形，12~20μm，气液比为 5%~10%。L- 液相；V- 气相；S- 固相

形的可能是赤铁矿（图 4.12），根据气相成分的不同，可以分成含子晶水溶液包裹体和含子晶 CO_2 包裹体，通常与Ⅱ型包裹体共存。

4.3.2　包裹体测温

选取高温阶段、中高温阶段、中温阶段和低温阶段各类型含石英脉体中的包裹体进行了显微测温，测得的数据总结于表 4.12，均一温度和盐度直方图见图 4.13，均一温度 – 盐度散点图见图 4.14。

Ⅰ型包裹体盐度是根据 Hall 等（1988）提出的 H_2O-NaCl 体系盐度 – 冰点公式 $W=1.78T_{m,ice}-0.0442T^2_{m,ice}+0.000557T^3_{m,ice}$ 算出，式中 W 为 NaCl 的质量分数，$T_{m,ice}$ 为冰点下降温度（℃）。

Ⅱ型包裹体盐度是通过 Hall 等（1988）提出的 H_2O-CO_2 公式 $W=15.52022-1.02342T_{m,clath}-0.05286T^2_{m,clath}$ 算出，$T_{m,clath}$ 为 CO_2 笼合物熔化温度（℃）。

Ⅲ型包裹体盐度是通过 Hall 等（1988）提出的利用子晶熔化温度计算盐度的公式 $W=21.242+0.4928A+1.42A^2-0.223A^3+0.04129A^4+0.006295A^5-0.001967A^6+0.0001112A^7$ 算出，式中 $A=T_{m,halite}/100$，$T_{m,halite}$ 为子晶熔化温度（℃）。

高温阶段Ⅰ型包裹体冰点温度（$T_{m,ice}$）为 –9.5~–3.2℃，计算得到其盐度为 5.3%~13.4%，均一温度（$T_{h,total}$）为 405~540℃。

中高温阶段Ⅰ型包裹体冰点温度（$T_{m,ice}$）为 –4.2~–1.6℃，计算得到其盐度为 2.7%~6.7%，均一温度（$T_{h,total}$）为 335~425℃。中高温阶段Ⅱ型包裹体 CO_2 最终熔化温度（T_{m,CO_2}）为 –57.8~–55.3℃，CO_2 笼合物熔化温度（$T_{m,clath}$）为 6.7 ~9.6℃，计算得到其盐度为 0.8%~6.2%，

其部分均一温度（T_{h,CO_2}）为 25.3 ~30.7℃，完全均一温度为 325~415℃。中高温阶段Ⅲ型包裹体完全均一温度（$T_{h,total}$）为 320~440℃，子晶熔化温度（$T_{m,halite}$）为 210~420℃，计算得盐度为 32.4%~49.7%。

表 4.12　沙坪沟钼矿床包裹体测温数据表

成矿阶段	包裹体类型	类型	大小 /μm	T_{m,CO_2}/℃	$T_{m,ice}$/℃	$T_{m,clath}$/℃	T_{h,CO_2}/℃	$T_{m,halite}$/℃	$T_{h,total}$/℃	盐度 /%
高温阶段	气液两相	Ⅰ	5~14		–9.5~ –3.2 (16)				405~ 540 (26)	5.3~ 13.4 (16)
中高温阶段	气液两相	Ⅰ	6~16		–4.2~ –1.6 (23)				335~ 425 (31)	2.7~ 6.7 (23)
	富 CO_2 三相	Ⅱ	6~19	–57.8~ –55.3 (18)		6.7~ 9.6 (13)	25.3~ 30.7 (20)		325~ 415 (20)	0.8~ 6.2 (13)
	含子晶多相	Ⅲ	7~15					210~ 420 (19)	320~ 440 (19)	32.4~ 49.7 (19)
中温阶段	气液两相	Ⅰ	5~15		–3.8~ –1.5 (17)				258~ 377 (21)	2.6~ 6.2 (17)
	富 CO_2 三相	Ⅱ	5~15	–58.2~ –55.8 (15)		7.2~ 9.6 (12)	26.1~ 29.6 (15)		235~ 375 (14)	0.8~ 5.3 (12)
	含子晶多相	Ⅲ	6~14					190~ 390 (15)	280~ 390 (15)	31.4~ 46.4 (15)
低温阶段	气液两相	Ⅰ	3~9		–2.6~ –0.7 (19)				135~ 265 (23)	1.2~ 4.3 (19)

注：T_{m,CO_2}-CO_2 最终熔化温度；$T_{m,ice}$- 冰点温度；$T_{m,clath}$-CO_2 笼合物熔化温度；T_{h,CO_2}- 部分均一温度；$T_{m,halite}$- 子晶熔化温度；$T_{h,total}$- 完全均一温度。括号中数据为测试包裹体数量。

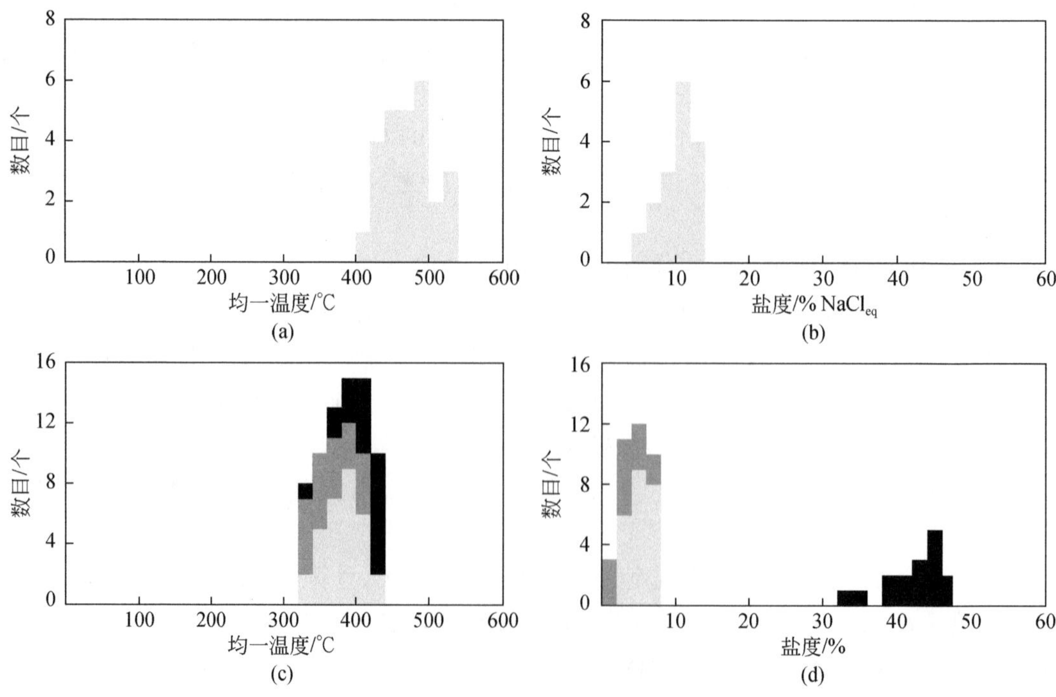

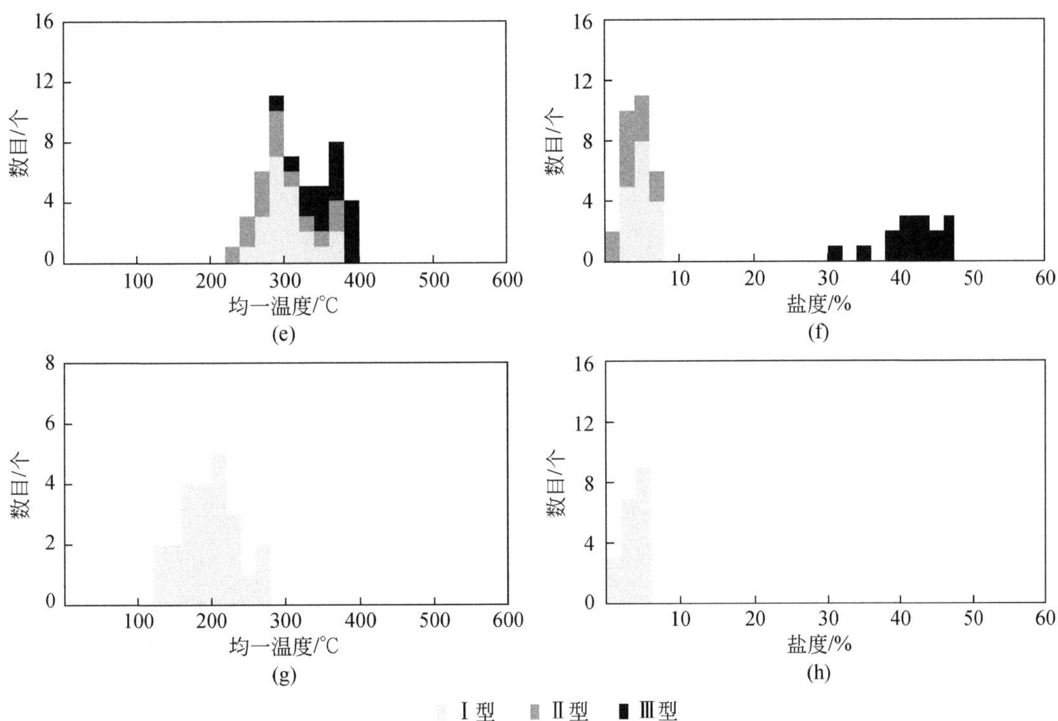

图 4.13　沙坪沟钼矿床各阶段石英流体包裹体均一温度和盐度直方图

(a)(b) 高温阶段；(c)(d) 中高温阶段；(e)(f) 中温阶段；(g)(h) 低温阶段

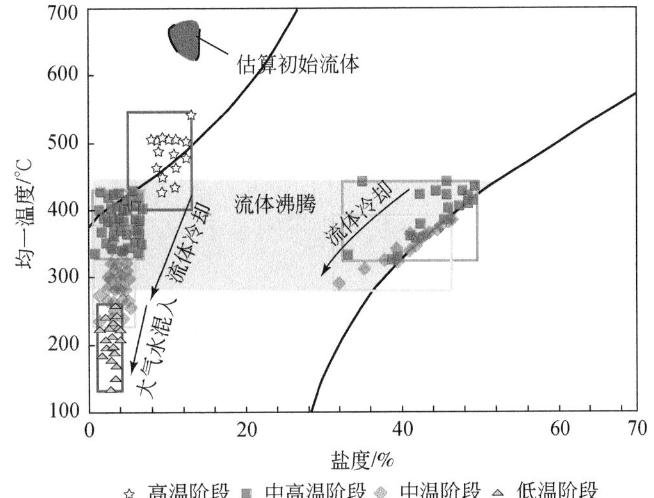

图 4.14　沙坪沟钼矿床各阶段石英流体包裹体均一温度－盐度散点图

中温阶段Ⅰ型包裹体冰点温度（$T_{m,ice}$）为 −3.8~−1.5℃，计算得到其盐度为 2.6%~6.2%，均一温度（$T_{h,total}$）为 258~377℃。中温阶段Ⅱ型包裹体 CO_2 最终熔化温度（T_{m,CO_2}）为 −58.2~−55.8℃，CO_2 笼合物熔化温度（$T_{m,clath}$）为 7.2 ~9.6℃，计算得到其盐度为 0.8%~5.3%，

其部分均一温度（T_{h,CO_2}）为 26.1 ~29.6℃，完全均一温度为 235~375℃。中温阶段Ⅲ型包裹体完全均一温度（$T_{h,total}$）为 280~390℃，子晶熔化温度（$T_{m,halite}$）为 190~390℃，计算得盐度为 31.4%~46.4%。

低温阶段Ⅰ型包裹体冰点温度（$T_{m,ice}$）为 –2.6~–0.7℃，计算得到其盐度为 1.2%~4.3%，均一温度（$T_{h,total}$）为 135~265℃。

4.3.3　包裹体成分

通过显微观察（图 4.12）可初步确定沙坪沟地区流体包裹体内主要的气相成分为 CO_2，液相组分为 H_2O 和 CO_2，固相组分包括 NaCl、KCl、赤铁矿等。前人对沙坪沟钼矿床的流体包裹体开展了激光拉曼探针分析（于文，2012；刘啟能，2013；范丽逢，2014；Ni et al.，2015；王莹等，2019），显示高温阶段含有气相 CO_2 和 H_2O，中高温阶段和中温阶段含有大量气相 CO_2、H_2O 以及少量 N_2，低温阶段含有气相 H_2O，不含或含微量气相 CO_2，液相主要为 H_2O。

刘啟能（2013）开展了群体包裹体液相成分定量分析，发现沙坪沟矿床流体中阳离子主要为 Na^+、K^+ 和 Ca^{2+}，阴离子主要为 Cl^-、SO_4^{2-} 和 F^-，成矿流体 Cl^-（6.87×10^{-6}~31.57×10^{-6}）较高，明显高于同一成矿带中的鱼池岭钼矿床（0.3×10^{-6}~6.7×10^{-6}；周珂，2008）、金堆城钼矿床（0.5×10^{-6}~2.3×10^{-6}；黄典豪等，2009)，说明沙坪沟钼矿床钼的迁移过程中，Cl 络合物作用不可忽视。这与前文发现的从高温阶段到中温阶段过程中，随着辉钼矿的沉淀，白云母中的 F/Cl 值急剧降低相吻合。

黄凡等（2013）对沙坪沟矿床流体包裹体进行了微量元素分析，结果显示，矿床成矿流体中 Li、Zn、Mo、Mo、Sb、Cs、Th、Sn 等元素含量相对丰富，其中 Mo 含量最高达 0.6515×10^{-6}，这些元素经原始地幔标准化后呈现 Rb 和 U 富集，Th、Nb、Ce、Zr、Y 等亏损；成矿阶段石英轻、重稀土元素分馏较明显，$(La/Sm)_N$=5.47，成矿后石英轻重稀土元素基本无分馏，$(La/Sm)_N$=0.08；成矿阶段 δCe 负异常不明显（0.97），反映了大气水未明显参与钼的成矿作用。

王莹等（2019）对沙坪沟矿床流体包裹体进行了激光拉曼光谱分析，发现流体中液相均以水为主，气相均以 CO_2 为主，含少量 N_2，属于 H_2O-CO_2-NaCl 体系。

前人对沙坪沟矿床包裹体成分测试表明，成矿前的高温阶段石英脉中流体包裹体含 CO_2 等挥发分，主成矿阶段的中高温、中温阶段石英脉中流体包裹体含有 CO_2、N_2 等挥发分，只有在低温阶段不见含 CO_2 流体包裹体（于文，2012；刘啟能，2013；范丽逢，2014；Ni et al.，2015；王莹等，2019），这说明流体经历了从早阶段含 CO_2 到晚阶段贫 CO_2 的演化过程。从高温阶段到中高温阶段含 CO_2 流体包裹体明显增多，并且在中高温、中温阶段发现流体包裹体的气液比相差悬殊，同时存在多种类型的包裹体，而且它们的均一温度接近，盐度相差较大，这表明成矿流体曾经发生了流体沸腾作用（卢焕章等，2004）。

4.3.4　流体物理化学性质

4.3.4.1　压力

采用 Driesner 和 Heinrich（2007）H_2O-NaCl 体系估算流体捕获压力，将前文所获得流体的温度投在 *P-T-X* 图（图 4.15）上，可以得到流体的捕获压力和对应的静岩 / 静水压力深度。

高温热液矿物组合形成的压力在 400~600bar 之间，对应 1.43~2.17km 的静岩压力深度；中高温热液矿物组合形成的压力在 100~320bar 之间，对应 0.50~1.16km 的静岩压力深度；中温热液矿物组合形成的压力在 50~200bar 之间，对应 0.30~0.73km 的静岩压力深度；低温热液矿物组合形成的静岩压力 <80bar，形成深度 <0.3km。值得注意的是，这里的压力估算全部采用以气消失均一或液消失均一的包裹体。对于含子矿物包裹体的捕获压力，根据 Bischoff（1991）计算成矿压力的公式，即可计算流体形成时的压力（*P*）值。其公式为

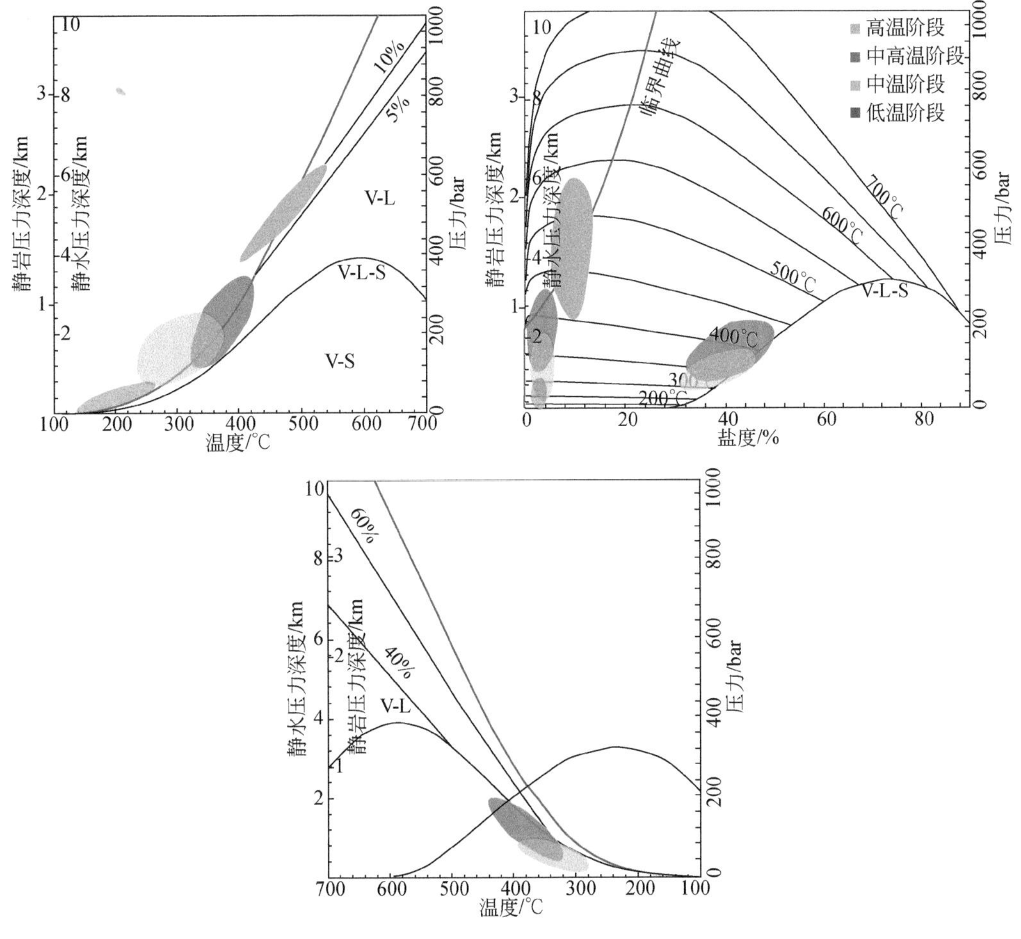

图 4.15　沙坪沟矿床热液 *P-T-X* 图解

底图据 Driesner and Heinrich，2007

$$P=41.749-1.2125T+0.0136213T^2-7.52333T^3\times10^{-5}+2.19664T^4\times10^{-7}-2.82583T^5\times10^{-10}+1.27231T^6\times10^{-13}$$

式中，P 为压力（10^5Pa）；T 为子矿物的消失温度（℃）。公式适用范围：100℃≤ T ≤ 801℃。根据公式计算的中高温热液矿物组合和中温矿物组合形成的压力分别在324~497bar 和 94~464bar 之间，对应的静岩压力深度分别为 1.18~1.81km 和 0.31~1.67 km。

4.3.4.2　流体密度

成矿流体的密度运用刘斌和沈昆（1999）、刘斌（2001）的计算公式和参数进行计算，其公式如下：

$$\rho=(A_0+A_1\cdot\omega+A_2\cdot\omega\cdot\omega)+(B_0+B_1\cdot\omega+B_2\cdot\omega\cdot\omega)\cdot T_h+(C_0+C_1\cdot\omega+C_2\cdot\omega\cdot\omega)\cdot T_h\cdot T_h$$

式中，ρ 为密度（g/cm^3）；ω 为流体盐度（%）；T_h 为均一温度（℃）；A_0、A_1、A_2、B_0、B_1、B_2、C_0、C_1、C_2 为常量参数，可查刘斌（2001）、刘斌和段光贤（1987）中的表获得。

计算表明，高温热液矿物组合形成时流体密度为 0.217~0.703g/cm^3；中高温热液矿物组合中的Ⅰ型包裹体形成时流体密度为 0.457~0.721g/cm^3，Ⅱ型包裹体形成时流体密度为 0.439~0.731g/cm^3，Ⅲ型包裹体形成时流体密度为 0.896~1.140g/cm^3；中温热液矿物组合中的Ⅰ型包裹体形成时流体密度为 0.572~0.837g/cm^3，Ⅱ型包裹体形成时流体密度为 0.543~0.861g/cm^3，Ⅲ型包裹体形成时流体密度为 0.935~1.147g/cm^3；低温热液矿物组合形成时流体密度为 0.778~0.964g/cm^3。

4.3.4.3　pH 和 Eh

采用刘斌（2001）的计算模型估算沙坪沟钼矿床流体包裹体的 pH，这种方法只适用于盐度较低的Ⅰ型包裹体，计算得中高温阶段Ⅰ型包裹体的 pH 为 5.7~5.8，中温阶段Ⅰ型包裹体的 pH 为 5.8~5.9，低温阶段Ⅰ型包裹体的 pH 约为 5.9。整体来看，随着温度降低，pH 逐渐变大，可能是热液中的 H^+ 在随后的蚀变和成矿进入变成了 H_2O，也可能是酸性组分大多具有强的挥发性，在较高的温度和减压条件下，许多酸性组分呈 HF、HCl、CO_2、SO_2 等形式挥发和气化，从而发生酸碱分离，使溶液的碱度升高。

进一步采用刘斌（2001）的计算模型估算了流体包裹体的 Eh，计算得中高温阶段Ⅰ型包裹体的 Eh 为 –0.15~–0.06，中温阶段Ⅰ型包裹体的 Eh 为 –0.09~–0.06，低温阶段Ⅰ型包裹体的 Eh 为 0.08~0.24。因此，随温度降低，Eh 逐渐变大，流体从还原性逐渐转为偏氧化性，可能是流体中 S^{2-} 等还原性组分在硫化物沉淀过程中被大量消耗造成的。

4.4　同位素地球化学

4.4.1　H-O 同位素

前人开展了沙坪沟钼矿床石英流体包裹体 H-O 同位素分析（黄凡等，2013；刘啟能，

2013；于文，2012；范丽逢，2014；Ni et al.，2015；陆三明等，2019；王莹等，2019），结果总结如图 4.16 所示。成矿流体的氢氧同位素具有以下特征：①低 δD 值，范围为 –95‰~–54‰；②较小的 δ^{18}O 同位素漂移，–1.8‰~14.1‰。这些特征主要表现为，随着成矿作用的进行，受大气水混合的有限影响。

其中，高温阶段和中高温阶段的流体 δ^{18}O 值在 4‰~14.1‰ 之间，部分高温阶段流体 δ^{18}O 值高于岩浆水范围，可能是相分离产生的卤水残余所致（Shmulovich et al.，1999；Harris and Golding，2002），δD 值在 –95‰~–61‰ 之间，主要处在残余岩浆水范围内，但 δD 值相对亏损，总体显示了典型岩浆水的特征。

中温阶段的流体 δ^{18}O 值在 0.8‰~9.7‰ 之间，δD 值在 –83‰~–77‰ 之间，显示了岩浆水为主，少量大气水加入的特征；低温阶段的流体 δ^{18}O 值在 –1.8‰~9.5‰ 之间，δD 值在 –81‰~–54‰ 之间，岩浆水为主，有一定量的大气水加入。

外围铅锌矿点流体 δ^{18}O 值在 2.1‰~7‰ 之间，δD 值在 –89‰~–78‰ 之间，显示了岩浆水为主，少量大气水加入的特征（Sheets et al.，1996；Selby et al.，2001），且与钼矿床中温 – 低温阶段的流体具有相似的 H-O 同位素组成。

统计发现，东秦岭 – 大别钼矿带中的斑岩钼矿床的 H-O 同位素均具有相类似的特征，即以岩浆水为主，流体演化至中晚期时大气水混入的特征（图 4.16），但也显示了一定的差异。沙坪沟钼矿床流体的 δ^{18}O 值相对更高，显示了在流体演化过程中受相分离的影响更大。

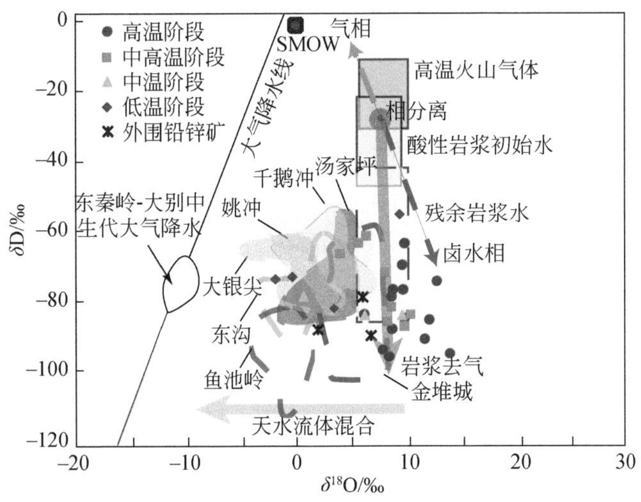

图 4.16　沙坪沟钼矿床流体 δ^{18}O-δD 图解

底图据 Hedenquist and Lowenstern，1994，酸性岩浆初始水范围来自 Taylor，1992，高温火山气体来自 Giggenbach，1992，残余岩浆水来自 Taylor，1974。数据来源：沙坪沟据黄凡等，2013；刘啟能，2013；于文，2012；范丽逢，2014；Ni et al.，2015。汤家坪据杨泽强，2007；王运等，2009。大银尖据李红超等，2010；徐兆文等，2013。千鹅冲据 Yang et al.，2013。姚冲据 Wang et al.，2014b。东沟据 Yang et al.，2012。金堆城据徐兆文等，1998。鱼池岭据周珂，2008

4.4.2　铅同位素

铅同位素组成显示（表 4.13），沙坪沟钼矿床的硫化物、花岗斑岩中的长石以及花岗斑岩和围岩（石英正长岩、石英正长斑岩）的铅同位素组成十分相似，说明矿石铅主要来自岩浆岩。在演化图解（图 4.17）中，铅同位素成分投点大部分集中于地幔铅平均演化曲线与造山带铅平均演化曲线之间或地幔铅平均演化曲线与下地壳铅平均演化曲线之间，反映了混合铅源的特征，地幔和下地壳提供了重要的 Pb 来源，这一特征也与大别造山带中其他的斑岩型钼矿床相似（图 4.17）。

表 4.13　沙坪沟钼矿床岩浆岩和单矿物铅同位素组成

样品编号	描述	矿物	$^{206}Pb/^{204}Pb$	$^{208}Pb/^{204}Pb$	$^{207}Pb/^{204}Pb$	参考文献	t/Ma	μ	ω	$\Delta\alpha$	$\Delta\beta$	$\Delta\gamma$
Py-1	石英－硫化物脉	Py	17.409	38.519	15.476	于文，2012	740	9.35	41.79	11	9.71	32.76
Py-2	石英－硫化物脉	Py	18.073	38.612	15.638	于文，2012	455	9.58	39.56	49.56	20.28	35.25
Py-3	石英－硫化物脉	Py	17.492	38.208	15.494	于文，2012	702	9.37	39.98	15.82	10.89	24.42
Py-4	石英－硫化物脉	Py	17.456	38.561	15.483	于文，2012	715	9.36	41.73	13.73	10.17	33.89
Py-5	石英－硫化物脉	Py	17.576	38.144	15.515	于文，2012	666	9.4	39.36	20.7	12.26	22.71
SPG110	石英－硫化物脉	Py	17.738	38.224	15.553	于文，2012	594	9.46	39.07	30.11	14.74	24.85
SPG124	石英－硫化物脉	Py	17.429	38.031	15.485	于文，2012	736	9.37	39.49	12.16	10.3	19.68
SPG203	石英－硫化物脉	Py	18.252	38.709	15.65	于文，2012	342	9.58	39.02	59.96	21.06	37.85
SPG253	石英－硫化物脉	Py	18.145	38.356	15.604	于文，2012	363.5	9.5	37.7	53.74	18.06	28.39
SPG271	石英－硫化物脉	Py	17.032	37.938	15.417	于文，2012	942.9	9.3	41.09	−10.89	5.86	17.18
Qtz-Py01	石英－硫化物脉	Py	17.512	38.349	15.467	于文，2012	656.9	9.31	40.21	16.98	9.12	28.2
Qtz-Py02	石英－硫化物脉	Py	17.515	38.332	15.443	于文，2012	627.4	9.26	39.86	17.16	7.56	27.75
SPG203	石英－硫化物脉	Mo	18.252	38.709	15.65	于文，2012	341.9	9.58	39.02	59.96	21.06	37.85
SPG253	石英－硫化物脉	Mo	18.145	38.3561	15.604	于文，2012	363.5	9.5	37.7	53.74	18.06	28.39
SPG271	石英－硫化物脉	Mo	17.032	37.938	15.417	于文，2012	942.9	9.3	41.09	−10.89	5.86	17.18
95-133	石英正长岩	全岩	18.658	39.435	15.497	任志，2018	−154.4	9.24	38.11	84	11.11	57.59
95-131	石英正长岩	全岩	18.096	39.391	15.471	任志，2018	236.3	9.24	40.98	51.35	9.41	56.41
102-51	石英正长斑岩	全岩	17.377	38.4	15.432	任志，2018	713.9	9.26	40.98	9.36	6.85	29.7
132-26	石英正长斑岩	全岩	17.88	39.213	15.467	任志，2018	390.6	9.26	41.58	38.58	9.14	51.5
132-70	闪长玢岩	全岩	17.695	38.643	15.448	任志，2018	502.9	9.25	40.12	27.61	7.89	36.09
132-72	闪长玢岩	全岩	17.758	38.824	15.454	任志，2018	464.1	9.25	40.56	31.27	8.28	40.94
102-70	花岗斑岩	全岩	19.189	39.103	15.526	任志，2018	−529.3	9.26	34.44	114.45	12.98	48.46
92-161	花岗斑岩	全岩	18.167	38.654	15.471	任志，2018	183.4	9.24	37.52	55.1	9.39	36.42
SPG265	花岗斑岩	Kf	17.257	38.13	15.432	Ni et al.，2015	799.7	9.29	40.56	2.17	6.84	22.33

续表

样品编号	描述	矿物	$^{206}Pb/^{204}Pb$	$^{208}Pb/^{204}Pb$	$^{207}Pb/^{204}Pb$	参考文献	t/Ma	μ	ω	$\Delta\alpha$	$\Delta\beta$	$\Delta\gamma$
JHD-3	花岗斑岩	Kf	17.73	38.056	15.452	Ni et al.，2015	482.2	9.25	37.38	29.64	8.15	20.35
JHD-5	花岗斑岩	Kf	17.424	38.021	15.441	Ni et al.，2015	690.5	9.28	39.03	11.87	7.43	19.41
JHD-5	花岗斑岩	Pl	18.254	38.584	15.578	Ni et al.，2015	253.5	9.44	37.78	60.07	16.37	34.5
SPG263	花岗斑岩	Kf	17.393	38.214	15.458	Ni et al.，2015	731.7	9.32	40.3	10.07	8.54	24.58
SPG261	花岗斑岩	Kf	17.443	38.286	15.457	Ni et al.，2015	694.9	9.31	40.28	12.98	8.47	26.51
ZK92-93	硫化物	Py	17.124	37.922	15.427	黄凡等，2013	888.6	9.3	40.46	–5.55	6.52	16.75
ZK92-107	硫化物	Py	17.052	37.901	15.4138	黄凡等，2013	925.4	9.29	40.73	–9.73	5.65	16.19
ZK92-126-1	硫化物	Py	17.785	38.366	15.552	黄凡等，2013	559.3	9.45	39.4	32.84	14.67	28.66
ZK92-175	硫化物	Py	17.395	38.106	15.461	黄凡等，2013	733.6	9.32	39.82	10.19	8.73	21.69
ZK92-965	硫化物	Mo	17.319	38.161	15.432	黄凡等，2013	755.5	9.28	40.28	5.78	6.84	23.16
ZK92-1102	硫化物	Py	17.226	38.007	15.431	黄凡等，2013	820.6	9.29	40.19	0.37	6.78	19.03

注：μ 表示初始 $^{238}U/^{204}Pb$，ω 表示初始 $^{232}Th/^{204}Pb$，$\Delta\alpha$、$\Delta\beta$、$\Delta\gamma$ 分别表示 U、Th、Pb 3 种同位素与同时代地幔的相对偏差。

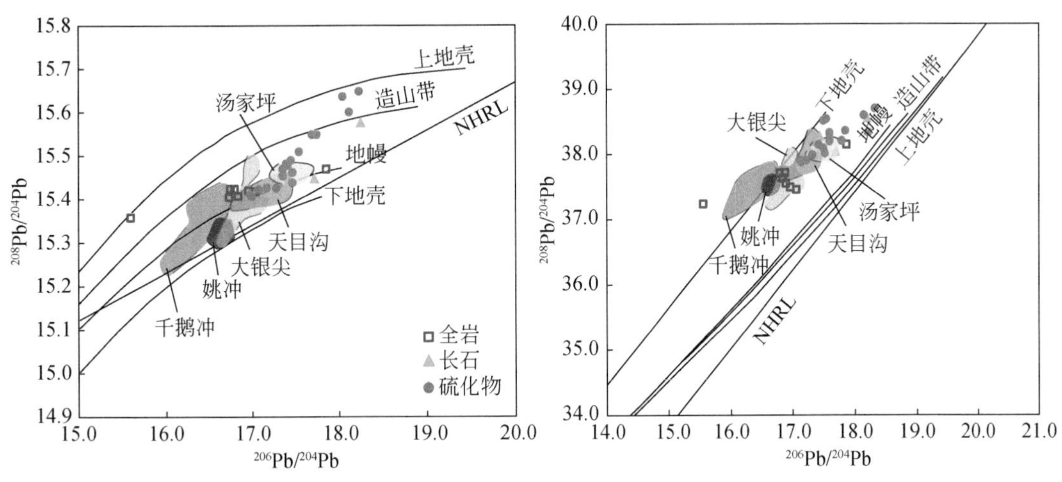

图 4.17　沙坪沟钼矿床矿物 Pb 同位素演化图解

底图据 Zartman and Doe，1981，其他矿床为全岩铅同位素数据引自 Chen et al.，2017

依据 H-H 单阶段铅演化模式（Faure，1986）计算，铅模式年龄见表 4.13，全岩、长石、辉钼矿和黄铁矿的铅同位素分布范围较大，且部分为负值，显示这些样品中的铅可能为异常铅，产生异常铅的主要原因是存在两阶段或多阶段铅增长；而 μ 值和 ω 值均较为相似，也指示它们可能来源于相似的源区。在 $\Delta\beta$-$\Delta\gamma$ 成因分类图解（图 4.18）上，全岩铅同位素投点在造山带铅范围，长石、黄铁矿、辉钼矿铅投点落在地幔源铅、上地壳与地幔混合的俯冲带铅和造山带铅交汇区域，指示其成矿物质很可能来源于造山带上地壳、拆沉下地壳与地幔的混合。前人研究指出，北大别杂岩和南大别杂岩分别代表扬子俯冲板片的下地壳和上地壳岩石（Zhang et al.，2002；Li et al.，2005；Chen et al.，2006），因此可以认为，源区含有大别杂岩会产生沙坪沟矿床中硫化物、长石和全岩铅同位素投点分布范围广的现象（图 4.17，图 4.18）。

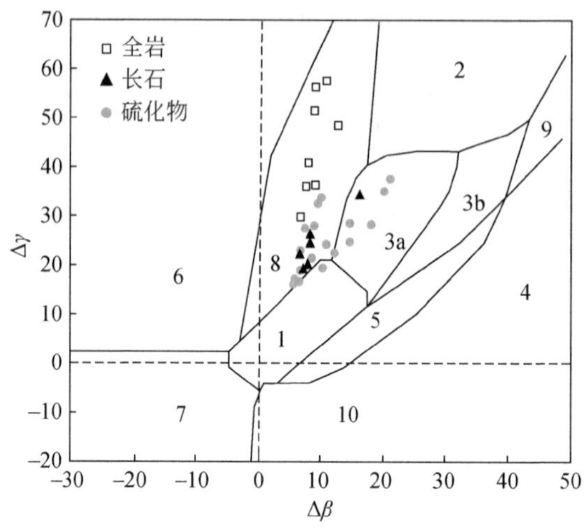

图 4.18　沙坪沟钼矿床铅同位素 Δβ-Δγ 成因分类图解

底图据朱炳泉等，1998。1. 地幔源铅；2. 上地壳铅；3. 上地壳与地幔混合的俯冲带铅（3a. 岩浆作用；3b. 沉积作用）；4. 化学沉积型铅；5. 海底热水作用铅；6. 中深变质作用铅；7. 深变质下地壳铅；8. 造山带铅；9. 古老页岩上地壳铅；10. 退变质铅

4.4.3　硫同位素

对沙坪沟钼矿床硫化物硫同位素分析结果见表 4.14，中高温热液矿物组合辉钼矿的 δ^{34}S 值范围为 3.5‰~4.1‰（刘啟能，2013；Ni et al.，2015；任志，2018）；中温热液矿物组合辉钼矿的 δ^{34}S 值范围为 4.1‰~5.9‰（Ni et al.，2015；任志，2018），黄铜矿 δ^{34}S 值的范围为 1.1‰~2.1‰（刘啟能，2013），黄铁矿 δ^{34}S 值的范围为 3.1‰~4.0‰（刘啟能，2013；Ni et al.，2015；任志，2018）；低温热液矿物组合黄铁矿的 δ^{34}S 值范围为 2.1‰~3.0‰（Ni et al.，2015；任志，2018）。二长花岗岩全岩的 δ^{34}S 值为 ~1.7‰，正长岩全岩的 δ^{34}S 值约为 6.0‰，花岗斑岩全岩的 δ^{34}S 值范围为 9.8‰~11.7‰。外围 Pb-Zn 矿点闪锌矿的 δ^{34}S 值范围主要在 0.9‰~3.8‰ 之间，方铅矿的 δ^{34}S 值范围主要在 –9.5‰~0‰ 之间。

总体来看，沙坪沟钼矿床辉钼矿硫同位素 δ^{34}S 组成变化范围较窄，相对富重硫，表明成矿过程中硫同位素均一化程度较高，且随温度下降，δ^{34}S 略有升高。沙坪沟钼矿金属硫化物 δ^{34}S 值大都在 1‰~6‰ 之间（图 4.19），范围较窄，且与岩浆岩的全岩 δ^{34}S 值范围一致，指示沙坪沟钼矿床主要为单一岩浆硫源。外围的 Pb-Zn 矿点方铅矿和闪锌矿的 δ^{34}S 值分布范围较宽，可能受围岩或外来流体影响，是一种多来源的混合硫。结合研究区区域地质特征及构造演化，沙坪沟钼矿床中硫主要来源于古老地壳组分再循环形成的岩浆，流体出溶并演化到晚期后，又受到了围岩组分的影响。与区域矿床对比，沙坪沟钼矿床与大别造山带其他钼矿床具有相似的硫同位素组成特征（表 4.15），也指示了岩浆成因。

表 4.14　沙坪沟钼矿床硫化物硫同位素分析结果

样品编号	采样位置	测试矿物	$\delta^{34}S$/‰
ZK52-820	沙坪沟	辉钼矿	4.09
ZK52-526	沙坪沟	辉钼矿	3.89
SPG-55	仓房	方铅矿	−1.81
HS-03-1	洪家大山	方铅矿	−0.73
HS-10	洪家大山	方铅矿	−0.76
SPG-39-1	银冲	方铅矿	−2.55
SPG-37	银冲	方铅矿	−2.05
SPG-34	银冲	闪锌矿	2.69
SPG-39-2	银冲	闪锌矿	1.23
HS-03-2	洪家大山	闪锌矿	1.37
SPG-46-2	仓房	黄褐色闪锌矿	3.71
SPG-46-1	仓房	黑色闪锌矿	3.52
SPG-45	仓房	闪锌矿	3.83

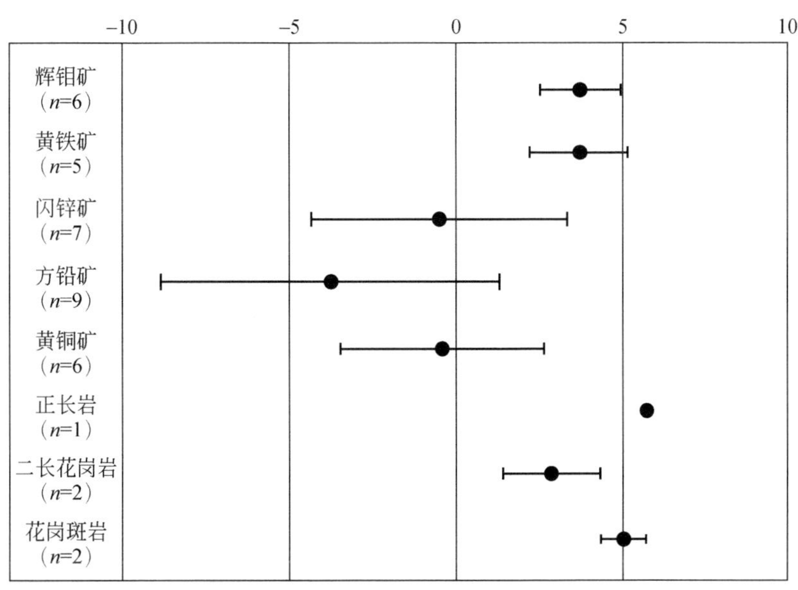

图 4.19　沙坪沟矿区岩浆岩全岩及金属硫化物硫同位素分布图

资料来源：陆三明，2003；黄凡等，2013；刘啟能，2013；Ni et al.，2015；任志，2018

根据已有研究，在与俯冲无关的构造背景下，下地壳并不能提供足够的 S 等挥发组分（Cameron，1989），长英质岩浆具有比较低的 S（Hattori and Keith，2001；Mungall，2002）。因此，单纯的下地壳部分熔融形成的长英质岩浆并不具有提供 S 等挥发组分的能力。但是，镁铁质岩浆提供 S 等组分的可能已经在斑岩矿床的研究中得到证实，如 Mount Pinatubo 矿床（Hattori，1993；Hattori and Keith，2001）、德兴斑岩矿床（Hou et al.，2013）和 Aolunhua 斑岩矿床（Ma et al.，2013）。研究成果表明，富挥发分、S 和金属的流体对源区交代作用是斑岩矿床形成过程中至关重要的一个环节（Pettke et al.，2010；Richards，2009，2011；Rosera et al.，2013），在沙坪沟斑岩钼矿床的形成过程中，拆沉的古老地壳释放流体对岩石圈地幔的交代作用是十分重要的。

表 4.15　大别造山带钼矿床硫化物的硫同位素成分统计表

矿床	测试矿物	$\delta^{34}S$/‰	资料来源
汤家坪钼	黄铁矿	3.9	杨泽强，2007
	辉钼矿	3	
大银尖钼	黄铁矿	6.27~6.3	杨梅珍等，2011a
	辉钼矿	5.26~5.38	
陡坡钼	黄铁矿	0.9~4.5	孟芳，2013
	辉钼矿	4	
母山钼	黄铁矿	−0.3~0	李明立，2009
肖畈钼	黄铁矿	−0.4	
	辉钼矿	−0.6	
保安寨钼	辉钼矿	−5.1~5.1	陈伟等，2012

第5章　矿床成因及成矿特色

沙坪沟超大型斑岩钼矿床具有鲜明的成矿特色。在前文区域地质背景、矿床地质特征、岩浆岩地球化学特征和矿床地球化学特征研究的基础上，本章进一步阐明矿床成因和成矿机制，构筑矿床的成矿模式，并进一步凝练沙坪沟超大型斑岩钼矿床成矿系统的特色，全面深化此类矿床的成矿学研究程度，为同类矿床的进一步寻找提供理论依据和方向。

5.1　矿床成因

5.1.1　成矿作用时限

沙坪沟超大型钼矿床形成过程中发生了巨量成矿物质的聚集，与之有关的岩浆–热液–矿化系统持续时间是必须研究的重要基础。

根据前人对大型斑岩矿床的研究，不同矿床具有迥异的演化时限，有的仅持续几十万年，有的持续几百万年，或长达几千万年。例如，菲律宾Lepanto斑岩与浅成低温热液Cu-Au矿床在30ka前同时形成（Arribas，1995），智利El Teniente斑岩Cu-Mo矿床成矿系统演化时间为2Ma（Makseav et al.，2004），阿根廷Bajo de la Alumbrera斑岩Cu-Au的热液活动时限在3~4Ma（Harris et al.，2008），智利Chuquicamata斑岩Cu-Mo矿演化时长也在3Ma（Ballard et al.，2001），美国Climax斑岩Mo矿的演化时限可长达5.5~12Ma（White et al.，1981）。这些演化时限较长的斑岩系统有一共同特征，即所有成矿岩浆系统并非为单一侵入体，而是由多期次成分接近的侵入体共同构成成矿杂岩体，常有多期次热液矿化事件发生（Von Quadt et al.，2011），这也是超大型斑岩矿床的一个典型特征。

依据矿床中总金属和硫的质量平衡（Dilles，1987；Cline and Bodnar，1991）及它们在熔体 / 流体中的配分系数（Ulrich et al.，1999；Audétat et al.，2008），形成一个大型矿床所需岩浆体积需达数十至数百立方千米。由于侵入浅部的小型斑岩体结晶时间在0.01Ma或更短（Cathles et al.，1997），上地壳岩浆房在没有岩浆补给情况下最长结晶时限 <1Ma（Michel et al.，2008），当在较热的下地壳存在一个大型岩浆房，与上地壳岩浆房相连通，则可以保持这个热系统的演化为数百万年（Rohrlach and Loucks，2005；Annen，2009）。

前文沙坪沟矿区岩浆岩的成岩年龄和地球化学特征表明，两期岩浆岩的源区组成特征相似，构造背景基本一致。沙坪沟矿区岩浆－热液－矿化事件始于二长花岗岩的侵位，即 136.50 ± 1.10Ma，矿化年龄为 113.90 ± 1.70Ma~111.10 ± 1.20Ma（黄凡等，2011；张红等，2011；孟祥金等，2012；徐晓春等，2009），最晚侵入的闪长玢岩年龄为 111.89 ± 0.31Ma，矿田中虽然没有更晚的岩浆岩，但闪长玢岩（没有大规模钼矿沉淀）的年龄可以作为该斑岩成矿系统演化的顶界。因此，沙坪沟斑岩钼矿床的岩浆－热液－矿化时限在 136.50~111.89Ma 之间，尽管在 121~116Ma 期间存在岩浆活动间断，但根据前文，浅部岩浆房的演化一直持续，其持续时间约 24.61Ma，说明长期的岩浆分异演化是沙坪沟形成超大型钼矿床的有利条件。

5.1.2 成矿流体来源

热液矿物地球化学、氢氧同位素和流体包裹体研究都表明，沙坪沟斑岩钼矿床的成矿流体主要来自岩浆热液。

根据前人研究，斑岩型矿床最早出溶的流体成分较复杂，主要成分为 H_2O-NaCl 或 H_2O-CO_2-NaCl，成矿流体系统初始流体常含较高的 Cl、S、Cu、Au、Mo、Pb、Zn 等成矿元素（Ulrich et al.，1999；Kamenetsky et al.，1999；Klemm et al.，2007，2008；Rusk et al.，2008），有时还有 As、Tl、K、Na 等成分（Ulrich et al.，1999）。由于成矿流体系统中早期流体往往遭受后期流体的改造，真正的初始出溶流体一般很难保存，有些流体实际上也只是早期流体，与初始流体相比已经过了一定演化。研究者一般认为岩体石英斑晶和 UST（unidirectional solidification texture，单向固结结构）石英中的包裹体记录了岩浆出溶初始流体的证据，但迄今未能在沙坪沟矿区发现 UST 石英或其他矿物，尚无这类矿物包裹体的热力学及成分数据支持，因此还不能对矿床初始成矿流体的性质予以直接精确约束。

借鉴前人的研究成果，我们可以估计出沙坪沟钼矿初始流体的大概物理化学性质。前人研究表明。斑岩钼矿床流体可以在岩浆侵位较深的时候就开始出溶，如 Pine Grove（Climax 型）在压力大于 400MPa，深度约 16km 时，二氧化碳－水气体已经饱和（Lowenstern，1994），但多数斑岩矿床流体出溶深度一般为 5~7km，且可能在岩浆结晶程度很低的温度和压力条件下出溶（Webster and Rebbert，2001；Taylor，1992；Wallace et al.，1995；Halter and Webster，2004；李光明等，2007；张德会等，2011）。最早出溶的流体可以是单一相低密度流体，如 Questa 斑岩 Mo 矿中单一相、低盐度（约 7%）、含 CO_2 的中等密度流体（Climax 型；Klemm et al.，2008），或中等盐度流体，如 Cave Peak 斑岩 Mo 矿中单一相、中盐度（15%~19%），捕获压力和温度分别为 1.2 ~1.5kbar 和 650~700℃流体（Audétat，2010）。

前文对高温热液矿物组合中黑云母的探针分析显示，KSP-QTZ 组合中的黑云母显示了最高的温度约为 630℃，压力计算得到最高值为 761bar，因此，高温热液组合中较早矿物的形成温度在 630℃左右，形成压力最高可到 761bar。何俊等（2016）对沙坪沟矿区岩浆岩中的石英相态进行的研究认为，花岗斑岩石英斑晶形成压力在 4~7kbar 之间，花岗斑岩基质石英形成压力 <500bar。花岗斑岩基质石英的形成压力与高温阶段流体的压力基本一致，因此，我们认为花岗斑岩基质形成的时间与初始流体演化至高温阶段的时间相隔极短，高温阶段流体与出溶的初始流体的物理化学条件相差不大。高温阶段石英仅发育 I 型包裹体，均一温度为 405~540℃（均一到液相），盐度为 5.3%~13.4%，压力为 400~600bar，因此，推测沙坪沟钼矿床初始流体为高温（略高于 630℃）、富 CO_2、中低盐度（略高于 5.3%~13.4%）、中等压力（略高于 761bar）的单一相流体（图 4.14）。

5.1.3　成矿物质来源

斑岩钼矿床的成矿物质来源还存在争议。已有研究显示，世界上两大斑岩钼矿带 Colorado 成矿带和秦岭钼成矿带中成矿（Mo）岩体的 Sr-Nd 同位素都表明成矿岩浆源区有大量古老地壳物质（Farmer and DePaolo，1983；Stein and Crock，1990；Johnson et al.，1990；Carten et al.，1993；Chen et al.，2000；Ren et al.，2018b），且酸性岩浆通常比基性岩浆更富 Mo。因此有学者认为 Mo 主要来自地壳（Wallace et al.，1978；Sinclair，2007；Chen et al.，2000）。也有学者认为 Mo 来自地幔，尽管与钼矿化直接相关的岩体为酸性岩浆，但许多矿床也显示与基性岩浆具有一定相关性，它们可能为演化的酸性岩浆房提供了挥发分、S、Mo（Audétat，2010；Carten et al.，1993；Westra and Keith，1981；Keith et al.，1993）。Westra 和 Keith（1981）认为俯冲洋壳部分熔融形成了钙碱性斑岩钼矿系统的初始岩浆，这一岩浆既受上覆地幔楔的改造，又受深部地壳物质的影响，Mo 则主要来源于俯冲板片。Pettke 等（2010）通过美国西南部几个超大型斑岩钼矿的 Pb 同位素研究，提出元古宙期间受俯冲流体交代的岩石圈地幔为成矿提供了大量的 Mo。在研究 Henderson 矿床与成矿有关的侵入岩及围岩的铅同位素组成时，Stein 和 Hannah（1985）提出矿床金属来源于深部岩浆而不是上地壳。Climax 型钼矿床（如 Climax、Urad 和 Mount Emmons 矿床）中方铅矿具有低 $^{206}Pb/^{204}Pb$ 值（均值 =17.93）和高 $^{208}Pb/^{204}Pb$ 值（均值 =39.06），与下地壳源区相一致（White et al.，1981）。

前文的 Pb 同位素研究表明，沙坪沟矿区花岗斑岩源区为岩石圈地幔、俯冲陆壳（扬子板块）和大别杂岩混合源区。矿床中辉钼矿具有较低的 $^{206}Pb/^{204}Pb$ 值（均值 =17.81）和较高的 $^{208}Pb/^{204}Pb$ 值（均值 =38.34）（于文，2012），与大别杂岩和扬子板块岩石的铅同位素比值相似，与北美的 Climax 型钼矿相似。因此，沙坪沟钼矿床中的金属成矿物质钼源自古老地壳。

5.1.4　成矿富集机制

钼是一种稀有的中等不相容元素，在岩浆中作为钼酸根阴离子化合物存在，可以通过分离结晶作用在残余熔浆中富集，进而有利于出溶流体中 Mo 的富集。岩浆中高的初始 Mo 含量、高碱含量、高 F 等挥发分含量、低 Fe 和 Ti 都有利于 Mo 在残余岩浆中富集。

实验表明，较高的碱质可以大大降低熔体固相线温度（Glyuk and Anfilogov，1973），F 等挥发分也能造成同一效果，岩浆固相线温度可以低至 600℃之下，并延长岩浆结晶分异过程（Isuk and Carman，1981），使 Mo 能在晚期残余岩浆中成倍富集，随后更多的 Mo 能通过流体出溶进入含水流体中成矿（Candela，1989；Carten et al.，1993；Audétat，2010）；高 F 含量的硅酸盐熔体可溶解更多的 Cl 和 H_2O（Webster，1997），导致出溶的岩浆流体中金属配位剂 F、Cl 含量更高，Cl 和 Mo 可以形成络合物促进 Mo 的迁移和富集。此外，较高的氧逸度也有利于 Mo 在残余熔体中富集（Candela，1989）。

沙坪沟矿区的花岗斑岩高硅（SiO_2>75%）、富碱 [(Na_2O+K_2O) >8.2%]，低 FeO^T、MgO 和 CaO 含量，岩浆分异指数（DI）高达 95 以上，经历了长期的结晶分异作用，黑云母（>3.7%）、白云母（>1.7%）等矿物均含较高的 F，这些特征都有利于 Mo 在残余岩浆中富集，从而促使更多 Mo 分配进入流体。在硅酸盐地壳中钼的丰度很低（大陆地壳为 $1.1\times10^{-6}\pm0.5\times10^{-6}$）。沙坪沟地区岩浆岩中的 Mo 含量较低，与成矿相关的花岗斑岩 Mo 含量为 2.4×10^{-6}~8.4×10^{-6}（均值 =5.3×10^{-6}），无矿花岗质岩浆岩中的 Mo 含量为 3.9×10^{-6}~15.3×10^{-6}（均值 =5.8×10^{-6}；于文，2012），而庐镇关岩群中的 Mo 含量为 1.4×10^{-6}~3.64×10^{-6}（均值 =2.6×10^{-6}；安徽省地质矿产勘查局 313 地质队，2011）。考虑到这些岩浆岩中的 Mo 含量为流体出溶后的残余，可以认为初始岩浆中 Mo 含量要高于现今的测定值。

沙坪沟矿区与成矿相关的花岗斑岩、无矿岩浆岩相比，具有一系列独特的地质和地球化学特征。花岗斑岩中 SiO_2、Th、U、Ta、Nb 含量更高，CaO、TiO_2、P_2O_5、MgO、FeO、Sr、Ba 含量更低，结晶分异程度更高。花岗质岩浆结晶分异过程可以富集不相容的微量元素（如 Th、U、Ta、Nb 和 Mo）和挥发分（如水和 CO_2），这对花岗质岩浆的有效对流至关重要（Candela，1997）。在 FeO 与 lg(Fe_2O_3/FeO) 的关系图（图 5.1）中，花岗斑岩样品落于中等氧化区域，而无矿岩浆岩样品落于强氧化区域。此外，花岗斑岩中锆石的 δCe 值为 1.45~280.68（均值 =53.75），无矿岩浆岩中锆石的 δCe 值为 12.29~489.10（均

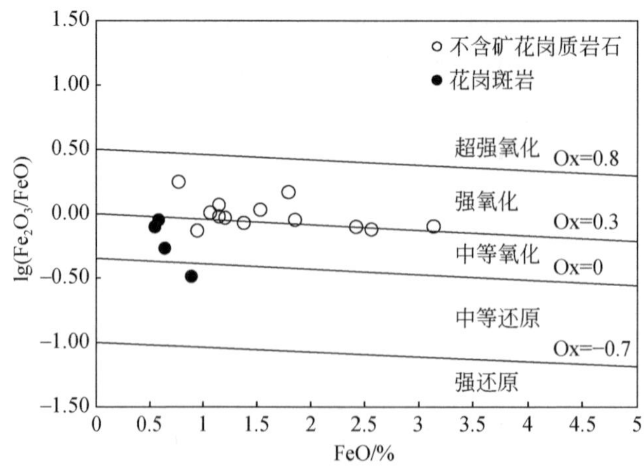

图 5.1　沙坪沟地区花岗质岩浆岩 FeO-lg(Fe_2O_3/FeO) 关系图解

Ox 为氧化值，为正值是偏氧化，且越大氧化性越强，为负值时偏还原，且越小还原性越强

值 =199.88），表明无矿岩浆岩比花岗斑岩具有更强的氧化能力。因此，花岗斑岩侵位时，岩浆房顶部出溶的流体相对氧化程度更高，有助于更多的 Mo 富集于流体中。

前人的研究表明，在岩浆结晶分异过程中，金可以富集 40 倍，铜可以富集 3 倍，钼可以富集 6 倍（Mustard et al.，2006），而这与要形成钼矿床（MoS_2>0.1%）的要求相差甚远，因此钼不能通过简单的岩浆结晶分异作用富集成矿。Audétat（2010）在研究美国得克萨斯州 Cave Peak 斑岩钼矿（Climax 型）过程中提出，Mo 强烈偏向于富集在热液流体中，其分馏系数 $D_{Mo,\ fluid/melt}$ 为 17.4 ± 3.6~19.8 ± 6.7，而 Zajacz 等（2008）在研究美国新墨西哥州的 Rito del Medio Pluton 斑岩钼矿和马拉维的 Mt. Malosa 斑岩钼矿时也得到 Mo 的分馏系数 $D_{Mo,\ fluid/melt}$ 分别为 14.3 ± 3.8~22.6 ± 6.5 和 23.7。据此可知，如果有足够的流体，岩浆中的钼就可以进一步富集于成矿热液中，形成大型的斑岩钼矿床。

虽然尚未确定沙坪沟钼矿床成矿母岩浆的钼浓度，但因其大体类似于 Climax 型钼矿床，估计其范围为 1.6×10^{-6}~4×10^{-6}（Pine Grove 和 Cave Peak 钼矿床；Keith et al.，1986；Audétat，2010）。假设沙坪沟钼矿床成矿母岩浆中 1.6×10^{-6}~4×10^{-6} 的 Mo 充分富集形成 2.46×10^6t 规模的 Mo 矿床，则需要 256~641km^3 岩浆（设定岩浆密度为 2.4g/cm^3），鉴于该地区花岗斑岩的规模，这并不符合现实。因此，要形成沙坪沟钼矿床，在花岗斑岩之下会有一个岩浆房，这也是含钼流体主要来源区。

前文研究表明，沙坪沟钼矿床的硫主要为岩浆来源（$\delta^{34}S$=–6.5‰~5.9‰；刘啟能，2013；Ni et al.，2015；任志，2018）。据 Sharp（1979）报道的数据，斑岩钼矿床中大部分硫存在于辉钼矿中，其他矿物（主要是黄铁矿）中的硫含量只有 20% 左右。沙坪沟钼矿中，以 3.24×10^6 t 辉钼矿加 20% 的额外硫，计算出矿床中总硫为 1.02×10^6 t。与 Mo 不同，由于母岩浆已经饱和，硫在硅酸盐熔体中的溶解度普遍随着 SiO_2 含量的增加而降低，硫不可能通过分馏结晶富集在残余熔体中，长英质熔体通常只含 50×10^{-6}~200×10^{-6} 硫（Carroll and Webster，1994）。即使残留的花岗质岩浆仅含 100×10^{-6} 的硫，135km^3 的岩浆也足以提供矿床中所含的所有硫，这一岩浆量比提供钼所需的岩浆量少了很多。因此，尽管大部分硫可能是在分馏结晶过程中损失的，但残余熔体中仍有足够的硫满足形成钼矿床的条件。

Pine Grove 钼矿床和 Cave Peak 钼矿床中，母岩浆钼含量低，分别为 1.6×10^{-6} 和 4×10^{-6}，与陆壳中的平均 Mo 含量（$1.1 \times 10^{-6} \pm 0.5 \times 10^{-6}$）相似或更低，因此，大型超大型斑岩钼矿床的形成并非一定需要富钼的岩浆来源，也可以是一个具有挥发分和花岗质岩浆中钼充分运移富集机制的岩浆热液系统。不过，由于沙坪沟花岗斑岩体规模较小，产生的流体有限，不足以形成矿床现有的蚀变规模，同时也无法萃取足够的钼金属，深部岩浆房出溶的大量超临界流体、低密度气相或中高盐度液相，有效地在出溶过程中抽取深部岩浆房或在上升过程中萃取花岗质岩石中的金属才可能是沙坪沟钼矿床形成的关键。同时，沙坪沟矿区两期岩浆岩具有相似的源区组成特征，这些岩浆岩是不均一源区不同程度部分熔融的产物，自 136.5 ± 1.1Ma 时开始了长期的分异演化，在 113.0 ± 0.74Ma 时，经过长期分异演化形成的花岗斑岩岩浆在近地表侵位，其分异指数 DI>95，因此认为，高硅富碱富挥发分偏氧化的岩浆、长期分异演化过程、有效的岩浆对流、大规模流体活动对提升沙坪沟钼矿床富集规模起到了重要作用。

5.1.5　矿床沉淀机制

Mo 和 Cu 等成矿金属离子在岩浆热液矿床的成矿过程中主要是以络合物的形式迁移，如 Cl 的络合物和含氧络合物等，当成矿流体处在较高的温度和压力条件下，尤其是处于临界－超临界状态时，这些络合物一般具有较高的稳定性。如前文所述，沙坪沟钼矿床成矿流体中含 Cl 络合物对 Mo 的运移起到了重要的作用。成矿金属的快速沉淀，需要破坏络合物的稳定性，而这是通过改变成矿流体的某一种或多种物理化学条件（如 T、P、pH、Eh、成矿元素浓度等）来完成的，成矿热液物理化学条件改变的触发因素包括：流体降温、与围岩化学反应、氧逸度变化、盐度变化、减压－流体沸腾或大气水加入等（Hemley and Hunt，1992；Harris et al.，2005；Gruen et al.，2010；Landtwing et al.，2010）。其中，温度降低是金属沉淀的最重要机制（Ulrich et al.，2002；Ulrich and Mavrogenes，2008；Redmond et al.，2004），研究表明，岩浆－热液流体的冷却是 Mo 溶解度下降和驱动 Mo 沉淀的重要机制，在相分离后不到 100℃，流体中 99% 的辉钼矿已沉淀出来（Klemm et al.，2008）。根据辉钼矿的微量元素特征，沙坪沟矿床辉钼矿开始沉淀的温度主要低于 400℃，绝大部分辉钼矿在中高温阶段（320~440℃之间）沉淀，从早期无矿石英脉（540~405℃）到辉钼矿主沉淀阶段，温度下降幅度 <140℃，流体降温对本矿床 Mo 的沉淀有重要的作用。

另外，前文矿床地质和流体包裹体研究已经表明，流体沸腾在沙坪沟矿床形成过程中广泛发生，主要成矿的中高温阶段早期和中温阶段脉系中存在高盐度包裹体以及富 CO_2 包裹体，这些高盐度和富 CO_2 包裹体是经历流体沸腾形成的。系统中压力到达临界点，造成局部裂隙的开合，流体压力在静岩和静水压力之间振荡变化，流体因压力的突然变化发生沸腾作用。

中高温阶段是沙坪沟矿床辉钼矿最主要的沉淀阶段，由于 400℃为静岩条件和静水条件的转换温度，当温度低于 400℃，系统会从韧性转变为脆性（Fournier，1999），流体的压力会迅速降低，导致超临界流体与两相界面交叉，发生沸腾作用。沙坪沟矿床辉钼矿主要在低于 400℃开始沉淀，且中高温阶段脉体的包裹体均一温度为 320~440℃，这可能表明沸腾作用导致的温度和压力变化是成矿的主要机制之一。流体发生多次沸腾作用，流体中气相成分分离散失，金属元素的浓度升高，并伴随着温度、压力和氧逸度的变化，从而造成流体中大量 Mo 的过饱和以及沉淀。

由上文黄铁矿的微量元素特征研究可知，中高温阶段的黄铁矿 As 含量常高于其他阶段的黄铁矿，表明该阶段黄铁矿形成于较还原的条件下，而此阶段辉钼矿大量沉淀。沙坪沟钼矿床高温阶段脉体中发育的赤铁矿和磁铁矿等氧化物，显示了高温阶段流体偏氧化的特征，随着赤铁矿和磁铁矿的沉淀，中高温阶段石英－硬石膏脉和含子晶包裹体中赤铁矿子晶的出现，指示了由高温阶段到中高温阶段，流体的氧逸度发生了较大程度的降低，辉钼矿沉淀于中高温阶段较晚期，此时流体偏还原的特征。这些特征都表明氧逸度降低也是 Mo 沉淀的机制之一。

与围岩水岩作用产生的化学反应可能不是沙坪沟钼矿床 Mo 沉淀的主要机制。对多数斑岩钼矿，成矿前和主成矿阶段流体包裹体与 H-O 同位素数据也不支持 Mo 是由岩浆水和大气水混合触发沉淀的机制（Hall et al.，1974；Seedorff and Einaudi，2004a，2004b）。沙坪沟矿床 H-O 同位素（黄凡等，2013；刘啟能，2013；于文，2012；范丽逢，2014；Ni et al.，2015）组成虽然指示成矿的中温阶段和低温阶段流体系统中有少量大气水的加入，大气水与岩浆水的混合流体形成了晚期绢云母化、泥化蚀变，但在中高温的主成矿阶段，系统中仅显示岩浆水的特征，因此，大气水混入不是本矿床 Mo 沉淀的主要机制。

综上可见，温度、氧逸度下降和流体沸腾产生的相分离是沙坪沟矿床 Mo 沉淀的重要机制。

5.1.6　成矿地质条件与矿床保存机制

前文研究表明，沙坪沟斑岩钼矿床成矿的地球动力学背景为晚侏罗世—早白垩世包括大别山地区在内的中国东部构造体制转换及其后岩石圈伸展减薄，软流圈大规模上涌所提供的巨大热能是各种地质作用的能量基础，在此过程中发生的中酸性岩浆活动（Ren et al.，2018b）是成矿的关键地质条件，深部过程引发的地壳深部源区部分融熔形成的中酸性岩浆，在构造应力作用下，受压力驱动由下地壳沿深大断裂上升至地壳浅部侵位，岩浆演化过程中发生的熔流分离作用形成富含成矿元素的岩浆热液在热梯度、压力梯度、浓度梯度、速度梯度和化学反应亲和力等能量驱动下，流向储矿空间，并因物理化学条件发生急剧变化而沉淀成矿。

构造作用的影响也非常重要，大别山地区构造主要为断裂构造，主要分为 NWW 向和 NNE 向两组，其中 NWW 向断裂主要为长期活动的区域性深大断裂及其派生的次级断裂，是区内主干断裂构造，控制着造山带的展布；NWW 向断裂主要有龟山－梅山断裂带、桐柏－商城断裂和晓天－磨子潭断裂，这些断裂一般在区域上延伸数百千米，宽数百米至上千米，切穿地壳甚至上地幔岩石圈，为长期活动的区域性深大断裂，控制着区内岩浆活动和成矿作用（李明立，2009）。NNE 向断裂为中新生代活动的断裂，近垂直于造山带展布方向，横切 NWW 向断裂，并与其组成网格状构造。区内与钼多金属矿有关的中酸性小斑岩体多沿断裂两侧分布，如母山、亮山岩体分布在龟山－梅山断裂带附近，大银尖岩体分布在桐柏－商城断裂的两侧，汤家坪岩体分布在晓天－磨子潭断裂北侧。在沙坪沟矿田中，NNE 向断裂多与 NWW 向断裂构成网格状构造，两组断裂的交汇部位常常控制着与矿化有关的小斑岩体的空间定位。

浅部构造控制了矿床产出的地点与空间形态。沙坪沟矿床成矿岩浆上升侵位至地壳浅部的过程中，流体由岩浆中出溶，通过对流或渗流等运动形式，从熔体内部上升至岩体（浆）上部，聚集的流体通过液压致裂作用将已固结岩体表壳破碎形成微裂隙，成矿流体或通过这些微裂隙到达岩体表壳沉淀成矿，或穿过微裂隙至岩体与围岩的接触带处成矿，或通过微裂隙和围岩的接触带后进入围岩地层或断层中成矿。强大的流体压力还可以在地下形成隐爆角砾岩筒，使成矿流体进入角砾岩筒中角砾空隙成矿。在岩浆侵位后，液压致裂的岩体表壳微裂隙、岩体与围岩的接触带、围岩中的断层、隐爆角砾岩筒等都是成矿流体到达储矿场所的重要通道。由于空间类型及圈闭条件的不同，金属元素可在斑岩体表壳及斑岩体上部液压致裂的微裂隙、岩体与围岩的接触带、围岩地层中蚀变岩及地层中断裂裂隙、隐爆角砾岩筒等多种场地沉淀堆积成矿。

由于沙坪沟矿区花岗斑岩中基本不含原生暗色矿物黑云母和角闪石，也没有见到榍石，难以利用矿物化学的手段估算成岩时期的压力。何俊等（2016）对沙坪沟矿区石英正长岩和花岗斑岩中的石英相态进行了研究，发现石英正长岩中发育 α 相石英，花岗斑岩发育假 β 相石英斑晶，花岗斑岩基质发育 α 相石英，因此认为，石英正长岩到花岗斑岩的结晶过程是一个明显的减压过程：石英正长岩（>700MPa）→ 花岗斑岩 β 相石英斑晶（>400MPa，<700MPa）→ 花岗斑岩基质 α 相石英（<50MPa）。根据静岩压力条件计算出本区石英正长岩中石英和花岗斑岩石英斑晶结晶深度大于 14.50km，花岗斑岩基质石英结晶深度小于 2.20km，说明花岗斑岩经历了快速减压过程，且流体在相对较深部位开始出溶，并在较短时间内运移到较浅部。

沙坪沟钼矿床形成后，遭受了风化剥蚀，现今花岗斑岩保存在地表 400m 之下，其形成时顶面应在 2.2km 左右，蚀变带剥蚀量应大于 1.8km，保存于地下数千米的矿床逐渐接近于地表，花岗斑岩体正上部的青磐岩化带、泥化带以及脉型 Pb-Zn 矿体已被全部剥蚀破坏，斑岩体接近于浅地表，只保留下了岩体周边的青磐岩化带、脉型 Pb-Zn 矿体，而斑岩钼矿主体基本未受剥蚀。前人对大别造山带白垩纪隆升过程的定量研究也取得了与上述相似的结果，认为研究区白垩纪隆升了 2~3km，60Ma 以来则相对稳定（吴堑虹，2003；杨欣和李双应，2011）。

5.2 成矿模式

基于上文章节相关的地球动力学背景的演化、钼矿矿床学、岩相学、矿相学、年代学、岩石地球化学、蚀变岩石－矿物学及流体包裹体的研究，我们初步建立了沙坪沟钼矿床的成矿综合模式，如图 5.2 所示。沙坪沟斑岩矿床赋存于早白垩世二长花岗岩、正长岩、石英正长斑岩和花岗斑岩中。成矿前和主成矿期及成矿后侵入体的活动时间从 136Ma 持续到 111Ma，成矿集中于 113~111Ma。岩浆侵位和热液蚀变矿化简要过程如下：

大别造山带早白垩世处于板内伸展背景下，由于受太平洋板块俯冲的影响，岩石圈发生拆沉作用，引发古老下地壳＋交代地幔＋大别杂岩的混合源区部分熔融形成岩浆，并上侵于上地壳，形成浅部岩浆房，二长花岗岩、镁铁质岩浆岩（辉石岩、角闪石岩）和花岗闪长岩等沙坪沟矿区第一期岩浆自 136Ma 时开始相继侵位；伸展增强，岩石圈进一步减

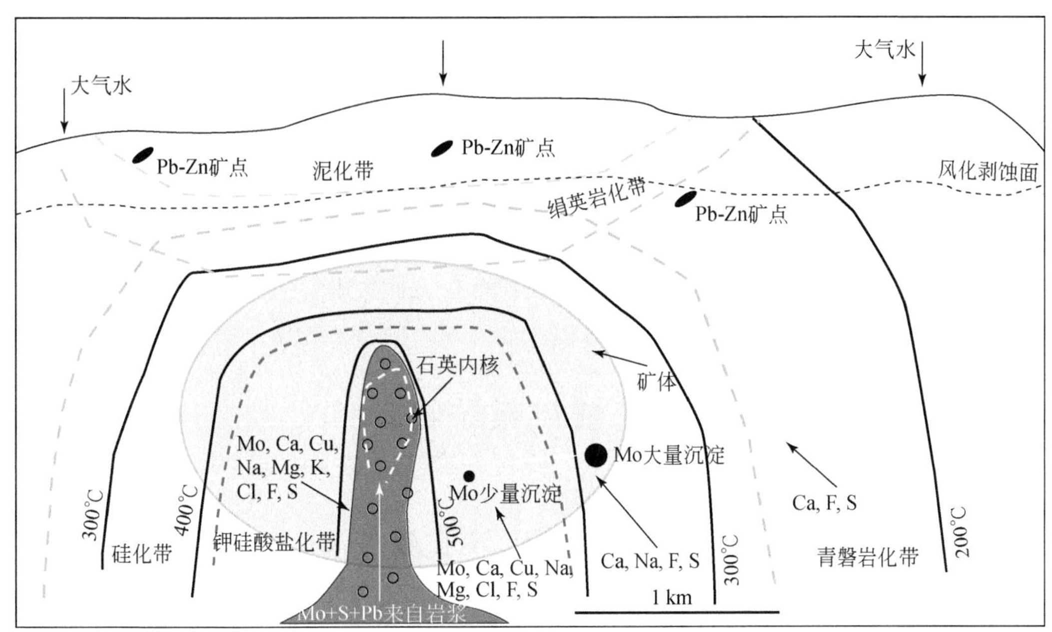

图 5.2　沙坪沟钼矿床成矿模式图

在 113~111Ma 时，花岗斑岩侵位于正长岩中，浅部岩浆房顶部出溶大量单一相流体，运移到浅部斑岩顶部发生水岩作用，形成钾硅酸盐化蚀变和石英内核，并伴随着高温阶段脉体与微弱矿化发育。沸腾作用产生高盐度多相流体和低密度、低盐度富气相挥发分流体，系统发生隐爆作用，在正长岩中形成角砾岩筒，同时，在钾硅酸盐化蚀变上叠加硅化蚀变，在外围形成青磐岩化蚀变，并伴随着大量中高温阶段脉体和大量矿化发育。流体沸腾作用减弱，少量大气水加入，较浅部位形成绢英岩化蚀变，形成中温阶段脉体和微弱钼矿化，并在更浅部和外围发育铅锌矿体。流体系统演化至晚期，混入的大气水增多，水岩作用形成浅部的泥化蚀变和低温阶段脉体，111Ma 时，最后阶段的闪长玢岩侵位。随后进入抬升和风化剥蚀，剥蚀程度达 1.77~2.1km，矿床顶部的青磐岩化带和部分铅锌矿体被破坏，钼矿体抬升变浅，外围铅锌矿体出露于地表

薄，浅部岩浆房不断演化，正长岩和随后的石英正长斑岩侵位于二长花岗岩中，浅部岩浆房底部流体开始出溶；113~111Ma 时，在底部大岩浆房提供热量和物质基础上，花岗斑岩侵位于正长岩中，携带并指引着浅部岩浆房顶部出溶的大量流体，运移至地壳浅部 2~3km 处并聚集，形成早期钾硅酸盐化和石英内核，并产生高温阶段的热液矿物组合与微弱的钼矿化，磁铁矿、赤铁矿等矿物结晶，高氧化的流体氧逸度降低，此阶段流体中富含 Mo、Ca、Cu、Na、Mg、K、Cl、F、S 等。

随着流体不断聚集，压力增大，易发生早期流体沸腾作用。沸腾作用产生高盐度多相流体和低密度、低盐度富气相挥发分流体，会引发隐爆作用，在正长岩中形成角砾岩筒，导致流体快速释放，源自岩浆的 Mo、S、Pb 等富集于高盐度多相流体中，在钾硅酸盐化蚀变上叠加硅化蚀变，在外围较远部位形成青磐岩化蚀变，并伴随着大量中高温阶段脉体发育，此阶段流体中富含 Mo、Ca、Cu、Na、Mg、Cl、F、S 等。流体温度和氧逸度下降，辉钼矿大量沉淀。

流体沸腾作用逐渐减弱，少量大气水加入成矿流体系统，流体的氧逸度开始逐渐升高，

在较浅部位发生水岩作用形成绢英岩化蚀变，此阶段流体富含 Ca、Na、F、S 等，伴随中温阶段脉体和微弱矿化形成，流体中的 F 不断加入围岩中形成萤石，并在更浅部和外围形成了脉状铅锌矿体。

流体演化至晚期，大气水混入量增大，流体富含 Ca、F、S 等，形成了浅部的泥化蚀变和低温阶段脉体，至 111Ma 时，闪长玢岩侵位。随后，大别造山带持续隆升剥蚀，推测抬升幅度可达 1.77~2.10km，使得矿床顶部的青磐岩化带、部分泥化蚀变带和铅锌矿体被剥蚀破坏，钼矿体距地表深度变浅，矿田外围的铅锌矿床出露于地表。

5.3　成矿系统特色

5.3.1　与国内外斑岩钼矿床成矿岩浆岩对比

国内外斑岩钼矿床中含矿斑岩均为中酸性侵入岩，除 Endako 矿床含矿斑岩为石英二长岩外，其他斑岩钼矿床含矿斑岩均为偏酸性的花岗斑岩、流纹斑岩或细晶斑岩，且挤压向伸展转换环境斑岩钼矿床（金堆城、岔路口、曹四夭）、板块内部裂谷环境斑岩钼矿床（Climax、Urad-Henderson、Questa）和板块内部伸展环境斑岩钼矿床（沙坪沟）含矿斑岩 SiO_2 含量相对更高（通常 >75 %），属于钙碱性系列，俯冲后的晚碰撞到后碰撞环境斑岩钼矿床（Malala）和与俯冲碰撞相关的陆缘或火山弧环境钼矿床（Endako、沙让、鹿鸣）含矿斑岩 SiO_2 含量相对稍低，属于碱钙性系列。

由表 5.1 可见，不同类型钼矿床的成矿岩浆岩有差别。Climax 型钼矿床一般产于裂谷环境，具有高品位（通常 >0.15% MoS_2）和富 F 的特征（Mutschler et al.，1981）。与之相关的成矿岩体为富硅 [$w(SiO_2)$ >75 %]、贫钙、高钾钙碱性、准铝质－弱过铝质 A 型花岗岩 [$w(K_2O)/w(Na_2O)$>1；表 5.1]（Westra and Keith，1981；Mutschler et al.，1981）；此外，这类花岗岩含有较高的 Rb（200×10^{-6}~800×10^{-6}）、Nb（25×10^{-6}~200×10^{-6}）、Mo（5×10^{-6}~70×10^{-6}）和 Sn（3×10^{-6}~30×10^{-6}）含量，较低的 Sr（<125×10^{-6}）和 Ti（<0.2%）含量（表 5.1）（Mutschler et al.，1981）。

表 5.1　不同类型斑岩钼矿床成矿岩浆岩特征对比（据任志等，2020 修改）

特征项目	Climax 型钼矿床（板内裂谷）	Endako 型钼矿床（陆缘弧挤压）	沙坪沟钼矿床（板内伸展）
矿石品位	通常 >0.15% MoS_2	<0.15% MoS_2	平均 0.14% MoS_2
与成矿相关岩浆岩	高钾钙碱性、准铝质－过铝质 A 型花岗岩（>75% SiO_2）	高度演化 I 型石英二长岩（准铝质；通常 <70% SiO_2）	高钾钙碱性、准铝质－弱过铝质 A 型花岗岩（约 77% SiO_2）
矿体位置	斑岩体内及其与围岩接触带中	斑岩体内及其与围岩接触带中	斑岩体内及其与围岩接触带中

续表

特征项目	Climax 型钼矿床（板内裂谷）	Endako 型钼矿床（陆缘弧挤压）	沙坪沟钼矿床（板内伸展）
同成因基性岩	普遍	无	有
产出位置	裂谷或弧后盆地	陆缘弧	陆陆碰撞带
构造背景	弧后伸展或裂谷	大陆边缘挤压	板内伸展
岩浆源区	大陆地壳 ± 岩石圈地幔	洋壳、弧地壳、富集地幔	大陆地壳 + 岩石圈地幔
$Rb/10^{-6}$	200~800	100~350	301~483
$Nb/10^{-6}$	25~200	< 20	69~163
$Sr/10^{-6}$	<125	>100	16~64
TiO_2/%	<0.2	通常 >0.2	~0.1
$w(K_2O)/w(Na_2O)$	>1	<1	>1
参考文献	Westra and Keith，1981；Mutschler et al.，1981	Westra and Keith，1981；Mutschler et al.，1981	任志等，2015，2020；Ren et al.，2018b；任志，2018

Endako 型钼矿床一般产于陆缘弧背景，具有较低品位（<0.15 % MoS_2）和低 F 的特征（Westra and Keith，1981；Mutschler et al.，1981）。此类钼矿床与中等 Si、Ca 和碱含量的高度演化的准铝质 I 型石英二长岩相关 [$w(K_2O)/w(Na_2O)<1$；表 5.1]（Westra and Keith，1981；Mutschler et al.，1981）；此外，这类侵入岩通常含有较高的 Rb（100×10^{-6}~350×10^{-6}）和 Sr（$>100\times10^{-6}$）含量，较低的 Nb（$<20\times10^{-6}$）和 Ti[通常 $w(TiO_2)>0.2\%$] 含量（表 5.1；Westra and Keith，1981）。

沙坪沟钼矿床的成矿花岗斑岩富硅，其 SiO_2 含量在 75.5%~77.6% 之间，属于高钾钙碱性、准铝质 – 弱过铝质系列，其岩石组成和地球化学特征与 Climax 型钼矿床成矿岩体（表 5.1）相似（Wallace et al.，1978；White et al.，1981；任志等，2015；Ren et al.，2018a，2018b）。尽管沙坪沟钼矿床位于陆陆碰撞造山带中，但其形成背景为板内伸展背景，其与 Climax 型斑岩钼矿床的裂谷伸展背景相似，同时，也与部分学者在研究中国斑岩钼矿床时提出的后碰撞背景的 Dabie 型（Mi et al.，2015；Chen et al.，2017）钼矿床的认识具有一定相似性。

5.3.2　与国内外斑岩钼矿床成矿特征对比

斑岩型钼矿床可产于与俯冲碰撞相关的弧后或裂谷等伸展环境、挤压向伸展转换环境、板块内部伸展环境以及与俯冲碰撞相关的陆缘弧挤压环境（Sillitoe，1972；Mutschler et al.，1981；Westra and Keith，1981；White et al.，1981；Carten et al.，1993；Cooke et al.，2005；Hou et al.，2003，2013；Chen et al.，2017；Ren et al.，2018b），沙坪沟钼矿床产于板块内部伸展环境，为了探讨沙坪沟钼矿床与产于其他各类构造背景的斑岩钼矿床成矿特征的异同，选取俯冲后的晚碰撞到后碰撞环境斑岩钼矿床（Malala），挤压向伸展转换环境斑岩钼矿床（金堆城、岔路口、曹四夭），与俯冲碰撞相关的陆缘或火山弧环境钼矿床（Endako、沙让、鹿鸣）和板块内部伸展环境斑岩钼矿床（Climax、Urad-Henderson、Questa、沙坪沟）进行了系统对比（表5.2）。

（1）俯冲后的晚碰撞到后碰撞环境斑岩钼矿床（Malala）、挤压向伸展转换环境斑岩钼矿床（金堆城、岔路口、曹四夭）和板块内部伸展环境斑岩钼矿床（Climax、Urad-Henderson、Questa、沙坪沟）钼资源量通常大于1Mt，其他产出环境的斑岩钼矿床钼资源量通常小于1Mt；板块内部伸展环境斑岩钼矿床（Climax、Urad-Henderson、Questa、沙坪沟）和俯冲后的晚碰撞到后碰撞环境斑岩钼矿床（Malala）的平均品位相对更高，常大于0.14%（图5.3），沙坪沟钼矿床钼资源量达2.46Mt、品位高达0.14%，其他产出环境的斑岩钼矿床平均品位多小于0.1%。

（2）斑岩钼矿床的围岩性质各异，显示斑岩型钼矿床的产出与围岩性质没有明显的关系，如东秦岭－大别钼矿带内，鱼池岭和沙坪沟矿床围岩均为中酸性侵入岩，千鹅冲矿床围岩为石英片岩，东沟矿床围岩为熊耳群火山岩，金堆城矿床围岩为熊耳群火山岩和高山河组石英岩、板岩，汤家坪矿床围岩为大别杂岩。围岩性质可能是隐爆角砾岩发育与否的因素之一，围岩为侵入岩时（低渗透率），常发育角砾岩，如鱼池岭和沙坪沟矿床；围岩为变质岩火山岩时（高渗透率），常不发育角砾岩，如金堆城、千鹅冲、东沟和汤家坪钼矿床。

（3）斑岩钼矿床中的金属矿物种类具有一致性，均以辉钼矿为主，少量的黄铁矿、磁铁矿、黄铜矿、方铅矿、闪锌矿等。Climax和Urad-Henderson矿床中还含有锡石、菱锰矿等矿物，而沙坪沟钼矿床早期脉体中发育少量的赤铁矿。除俯冲后的晚碰撞到后碰撞环境斑岩钼矿床和与俯冲碰撞相关的陆缘或火山弧环境的斑岩钼矿床不发育或发育微量萤石外，其他斑岩钼矿床通常发育萤石或黄玉等含氟矿物。

（4）斑岩钼矿床具有相似的矿化特征，以网脉状和脉状矿化为主，Urad-Henderson和Questa钼矿床中还产出角砾岩型矿化。斑岩钼矿床的蚀变分带基本相似，但挤压向伸展转换环境的斑岩钼矿床（岔路口）和板块内部伸展环境斑岩钼矿床（沙坪沟）发育石英内核，其他产出环境的矿床不发育。不同产出环境的斑岩型钼矿床在与矿化有关的蚀变类型上具有一定的差异。与俯冲碰撞相关的陆缘或火山弧环境钼矿床（Endako、沙让、鹿鸣）和俯冲后的晚碰撞到后碰撞环境斑岩钼矿床（Malala）与矿化有关的蚀变为绢英岩化和钾化；挤压向伸展转换环境斑岩钼矿床（金堆城、岔路口、曹四夭）与矿化有关的蚀变为硅化，其次为钾化、绢云母化；板块内部裂谷环境斑岩钼矿床（Climax、Urad-Henderson、Questa）与矿化有关的蚀变为钾长石化和绢英岩化；沙坪沟钼矿床与矿化有关的蚀变为硅

表 5.2　沙坪沟钼矿床与国内外斑岩钼矿床特征对比表

矿床	成矿区带	构造背景	成矿时代 /Ma	资源量与平均品位	成矿岩体	赋矿围岩	围岩蚀变	与钼矿化有关的蚀变	源区特征及 Mo 来源	矿化类型	矿石矿物	角砾岩	含氟矿物	参考文献
沙坪沟	大别山	下地壳拆沉后的板内伸展环境	113.90 ± 1.70~111.10 ± 1.20	2.46Mt/ 0.14%	花岗斑岩	正长岩、二长花岗岩等	石英内核、钾硅酸盐化、硅化、绢英岩化、青磐岩化、泥化等	硅化，次为钾硅酸盐化和绢英岩化	古老下地壳 + 大别杂岩 + 岩石圈地幔；古老地壳（含大别杂岩）	网脉状、脉状、细脉浸染状矿石；以石英 – 辉钼矿脉为主，少量石英 – 辉钼矿 – 黄铁矿脉、石英 – 绢云母 – 辉钼矿脉、辉钼矿 ± 石英脉等	辉钼矿、黄铁矿，少量方铅矿、闪锌矿、磁铁矿、赤铁矿等	发育	萤石	张怀东等，2012；任志，2018
千鹅冲	大别山	下地壳拆沉后的板内伸展环境	128.70 ± 7.30	0.6Mt/ 0.081%	含黑云母花岗斑岩	泥盆系南湾组石英片岩	钾长石化、绢英岩化、高级泥化、青磐岩化、碳酸盐化	硅化、钾长石化、绢云母化、黄铁矿化	古老下地壳 + 岩石圈地幔；同岩浆源	浸染状、脉状、角砾状	辉钼矿、磁铁矿、黄铁矿、黄铜矿、方铅矿和闪锌矿	无	萤石	高阳，2014
汤家坪	大别山	下地壳拆沉后的板内伸展环境	118.5~113.1	0.235Mt/ 0.063%	花岗斑岩	大别杂岩（二长花岗质片麻岩、黑云斜长片麻岩）	硅化、钾长石化、黄铁矿化、绢云母化、高岭土化、青磐岩化	硅化	古老下地壳 + 岩石圈地幔；同岩浆源	浸染状构造、（网）脉状构造	辉钼矿、黄铁矿为主，次要矿物是磁铁矿、黄铜矿	无	萤石	杨泽强，2007；高阳，2014
东沟	东秦岭	下地壳拆沉后的板内伸展环境	116.00 ± 1.20	0.62Mt/ 0.113%	花岗斑岩	熊耳群火山岩	硅化、钾化、绢云母化、萤石化和绿泥石 – 碳酸盐化	硅化和钾化	古老下地壳；上地壳	细脉浸染状和浸染状为主	辉钼矿，少量黄铁矿、黄铜矿、闪锌矿、方铅矿、白钨矿，大量磁铁矿	无	萤石	Mao et al.，2008；Chen et al.，2017

续表

矿床	成矿区带	构造背景	成矿时代/Ma	资源量与平均品位	成矿岩体	赋矿围岩	围岩蚀变	与钼矿化有关的蚀变	源区特征及Mo来源	矿化类型	矿石矿物	角砾岩	含氟矿物	参考文献
金堆城	东秦岭	由挤压向伸展转换的环境	138.40 ± 0.50	0.98Mt/ 0.099%	花岗斑岩	熊耳群火山岩，高山河组石英岩、板岩	钾硅酸盐化、硅化、绢云母–黄铁矿化和青磐岩化	绢英岩化和硅化，次为钾硅酸盐化	古老下地壳；同岩浆源	以脉状、网脉状辉钼矿矿化及纹层状石英–辉钼矿脉为主，少量微细辉钼矿脉状矿化	辉钼矿、黄铁矿，少量黄铜矿、磁铁矿、闪锌矿、方铅矿	无	萤石	Mao et al.，2008；郭波，2009；Chen et al.，2017
鱼池岭	东秦岭	由挤压向伸展转换的环境	131.20 ± 1.40	0.55Mt/ 0.06%	黑云母二长花岗斑岩	隐爆角砾岩含斑黑云二长花岗岩	钾化、硅化、绢云母化、萤石化和青磐岩化	硅化、钾长石化、（黄铁）绢英岩化	壳幔混源；古老地壳	浸染状、细脉浸染状	辉钼矿、黄铁矿，黄铜矿、闪锌矿、方铅矿、钼华	发育	萤石	周珂等，2009
沙让	冈底斯	大陆碰撞挤压环境	51 ± 1	0.06Mt/ 0.061%	花岗斑岩	沉积变质杂岩	钾硅酸盐化、绢英岩化、硅化、黏土化和青磐岩化	绢英岩化，次为钾硅酸盐化	古老地壳；同岩浆源	以脉状、网脉状辉钼矿矿化及纹层状石英-辉钼矿脉为主，少量浸染状	辉钼矿、黄铁矿，少量黄铜矿、磁铁矿、闪锌矿、白钨矿	发育	无或微量	秦克章等，2008；唐菊兴等，2009
岔路口	大兴安岭	蒙古–鄂霍次克洋闭合碰撞后挤压向伸展转换	145.70 ± 1.50	1.78Mt/ 0.087%	细晶斑岩、花岗斑岩	细晶斑岩、花岗斑岩、早奥陶世变火山岩	石英内核、硅化、钾化、绢云母化、萤石化和磁铁矿化	硅化和钾化	新生下地壳；富集岩石圈地幔	网脉状、细脉浸染状、脉状	辉钼矿、黄铁矿，方铅矿、闪锌矿、磁铁矿，少量黄铜矿	发育	萤石	李真真，2014
曹四夭	华北板块北缘	蒙古–鄂霍次克洋闭合碰撞后挤压向伸展转换	149~146	1.75Mt/ 0.078%	正长花岗斑岩	石榴斜长浅粒岩和黑云石榴斜长片麻岩	硅化、钾化、绢英岩化、青磐岩化、萤石化、方柱石化、碳酸盐化、泥化	硅化和绢云母化	下地壳；同岩浆源	细脉浸染状和浸染状	辉钼矿和黄铁矿，其次为磁铁矿、黄铜矿、磁黄铁矿，另有少量黑钨矿	无	萤石	王国瑞等，2014；范海洋等，2018

续表

矿床	成矿区带	构造背景	成矿时代 /Ma	资源量与平均品位	成矿岩体	赋矿围岩	围岩蚀变	与钼矿化有关的蚀变	源区特征及 Mo 来源	矿化类型	矿石矿物	角砾岩	含氟矿物	参考文献
鹿鸣	吉黑	太平洋板块俯冲体制下挤压向伸展转换的过程中	183~178	0.89Mt/ 0.084%	二长花岗岩、花岗斑岩?	二长花岗岩、花岗斑岩?	硅化、钾化、黄铁矿化、青磐岩化、云英岩化	硅化和钾化	新生下地壳；同岩浆源	主要为浸染状，次为网脉状	辉钼矿、黄铁矿，少量黄铜矿	发育	无或微量	孙庆龙，2014；刘珏，2015
Climax	科罗拉多成矿带	Rio Grande 裂谷系统的板内伸展环境	33~24	2.58Mt/ 0.24%	细晶斑岩，花岗斑岩	前寒武纪的 Idaho Springs 组的片岩和片麻岩	钾化、绢英岩化、上下泥化、青磐岩化、脉状硅化、弥散状硅化、磁铁矿和黄玉化、云英岩化和石榴子石化	钾长石化，次为绢英岩化	古老地壳；同岩浆源	脉状、细脉状和角砾状	辉钼矿、黄铁矿、黑钨矿、锡石、菱锰矿、闪锌矿、磁黄铁矿、方铅矿、磁铁矿，少量黄铜矿、钨锰矿	无	萤石、黄玉	White et al.，1981；Shannon et al.，2006
Urad-Henderson	科罗拉多成矿带	Rio Grande 裂谷系统的板内伸展环境	28	1.24Mt/ 0.171%	多期次岩钟状流纹斑岩，细晶斑岩，花岗斑岩	前寒武纪花岗岩和片麻岩	黏土化、绢云母－石英－黄铁矿化、石英－黄玉化、硅化、钾化、云英岩，萤石和黄玉化	钾长石化、绢英岩化和黄玉化	古老地壳；同岩浆源	脉状、细脉状和角砾状	辉钼矿、黄铁矿、黑钨矿、菱锰矿、闪锌矿、磁黄铁矿、方铅矿、磁铁矿，少量黄铜矿、锡石	发育	萤石、黄玉	Seedorff and Einaudi，2004a，2004b

续表

矿床	成矿区带	构造背景	成矿时代/Ma	资源量与平均品位	成矿岩体	赋矿围岩	围岩蚀变	与钼矿化有关的蚀变	源区特征及Mo来源	矿化类型	矿石矿物	角砾岩	含氟矿物	参考文献
Questa	科罗拉多成矿带	Rio Grande 裂谷系统的板内伸展环境	25~24	0.44Mt/0.144%	流纹斑岩，细晶斑岩，花岗斑岩	古近纪—新近纪安山岩、流纹岩、凝灰岩和前寒武纪花岗岩及片麻岩	钾硅酸盐化、黑云母–绢云母化、石英–绢云母–黄铁矿–高岭石化、青磐岩化，萤石和黄玉化	绢英岩化、钾长石化		主要为热液角砾岩型矿化，常与石膏/硬石膏以及绿柱石共生，少量网脉状矿化	辉钼矿，少量黄铁矿、方铅矿、黄铜矿、白钨矿	发育	萤石	Ross et al.，2002；Klemm et al.，2008
Endako	中加拿大科迪勒拉成矿带	Kula和arallon板块向北美板块俯冲挤压背景	144	0.23Mt/0.082%	石英二长岩	石英二长岩	钾长石化、石英–绢云母–黄铁矿化、高岭土化、碳酸盐化和少量表生蚀变	钾长石化、绢英岩化和高岭土化	俯冲板片；同岩浆源	网脉状和纹层状辉钼矿矿化，少量裂隙面矿化和浸染状矿化	辉钼矿、黄铁矿、磁铁矿，少量黄铜矿、斑铜矿、辉铋矿、白钨矿、镜铁矿、方铅矿	无	无或微量	Selby et al.，2000
Malala	北Sulawesi岩浆带	俯冲后的晚碰撞到后碰撞环境	4.25~4.12	1Mt/0.14%	正长–二长花岗斑岩	花岗岩、花岗闪长岩	钾化、强硅化、绢云母–绿泥石–碳酸盐化和碳酸盐–黏土化	绢英岩化，次为钾化		网脉状石英–辉钼矿、脉状含辉钼矿矿化，少量纹层状石英–辉钼矿矿化	辉钼矿、黄铁矿，少量黄铜矿、闪锌矿、磁黄铁矿、方铅矿、磁铁矿	无	无或微量	Leeuwen et al.，1994

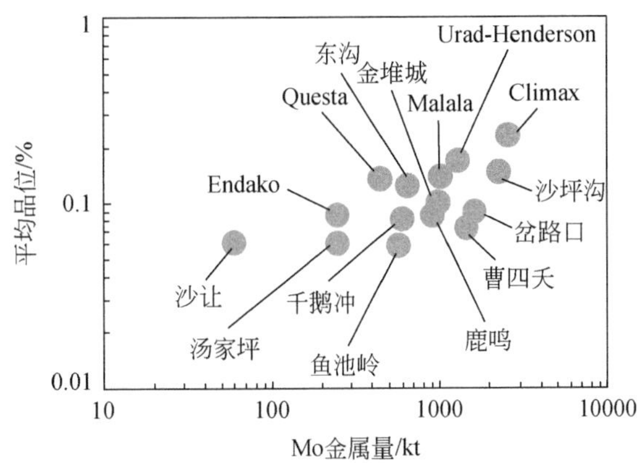

图 5.3　全球大型－超大型斑岩钼矿床品位与钼金属量关系图

数据来源：品位和 Mo 金属量据表 5.2

化，次为钾化和绢英岩化。

（5）不同产出环境的斑岩型钼矿床在含矿斑岩起源和成矿物质来源上有一些差异，与俯冲碰撞相关的陆缘或火山弧环境钼矿床（Endako、鹿鸣）含矿斑岩起源于俯冲板片，挤压向伸展转换环境斑岩钼矿床（岔路口、曹四夭）含矿斑岩起源于新生下地壳和富集岩石圈地幔，板块内部裂谷环境斑岩钼矿床（Climax、Urad-Henderson、Questa）含矿斑岩起源于古老下地壳，板块内部伸展环境斑岩钼矿床（沙坪沟）含矿斑岩起源于古老下地壳＋大别杂岩＋岩石圈地幔，钼主要源自古老下地壳＋大别杂岩。

5.3.3　成矿系统特色

根据前文研究，并综合国内外众多学者对沙坪沟钼矿床的研究，结果表明，沙坪沟钼矿床的成矿系统具有鲜明的特色（任志，2018；任志等，2020），现简单归纳如下。

1. 单矿体，巨系统

沙坪沟斑岩钼矿床 Mo 资源量达到 2.46Mt，是亚洲最大、世界第二的斑岩型钼矿床（张怀东等，2012）。沙坪沟钼矿床发育一个巨大筒状的主矿体，空间上表现为穹状形态特征，在平面上投影呈长轴为 NWW 向不规则椭圆形，主要分布于 6~9 勘探线之间，赋存标高 –940~140m，矿体东西长度为 1000m，南北宽度平均为 685m，厚度平均为 738.91m，是一个巨大的单矿体。沙坪沟钼矿床发育明显的蚀变分带，从中心到外围分别为石英内核、钾硅酸盐化带、硅化带、绢英岩化带和泥化带，其空间距离由中心到外围约为 2km，辉钼矿与硅化关系最为密切，且钼矿床周边 1~3km 的范围内，分布着众多的热液脉型 Pb-Zn 矿床（点），这些 Pb-Zn 矿床（点）与沙坪沟钼矿床属于同一个巨型斑岩成矿系统的产物。同时，沙坪沟钼矿床初始成矿流体出溶于较深部位（大于 2.5km），且成矿斑岩经历了快速加压的过程。因此，沙坪沟钼矿床是一个直径约为 3km 的球状巨型斑岩钼成矿系统。

2. 先天富，久孕育

东秦岭－大别钼矿带的钼成矿作用可以划分为三期，自古元古代开始，便有石英脉型钼矿床形成，如龙门店和寨凹；三叠纪发育众多的热液脉型钼矿床，如黄水庵和黄龙铺等；燕山期则发育众多大型、超大型斑岩－夕卡岩型钼矿床，如金堆城、南泥湖、鱼池岭和东沟等，显示了东秦岭－大别钼矿带具有良好的钼成矿潜力，其深部圈层具有良好的钼成矿基础。沙坪沟钼矿床中钼主要源自古老下地壳＋大别杂岩，前人的研究也发现，扬子板块北缘、大别造山带和华北板块南缘的岩石圈中 Mo 含量均高出全球平均近一倍；大别杂岩 Mo 含量也高于地壳平均值。因此，东秦岭－大别钼矿带经历了长时间多期次的钼成矿作用，使 Mo 不断地富集在深部各圈层岩石中，为其后的钼成矿提供基础。同时，沙坪沟钼矿床中钼矿高品位的特征也应与该地区深部圈层源区先天便具有较富的 Mo 含量有关。

3. 多来源，长演化

沙坪沟矿田两期岩浆岩均处于板内伸展背景，源区具有相似的组分特征，均起源于古老下地壳＋大别杂岩＋岩石圈地幔的三端元源区（Ren et al.，2018b），第一期岩浆岩源区含 40%~60% 地壳组分（其中大别杂岩组分占 0~35%），第二期岩浆岩源区含 30%~60% 地壳组分（其中大别杂岩组分占 20%~45%）。沙坪沟矿田的两期岩浆岩是不均一源区不同程度部分熔融及分异演化的产物。自 136.50 ± 1.10Ma 时二长花岗岩开始侵位，随着源区熔体的不断加入，沙坪沟矿田深部岩浆房开始了长期的分异演化，发生了第一期的辉石岩、角闪石岩、花岗闪长岩和第二期的正长岩、石英正长斑岩等岩浆岩的侵位，且第二期岩浆岩的分异指数通常高于第一期岩浆岩。在 113.00 ± 0.74Ma 时，经过长期分异演化的花岗斑岩侵位，其分异指数（DI）大于 95，在岩浆房提供热量和成矿物质，大规模流体出溶和萃取成矿物质的基础上，形成了沙坪沟斑岩钼矿床。沙坪沟钼矿床的岩浆－热液－矿化时限在 136.50~111.89Ma 之间，持续时间达 24.61Ma，相比于 Climax 斑岩钼矿床的 5.5~12Ma 持续了更长的时间，显示了长期岩浆分异演化过程，这一长期过程孕育了沙坪沟巨型斑岩钼成矿系统。

4. 高氧化，超富集

在沙坪沟矿田深部岩浆房经历了长期的分异演化，Mo 不断富集于岩浆中，浅部岩浆房残余岩浆中 Mo 含量也不断上升。随后，浅部岩浆房顶部出溶大量的流体，萃取残余岩浆中的 Mo，使 Mo 富集于成矿流体中，并沿花岗斑岩运移至浅部，形成沙坪沟斑岩钼矿床。沙坪沟矿床发育四组热液矿物组合，即高温、中高温、中温和低温组合，依此划分的成矿阶段为高温、中高温、中温和低温阶段，其中，辉钼矿主要沉淀于中高温阶段，也形成于高温和中温阶段。沙坪沟钼矿床总体处于较封闭的系统，其流体主要为岩浆水，到中温阶段和低温阶段有极少量的大气水加入，其成矿流体经历了由早期的高温、中盐度、较高氧逸度、低碱度、低 pH、低密度，中期的中高温－中温、低盐度－高盐度共存、低密度－高密度共存、低氧逸度、富 CO_2，向晚期的低温、低盐度、贫 CO_2、较高氧逸度、较高碱度、较高 pH、较高密度演化过程。其中含 Cl 络合物对 Mo

的运移起到了重要的作用，而温度、氧逸度下降和流体沸腾产生的相分离是 Mo 沉淀的重要机制。同时，沙坪沟钼矿床高温阶段的脉体中发育赤铁矿和磁铁矿，且中高温阶段早期含子晶多相包裹体中也可见赤铁矿子晶，而其他大型 – 超大型斑岩型钼矿床早期仅发育磁铁矿，这表明沙坪沟钼矿床相比其他斑岩钼矿床，早期成矿流体氧化性更高，因而更有利于 Mo 在流体中的超富集，这可能也是沙坪沟钼矿床中 Mo 的品位较高的重要因素。

综上所述，与国内外主要的斑岩钼成矿系统相比，沙坪沟钼矿床的成矿系统具有单矿体，巨系统，先天富，长孕育，多来源，高氧化，多期次，超富集等鲜明的成矿特色。应用成矿系统理论，不断深入研究这一世界级超大型高品位斑岩型钼矿床的成矿作用和成矿过程，对于全面揭示斑岩型钼矿床的成因以及同类矿床的寻找都具有十分重要的意义。

5.4　区域成矿规律与找矿方向

5.4.1　时空分布与矿床类型

沙坪沟矿床位于东秦岭 – 大别钼矿带，它是我国最重要的钼矿带，也是世界最重要的钼矿带之一，该钼矿带现已发现钼矿床达上百个（表 5.3，图 5.4），多位学者对该钼矿带都有过较详细的总结（李永峰等，2005；Mao et al.，2008；黄凡等，2011；李毅等，2013；范羽等，2014；Chen et al.，2017）。东秦岭 – 大别钼矿带钼矿床按成因类型主要可分为斑岩型、斑岩 – 夕卡岩型、热液脉型（石英脉型、碳酸盐脉型）、斑岩 – 角砾岩型等。其中，大型、特大型矿床主要为斑岩型、斑岩 – 夕卡岩型。矿床类型与围岩地层的时代没有必然的关系，但围岩性质不同，相应的矿床类型也不同（盛中烈等，1984）。例如，在火山岩围岩中赋存的矿床往往为细脉浸染型矿床，当围岩为大理岩、白云岩等碳酸盐岩时（如官道口群、栾川群），除岩体内带发生斑岩型矿化外，其内、外接触带往往形成夕卡岩型矿化。

钼矿带中钼的矿化类型和岩体特征受岩浆侵位深度的控制，侵位较浅时形成爆破（或隐爆）角砾岩型矿化，侵位较深时形成斑岩型矿化，夕卡岩型矿化则可深可浅（李永峰等，2005）。热液脉型钼矿床主要分布于华北板块南缘的东秦岭地区，主要是洛宁地区、小秦岭 – 熊耳山地区，如黄龙铺、大湖、龙门店、寨凹等；广义的斑岩型钼矿床（包括斑岩型、斑岩 – 夕卡岩型）广泛分布，主要是华北板块南缘的栾川地区（上房沟、南泥湖、三道庄等）、陕西华州（金堆城等）、汝阳 – 嵩县地区（雷门沟、石窑沟等），北秦岭的商丹断裂附近（板厂、秋树湾等），大别造山带的北淮阳构造带（沙坪沟、汤家坪、千鹅冲等）。

最近 30 多年来，众多的学者通过对东秦岭 – 大别钼矿带各钼矿床的研究，得到了一大批辉钼矿 Re-Os 同位素年龄数据及与成矿关系密切的岩体年龄数据（图 5.5，表 5.3），除银洞沟银金钼多金属矿床（429.30 ± 3.90Ma，李晶等，2009）古生代微弱的钼成矿作用和龙门店与寨凹古元古—中元古代的钼成矿作用（魏庆国等，2009；李厚民等，2009）外，东秦岭 – 大别钼矿带的钼成矿时代主要集中在燕山期，即三叠纪—早白垩世（250~103Ma），存在 208~158Ma 的间断，该间断时期仅有微弱的钼成矿作用（如南秦岭的月河坪钼矿床，193.60 ± 3.50Ma；李双庆等，2010）。

表 5.3　东秦岭 – 大别钼矿带钼矿床辉钼矿 Re-Os 年龄

编号	名称	位置	赋矿岩性	矿床类型	辉钼矿 Re-Os 年龄 /Ma	参考文献
1	龙门店	华北板块南缘	太华群片麻岩	石英脉型 Ag-Mo	1881.50	魏庆国等，2009
2	寨凹	华北板块南缘	黑云角闪斜长片麻岩	石英脉型 Mo	1804	李厚民等，2009
3	银洞沟	东秦岭	二郎坪地体	石英脉型 Ag-Au-Mo 多金属	429.30	李晶等，2009
4	前范岭	华北板块南缘	黑云母二长花岗岩	石英脉型 Mo	239	高阳等，2010
5	马家洼	小秦岭	混合花岗岩和大理岩	石英脉型 Au-Mo	232	王义天等，2010
6	黄龙铺	华北板块南缘	碱性花岗斑岩	碳酸盐脉型 Mo-Pb	221.50	Stein et al.，1997
7	大湖	小秦岭	蚀变花岗岩	石英脉型 Au-Mo	218	李诺等，2008
8	温泉	西秦岭	中粒粒斑状二长花岗岩	斑岩型 Mo	214.40	宋史刚等，2008
9	黄水庵	华北板块南缘	太华群片麻岩	碳酸盐脉型 Mo-Pb	209.50	黄典豪等，2009
10	月河坪	南秦岭	黑云母花岗岩	夕卡岩型 Mo	193.60	李双庆等，2010
11	八里坡	华北板块南缘	花岗斑岩	斑岩型 Mo	156.30	焦建刚等，2009
12	母山	大别山	花岗斑岩	斑岩型 Mo-Cu	155.70	李明立，2009
13	马河	北秦岭	二长花岗岩	斑岩型 Mo	148	柯昌辉等，2012
14	大王沟	华北板块南缘	花岗斑岩	斑岩 – 夕卡岩型 Mo	147.15	Mao et al.，2008
15	南台	北秦岭	花岗斑岩	斑岩 – 夕卡岩型 Mo 多金属	147.20	柯昌辉等，2012
16	秋树湾	北秦岭	秋树湾花岗斑岩	斑岩 – 夕卡岩型 Cu-Mo 多金属	147	郭保健等，2006
17	板厂	北秦岭	花岗斑岩	斑岩 – 夕卡岩型 Cu-Mo 多金属	145.60	Mao et al.，2008.
18	石家湾	华北板块南缘	钾长花岗岩	斑岩型 Mo	145.45	赵海杰等，2013
19	夜长坪	华北板块南缘	钾长花岗斑岩	斑岩 – 夕卡岩型 Mo-W	145.30	毛冰等，2011
20	三道庄	华北板块南缘	花岗（斑）岩	斑岩 – 夕卡岩型 Mo-W	145	李永峰等，2003
21	上房沟	华北板块南缘	花岗（斑）岩	斑岩 – 夕卡岩型 Mo-W	143.80	李永峰等，2003
22	肖畈	大别山	花岗斑岩	斑岩型 Mo	142	李厚民等，2008
23	南泥湖	华北板块南缘	花岗（斑）岩	斑岩 – 夕卡岩型 Mo-W	141.80	李永峰等，2003

续表

编号	名称	位置	赋矿岩性	矿床类型	辉钼矿 Re-Os 年龄 /Ma	参考文献
24	陡坡	大别山		Mo 矿点	140.50	李明立，2009
25	金堆城	华北板块南缘	花岗斑岩	斑岩型 Mo	138.40	Stein et al.，1997
26	石窑沟	华北板块南缘	石窑沟花岗斑岩	斑岩型 Mo	135.20	高亚龙等，2010
27	雷门沟	华北板块南缘	花岗斑岩	斑岩型 Mo	131.60	李永峰等，2006
28	鱼池岭	华北板块南缘	合峪岩体	斑岩型 Mo	131.20	周珂等，2009
29	泉家峪	小秦岭	文峪花岗岩	石英脉型 Mo-Au	129.10	李厚民等，2007b
30	千鹅冲	大别山	花岗斑岩	斑岩型 Mo	128.10	杨梅珍等，2010
31	沙坡岭	华北板块南缘	花山岩体	斑岩型 Mo	128.10	刘军等，2011
32	尚古寺	华北板块南缘	尚古寺花岗斑岩体	斑岩型 Mo	123.40	杨宗锋，未刊资料
33	大银尖	大别山	二长花岗岩	斑岩 – 夕卡岩型 Mo	122.40	罗正传等，2010
34	天目沟	大别山	复式花岗岩体	岩浆期后热液充填脉型 Mo	121.60	杨泽强，2007
35	竹园沟	华北板块南缘	细粒正长花岗岩	斑岩型 Mo	122.20	黄凡等，2010
36	东沟	华北板块南缘	东沟花岗斑岩	斑岩型 Mo	116.50	叶会寿等，2006
37	扫帚坡	北秦岭	老君山岩体花岗岩体	热液型 Mo 矿床	114.50	孟芳，2010
38	东沟口	北秦岭	老君山岩体花岗岩体	Mo 矿点	113.60	孟芳，2010
39	盖井	大别山	角砾状石英正长斑岩	斑岩 – 角砾岩型 Mo	112.60	李明立，2009
40	沙坪沟	大别山	花岗斑岩	斑岩型 Mo	113.21	黄凡等，2011
41	汤家坪	大别山	花岗岩	斑岩型 Mo	113.10	杨泽强，2007
42	老界岭	北秦岭	老君山岩体花岗岩体	Mo 矿点	109.80	孟芳，2010
43	南沟（马壕坡）	北秦岭	斑状花岗岩	斑岩型 Mo	107.08	杨晓勇等，2010
44	南沟（白石尖）	北秦岭	花岗岩	石英脉型 Mo	103	杨晓勇等，2010

矿床总体由西向东、由北向南，成矿年龄有变小的趋势，这与花岗质侵入体的年龄由西向东变小的分布规律一致（毛景文等，2009；Mao et al.，2008）。对东秦岭 – 大别钼矿带成岩成矿事件的详细总结和讨论为本次钼成矿作用期次详细划分奠定了基础。根据统计的钼矿床辉钼矿 Re-Os 同位素年龄（表 5.3），结合矿床（点）产出的大地构造位置及其他高精度年代学数据（LA-ICP-MS 和 SHRIMP 锆石 U-Pb 年龄，毛景文等，2009；Mao et al.，2008，2011；黄凡等，2011），本书将东秦岭 – 大别钼矿带钼矿床划分为 3 个主要成矿期，其中，燕山期钼成矿作用又分为 3 个阶段（图 5.5，表 5.3）。

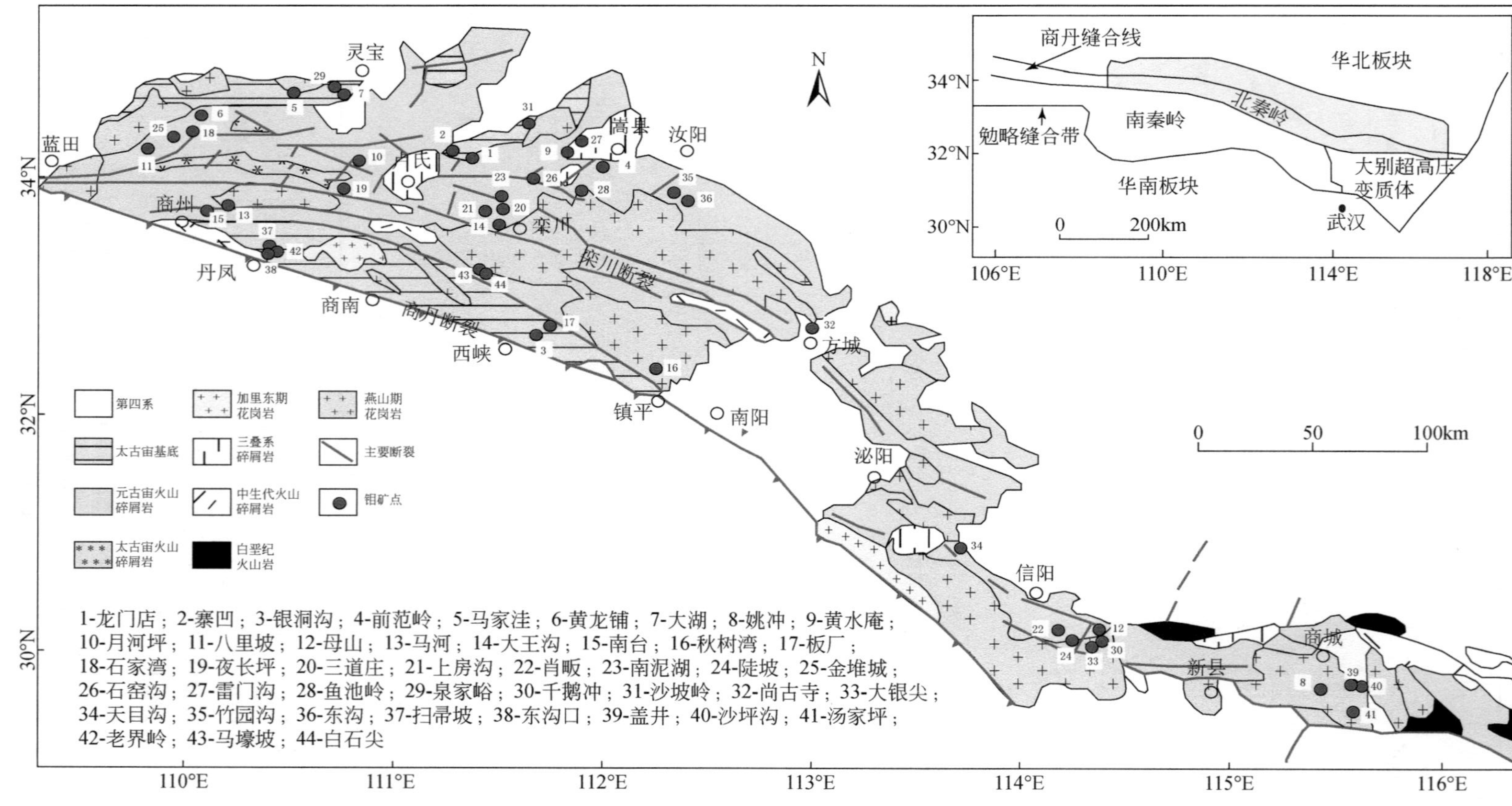

图 5.4 东秦岭－大别钼矿带主要钼矿床分布简图

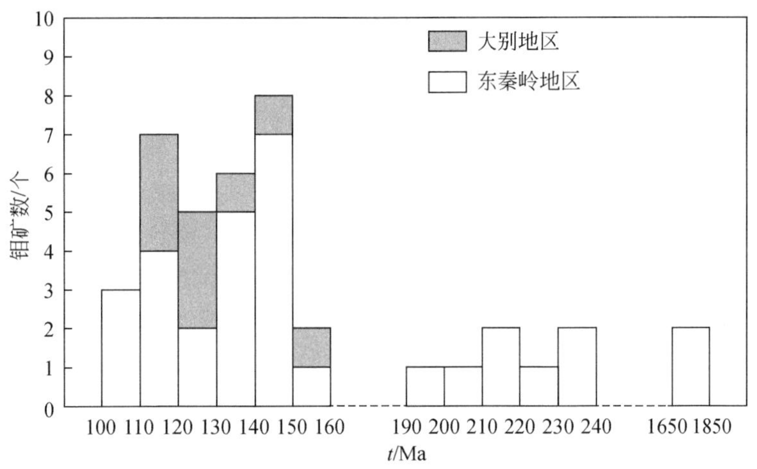

图 5.5　东秦岭 – 大别钼矿带主要钼矿床成矿年代分布直方图

1. 古元古代（1900~1800Ma）钼成矿作用

东秦岭 – 大别钼矿带古元古代钼金属成矿作用长期被地质学家忽视，直到后来的一批测年数据出来，才引起了关注（魏庆国等，2009；李厚民等，2009）。具代表性的矿床是龙门店、寨凹，位于河南洛宁地区，属于热液脉型（石英脉型）钼矿床。此阶段地壳大致沿东西向发生张裂，统一克拉通裂解为南、北两个陆块，形成宽坪洋，古元古代晚期发生碰撞造山作用，宽坪洋封闭，中秦岭地块沿栾川断裂向北俯冲，与华北古板块拼合，发生了一期构造 – 岩浆活动（王平安，1997；李诺等，2007），并进而形成了热液脉型钼矿床。

2. 三叠纪（250~205Ma）钼成矿作用

三叠纪期间，扬子板块向华北板块俯冲，发生碰撞事件，碰撞造成地层逆冲、推覆和走滑，从而使岩石圈加厚，并发生强烈变质、变形和岩浆活动，尤其是碰撞晚期伸展阶段的岩浆活动和成矿作用更为强烈。大陆深俯冲到地幔，其部分熔融形成的岩浆或脱水形成的流体交代上覆岩石圈地幔，形成富集地幔楔。钼金属成矿事件主要位于华北板块南缘的小秦岭 – 熊耳山地区，主要为热液脉型（石英脉型、碳酸岩型）钼矿，包括马家洼（231 ± 11Ma，王义天等，2010）、前范岭（239 ± 13Ma，高阳等，2010）、大湖（218 ± 41Ma，李诺等，2008）、黄水庵（209.50 ± 4.20Ma，黄典豪等，2009）和黄龙铺（221.50 ± 0.30Ma，Stein et al.，1997）等。黄龙铺、黄水庵等钼矿床出现于扬子克拉通与华北克拉通最初碰撞对接后的陆内造山期间，且主要分布在华北板块南缘，挤压与伸展交替出现，钼矿床在壳幔强烈作用的伸展期形成（李永峰等，2005）。因此，发育的主要是热液脉型钼矿床，且控矿断裂以 NW 向的张性断裂系统为主。

3. 燕山期（156~106Ma）钼成矿作用

燕山期，三叠纪陆陆碰撞结束并进入陆内或板内构造演化阶段，以 220~200Ma 的奥长环斑花岗岩出现作为碰撞后拉张的标志（卢欣祥等，1999）。约 160Ma，受特提斯构造域作用减弱和太平洋构造域构造动力作用增强影响，整个中国大陆中东部的区域构造体制发生转换（任纪舜等，1992；周涛发等，2008），进入了由印支期以近 EW 向构造为主、NNE—近 NS 向构造为辅，转变为以 NNE—近 NS 向构造为主、近 NW 向构造为辅的构造－动力体制大转换的时期，构造体制由挤压为主到伸展为主转变。动力学体制由古生代—中生代早期同陆块的拼合转变为以陆内构造为主。三个阶段，即 156~138Ma、136~121Ma 和 116~106Ma，分别对应了东秦岭－大别钼矿带构造背景变化的连续过程，EW 向主应力场向 NNE—近 SN 向主应力场构造体制大转折和岩石圈大规模减薄（拆沉），软流圈物质上涌作用（李永峰等，2005；朱赖民等，2008）。大洋板块的俯冲作用和深切至地幔的郯－庐断裂的左行走滑运动使地幔对流平衡和岩石圈状态平衡遭到破坏，幔源岩浆与地壳重熔的岩浆混合形成花岗质岩浆，产出深源浅成、高硅、富碱、富钼的中酸性侵入斑岩体（姚书振等，2002），产出以斑岩型、斑岩－夕卡岩型为主的钼矿床。

1）晚侏罗世晚期（156~138Ma）钼成矿作用

第一阶段钼成矿作用主要发生在华北板块南缘的栾川、华州地区和北秦岭的秋树湾和板厂，钼成矿规模较大，如栾川三个超大型钼矿总储量达 242 万 t，并伴生铼、钨、铜等多金属矿，故将其单独划为一个独立的钼成矿阶段。矿床类型主要包括斑岩型和斑岩－夕卡岩型，典型矿床有金堆城、南泥湖、三道庄、上房沟、秋树湾和板厂等。大别造山带也存在着较弱的斑岩钼成矿作用，典型矿床有母山、陡坡等（表 5.3）。

2）早白垩世早期（136~121Ma）钼成矿作用

第二阶段成矿作用分布较星散，在东秦岭华北板块南缘中东段和大别山地区商城－麻城断裂以西地区均有分布（图 5.4，表 5.3），成矿作用连续性较好，矿床规模一般属大型－超大型，矿床类型主要为斑岩型、斑岩－爆破角砾岩型或斑岩－夕卡岩型，代表性矿床有华北板块南缘的鱼池岭、雷门沟、祁雨沟、竹园沟、尚古寺等钼矿和大别造山带的大银尖、千鹅冲钼矿（表 5.3），总储量大于 180 万 t。本阶段的钼成矿作用被认为可能与东秦岭－大别钼矿带 136~125 Ma 阶段的花岗质岩浆活动密切相关。

3）早白垩世晚期（116~106Ma）钼成矿作用

第三阶段钼矿床是目前厘定的东秦岭－大别钼矿带中生代构造－岩浆－流体演化最晚阶段的产物，虽然矿床数量发现较少，但规模较大，以大型－超大型矿床为主，总储量大于 323.5 万 t，矿床成因类型较为单一，以斑岩型为主，主要分布在北秦岭东段老君山岩体周边钼矿床和大别造山带北淮阳构造带东段，代表性矿床为东沟、南沟（白石尖、马脖壕）、老界岭、汤家坪、沙坪沟等（表 5.3）。

5.4.2　控矿地质因素

5.4.2.1　地层

大别造山带上地幔和下地壳是富 Mo、Pb、Zn，贫 Cu 等成矿元素的地球化学块体，这是区域 Mo 成矿作用的物质基础，也是产出超大型钼矿床但没有发现大中型铜矿床（只发现有矿点或矿化点，或作为伴生元素出现）的根本原因（翟裕生，2003）。华北板块南缘和大别造山带上地幔钼含量为 1.30×10^{-6}，扬子板块北缘上地幔钼含量为 1.10×10^{-6}（翟裕生，2003），均高出全球上地幔钼含量（0.6×10^{-6}）近一倍。据河南省 1 ∶ 20 万水系沉积物测量资料，商城地区钼元素背景值为 0.7×10^{-6}，与豫西南地区钼元素背景值 0.76×10^{-6} 相比，富集系数为 0.92，呈背景分布，而古元古界桐柏－大别片麻杂岩中钼含量为 1.07×10^{-6}，富集系数为 1.53，与东秦岭太华群片麻杂岩中钼含量 2.40×10^{-6} 相比虽偏低（杨泽强，2007），但仍高于地壳平均值（0.8×10^{-6}，Rudnick and Gao，2003）。大别造山带古元古代—新太古代大别杂岩（表壳岩部分）、新元古代随县－张八岭岩群、早古生代二郎坪－梅山岩群、早古生代信阳－佛子岭岩群和上侏罗统毛坦厂组为主要含矿地质建造（杜建国，2000）。因此，大别造山带具有良好的 Mo 和 Pb-Zn 成矿基底条件，其中古老变质地层的贡献最大。

5.4.2.2 围岩

根据前文的对比研究，大别造山带中斑岩钼成矿作用对围岩性质没有很强的选择性。但一个相对封闭的环境和围岩条件，有利于成矿流体的聚集，沙坪沟钼矿床围岩均为中酸性侵入岩，且未经历变形变质，较低的渗透率是斑岩成矿系统极好的成矿浅部围岩条件，有利于含矿岩浆热液运移过程受到限制而在一定区域内发生水岩作用。同时，矿床形成过程还需要流体运移通道，围岩中的构造条件如裂隙和角砾岩等对蚀变和矿化作用有重要影响，为矿床定位的主要场所。

5.4.2.3 构造

大别造山带内构造主要为断裂构造。断裂构造主要分为 NWW 向和 NNE 向两组，其中 NWW 向断裂主要为长期活动的区域性深大断裂及其派生的次级断裂，是区内主干断裂构造，控制着造山带的展布；NNE 向断裂为中新生代活动的断裂，近垂直于造山带展布方向，横切 NWW 向断裂，并与其组成网格状构造。区内 NWW 向断裂主要有龟山－梅山断裂带、桐柏－商城断裂和晓天－磨子潭断裂，这些断裂一般在区域上延伸数百千米、宽数百米至上千米，切穿地壳甚至上地幔岩石圈，是长期活动的区域性深大断裂，控制着区内地层沉积和构造岩浆活动（李明立，2009）。区内与钼多金属矿有关的中酸性小斑岩体多沿 NWW 向断裂两侧分布，如母山分布在龟山－梅山断裂带附近，千鹅冲、大银尖分别位于桐柏－商城断裂的北侧和南侧。NNE 向断裂多与 NWW 向断裂构成网格状构造，两组断裂的交汇位置周边也是与钼矿化有关的小斑岩体的重要分布位置，如沙坪沟、汤家坪等钼矿床分别位于晓天－磨子潭断裂与商城－麻城断裂交汇处的北东侧和南东侧。区域性的断裂为岩浆定位与流体运移提供了通道，但与成矿关系最为密切的是与其相关的一系列次级断裂，这些次级断裂控制了成矿流体的运移、定位、聚集以及成矿物质的沉淀等，具有重要的控矿作用。

5.4.2.4　岩浆岩

大别造山带中生代岩浆岩分布范围较广，大岩基和中酸性小岩体均数量众多。已有的研究发现，带内钼多金属矿床矿化与中酸性小岩体关系密切，而与大岩基没有直接的关系。钼多金属矿体多赋存在小岩体内或岩体与围岩接触带附近，矿化与小岩体空间上高度依存。岩石类型和岩石化学成分对成矿具有明显的控制作用，硅高、钾高、分异指数高，如沙坪沟矿床的成矿花岗斑岩具有高硅、富碱，富氟、白云母，岩浆分异指数（DI）高达 95 以上的特征，经历长期的结晶分异作用，这些特征都有利于 Mo 在残余岩浆中富集，从而促使更多 Mo 分配进入流体。强烈岩浆分异作用对钼矿化有利。

5.4.3　找矿方向

基于沙坪沟钼矿床成因和区域成矿规律分析，对沙坪沟地区和大别造山带今后的找矿方向提出以下初步意见。

5.4.3.1　沙坪沟地区

（1）沙坪沟主矿体的边部区域：主要是主矿体的西部尚未完全控制，通过进一步工程控制矿体西部边界，可以进一步扩大矿体的规模和资源量。

（2）矿区外围：已发现有众多铅锌银多金属矿体，铅锌银多金属矿体主要呈脉状产出，并具有强烈的黄铁矿化、绢英岩化等围岩蚀变。从铅锌银多金属矿化与围岩蚀变特征分析，铅锌银多金属矿化与钼矿化应受同一成矿流体所制约，随着成矿温度降低，矿化出现分带现象，因此今后应注意在沙坪沟钼矿床的外围寻找铅锌银多金属矿床。

（3）注重加强钼、铅锌矿床中铼、铌、钽、镓、锗、铟、碲等关键金属矿床的评价与寻找。

5.4.3.2　大别造山带

（1）大别造山带应以寻找斑岩型钼矿床为主，同时兼顾寻找铅锌、银多金属、金矿床和部分关键金属矿床。

（2）重视主断裂与其次级断裂的作用，应在北西西向断裂两侧，或其与北北东向断裂交汇处周边开展找矿工作，特别重视与这两组断裂相关的一系列次级断裂周边，其具有良好的成矿构造条件。桐柏 – 磨子潭断裂带两侧的次级北西西向、北北西向、北北东向张扭性断裂多为含钼、铅锌构造，在钼矿体外侧的北北西向、北东向断裂中常具有铅锌矿化。

（3）自三叠纪以来，大别造山带各构造单元经历了不一致的隆升 – 剥蚀过程，导致各单元剥蚀程度不一，带内钼矿床通常分布于北淮阳构造带和北大别变质杂岩带北部边界周边，因此，斑岩钼矿床的寻找，应该主要在北淮阳构造带中，特别是东段的安徽金寨地区和响洪甸水库周边（如西峰寺地区），兼顾北大别变质杂岩带北部边界及周边。

（4）大别造山带燕山期钼成矿作用有三个阶段，分别为 156~138Ma、136~121Ma 和 116~106Ma，但目前已发现的斑岩钼矿床主要形成于第三阶段（116~106Ma）。因此，找矿应着重于第三阶段，特别是大别造山带东段，但第二阶段也有重要的成矿潜力。

（5）大别造山带内斑岩钼矿床的分布位置常处于大岩基出露边界，因此，在大岩基边界与断裂交汇的位置具有很好的成矿潜力。大别造山带内斑岩钼矿床多与隐伏小斑岩体密切相关，这类小侵入体具有硅高、钾高、分异指数高的特征，出现这类小侵入体时应该着重注意斑岩型钼矿化。大别造山带内 Pb-Zn 矿床周边 1~3km 的范围内，应重视斑岩钼矿床的寻找。

（6）物探异常显示，在蚀变带上极化率中－强异常，一般 η_s>10% 的地段可能找到铅锌硫化物的地质体。金属硫化物含量的多少与矿石品位密切相关，金属硫化物含量与矿体品位成正比。

结　论

本书的主要成果总结如下：

（1）系统查明了沙坪沟地区岩浆岩的时空分布规律，提出该区存在两期岩浆活动，即 136~125Ma 和 117~111Ma，分别对应大别造山带三期岩浆活动事件的后两期，形成于岩石圈伸展背景，岩浆岩源区相似，岩浆房演化时间长，第一期长英质岩浆岩结晶温度普遍比第二期岩浆岩低，两期岩浆岩的 δCe、$\lg(f_{O_2})$ 和 ΔFMQ 值近似，岩浆的氧化还原状态没有明显差异，但第二期岩浆岩的变化范围更大，揭示了长期岩浆分异演化是形成超大型钼矿床的有利条件。

（2）识别出了沙坪沟地区岩浆岩的三端元混合源区：岩石圈地幔 + 大别杂岩 + 扬子板块北缘基底，第一期岩浆岩含 40%~60% 大陆地壳组分（0~35% 大别杂岩组分），第二期含 30%~60% 大陆地壳组分（20%~45% 大别杂岩组分）。岩浆演化主要受斜长石、钾长石、黑云母 / 白云母、角闪石 / 石榴子石、铁 – 钛氧化物等分离结晶控制。

（3）精细厘定了沙坪沟钼矿床多阶段矿化蚀变的地质关系，蚀变类型主要有石英内核、钾硅酸盐化、硅化、绢英岩化、青磐岩化和泥化等，矿床中产出 15 种脉体，并确定了蚀变与脉系耦合关系，构建了矿床蚀变矿化分带图，将热液成矿过程划分成高温、中高温、中温和低温 4 个阶段。辉钼矿主要沉淀于中高温阶段，与硅化关系最为密切。

（4）依据矿物微量元素组成特征和流体包裹体研究，揭示了成矿流体经历了由早期的高温、中盐度、较高氧逸度、低碱度、低 pH、低密度，到中期的中高温 – 中温、低盐度 – 高盐度共存、低密度 – 高密度共存、低氧逸度、富 CO_2，向晚期的低温、低盐度、贫 CO_2、较高氧逸度、较高碱度、较高 pH、较高密度的演化过程。

（5）通过蚀变矿物地球化学、流体包裹体、H-O-S-Pb 同位素研究，阐明了沙坪沟钼矿床的成矿流体的来源和演化过程：从岩浆中分离出的高温中高压富 CO_2 中低盐度偏氧化的单一相流体，在早阶段，超压导致沸腾作用产生高盐度和低盐度两种流体并存，中高温阶段为中压富 CO_2 偏还原多相流体，中温阶段为中压含 CO_2 偏氧化多相流体，随着大气水少量加入，低温阶段为低温低压贫 CO_2 低盐度偏氧化的单一相流体。

（6）发现了 Mo 在流体中以含氯络合物形式迁移的地质和地球化学证据。通过分析蚀变矿物白云母的地球化学特征发现，在主成矿期前，白云母中 F/Cl 值较高，主成矿期的白云母中 F/Cl 值具有急剧降低的趋势，而主成矿期后的白云母中 F/Cl 值较低，且主成矿期流体包裹体液相成分中 Cl^- 含量很高。沙坪沟钼矿床成矿热液中 Cl 对 Mo 的运移起到了重要的作用；温度、氧逸度下降和流体沸腾产生的相分离是沙坪沟钼矿床 Mo 沉淀的重要机制。

（7）本次研究揭示，如果斑岩钼矿床辉钼矿中 Pb 和 Zn 含量很高，则钼矿床周边产出铅锌矿床的可能性较高，沙坪沟钼矿床和周边的铅锌矿床是同一巨型热液系统演化的产物。矿床定位后的浅部剥蚀量范围为 1.77~2.10km，顶部青磐岩化带、部分泥化带及部分铅锌矿体遭受剥蚀，而斑岩钼矿主体受剥蚀影响不大，基本保留。

（8）构筑了沙坪沟超大型钼矿床陆内三元超富集成矿模式，认为沙坪沟钼矿床形成于板内伸展背景，是伊佐奈岐板块和太平洋板块俯冲转向及后撤的远程效应引起的加厚古老下地壳拆沉，软流圈地幔上涌，三端元组分源区部分熔融形成的岩浆，经过充分演化和大通量流体出溶的产物。钼主要源自古老地壳 + 大别杂岩。沙坪沟钼矿床地质特征和成因类似于美国 Climax 型钼矿床。

（9）包括沙坪沟钼矿床在内的东秦岭 – 大别钼矿带钼矿床可划分为 3 个主要成矿期，古元古代（1900~1800Ma）钼成矿作用、三叠纪（250~205Ma）钼成矿作用、燕山期（156~106Ma）钼成矿作用；燕山期钼成矿作用可以分为 3 个阶段，晚侏罗世晚期—早白垩世早期（156~138Ma）钼成矿作用、早白垩世中期（136~121Ma）钼成矿作用、早白垩世晚期（116~106Ma）钼成矿作用。

（10）通过对比研究提取了沙坪沟钼矿床成矿系统特色，提出了大别造山带找矿方向。沙坪沟钼成矿系统为陆内三元超富集巨型斑岩成矿系统，其主要特色包括：单矿体，巨系统；先天富，久孕育；多来源，长演化；高氧化，超富集。大别造山带仍具有很好的成矿潜力，基于该区成矿系统理论鲜明的特色，应以寻找斑岩型钼矿床为主，同时兼顾寻找铅锌银多金属矿床和金矿床。

（11）次生晕法化探异常在区内分布面积较大，主要分布在矿区中部和西南部，西南部异常未封闭。化探异常分布在激电异常范围内，于银山沟北西向断裂两侧，受构造控制。化探异常各元素有水平分带现象，中心为钼、铌异常，西南及西北部为铅锌银铜异常，东北部为钇、钡异常，西部及北部为锰异常。通过进一步工程控制沙坪沟主矿体的边部区域，可以进一步扩大矿体的规模和资源量，矿区外围应注意寻找铅锌银多金属矿床。

（12）大别造山带应以寻找斑岩型钼矿床为主，同时兼顾寻找铅锌银多金属和金矿床。重视主断裂与其次级断裂的作用，次级北西西向、北北西向、北北东向张扭性断裂多为含钼、铅锌构造，在钼矿体外侧的北北西向、北东向断裂中常具有铅锌矿化。物探异常显示，在蚀变带上极化率中 – 强异常，一般 η_s>10% 的地段可能找到铅锌硫化物的地质体。

参考文献

安徽省地质矿产勘查局 313 地质队，2011. 安徽省金寨县沙坪沟钼矿详查地质报告. 内部资料.

陈刚，赵重远，李丕龙，等，2003. 北淮阳构造带前中生代地层单元及其相关问题. 西北大学学报（自然科学版），(5)：595-598.

陈红瑾，陈衍景，张静，等，2013. 安徽省金寨县沙坪沟钼矿含矿岩体锆石 U-Pb 年龄和 Hf 同位素特征及其地质意义. 岩石学报，29(1)：131-145.

陈伟，徐兆文，李红超，等，2012. 河南新县宝安寨钼矿床流体包裹体研究. 南京大学学报（自然科学版），48(6)：709-718.

董树文，孙先如，张勇，等，1993. 大别山碰撞造山带基本结构. 科学通报，38(6)：542-545.

杜建国，2000. 大别造山带中生代岩浆作用与成矿地球化学研究. 合肥：合肥工业大学.

范海洋，李铁刚，武文恒，等，2018. 内蒙古兴和县曹四夭超大型斑岩钼铅锌金成矿系统年代学及其地质意义. 矿床地质，37(2)：355-370.

范丽逢，2014. 安徽沙坪沟钼矿床形成的地球化学机理. 北京：中国地质大学（北京）.

范玮，徐学金，吴昌雄，等，2020. 湖北省大悟县白云金矿床地质特征及成矿模式. 资源环境与工程，34(1)：13-17.

范羽，周涛发，张达玉，等，2014. 中国钼矿床的时空分布及成矿背景分析. 地质学报，88(4)：784-804.

范羽，周涛发，张达玉，等，2016. 皖南地区青阳 – 九华山复式岩体的成因. 岩石学报，32(2)：419-438.

高亚龙，张江明，叶会寿，等，2010. 东秦岭石窑沟斑岩钼矿床地质特征及辉钼矿 Re-Os 年龄. 岩石学报，26(3)：729-739.

高阳，2014. 大别山千鹅冲和汤家坪斑岩钼矿地质地球化学及成因研究. 北京：中国地质科学院.

高阳，李永峰，郭保健，等，2010. 豫西嵩县前范岭石英脉型钼矿床地质特征及辉钼矿 Re-Os 同位素年龄. 岩石学报，26(3)：757-767.

高阳，叶会寿，李永峰，等，2014. 大别山千鹅冲钼矿区花岗岩的 SHRIMP 锆石 U-Pb 年龄、Hf 同位素组成及微量元素特征. 岩石学报，30(1)：49-63.

郭保健，毛景文，李厚民，等，2006. 秦岭造山带秋树湾铜钼矿床辉钼矿 Re-Os 定年及其地质意义. 岩石学报，22(9)：2341-2348.

郭波，2009. 东秦岭金堆城斑岩钼矿床地质地球化学特征与成矿动力学背景. 西安：西北大学.

郭福生，辜骏如，梁鼎新，等，1998. 北淮阳盆岭带的构造演化与铀成矿. 地质找矿论丛，(4)：49-55.

何俊，徐晓春，谢巧勤，等，2016. 安徽金寨沙坪沟斑岩钼矿区成岩成矿过程中的减压机制：来自假 β 相石英的证据. 中国科学：地球科学，46(4)：544-554.

何韬，2016. 东秦岭 – 大别钼矿带几个钼矿成矿岩体的地球化学研究. 合肥：中国科学技术大学.

黄典豪，侯增谦，杨志明，等，2009. 东秦岭钼矿带内碳酸岩脉型钼（铅）矿床地质地球化学特征、成矿机制及成矿构造背景. 地质学报，83(12)：1968-1984.

黄凡，罗照华，卢欣祥，等，2010. 河南汝阳地区竹园沟钼矿地质特征、成矿时代及地质意义. 地质通报，29(11)：1704-1711.

黄凡，王登红，陆三明，等，2011. 安徽省金寨县沙坪沟钼矿辉钼矿 Re-Os 年龄——兼论东秦岭 – 大别山中生代钼成矿作用期次划分 . 矿床地质，30(6)：1039-1057.

黄凡，王登红，陈毓川，等，2013. 中国东部中生代典型钼矿研究 . 北京：地质出版社 .

黄凡，王登红，陈毓川，等，2014. 中国内生钼矿床辉钼矿的微量元素特征研究 . 矿床地质，33(6)：1193-1212.

黄皓，薛怀民，2012. 北淮阳早白垩世金刚台组火山岩 LA-ICP-MS 锆石 U-Pb 年龄及其地质意义 . 岩石矿物学杂志，31(3)：371-381.

焦建刚，袁海潮，何克，等，2009. 陕西华县八里坡钼矿床锆石 U-Pb 和辉钼矿 Re-Os 年龄及其地质意义 . 地质学报，83(8)：1159-1166.

柯昌辉，王晓霞，杨阳，等，2012. 北秦岭南台钼多金属矿床成岩成矿年龄及锆石 Hf 同位素组成 . 中国地质，39(6)：1562-1583.

李光明，李金祥，秦克章，等，2007. 西藏班公湖带多不杂超大型富金斑岩铜矿的高温高盐高氧化成矿流体：流体包裹体证据 . 岩石学报，23(5)：935-952.

李红超，徐兆文，陆现彩，等，2010. 河南新县大银尖钼矿床流体包裹体研究 . 高校地质学报，16(2)：236-246.

李鸿莉，毕献武，胡瑞忠，等，2007a. 芙蓉锡矿田骑田岭花岗岩黑云母矿物化学组成及其对锡成矿的指示意义 . 岩石学报，10: 2605-2614.

李鸿莉，毕献武，涂光炽，等，2007b. 岩背花岗岩黑云母矿物化学研究及其对成矿意义的指示 . 矿物岩石，3: 49-54.

李厚民，王登红，张冠，等，2007a. 河南白石坡银矿区花岗斑岩中锆石的 SHRIMP U-Pb 年龄及其地质意义 . 地质学报，(6)：808-813.

李厚民，叶会寿，毛景文，等，2007b. 小秦岭金（钼）矿床辉钼矿铼 – 锇定年及其地质意义 . 矿床地质，26(4)：417-424.

李厚民，陈毓川，叶会寿，等，2008. 东秦岭—大别地区中生代与岩浆活动有关钼（钨）金银铅锌矿床成矿系列 . 地质学报，82(11)：1468-1477.

李厚民，叶会寿，王登红，等，2009. 豫西熊耳山寨凹钼矿床辉钼矿铼 – 锇年龄及其地质意义 . 矿床地质，28(2)：133-142.

李晶，仇建军，孙亚莉，2009. 河南银洞沟银金钼矿床铼 – 锇同位素定年和加里东期造山 – 成矿事件 . 岩石学报，25(11)：2763-2768.

李明立，2009. 河南省大别山地区中生代中酸性小岩体特征及钼多金属成矿系统 . 北京：中国地质大学(北京).

李诺，陈衍景，张辉，等，2007. 东秦岭斑岩钼矿带的地质特征和成矿构造背景 . 地学前缘，14(5)：186-198.

李诺，孙亚莉，李晶，等，2008. 小秦岭大湖金钼矿床辉钼矿铼锇同位素年龄及印支期成矿事件 . 岩石学报，24(4)：810-816.

李双庆，杨晓勇，屈文俊，等，2010. 南秦岭宁陕地区月河坪夕卡岩型钼矿 Re-Os 年龄和矿床学特征 . 岩石学报，26(5)：1479-1486.

李文达，毛建仁，朱云鹤，等，1998. 中国东南部中生代火成岩与矿床 . 北京：地震出版社 .

李毅，李诺，杨永飞，等，2013. 大别山北麓钼矿床地质特征和地球动力学背景 . 岩石学报，29(1)：95-106.

李永峰，毛景文，白凤军，等，2003. 东秦岭南泥湖钼（钨）矿田 Re-Os 同位素年龄及其地质意义 . 地质论评，49(6)：652-659.

李永峰，毛景文，胡华斌，等，2005. 东秦岭钼矿类型、特征、成矿时代及其地球动力学背景 . 矿床地质，24(3)：292-304.

李永峰，毛景文，刘敦一，等，2006. 豫西雷门沟斑岩钼矿 SHRIMP 锆石 U-Pb 和辉钼矿 Re-Os 测年及其地质意义 . 地质论评，52(1)：122-131.

李真真，2014. 大兴安岭北段岔路口巨型斑岩钼矿高氟高氧化岩浆 – 流体演化与成矿作用 . 北京：中国科学院大学 .

刘斌 , 2001. 中高盐度 NaCl-H_2O 包裹体的密度式和等容式及其应用 . 地质论评 , (6): 617-622.

刘斌，2011. 简单体系水溶液包裹体 pH 和 Eh 的计算 . 岩石学报，27(5)：1533-1542.

刘斌 , 段光贤 , 1987. NaCl-H_2O 溶液包裹体的密度式和等容式及其应用 . 矿物学 , (4): 345-352.

刘斌，沈昆，1999. 流体包裹体热力学 . 北京：地质出版社 .

刘珏，2015. 黑龙江省铁力鹿鸣钼矿床地质 – 地球化学特征及其成因 . 长春：吉林大学 .

刘军，武广，贾守民，等，2011. 豫西沙坡岭钼矿床辉钼矿 Re-Os 同位素年龄及其地质意义 . 矿物岩石，31(1)：56-62.

刘啟能，2013. 安徽金寨沙坪沟斑岩钼矿床及其与岩浆岩的关系 . 合肥：合肥工业大学 .

刘晓强，闫峻，王爱国，2017. 北淮阳沙坪沟钼矿床成矿斑岩体特征与成因 . 矿床地质，36(4)：837-865.

刘翼飞，江思宏，方东会，等，2008. 河南桐柏老湾花岗岩体锆石 SHRIMP U-Pb 年龄及其地质意义 . 岩石矿物学杂志，(6)：519-523.

卢焕章，范宏瑞，倪培，等，2004. 流体包裹体 . 北京：科学出版社 .

卢欣祥，尉向东，肖庆辉，等，1999. 秦岭环斑花岗岩的年代学研究及其意义 . 高校地质学报，5(4)：372-377.

卢欣祥，于在平，冯有利，等，2002. 东秦岭深源浅成型花岗岩的成矿作用及地质构造背景 . 矿床地质，21(2)：168-178.

陆三明 , 2003. 北淮阳构造带东段银山铅锌矿床形成的构造背景 . 合肥 : 合肥工业大学 .

陆三明，阮林森，赵丽丽，等，2016. 安徽金寨县沙坪沟钼铅锌矿田两期成岩成矿作用 . 地质学报，90(6)：1167-1181.

陆三明，李建设，阮林森，等，2019. 安徽省金寨县沙坪沟钼矿床稳定同位素地球化学特征 . 现代地质，33(2)：262-270.

罗正传，李永峰，王义天，等，2010. 大别山北麓河南新县地区大银尖钼矿床辉钼矿 Re-Os 同位素年龄及其意义 . 地质通报，29(9)：1349-1354.

马昌前，杨坤光，明厚利，等，2003. 大别山中生代地壳从挤压转向伸展的时间：花岗岩的证据 . 中国科学 D 辑：地球科学，33(9)：817-827.

毛冰，叶会寿，李超，等，2011. 豫西夜长坪钼矿床辉钼矿铼 – 锇同位素年龄及地质意义 . 矿床地质，

30(6)：1069-1074.

毛景文，叶会寿，王瑞廷，等，2009. 东秦岭中生代钼铅锌银多金属矿床模型及其找矿评价 . 地质通报，28(1)：72-79.

孟芳，2010. 豫西老君山花岗岩体特征及其成矿作用 . 北京：中国地质大学 (北京).

孟芳，2013. 大别山北麓灵山岩体的成岩成矿作用研究 . 北京：中国地质大学 (北京).

孟祥金，徐文艺，吕庆田，等，2012. 安徽沙坪沟斑岩钼矿锆石 U-Pb 和辉钼矿 Re-Os 年龄 . 地质学报，86(3)：486-494.

彭三国，胡俊良，刘劲松，等，2017. 湖北随州黑龙潭金矿石英 Rb-Sr 同位素年龄及其地质意义 . 地质通报，36(5)：867-874.

彭智，陆三明，徐晓春，2005. 北淮阳构造带东段金 – 多金属矿床区域成矿规律 . 合肥工业大学学报（自然科学版），（4）：364-368.

钱存超，2001. 关于南、北大别的认识 . 地质通报，20 (3)：245-251.

秦克章，李光明，赵俊兴，等，2008. 西藏首例独立钼矿——冈底斯沙让大型斑岩钼矿的发现及其意义 . 中国地质，35(6)：1101-1112.

任纪舜，陈廷愚，牛宝贵，1992. 中国东部及邻区大陆岩石圈的构造演化与成矿 . 北京：科学出版社 .

任志，2018. 大别造山带沙坪沟超大型斑岩钼矿床成矿系统研究 . 合肥：合肥工业大学 .

任志，周涛发，袁峰，等，2014. 安徽沙坪沟钼矿区中酸性侵入岩期次研究——年代学及岩石化学约束 . 岩石学报，30(4)：1097-1116.

任志，周涛发，张达玉，等，2015. 大别山地区沙坪沟斑岩型钼矿床蚀变及矿化特征研究 . 岩石学报，31(9)：2707-2723.

任志，周涛发，袁峰，等，2020. 安徽大别山地区沙坪沟超大型斑岩钼矿床成矿系统特征 . 地学前缘，27(2)：353-372.

盛中烈，温明星，隋慎范，1984. 东秦岭钼多金属成矿带内地层在成矿过程中的作用 . 河南地质，（1）：23-28.

宋史刚，丁振举，姚书振，等，2008. 甘肃武山温泉辉钼矿 Re-Os 同位素定年及其成矿意义 . 西北地质，41(1)：67-73.

孙庆龙，2014. 黑龙江鹿鸣钼矿床的地质地球化学特征及成矿模式研究 . 长春：吉林大学 .

汤加富，侯明金，李怀坤，等，2003. 扬子地块东北缘多期叠加变形及形成演化 . 大地构造与成矿学，(4)：313-326.

唐菊兴，陈毓川，王登红，等，2009. 西藏工布江达县沙让斑岩钼矿床辉钼矿铼 – 锇同位素年龄及其地质意义 . 地质学报，83(5)：698-704.

王波华，郛宗玲，张怀东，等，2007. 安徽省金寨银沙地区中生代岩浆岩地质地球化学特征及其找矿意义 . 安徽地质，(4): 244-248.

王国瑞，武广，吴昊，等，2014. 内蒙古兴和县曹四夭超大型斑岩钼矿床流体包裹体和氢 – 氧同位素研究 . 矿床地质，33(6)：1213-1232.

王平安，1997. 秦岭造山带区域矿床成矿系列、构造 – 成矿旋回与演化 . 北京：中国地质科学院 .

王萍，2013. 安徽金寨沙坪沟钼矿区岩浆岩特征及成因 . 合肥：合肥工业大学 .

王清晨，从柏林，1998. 大别山超高压变质带的大地构造框架 . 岩石学报，11(4)：76-87.

王清晨，林伟，2002. 大别山碰撞造山带的地球动力学 . 地学前缘，(4)：257-265.

王晓霞，卢欣祥，2003. 北秦岭沙河湾环斑结构花岗岩的矿物学特征及其岩石学意义 . 矿物学报，23(1)：57-62.

王义天，叶会寿，叶安旺，等，2010. 小秦岭北缘马家洼石英脉型金钼矿床的辉钼矿 Re-Os 年龄及其意义 . 地学前缘，17(2)：140-145.

王莹，谢玉玲，钟日晨，等，2019. 大别造山带沙坪沟斑岩型钼 – 热液脉型铅锌矿成矿系统：流体包裹体及稳定同位素约束 . 中国有色金属学报，29(3)：628-648.

王运，陈衍景，马宏卫，等，2009. 河南省商城县汤家坪钼矿床地质和流体包裹体研究 . 岩石学报，25(2)：468-480.

魏庆国，姚军明，赵太平，等，2009. 东秦岭发现 ~1. 9Ga 钼矿床——河南龙门店钼矿床 Re-Os 定年 . 岩石学报，25(11)：2747-2751.

魏庆国，高昕宇，赵太平，等，2010. 大别北麓汤家坪花岗斑岩锆石 LA-ICPMS U-Pb 定年和岩石地球化学特征及其对岩石成因的制约 . 岩石学报，26(5)：1550-1562.

吴福元，李献华，郑永飞，等，2007. Lu-Hf 同位素体系及其岩石学应用 . 岩石学报，23 (2)：185-220.

吴皓然，谢玉玲，王爱国，等，2018. 安徽汞洞冲角砾岩型铅锌矿床成矿作用过程：来自矿床地质、流体包裹体和 C、H、O、S 同位素的证据 . 中国有色金属学报，28(7)：1418-1441.

吴堑虹，2003. 大别造山带后造山隆升过程研究 . 广州：中国科学院研究生院（广州地球化学研究所）.

谢智，陈江峰，周泰禧，等，1996. 大别造山带变质岩和花岗岩的钕同位素组成及其地质意义 . 岩石学报，12(3)：401-408.

谢智，郑永飞，闫峻，等，2004. 大别山沙村中生代 A 型花岗岩和基性岩的源区演化关系 . 岩石学报，(5)：186-195.

徐树桐，江来利，刘贻灿，等，1992. 大别山区（安徽部分）的构造格局和演化过程 . 地质学报，66(1)：1-14，97.

徐树桐，刘贻灿，江来利，1994. 大别山的构造格局和演化 . 北京：科学出版社 .

徐晓春，楼金伟，陆三明，等，2009. 安徽金寨银山钼 – 铅 – 锌多金属矿床 Re-Os 和有关岩浆岩 ^{40}Ar-^{39}Ar 年龄测定 . 矿床地质，28(5)：621-632.

徐兆文，杨荣勇，刘红樱，等，1998. 陕西金堆城斑岩钼矿床成矿流体研究 . 高校地质学报，(4)：64-72.

徐兆文，刘苏明，陈伟，等，2013. 河南省新县大银尖钼矿床同位素地球化学研究 . 地质论评，59(5)：983-992.

许长海，周祖翼，马昌前，等，2001. 大别造山带 140 ~ 85Ma 热窿伸展作用——年代学约束 . 中国科学 D 辑：地球科学，31（11）：925-937.

续海金，叶凯，马昌前，2008. 北大别早白垩纪花岗岩类的 Sm-Nd 和锆石 Hf 同位素及其构造意义 . 岩石学报，24(1)：87-103.

阳珊，姜章平，张青，等，2013. 安徽省沙坪沟钼矿床蚀变及其分带特征 . 安徽地质，23(2)：98-103.

杨梅珍，曾键年，覃永军，等，2010. 大别山北缘千鹅冲斑岩型钼矿床锆石 U-Pb 和辉钼矿 Re-Os 年代学及其地质意义 . 地质科技情报，29(5)：35-45.

杨梅珍，曾键年，李法岭，等，2011a. 河南新县大银尖钼矿床成岩成矿作用地球化学及地质意义 . 地球学报，32(3)：279-292.

杨梅珍，曾键年，任爱群，等，2011b. 河南罗山县母山钼矿床成矿作用特征及锆石 LA-ICP-MS U-Pb 同位素年代学 . 矿床地质，30(3)：435-447.

杨梅珍，陆建培，付静静，等，2014. 桐柏山老湾金矿带与燕山期岩浆作用有关的岩浆热液金多金属矿床成矿作用——来自地球化学、年代学证据及控矿构造地质约束 . 矿床地质，33(3)：651-666.

杨晓勇，卢欣祥，杜小伟，等，2010. 河南南沟钼矿矿床地球化学研究兼论东秦岭钼矿床成岩成矿动力学 . 地质学报，84(7)：1049-1079.

杨欣，李双应，2011. 定量恢复大别造山带侏罗—白垩纪的隆升和剥蚀 . 地质科学，46(2)：308-321.

杨泽强，2007. 河南省商城县汤家坪钼矿成矿模式研究 . 北京：中国地质大学 (北京).

杨泽强，唐相伟，2015. 北大别山肖畈岩体地球化学特征和锆石 LA-ICP-MS U-Pb 同位素定年 . 地质学报，89(4)：692-700.

姚书振，丁振举，周宗桂，等，2002. 秦岭造山带金属成矿系统 . 地球科学，（5）：599-604.

叶会寿，毛景文，李永峰，等，2006. 东秦岭东沟超大型斑岩钼矿 SHRIMP 锆石 U-Pb 和辉钼矿 Re-Os 年龄及其地质意义 . 地质学报，80(7)：1078-1088.

于文，2012. 沙坪沟超大型斑岩钼矿的矿床成因和构造背景 . 南京：南京大学 .

翟裕生，2003. 区域构造、地球化学与成矿 . 地质调查与研究，(1)：1-7.

张超，马昌前，2008. 大别山晚中生代巨量岩浆活动的启动：花岗岩锆石 U-Pb 年龄和 Hf 同位素制约 . 矿物岩石，28(4)：71-79.

张德会，徐九华，余心起，等，2011. 成岩成矿深度：主要影响因素与压力估算方法 . 地质通报，30(1)：112-125.

张冠，李厚民，王成辉，等，2008. 河南桐柏老湾金矿白云母氩 – 氩年龄及其地质意义 . 地球学报，29(1): 45-50.

张国伟，董云鹏，赖绍聪，等，2003. 秦岭 – 大别造山带南缘勉略构造带与勉略缝合带 . 中国科学 D 辑：地球科学，33（12）：1121-1135.

张红，孙卫东，杨晓勇，等，2011. 大别造山带沙坪沟特大型斑岩钼矿床年代学及成矿机理研究 . 地质学报，（12）：2039-2059.

张宏飞，高山，张本仁，等，2001. 大别山地壳结构的 Pb 同位素地球化学示踪 . 地球化学，(4)：395-401.

张怀东，王波华，郝越进，等，2012. 安徽沙坪沟斑岩型钼矿床地质特征及综合找矿信息 . 矿床地质，31(1)：41-51.

赵海杰，叶会寿，李超，2013. 陕西洛南县石家湾钼矿 Re-Os 同位素年龄及地质意义 . 岩石矿物学杂志，32(1)：90-98.

赵新福，李建威，马昌前，等，2007. 北淮阳古碑花岗闪长岩侵位时代及地球化学特征：对大别山中生代构造体制转换的启示 . 岩石学报，(6)：1392-1402.

赵越，杨振宇，马醒华，1994. 东亚大地构造发展的重要转折 . 地质科学，(2)：105-119.

赵子福，郑永飞，魏春生，等，2004. 大别山中生代中酸性岩浆岩锆石 U-Pb 定年、元素和氧同位素地球化学研究 . 岩石学报，(5)：162-185.

郑祥身，金成伟，翟明国，等，2000. 北大别灰色片麻岩原岩性质的探讨：Sm-Nd 同位素年龄及同位素成分特点 . 岩石学报，16 (2)：194-198.

周滨，汪方跃，孙勇，等，2008. 秦岭沙河湾造山带型环斑花岗岩地球化学及构造属性讨论 . 岩石学报，24(6)：1261-1272.

周红升，马昌前，张超，等，2008. 华北克拉通南缘泌阳春水燕山期铝质 A 型花岗岩类：年代学、地球化学及其启示 . 岩石学报，24(1)：49-64.

周珂，2008. 豫西鱼池岭斑岩型钼矿床的地质地球化学特征与成因研究 . 北京：中国地质大学 (北京).

周珂，叶会寿，毛景文，等，2009. 豫西鱼池岭斑岩型钼矿床地质特征及其辉钼矿铼 – 锇同位素年龄 . 矿床地质，28(2)：170-184.

周涛发，范裕，袁峰，2008. 长江中下游成矿带成岩成矿作用研究进展 . 岩石学报，24(8)：1665-1678.

周涛发，范裕，袁峰，等，2011. 长江中下游成矿带火山岩盆地的成岩成矿作用 . 地质学报，85(5)：712-730.

朱炳泉，等，1998. 地球科学中同位素体系理论与应用——兼论中国大陆壳幔演化 . 北京：科学出版社 .

朱光，宋传中，王道轩，等，2001. 郯庐断裂带走滑时代的 $^{40}Ar/^{39}Ar$ 年代学研究及其构造意义 . 中国科学 D 辑：地球科学，（3）：250-256.

朱赖民，张国伟，李犇，等，2008. 秦岭造山带重大地质事件、矿床类型和成矿大陆动力学背景 . 矿物岩石地球化学通报，27(4)：384-390.

邹院兵，刘兴平，范玮，等，2018. 湖北省罗田县陈林沟金矿床地质特征及矿床成因 . 地质找矿论丛，33(4)：527-533.

Allan M M，Yardley B W，2007. Tracking meteoric infiltration into a magmatic-hydrothermal system：a cathodoluminescence，oxygen isotope and trace element study of quartz from Mt. Leyshon，Australia. Chemical Geology，240(3-4)：343-360.

Ames L，Tilon G R，Zhou G，1993. Timing of collision of the Sino-Korean and Yangtze Cratons：U-Pb zircon dating of coesite-bearing eclogites. Geology，21：339-342.

Andersen T B，Jamtveit B，Dewey J F，et al.，1991. Subduction and eduction of continental crust: major mechanism during continent-continent collision and orogenic extensional collapse，a model based on the south Norwegian Caledonides. Terra Nova，3（3）：303-310.

Annen C，2009. From plutons to magma chambers: thermal constraints on the accumulation of eruptible silicic magma in the upper crust. Earth and Planetary Science Letters，284(3/4)：409-416.

Arancibia O N，Clark A H，1996. Early magnetite- amphibole- plagioclase alteration mineralization in the Island copper porphyry copper-gold-molybdenum deposit，British Columbia. Economic Geology，91(2)：402-438.

Arribas A，1995. Characteristics of high-sulfidation epithermal deposits，and their relation to magmatic fluid. Mineralogical Association of Canada Short Course Series，23：419-454.

Audétat A，2010. Source and evolution of molybdenum in the porphyry Mo(-Nb) deposit at Cave Peak，Texas. Journal of Petrology，51(8)：1739-1760.

Audétat A，Pettke T，Heinrich C A，et al.，2008. The composition of magmatic-hydrothermal fluids in barren and mineralized intrusions. Economic Geology, 103(5): 877-908.

Ayres D, 1973. Distribution and occurrence of some naturally occurring polytypes of molybdenite in Australia and Papua New Guinea. Journal of the Geological Society of Australia, 21(3): 273-278.

Ballard J R, Palin J M, Williams I S, et al., 2001. Two ages of porphyry intrusion resolved for the super-giant Chuquicamata copper deposit of northern Chile by ELA-ICP-MS and SHRIMP. Geology, 29(5): 383-386.

Barton M D, Ilchik R P, Marikos M A, 1991. Metasomatism. Reviews in Mineralogy, 26: 321-350.

Belousova E A, Griffin W L, Oreilly S Y, et al., 2002. Igneous zircon: trace element composition as an indicator of source rock type. Contribution to Mineralogy and Petrology, 143 (5): 602-622.

Berzina A N, Sotnikov V I, Economou-Eliopoulos M, et al., 2005. Distribution of rhenium in molybdenite from porphyry Cu-Mo and Mo-Cu deposits of Russia (Siberia) and Mongolia. Ore Geology Reviews, 26 (1-2): 91-113.

Bischoff J L, 1991. Densities of liquids and vapors in boiling NaCl-H_2O solutions: a PVTX summary from 300 to 500℃. American Journal of Science, 291 (4): 309-338.

Bodnar R J, 1993. Revised equation and table for determining the freezing point depression of H_2O-NaCl solutions. Geochimica et Cosmochimica Acta, 57 (3): 683-684.

Bodnar R, Vityk M O, 1994. Interpretation of microthermometric data for H_2O-NaCl fluid inclusions //Vivo B D, Frezzotti M L. Fluid Inclusions in Minerals: Methods and Applications. Blacksburg: Virginia Tech: 117-130.

Cameron E M, 1989. Scouring of gold from the lower crust. Geology, 17 (1): 26-29.

Candela P, 1989. Felsic magmas, volatiles, and metallogenesis. Reviews in Economic Geology, 4: 223-233.

Candela P, 1997. A review of shallow, ore-related granites: textures, volatiles, and ore metals. Journal of Petrology, 38: 1619-1633.

Carroll M R, Webster J D, 1994. Solubilities of sulfur, noble gases, nitrogen, chlorine, and fluorine in magmas//Carroll M R, Holloway J R. Volatiles in Magmas. Reviews in Mineralogy and Geochemistry, Mineralogical Society of America and Geochemical Society, 30: 251-279.

Carten R B, Geraghty E P, Walker B M, et al., 1988. Cyclic development of igneous features and their relationship to high-temperature hydrothermal features in the Henderson porphyry molybdenum deposit, Colorado. Economic Geology, 83(2): 266-296.

Carten R B, White W H, Stein H J, 1993. High-grade granite-related molybdenum systems: classification and origin. Geological Association of Canada Special Paper, 40: 521-554.

Cathles L M, Erendi A H J, Barrie T, 1997. How long can a hydrothermal system be sustained by a single intrusive event? Economic Geology, 92(7-8): 766-771.

Čech F, Rieder M, Vrána S, 1973. Drysdallite, $MoSe_2$, a new mineral. Neues Jahrbuch Für Mineralogie Monatshefte: 433-442.

Chen W, Xu Z W, Qiu W H, et al., 2015. Petrogenesis of the Yaochong granite and Mo deposit, Western Dabie orogen, eastern-central China: Constraints from zircon U-Pb and molybdenite Re-Os ages, whole-rock geochemistry and Sr-Nd-Pb-Hf isotopes. Journal of Asian Earth Sciences, 103: 198-211.

Chen Y, Ye K, Liu J B, et al., 2006. Multistage metamorphism of the Huangtuling granulite, Northern Dabie Orogen, eastern China: implications for the tectonometamorphic evolution of subducted lower continental crust. Journal of Metamorphic Geology, 24: 633-654.

Chen Y J, Li C, Zhang J, et al., 2000. Sr and O isotopic characteristics of porphyries in the Qinling molybdenum deposit belt and their implication to genetic mechanism and type. Science in China (Series D: Earth Sciences), 43: 82-94.

Chen Y J, Wang P, Li N, et al., 2017. The collision-type porphyry Mo deposits in Dabie Shan, China. Ore Geology Reviews, 81: 405-430.

Ciobanu C L, Cook N J, Kelson C R, et al., 2013. Trace element heterogeneity in molybdenite fingerprints stages of mineralization. Chemical Geology, 347: 175-189.

Cline J S, Bodnar R J, 1991. Can economic porphyry copper mineralization be generated by a typical calc-alkaline melt. Journal of Geophysical Research: Solid Earth, 96(B5): 8113-8126.

Collins P L F, 1974. Gas hydrates in CO_2-bearing fluid inclusions and the use of freezing data for estimation of salinity. Economic Geology, 74: 1435-1444.

Cooke D R, Hollings P, Walshe J L, 2005. Giant porphyry deposits: characteristics, distribution, and tectonic controls. Economic Geology, 100(5): 801-818.

Cox R A, Bédard L P, Barnes S J, et al., 2007. Selenium distribution in magmatic sulfide minerals. Québec, Canada: DIVEX Rapport Annuel 2007, Project SC 26.

Dai L Q, Zhao Z F, Zheng Y F, et al., 2012. The nature of orogenic lithospheric mantle: geochemical constraints from postcollisional mafic-ultramafic rocks in the Dabie orogen. Chemical Geology, 334: 99-121.

Davidson J, Turner S, Handley H K, et al., 2007. Amphibole "sponge" in arc crust? Geology, 35: 787-790.

Dilles J H, 1987. Petrology of the Yerington batholith, Nevada: evidence for evolution of porphyry copper ore fluids. Economic Geology, 82: 1750-1789.

Dong S W, Zhang Y Q, Long C X, et al., 1998. Jurassic tectonic evolution in China and new interpretation of the "Yanshan movement". Acta Geologiva Sinica-English Edition, 82(2): 334-347.

Drábek M, 1982. The system Fe-Mo-S-O and its geologic applications. Economic Geology, 77: 1053-1056.

Drábek M, 1995. The Mo-Se-S and Mo-Te-S systems. Neues Jahrbuch für Mineralogie- Abhandlungen, 169: 255-263.

Driesner T, Heinrich C A, 2007. The system H_2O-NaCl. Part I: correlation formulae for phase relations in temperature-pressure-composition space from 0 to 1000 ℃, 0 to 5000 bar, and 0 to 1 X_{NaCl}. Geochimica et Cosmochimica Acta, 71(20): 4880-4901.

Eby G N, 1992. Chemical subdivision of the A-type granitoids:Petrogenetic and tectonic implications. Geology, 20(7): 641.

Ernst W G, Liou J G, 1995. Contrasting plate-tectonic styles of the Qinling-Dabie-Sulu and Franciscan metamorphic belts. Geology, 23: 353-356.

Fan W M, Guo F, Wang Y J, et al., 2004. Late Mesozoic volcanism in the northern Huaiyang tectono-magmatic belt, central China: partial melts from a lithospheric mantle with subducted continental crust relicts beneath the Dabie orogen? Chemical Geology, 209: 27-48.

Farmer G L, DePaolo D J, 1983. Origin of mesozoic and tertiary granite in the Western United States and implications for pre-mesozoic crustal structure: 1. Nd and Sr isotopic studies of unmineralized and Cu-and Mo-mineralized granite in the precambrian craton. Journal of Geophysical Research, 89(B12): 10141-10160.

Faure G, 1986. Principles of Isotope Geology. New York: John Wiley and Sons.

Faure M, Lin W, Shu L S, et al., 1999. Tectonics of the Dabieshan (eastern China) and possible exhumation mechanism of ultra high-pressure rocks. Terra Nova, 11: 251-258.

Fournier R O, 1999. Hydrothermal processes related to movement of fluid from plastic into brittle rock in the magmatic-epithermal environment. Economic Geology, 94(8): 1193-1211.

Frondel J W, Wickman F E, 1970. Molybdenite polytypes in theory and occurrence: II. Some naturally-occurring polytypes of molybdenite. American Mineralogist, 55: 1857-1875.

Gao S, Ling W L, Qiu Y M, et al., 1999. Contrasting geochemical and Sm-Nd isotopic compositions of Archean metasediments from the Kongling high-grade terrain of the Yangtze Craton: evidence for cratonic evolution and redistribution of REE during crustal anatexis. Geochimica et Cosmochimica Acta, 63(13-14): 2071-2088.

Gardien V, Thompson A B, Grujic D, et al., 1995. Experimental melting of biotite + plagioclase + quartz ± muscovite assemblages and implications for crustal melting. Journal of Geophysical Research, 100: 15581-15591.

Giggenbach W, 1992. Isotopic shifts in waters from geothermal and volcanic systems along convergent plate boundaries and their origin. Earth and Planetary Science Letters, 113(4): 495-510.

Giles D L, Schiling J H, 1972. Variation in rhenium content of molybdenite. Montreal: 24th International Geological Congress.

Glyuk D S, Anfilogov V N, 1973. Phase equilibria in the system granite H_2O-HF at a pressure of $1000kg/cm^2$. Geochemistry International, 10: 321-325.

Golden J, McMillan M, Downs R T, et al., 2013. Rhenium variations in molybdenite (MoS_2): evidence for progressive subsurface oxidation. Earth and Planetary Science Letters, 366: 1-5.

Goldfarb R J, Hart C, Davis G, et al., 2007. East Asian gold: deciphering the anomaly of Phanerozoic gold in Precambrian cratons. Economic Geology, 102(3): 341-345.

Grabezhev A I, Voudouris P C, 2014. Rhenium distribution in molybdenite from the Vosnesensk porphyry Cu ± (Mo, Au) deposit (Southern Urals, Russia). Canadian Mineralogist, 52 (4): 671-686.

Grant J A, 1986. The isocon diagram: a simple solution to Gresens' equation for metasomatic alteration. Economic Geology, 81(8): 1976.

Gruen G, Heinrich C A, Schroeder K, 2010. The Bingham Canyon porphyry Cu-Mo-Au deposit: II. Vein geometry and ore shell formation by pressure-driven rock extension. Economic Geology, 105(1): 69-90.

Gunow A J, Ludington S, Munoz J L, 1980. Fluorine in micas from the Henderson molybdenite deposit, Colorado. Economic Geology, 75(8): 1127-1137.

Guo J L, Gao S, Wu Y B, et al., 2014. 3.45Ga granitic gneisses from the Yangtze Craton, South China: implications for Early Archean crustal growth. Precambrian Research, 242: 82-95.

Gustafson L B, Hunt J P, 1975. The porphyry copper deposit at El Salvador, Chile. Economic Geology, 70(5): 857-912.

Gustafson L B, Quiroga J, 1995. Patterns of mineralization and alteration below the porphyry copper ore body at El Salvador, Chile. Economic Geology, 90: 2-16.

Hacker B R, Ratschbacher L W, Dong S, 1995. What brought them up? Exhumation of the Dabie Shan ultrahigh-pressure rocks. Geology, 23: 743-746.

Hacker B R, Ratschbacher L W, Ireland L, et al., 1998. U/Pb zircon ages constrain the architecture of the ultrahigh-pressure Qinling-Dabie Orogen, China. Earth and Planetary Science Letters, 161(1-4): 215-230.

Hall D L, Sterner S M, Bodnar R J, 1988. Freezing point depression of NaCl-KCl-H_2O solutions. Economic Geology, 83: 197-202.

Hall W E, Friedman I, Nash J T A, 1974. Fluid inclusion and light stable isotope study of the Climax molybdenum deposits, Colorado. Economic Geology, 69(6): 804-901.

Halter W E, Webster J D, 2004. The magmatic to hydrothermal transition and its bearing on ore-forming systems. Chemical Geology, 210(1-4): 1-6.

Harris A C, Golding S D, 2002. New evidence of magmatic-fluid-related phyllic alteration: implications for the genesis of porphyry Cu deposits. Geology, 30(4): 335-338.

Harris A C, Golding S D, White N C, 2005. Bajo de la alumbrera copper-gold deposit: stable isotope evidence for a porphyry-related hydrothermal system dominated by magmatic aqueous fluids. Economic Geology, 100(5): 863-886.

Harris A C, Dunlap W J, Reiners P W, et al., 2008. Multi million years thermal history of a porphyry copper deposit: application of U-Pb, $^{40}Ar/^{39}Ar$ and (U-Th)/He chronometers, Bajo de la Alumbrera copper-gold deposit, Argentina. Mineralium Deposita, 43(3): 295-314.

Hart S R, 1984. A large-scale isotope anomaly in the Southern Hemisphere mantle. Nature, 309(5971): 753-757.

Hattori K, 1993. High-sulfur magma, a product of fluid discharge from underlying mafic magma, evidence from Mount Pinatubo, Philippines. Geology, 21(12): 1083-1086.

Hattori K, Keith J D, 2001. Contribution of mafic melt to porphyry copper mineralization, evidence from Mount Pinatubo, Philippines, and Bingham Canyon, Utah, USA. Mineralium Deposita, 36: 799-806.

He Y S, Li S G, Hoefs J, et al., 2011. Post-collisional granitoids from the Dabie orogen: new evidence for partial melting of a thickened continental crust. Geochimica et Cosmochimica Acta, 75(13): 3815-3838.

Hedenquist J W, Lowenstern J B, 1994. The role of magmas in the formation of hydrothermal ore deposits. Nature, 370(6490): 519-527.

Heinrich C A, 2005. The physical and chemical evolution of low-salinity magmatic fluids at the porphyry to epithermal transition: a thermodynamic study. Mineralium Deposita, 39(8): 864-889.

Heinrich C A, 2007. Fluid-fluid interactions in magmatic-hydrothermal ore formation. Reviews in Mineralogy

Geochemistry, 65: 363-387.

Hemley J J, Hunt J P, 1992. Hydrothermal ore-forming processes in the light of studies in rock-buffered system: II. Some general geologic applications. Economic Geology, 87: 23-43.

Henry D J, Guidotti C V, Thomson J A, 2005. The Ti saturation surface for low-to-medium pressure metapelitic biotites: implications for geothermometry and Ti-substitution mechanisms. American Mineralogist, 90 (2-3): 316-328.

Hora J M, Singer B S, Wörner G, et al., 2009. Shallow and deep crustal control on differentiation of calc-alkaline and tholeiitic magma. Earth and Planetary Science Letters, 285(1-2): 75-86.

Hou Z Q, Ma H W, Zaw K, et al., 2003. The Himalayan Yulong Porphyry copper belt: product of large-scale strike-slip faulting in Eastern Tibet. Economic Geology, 98(1): 125-145.

Hou Z Q, Pan X F, Li Q Y, et al., 2013. The giant Dexing porphyry Cu-Mo-Au deposit in east China, product of melting of juvenile lower crust in an intracontinental setting. Mineralium Deposita, 48 (8): 1019-1045.

Huang D H, 2015. Discussion with Prof. Mao Jingwen on Types, ore-forming material source of some deposits and geological significance of rhenium content in molybdenite. Geological Review, 61(5): 990-1000.

Huang F, Li S G, Dong F, et al., 2008. High-Mg adakitic rocks in the Dabie orogen, central China: implications for foundering mechanism of lower continental crust. Chemical Geology, 255(1): 1-13.

Ishihara S, 1988. Rhenium contents of molybdenites in granitoid series rocks in Japan. Economic Geology, 83(5): 1047-1051.

Isuk E E, Carman J H, 1981. The system $Na_2Si_2O_5$-$K_2Si_2O_5$-MoS_2-H_2O with implications for molybdenum transport in silicate melts. Economic Geology, 76(8): 2222-2235.

Jahn B M, Zhang Z Q, 1984. Archean granulite gneisses from eastern Hebei Province, China: rare earth geochemistry and tectonic implications. Contributions to Mineralogy and Petrology, 85: 224-243.

Jahn B M, Wu F Y, Lo C H, et al., 1999. Crust-mantle interaction induced by deep subduction of the continental crust: geochemical and Sr-Nd isotopic evidence from post-collisional mafic-ultramafic intrusions of the northern Dabie complex, central China. Chemical Geology, 157(1): 119-146.

Janoušek V, Finger F, Roberts M, et al., 2004. Deciphering the petrogenesis of deeply buried granites: whole-rock geochemical constraints on the origin of largely undepleted felsic granulites from the Moldanubian Zone of the Bohhemian Massif. Earth and Environmental Science Transactions of the Royal Society of Edinburgh, 95(1-2): 141-159.

Jian P, Kröner A, Zhou G Z, 2012. SHRIMP zircon U-Pb ages and REE partition for high-grade metamorphic rocks in the North Dabie complex: insight into crustal evolution with respect to Triassic UHP metamorphism in east-central China. Chemical Geology, 328: 46-69.

Jiang Y H, Jin G D, Liao S Y, et al., 2010. Geochemical and Sr-Nd-Hf isotopic constraints on the origin of Late Triassic granitoids from the Qinling orogen, central China: implications for a continental arc to continent-continent collision. Lithos, 117(1-4): 183-197.

Johnson C M, Lipman P W, Czamanske G K, 1990. H, O, Sr, Nd, and Pb isotope geochemistry of the Latir volcanic field and cogenetic intrusions, New Mexico, and relations between evolution of a continental magmatic center and modifications of the lithosphere. Contributions to Mineralogy and Petrology，104(1)：99-124.

Jones B K，1992. Application of metal zoning to gold exploration in porphyry copper systems. Journal of Geochemical Exploration，43 (2)：127-155.

Kamenetsky V S，Wolfe R C，Eggins S M，et al.，1999. Volatile exsolution at the Dinkidi Cu-Au porphyry deposit，Philippines: a melt-inclusion record of the initial ore-forming process. Geology，27(8)：691-694.

Keith J D，Shanks W C，Archibald D A，et al.，1986. Volcanic and intrusive history of the Pine Grove porphyry molybdenum system，southwestern Utah. Economic Geology，81(3)：553-577.

Keith J D，Christiansen E H，Carten R B，1993. The genesis of giant porphyry molybdenum deposits. Giant Ore deposits，Society of Economic Geologists Special Publication，2：285-316.

King P，White A，Chappell B，et al.，1997. Characterization and origin of aluminous A-type granites from the Lachlan Fold Belt，southeastern Australia. Journal of Petrology，38(3)：371-391.

Klemm L M，Pettke T，Heinrich C A，et al.，2007. Hydrothermal evolution of the El Teniente deposit，Chile: porphyry Cu-Mo ore deposition from low-salinity magmatic fluids. Economic Geology，102(6)：1021-1045.

Klemm L M，Pettke T，Heinrich C A，2008. Fluid and source magma evolution of the Quests porphyry Mo deposit，New Mexico，USA. Mineralium Deposita，43(5)：533-552.

Kump L R，2008. The rise of atmospheric oxygen. Nature，451(7176)：277-278.

Landtwing M R，Furrer C，Redmond P B，et al.，2010. The bingham canyon porphyry Cu-Mo-Au deposit: III. Zoned copper-gold ore deposition by magmatic vapor expansion. Economic Geology，105(1)：91-118.

Lawley C，Richards J，Anderson R，et al.，2010. Geochronology and geochemistry of the MAX porphyry Mo deposit and its relationship to Pb-Zn-Ag mineralization，Kootenay Arc，Southeastern British Columbia，Canada. Economic Geology，105(6)：1113-1142.

Leeuwen T M V，Taylor R，Coote A，et al.，1994. Porphyry molybdenum mineralization in a continental collision setting at Malala，Northwest Sulawesi，Indonesia. Journal of Geochemical Exploration，50(1-3)：279-315.

Li H C，Xu Z W，Lu X C，et al.，2012. Constraints on timing and origin of the Dayinjian intrusion and associated molybdenum mineralization，western Dabie orogen，central China. International Geology Reviews，54(13)：1579-1596.

Li S G，Xiao Y L，Liou D L，et al.，1993. Collision of the North China and Yangtse Blocks and formation of coesite-bearing eclogites: timing and processes. Chemical Geology，109：89-111.

Li S G，Jagoutz E，Lo C H，et al.，1999. Sm/Nd，Rb/Sr and $^{40}Ar/^{39}Ar$ isotopic systematics of the ultrahigh-pressure metamorphic rocks in the Dabie-Sulu belt central China: a retrospective view. International Geology Review，41：1114-1124.

Li S G，Jagoutz E，Chen Y Z，et al.，2000. Sm-Nd and Rb-Sr isotopic chronology and cooling history of ultrahigh pressure metamorphic rocks and their country rocks at Shuanghe in the Dabie Mountains，Central China. Geochimica et Cosmochimica Acta，64(6)：1077-1093.

Li S G，Huang F，Zhou H，et al.，2005. U-Pb isotopic compositions of the ultrahigh pressure metamorphic (UHPM) rocks from Shuanghe and gneisses from northern Dabie zone in the Dabie Mountains, Central China: constraint on the exhumation mechanism of UHPM rocks. Science in China (Series D), 46(3): 200-209.

Li Z X, Li X H, 2007. Formation of the 1300-km-wide intracontinental orogen and postorogenic magmatic province in Mesozoic South China: a flat-slab subduction model. Geology, 35(2): 179-182.

Lin J L, Fuller M, Zhang W Y, 1985. Preliminary phanerozoic polar wander paths for the north and south China blocks. Nature, 313(6002): 444-449.

Liu D Y, Jian P, Kroner A, et al., 2006. Dating of prograde metamorphic events deciphered from episodic zircon growth in rocks of the Dabie-Sulu UHP complex, China. Earth and Planetary Science Letters, 250(3-4): 650-666.

Lowell J D, Guilbert J M, 1970. Lateral and vertical alteration-mineralization zoning in porphyry ore deposits. Economic Geology, 65: 373-408.

Lowenstern J B, 1994. Dissolved volatile concentrations in an ore-forming magma. Geology, 22(10): 893.

Ma C, Ehlers C, Xu C, et al., 2000. The roots of the Dabieshan ultrahigh-pressure metamorphic terrane: constraints from geochemistry and Nd-Sr isotope systematics. Precambrian Research, 102(3): 279-301.

Ma X, Chen B, Yang M, 2013. Magma mixing origin for the Aolunhua porphyry related to Mo-Cu mineralization, eastern Central Asian Orogenic Belt. Gondwana Research, 24(3-4): 1152-1171.

Macpherson C G, Dreher S T, Thirlwall M F, 2006. Adakites without slab melting: high pressure differentiation of island arc magma, Mindanao, the Philippines. Earth and Planetary Science Letters, 243(3-4): 581-593.

Maksaev V, Munizaga F, McWilliams M, et al., 2004. New chronology for El Teniente, Chilean Andes, from U/Pb, $^{40}Ar/^{39}Ar$, Re/Os and fission-track dating: implications for the evolution of a supergiant porphyry Cu-Mo deposit//Sillitoe R H, Perelló J, Vidal C E. Andean Metallogeny: New Discoveries, Concepts and Updates. Society of Economic Geologists Special Publication, 11: 15-54.

Maniar P D, Piccoli P M, 1989. Tectonic discrimination of granitoids. Geological Society of America Bulletin, 101(5): 615-643.

Mao J W, Zhang Z C, Zhang Z H, et al., 1999. Re-Os isotopic dating of molybdenites in the Xiaoliugou W(Mo) deposit in the northern Qilian mountains and its geological significance. Geochimica et Cosmochimica Acta, 63: 1815-1818.

Mao J W, Xie G Q, Bierlein F, et al., 2008. Tectonic implications from Re-Os dating of Mesozoic molybdenum deposits in the East Qinling-Dabie orogenic belt. Geochimica et Cosmochimica Acta, 72(18): 4607-4626.

Mao J W, Pirajno F, Xiang J, et al., 2011. Mesozoic molybdenum deposits in the east Qinling-Dabie orogenic belt: characteristics and tectonic settings. Ore Geology Reviews, 43(1): 264-293.

Maruyama S, Isozaki Y, Kimura G, et al., 1997. Paleogeographic maps of the Japanese Islands: plate tectonic synthesis from 750 Ma to the present. Island Arc, 6(1): 121-142.

McCandless T E, Ruiz J, Campbell A R, 1993. Rhenium behavior in molybdenite in hypogene and near-surface environments: implications for Re-Os geochronology. Geochimica et Cosmochimica Acta, 57(4):

889-905.

McDonough W F，Sun S S，1995. The composition of the Earth. Chemical Geology，120(3-4)：223-253.

Meyer C，Hemley J J，1967. Wall rock alteration//Barnes H L. Geochemistry of Hydrothermal Ore Deposits. New York：Holt，Rinehart and Winston：166-232.

Mi M，Chen Y J，Yang Y F，et al.，2015. Geochronology and geochemistry of the giant Qian'echong Mo deposit，Dabie Shan，eastern China: implications for ore genesis and tectonic setting. Gondwana Research，27(3)：1217-1235.

Michel J，Baumgartner L，Putlitz B，et al.，2008. Incremental growth of the Patagonian Torres del Paine laccolith over 90 ky. Geology，36(6)：459-462.

Middlemost E A，1994. Naming materials in the magma/igneous rock system. Earth-Science Reviews，37(3-4)：215-224.

Müller A，Herrington R，Armstrong R，et al.，2010. Trace elements and cathodoluminescence of quartz in stockwork veins of Mongolian porphyry-style deposits. Mineralium Deposita，45(7)：707-727.

Mungall J E，2002. Roasting the mantle， Slab melting and the genesis of major Au and Au-rich Cu deposits. Geology，30(10)：915-918.

Munoz J L，1992. Calculation of HF and HCl fugacities from biotite compositions: revised equations. Geological Society of America，24：221.

Mustard R，Ulrich T，Kamenetsky V S，et al.，2006. Gold and metal enrichment in natural granitic melts during fractional crystallization. Geology，34(2)：85-88.

Mutschler F E，Wright E G，Ludington S，et al.，1981. Granite molybdenite systems. Economic Geology，76：874-897.

Newberry R J J，1979. Polytypism in molybdenite(I): a non-equilibrium impurity induced phenomenon. American Mineralogist，64：758-767.

Ni P，Wang G G，Yu W，et al.，2015. Evidence of fluid inclusions for two stages of fluid boiling in the formation of the giant Shapinggou porphyry Mo deposit，Dabie Orogen，Central China. Ore Geology Reviews，65：1078-1094.

Ødegård M，1984. A selenium-rich sulphide assemblage in the Caledonides of northern Norway. Norsk Geologisk Tidsskrift，64：187-292.

Pan Y M，Dong P，1999. The Lower Changjiang (Yangzi/Yangtze River) metallogenic belt，east central China: intrusion- and wallrock hosted Cu-Fe-Au，Mo，Zn，Pb，Ag deposits. Ore Geology Reviews，15：177-242.

Pašava J，Svojtka M，Veselovský F，et al.，2016. Laser ablation ICPMS study of trace element chemistry in molybdenite coupled with scanning electron microscopy (SEM) — an important tool for identification of different types of mineralization. Ore Geology Reviews，72：874-895.

Patiño Douce A E，1997. Generation of metaluminous A-type granites by low-pressure melting of calc-alkaline granitoids. Geology，25：743-746.

Patiño Douce A E，Beard J S，1995. Dehydration-melting of biotite gneiss and quartz amphibolite from 3 to 15 kbar. Journal of Petrology，36：707-738.

Pearce J A, 1996. Sources and settings of granitic rocks. Episodes, 19: 120-125.

Pearce J A, Harris N B W, Tindle A G, 1984. Trace element discrimination diagrams for the tectonic interpretation of granitic rocks. Journal of Petrology, 25: 956-983.

Pettke T, Oberli F, Heinrich C A, 2010. The magma and metal source of giant porphyry-type ore deposits, based on lead isotope microanalysis of individual fluid inclusions. Earth and Planetary Science Letters, 296(3-4): 267-277.

Pirajno F, Zhou T F, 2015. Intracontinental porphyry and porphyry-skarn mineral systems in eastern China: scrutiny of a special case "Made-in-China". Economic Geology, 110: 603-629.

Povarennykh A S, Smith J V, 1972. Crystal Chemical Classification of Minerals. New York and London: Plenum Press.

Qin J F, Lai S C, Grapes R, et al., 2009. Geochemical evidence for origin of magma mixing for the Triassic monzonitic granite and its enclaves at Mishuling in the Qinling orogen (central China). Lithos, 112(3-4): 259-276.

Qiu Y M, Gao S, McNaughton N J, et al., 2000. First evidence of >3.2 Ga continental crust in the Yangtze Craton of south China and its implications for Archean crustal evolution and Phanerozoic tectonics. Geology, 28: 11-14.

Rapp R P, Shimizu N, Norman M D, et al., 1999. Reaction between slab-derived melts and peridotite in the mantle wedge: experimental constraints at 3.8 GPa. Chemical Geology, 160: 335-356.

Redmond P B, Einaudi M T, Inan E E, et al., 2004. Copper deposition by fluid cooling in intrusion-centered systems: new insights from the Bingham porphyry ore deposit, Utah. Geology, 32(3): 217-220.

Ren Z, Zhou T F, Hollings P, et al., 2018a. Trace element geochemistry of molybdenite from the Shapinggou superlarge porphyry Mo deposit, China. Ore Geology Reviews, 95: 1049-1065.

Ren Z, Zhou T F, Hollings P, et al., 2018b. Magmatism in the Shapinggou district of the Dabie orogen, China: implications for the formation of porphyry Mo deposits in a collisional orogenic belt. Lithos, 308-309: 346-363.

Rickwood P C, 1989. Boundary lines within petrologic diagrams which use oxides of major and minor elements. Lithos, 22: 247-263.

Richards J P, 2009. Postsubduction porphyry Cu-Au and epithermal Au deposits: products of remelting of subduction-modified lithosphere. Geology, 37: 247-250.

Richards J P, 2011. Magmatic to hydrothermal metal fluxes in convergent and collided margins. Ore Geology Reviews, 40(1): 1-26.

Rohrlach B D, Loucks R R, 2005. Multi-million-year cyclic ramp-up of volatiles in a lower crustal magma reservoir trapped below the Tampakan copper-gold deposit by Mio-Pliocene crustal compression in the southern Philippines//Porter T M. Super porphyry copper and gold deposits—a global perspective. Volume 2. Adelaide, Australia: PGS Publishing.

Rosera J M, Coleman D S, Stein H J, 2013. Re-evaluating genetic models for porphyry Mo mineralization at Questa, New Mexico: implications for ore deposition following silicic ignimbrite eruption. Geochemistry,

Geophysics，Geosystems，14(4)：787-805.

Ross P S，Jébrak M，Walke B M，2002. Discharge of hydrothermal fluids from a Magna Chamber and concomitant formation of a stratified breccia zone at the Questa porphyry molybdenum deposit，New Mexico. Economic Geology，97(8)：1679-1979.

Rudnick R L，Gao S，2003. Composition of the continental crust// Heinrich D H，Turekian K K. Treatise on Geochemistry. Oxford：Pergamon：1-64.

Rusk B，Reed M，2002. Scanning electron microscope-cathodoluminescence analysis of quartz reveals complex growth histories in veins from the Butte porphyry copper deposit，Montana. Geology，30(8)：727-730.

Rusk B G，Lowers H A，Reed M H，2008. Trace elements in hydrothermal quartz: relationships to cathodoluminescent textures and insights into vein formation. Geology，36(7)：547-550.

Seedorff E，Einaudi M T，2004a. Henderson porphyry molybdenum system，Colorado: I. Sequence and abundance of hydrothermal mineral assemblages，flow paths of evolving fluids，and evolutionary style. Economic Geology，99：3-37.

Seedorff E，Einaudi M T，2004b. Henderson porphyry molybdenum system，Colorado: II. Decoupling of introduction and deposition of metals during geochemical evolution of hydrothermal fluids. Economic Geology，99：39-72.

Seedorff E，Dilles J，Proffett Jr J，et al.，2005. Porphyry deposits: characteristics and origin of hypogene features. Economic Geology，100：251-298.

Selby D，Nesbitt B E，Muehlenbachs K，et al.，2000. Hydrothermal alteration and fluid chemistry of the Endako porphyry molybdenum deposit，British Columbia. Economic Geology，95(1)：183-202.

Selby D，Nesbitt B E，Creaser R A，et al.，2001. Evidence for a nonmagmatic component in potassic hydrothermal fluids of porphyry Cu-Au-Mo systems，Yukon，Canada. Geochimica et Cosmochimica Acta，65(4)：571-587.

Shannon J R，Nelson E P，Smith R P，2006. Climax porphyry molybdenum deposit，Colorado: a summary. Society of Economic Geologists，Guidebook Series，38：21-38.

Shannon R D，1976. Revised effective ionic radii and systematic studies of interatomic distances in halides and chalcogenides. Acta Crystallographica Section A，32（5）：751-767.

Sharp J E，1979. Cave Peak，a molybdenum-mineralized breccia pipe complex in Culberson County，Texas. Economic Geology，74(3)：517-534.

Sheets R W，Nesbitt B E，Muehlenbachs K，1996. Meteoric water component in magmatic fluids from porphyry copper mineralization，Babine Lake area，British Columbia. Geology，24(12)：1091-1094.

Shirey S B，Walker R J，1998. The Re-Os isotope system in cosmochemistry and high temperature geochemistry. Annual Review of Earth and Planetary Sciences，26(1)：423-500.

Shmulovich K I，Landwehr D，Simon K，et al.，1999. Stable isotope fractionation between liquid and vapour in water-salt systems up to 600℃. Chemical Geology，157(3)：343-354.

Sillitoe R H，1972. A plate tectonic model for the origin of porphyry copper deposits. Economic Geology，67（2）：184-197.

Sillitoe R H，2010. Porphyry copper systems. Economic Geology，105(1)：3-41.

Sinclair D W，2007. Mineral Deposits of Canada: a synthesis of major deposit-types，district metallogeny，the evolution of geological provinces，and exploration methods. Geological Association of Canada，Mineral Deposits Division，Special Publication，5：223-243.

Sinclair D W，Jonasson I R，Kirkham R V，et al.，2009. Rhenium and other platinum-group metals in porphyry deposits. Ottawa，Canada：Geological Survey of Canada.

Soregaroli A E，Sutherland Brown A，1976. Characteristics of Canadian Cordilleran molybdenum deposits//Sutherland Brown A. Porphyry deposits of the Canadian Cordillera. Canadian Institute of Mining and Metallurgy Special Volume，15，417-431.

Stein H J，Crock J，1990. Late Cretaceous-Tertiary magmatism in the Colorado mineral belt: rare earth element and samarium-neodymium isotopic studies. Geological Society of America Memoir，174：195-223.

Stein H J，Hannah J L，1985. Movement and origin of ore fluids in Climax-type systems. Geology，13(7)：469-474.

Stein H J，Markey R J，Morgan J W，et al.，1997. Highly precise and accurate Re-Os ages for molybdenite from the East Qinling molybdenum belt，Shaanxi Province，China. Economic Geology，92(7-8)：827-835.

Stein H J，Markey R J，Morgan J W，et al.，2001. The remarkable Re-Os chronometer in molybdenite: how and why it works. Terra Nova，13：479-486.

Štemprok M，1971. The iron-tungsten-sulfur system and its geological application. Mineralium Deposita，6：302-312.

Stone D, 2000. Temperature and pressure variations in suites of archean felsic plutonic rocks, Berens river aera, northwest superior province, Ontario, Canada. The Canadian Mineralogist, 38: 455-470.

Sun S S，McDonough W F，1989. Chemical and isotopic systematics of oceanic basalts: implications for mantle composition and processes. Geological Society London Special Publications，42(1)：313-345.

Sun W D，Li S G，Chen Y D，et al.，2002. Timing of synorogenic granitoids in the South Qinling，central China: constraints on the evolution of the Qinling-Dabie orogenic belt. Journal of Geology，110(4)：457-468.

Sun W D，Ding X，Hu Y H，et al.，2007. The golden transformation of the Cretaceous plate subduction in the west Pacific. Earth and Planetary Science Letters，262：533-542.

Taylor B E，1992. Degassing of H_2O from rhyolite magma during eruption and shallow intrusion，and the isotopic composition of magmatic water in hydrothermal systems（Japan-U.S.Seminar on Magmatic contributions to hydrothermal systems）. Report Geological Survey of Japan，279：190-194.

Taylor H P，1974. The application of oxygen and hydrogen isotope studies to problems of hydrothermal alteration and ore deposition. Economic geology，69：843-883.

Taylor R P，McLennan S M，1981. The composition and evolution of the continental crust：rare earth element evidence from sedimentary rocks. Philosophical Transactions of the Royal Society A: Mathematical，Physical and Engineering Sciences，301(1461)：381-399.

Todorov T，Staikov M，1985. Rhenium content in molybdenite from ore mineralizations in Bulgaria. Geologica Balcanica，15(6)：45-58.

Ulrich T，Mavrogenes J，2008. An experimental study of the solubility of molybdenum in H_2O and KCl-H_2O solutions from 500℃ to 800℃，and 150 to 300MPa. Geochimica et Cosmochimica Acta，72(9)：2316-2330.

Ulrich T，Guenther D，Heinrich C，1999. Gold concentrations of magmatic brines and the metal budget of porphyry copper deposits. Nature，399(6737)：676-679.

Ulrich T，Günther D，Heinrich C A，2002. The evolution of a porphyry Cu-Au deposit，based on LA-ICP-MS analysis of fluid inclusions: Bajo de la Alumbrera，Argentina. Economic Geology，97(8)：1889-1920.

Vervoort J D，Patchett P J，1996. Behavior of hafnium and neodymium isotopes in the crust: constraints from Precambrian crustally derived granites. Geochimica et Cosmochimica Acta，60(19)：3717-3733.

Von Quadt A，Erni M，Martinek K，et al.，2011. Zircon crystallization and the lifetimes of ore-forming magmatic-hydrothermal systems. Geology，39(8)：731-734.

Voudouris P，Melfos V，Spry P G，et al.，2009. Rhenium-rich molybdenite and rheniite (ReS_2) in the Pagoni Rach-Kirki Mo-Cu-Te-Ag-Au deposit northern Greece: implications for the rhenium geochemistry of porphyry-style Cu-Mo and Mo mineralization. Canadian Mineralogist，47：1013-1036.

Voudouris P，Melfos V，Spry P G，et al.，2013. Extremely Re-Rich molybdenite from porphyry Cu-Mo-Au prospects in Northeastern Greece: mode of occurrence，causes of enrichment，and implications for gold exploration. Minerals，3：165-191.

Wallace P J，Anderson A T，Davis A M，1995. Quantification of pre-eruptive exsolved gas contents in silicic magmas. Nature，377(6550)：612-616.

Wallace S R，MacKenzie W B，Blair R G，et al.，1978. Geology of the Urad and Henderson molybdenite deposits，Clear Creek County，Colorado，with a section on a comparison of these deposits with those at Climax，Colorado. Economic Geology，73(3)：325-368.

Wang G G，Ni P，Yu W，et al.，2014a. Petrogenesis of Early Cretaceous post-collisional granitoids at Shapinggou，Dabie Orogen: implications for crustal architecture and porphyry Mo mineralization. Lithos，184-187：393-415.

Wang P，Chen Y J，Fu B，et al.，2014b. Fluid inclusion and H-O-C isotope geochemistry of the Yaochong porphyry Mo deposit in Dabie Shan，China：a case study of porphyry systems in continental collision orogens. International Journal of Earth Sciences，103：777-797.

Wang Q，Wyman D A，Xu J F，et al.，2007. Early Cretaceous adakitic granites in the Northern Dabie Complex，central China: implications for partial melting and delamination of thickened lower crust. Geochimica et Cosmochimica Acta，71(10)：2609-2636.

Wang Y J，Fan W M，Peng T P，et al.，2005. Nature of the Mesozoic lithospheric mantle and tectonic decoupling beneath the Dabie Orogen，central China: evidence from $^{40}Ar/^{39}Ar$ geochronology，elemental and Sr-Nd-Pb isotopic compositions of early Cretaceous mafic igneous rocks. Chemical Geology，220：165-189.

Watson E，Wark D，Thomas J，2006. Crystallization thermometers for zircon and rutile. Contributions to Mineralogy and Petrology，151(4)：413-433.

Weaver B L，Tarney J，1984. Empirical approach to estimating the composition of the continental crust. Nature，310(5978)：575-577.

Webster J D, 1997. Exsolution of magmatic volatile phases from Cl-enriched mineralizing granitic magmas and implications for ore metal transport. Geochimica et Cosmochimica Acta, 61(5): 1017-1029.

Webster J D, Rebbert C R, 2001. The geochemical signature of fluid-saturated magma determined from silicate melt inclusions in Ascension Island granite xenoliths. Geochimica et Cosmochimica Acta, 65(1): 123-136.

Westra G, Keith S B, 1981. Classification and genesis of stockwork molybdenum deposits. Economic Geology, 76(4): 844-873.

White W H, Bookstorm A A, Kamilli R J, et al., 1981. Character and origin of Climax-type molybdenum deposit. Economic Geology 75th Anniversary Volume: 270-316.

Worthington J E, 2007. Porphyry and other molybdenum deposits of Idaho and Montana. Idaho Geological Survey Technical Report, 7(3): 1-22.

Wu F Y, Jahn B M, Wilde S A, et al., 2003a. Highly fractionated I-type granites in NE China (I): geochronology and petrogenesis. Lithos, 66(3-4): 241-273.

Wu F Y, Jahn B M, Wilde S A, et al., 2003b. Highly fractionated I-type granites in NE China (II): isotopic geochemistry and implications for crustal growth in the Phanerozoic. Lithos, 67(3-4): 191-204.

Wu F Y, Lin J Q, Wilde S A, et al., 2005. Nature and significance of the Early Cretaceous giant igneous event in eastern China. Earth and Planetary Science Letters, 233(1-2): 103-119.

Wu F Y, Ji W Q, Sun D H, et al., 2012. Zircon U-Pb geochronology and Hf isotopic compositions of the Mesozoic granites in southern Anhui Province. Lithos, 150: 6-25.

Xie Z, Zheng Y F, Zhao Z F, et al., 2006. Mineral isotope evidence for the contemporaneous process of Mesozoic granite emplacement and gneiss metamorphism in the Dabie orogen. Chemical Geology, 231(3): 214-235.

Xiong Y, Wood S, 2002. Experimental determination of the hydrothermal solubility of ReS_2 and the Re-ReO_2 buffer assemblage and transport of rhenium under supercritical conditions. Geochemical Transactions, 3(1): 1-10.

Xu X C, Lou J W, Xie Q Q, et al., 2011. Geochronology and tectonic setting of Pb-Zn-Mo deposits and related igneous rocks in the Yinshan region, Jinzhai, Anhui province, China. Ore Geology Reviews, 43(1): 132-141.

Yang J H, Chung S L, Wilde S A, et al., 2005. Petrogenesis of post-orogenic syenites in the Sulu Orogenic Belt, East China: geochronological, geochemical and Nd-Sr isotopic evidence. Chemical Geology, 214(1-2): 99-125.

Yang Y F, Li N, Chen Y J, 2012. Fluid inclusion study of the Nannihu giant porphyry Mo-W deposit, Henan Province, China: implications for the nature of porphyry ore-fluid systems formed in a continental collision setting. Ore Geology Reviews, 46: 83-94.

Yang Y F, Chen Y J, Li N, et al., 2013. Fluid inclusion and isotope geochemistry of the Qian'echong giant porphyry Mo deposit, Dabie Shan, China: a case of NaCl-poor, CO_2-rich fluid systems. Journal of Geochemical Exploration, 124: 1-13.

Yang Z Y, Ma X H, Besse J, 1991. Paleomagnetic results from Triassic sections in the Ordos basin, north China. Earth and Planetary Science Letters, 104 (2-4): 258-277.

Zajacz Z, Halter W E, Pettke T, et al., 2008. Determination of fluid/melt partition coefficients by LA-ICPMS analysis of co-existing fluid and silicate melt inclusions: controls on element partitioning. Geochimica et Cosmochimica Acta, 72(8): 2169-2197.

Zartman R E, Doe B R, 1981. Plumbotectonics—the model. Tectonophysics, 75(1-2): 135-162.

Zhang S B, Zheng Y F, 2013. Formation and evolution of Precambrian continental lithosphere in South China. Gondwana Research, 23: 1241-1260.

Zhang H F, Sun M, Zhou X H, et al., 2002. Mesozoic lithosphere destruction beneath the North China Craton: evidence from major-, trace-element and Sr-Nd-Pb isotope studies of Fangcheng basalts. Contributions to Mineralogy and Petrology, 144(2): 241-253.

Zhang J, Zhao Z F, Zheng Y F, et al., 2012. Zircon Hf-O isotope and whole rock geochemical constraints on origin of post-collisional mafic to felsic dykes in the Sulu orogen. Lithos, 136-139: 225-245.

Zhang S B, Zheng Y F, Wu Y B, et al., 2006. Zircon isotope evidence for ≥ 3.5 Ga continental crust in the Yangtze Craton of China. Precambrian Research, 146(1-2): 16-34.

Zhang Z Q, Zhang G W, Tang S H, et al., 1999. Age of the Shahewan rapakivi granite in the Qinling Orogen, China, and its constraints on the end time of the main orogenic stage of this orogen. Chinese Science Bulletin, 44(21): 2001-2004.

Zhao Z F, Zheng Y F, Wei C S, et al., 2007. Post-collisional granitoids from the Dabie orogen in China: zircon U-Pb age, element and O isotope evidence for recycling of subducted continental crust. Lithos, 93(3-4): 248-272.

Zhao Z F, Zheng Y F, Wei C S, et al., 2008. Zircon U-Pb ages, Hf and O isotopes constrain the crustal architecture of the ultrahigh-pressure Dabie orogen in China. Chemical Geology, 253(3-4): 222-242.

Zheng Y F, Zhang S B, 2007. Formation and evolution of Precambrian continental lithosphere in South China. Chinese Science Bulletin, 52(1):1-12.

Zheng Y F, Fu B, Gong B, et al., 2003. Stable isotope geochemistry of ultrahigh pressure metamorphic rocks from the Dabie-Sulu orogen in China: implications for geodynamics and fluid regime. Earth-Science Reviews, 62(1-2): 105-161.

Zheng Y F, Wu Y B, Zhao Z F, et al., 2005. Metamorphic effect on zircon Lu-Hf and U-Pb isotope systems in ultrahigh-pressure eclogite-facies metagranite and metabasite. Earth and Planetary Science Letters, 240(2): 378-400.

Zheng Y F, Zhao Z F, Wu Y B, et al., 2006. Zircon U-Pb age, Hf and O isotope constraints on protolith origin of ultrahigh-pressure eclogite and gneiss in the Dabie orogen. Chemical Geology, 231(1): 135-158.

Zhou X M, Li W X, 2000. Origin of Late Mesozoic igneous rocks in Southeastern China: implications for lithosphere subduction and underplating of mafic magmas. Tectonophysics, 326(3-4): 269-287.

Zhou X M, Sun T, Shen W Z, et al., 2006. Petrogenesis of Mesozoic granitoids and volcanic rocks in South China: a response to tectonic evolution. Episodes, 29(1): 26-33.

Zindler A, Hart S, 1986. Chemical geodynamics. Annual Review of Earth and Planetary Sciences, 14: 493-571.

附录 A　样品制备和分析测试方法

A.1　样品制备方法

1. 光片、薄片和包裹体片的制备

选择代表性的样品磨制光片、薄片和包裹体片，光片和薄片的制备主要目的是进行室内显微观测，包括对采集的岩石、矿石样品进行定名，对矿物组成、蚀变矿化类型以及强度进行描述，确定矿物的共生组合等。矿物的含量要采用标准的矿物含量对照卡进行估计，并且对原先的矿物和蚀变后的矿物都进行估计，进而估计蚀变强度。包裹体片的磨制是为了进行室内显微测温等测试，这部分工作在合肥工业大学资源与环境工程学院实验室进行。

2. 单矿物的挑选

本次研究过程中，单矿物分选工作主要在河北省廊坊市诚信地质服务有限公司完成。单矿物的分选首先将手标本样品破碎至 80~100 目，通过磁选和重液等选矿技术，将矿物初步分离，立体显微镜下随机挑选进行单矿物分离提纯，通常纯度要求 >99%。

3. 样品分析靶的制备

样品分析靶分为单矿物（锆石等）靶和岩（矿）石光片靶。单矿物靶是将分选出的单矿物制备成样品靶，具体过程为：在双目镜下挑选出晶形完好，透明度和色泽较好的锆石单矿物粘在载玻片上的双面胶上，然后用无色透明的环氧树脂固定，待环氧树脂充分固化后抛光至锆石单颗粒露出 1/3 以上。

光片靶的制备主要用于矿物的原位成分分析。操作方法与单矿物靶的制备流程类似，需要注意的是在抛光过程中根据样品的矿物组成选择不同规格的抛光剂，以保证每种矿物的表面都充分平整。本次研究过程中锆石靶的制备主要在合肥工业大学资源与环境工程学院 LA-ICP-MS 实验室完成，岩（矿）石光片靶在澳大利亚塔斯马尼亚大学完成。

A.2　分析测试方法

1. LA-ICP-MS 锆石 U-Pb 定年

对制成样品靶后的锆石样品，在显微镜下进行透射光和反射光的观察和照相，分析锆石晶形、包裹体、裂缝等外观特征，对锆石进行阴极发光（CL）分析。锆石阴极发光显微照片是在中国地质科学院地质研究所电子探针室完成的，工作电压为 15kV，电流为

4nA。这些阴极发光照片被用来检查锆石的内部结构和选择分析区域。锆石 LA-ICP-MS U-Pb 分析在合肥工业大学资源与环境工程学院 LA-ICP-MS 实验室完成，测试前分别用酒精和稀硝酸（5%）轻擦样品表面，以除去污染的可能。仪器由两部分构成：一部分为激光剥蚀系统，为美国 Coherent 公司生产的激光烧蚀固体取样系统（GeoLasPro）；另一部分为 ICP-MS（Agilent 7500a），由美国 Agilent 公司生产。激光剥蚀频率为 6Hz，单点采样剥蚀以 He 为剥蚀物质载气，^{204}Pb 和 ^{202}Hg 的背景控制在 <100cps，用美国国家标准与技术研究院研制的人工合成硅酸盐玻璃标准参考物质 NIST SRM 610 进行仪器最佳化。锆石年龄分析采用的光斑直径为 30μm，并采用国际标准锆石 91500 作为外标标准物质，并每隔 4~5 个样品分析点测一次标准，每隔 10 个点进行仪器最佳化，确保标准和样品的仪器条件完全一致。样品的同位素数据处理采用 ICPMS Data Cal（Liu et al.，2008，2010）软件进行，普通铅校正采用 Andersen 的方法（Andersen，2002），年龄计算及谐和图的绘制采用 Isoplot（4.15 版）进行（Ludwig，2003），实验过程中误差为 1σ。详细分析方法见 Yuan 等（2004）和 Liu 等（2010）。

2. 电子探针（EPMA）分析

利用电子探针对沙坪沟钼矿床的大多数矿物进行了定性定量分析，涉及面较广，如硅酸盐矿物、氧化物矿物、硫化物矿物、微量矿物、脉石矿物等，分析测试在合肥工业大学资源与环境工程学院探针实验室完成，所用仪器规格为：日本岛津电子探针 EPMA-1720。采用的分析条件为：束斑直径 1μm，参考国家标准为《微束分析　硫化物矿物的电子探针定量分析方法》（GB/T 15246—2002），电流 10nA，加速电压 20kV，采用 ZAF 修正方法；标样为中国地质科学院实验室整套探针标样，详见合肥工业大学资源与环境工程学院实验室网站及相关文献。

3. 全岩主量、微量和稀土元素分析

全岩主量、微量和稀土元素分析工作在澳实分析检测（广州）有限公司实验室完成。全岩主量元素测定采用 ME-ICP06 分析法，如果硫化物矿化较少，采用 ME-XRF06（X 射线荧光光谱法）进行测定，首先称取 1g 干燥岩石粉末样品，在高温条件下（一般为 1000℃）加热一个小时，除去挥发分并计算烧失量（LOI），然后加入硼酸将相应的样品熔融成玻璃片，利用 ME-ICP06 或 X 射线荧光光谱仪获得相关氧化物的含量，分析精度不高于 5%。微量元素用 ME-MS61 测定，稀土元素用 ME-MS81 测定，微量金采用 Au-ICP21 方法，其精度为：元素含量大于 10×10^{-6} 的误差范围要小于 5%，而元素含量小于 10×10^{-6} 的精度要优于 10%。详细流程参考澳实矿物实验室分析测试手册及靳新娣和朱和平（2000）。

4. 蚀变岩组分带入带出计算步骤

当岩石 A 交代蚀变为岩石 B 时，则有下述一系列表达式：

（1）$a\mathrm{A}\downarrow + (X)\uparrow \longrightarrow b\mathrm{B}$　　岩石 A 经组分 X 的得失，变为岩石 B。

（2）$\mathrm{A}=C_1\mathrm{A}+C_2\mathrm{A}+\cdots+C_n\mathrm{A}=1$　　岩石 A 由其 n 个组分组成。

（3）$\mathrm{B}=C_1\mathrm{B}+C_2\mathrm{B}+\cdots+C_n\mathrm{B}=1$　　岩石 B 由其 n 个组分组成。

（4）$X=X_1+X_2+\cdots+X_n$　　岩石组分得失量（g），X 正为得，X 负为失。

（5）$f_v V_A=V_B$　　岩石 A、B 之间的体积关系。

（6）$f_v(a/g_A)=(b/g_B)$　　岩石 A、B 之间的体积（a/g_A）、（b/g_B）关系。

（7）$a=(1/f_v)(g_A/g_B)b$　　已知 B 的质量（b）求 a。

（8）$b=f_v(g_B/g_A)a$　　已知 A 的质量（a）求 b。

（9）$bC_1\text{B}-aC_1\text{A}=X_1$。

（10）$bC_n\text{B}-aC_n\text{A}=X_n$。

（9）（10）为交代蚀变后组分 1 或 n 的得失 X 与岩石 A、B 的重量和各组分间的关系。

（11）$a\{f_v(g_B/g_A)C_{1B}-C_{1A}\}=X_1$

（12）$a\{f_v(g_B/g_A)C_{nB}-C_{nA}\}=X_n$

设 a=100（化学全分析的加和为 100%），则得

$$100\{f_v(g_B/g_A)C_{1B}-C_{1A}\}=X_1$$

依此类推。

以上式中：

A、B 为岩石 A、B 的代号；

a、b 为 A、B 的质量（g）；

C_{nZ} 为组分 n 在岩石 Z 中的质量，如 $C_{SiO_2A}=60\%$；

X 为组分得失量，计算中 X 为正值则为带入组分，若为负则为带出组分；

g_A、g_B 为岩石 A、B 的体重（比重）；

f_v 为蚀变前后的岩石的体积系数，$f_v=1$ 代表岩石蚀变前后体积不变，$f_v>1$ 代表体积增大，$f_v<1$ 代表体积缩小。

在交代蚀变过程中，岩石中有一组元素表现为不活动特征，没有质量的交换，它们的带入带出量等于或接近零值，此时，蚀变前后的岩石的体积系数的数值即为 f_v 值。这些不活动元素通常为 Al、Ti、P 等。

Grant（1986）根据 Gresens 方程提出了另一种图解法（或计算机解法）——等浓度图法。纵坐标为蚀变岩，横坐标为原岩，将岩石的各组分含量投点可拟合出一条通过原点的直线。落于该线上的组分即表明在交代蚀变过程中该组分的浓度没有得或失。该直线即为等浓度线。线的斜率代表蚀变过程中质量的变化。每个数据投点对等浓度线的方差定义为该点代表的某组分的浓度变化。

5. 全岩 Rb-Sr、Sm-Nd 和 Pb 同位素分析

全岩 Rb-Sr、Sm-Nd 分析主要在加拿大纽芬兰纪念大学同位素化学实验室进行，测试采用热电离同位素质谱法（TIMS）。Rb-Sr 和 Sm-Nd 同位素分析采用稀释剂法，首先称取约 100mg 全岩粉末样品，加入适量的 ^{87}Rb-^{86}Sr 和 ^{149}Sm-^{150}Nd 混合稀释剂和纯化的 HF-$HClO_4$ 酸混合试剂后，在高温下完全溶解。Rb-Sr 和 REE 的分离和纯化是在装 2mL 体积 AGSOW-X12 交换树脂（200~400 目）的石英交换柱进行的，而 Sm 和 Nd 的分离和纯化是在石英交换柱用 1mL 聚四氯乙烯树脂（Teflon）粉末为交换介质完成的。分离出待测元素，

将含待测元素的溶液点于金属带上待测，其中 Sr 同位素测定采用 Ta 金属带和 Ta-HF 发射剂，Rb、Sm 和 Nd 同位素比值测定采用双 Re 金属带。

全岩 Pb 同位素分析主要在加拿大纽芬兰纪念大学同位素化学实验室进行，测试采用热电离同位素质谱法（TIMS）。首先称量粉末样品约 300mg，采用 HF 酸（2% 的 HNO_3）在高温高压条件下将粉末样品完全溶解（约 7 天），溶样后蒸干样品溶液，用 HCl 将氟化物样品转化为氯化物，蒸干后用 HBr 提取样品。在装有 80μL AGlxs（100~200 目）交换树脂的 Teflon 交换柱上，采用 HBr 和 HCl 流程分离纯化 Pb 样品。分离出来的样品点样时采用硅胶发射剂和锌金属带，Pb 同位素测试的温度为 1300℃。

Sr、Nd 样品分别采用 $^{143}Nd/^{144}Nd$=0.7219 和 $^{86}Sr/^{88}Sr$=0.1194 校正测得的 Nd 和 Sr 同位素比值。铅同位素质量分馏校正系数为每质量单位 0.8‰，该校正系数源于对铅标准物质 NBS981 的大量测试所获得的数据。Rb-Sr 和 Sm-Nd 的全流程本底分别为 100pg 和 50pg 左右，浓度（或 $^{147}Sm/^{144}Nd$ 值和 $^{87}Rb/^{86}Sr$ 值）误差小于 0.5%。铅的全流程本底小于 50pg，测试的浓度误差小于 0.5%。相关的化学流程和同位素比值测试可参见 Chen 等（2000，2002）。

进行单阶段 Nd 模式年龄（T_{DM1}）相对于亏损地幔（$^{143}Nd/^{144}Nd$ 值为 0.51315，$^{147}Sm/^{144}Nd$ 值为 0.2137）计算（DePaolo，1998），以及两阶段 Nd 模式年龄 (T_{DM2}) 相对于平均陆壳（$^{147}Sm/^{144}Nd$ =0.118）计算（Jahn and Condie，1995），计算公式参考 Liew 和 Hofinann（1998）。

6. 锆石 Lu-Hf 同位素分析

锆石 Lu-Hf 同位素分析在中国地质科学院矿产资源研究所的 LA-MC-ICP-MS 仪器上进行，激光剥蚀系统为 Newwave UP 213。Neptune 多接收等离子质谱仪采用双聚焦（能量聚焦和质量聚焦）光路设计，采用动态变焦（zoom）技术可以将质量色散扩大至 17%，配有 1 个固定在中心的法拉第杯，在低质量数和高质量数各有 4 个马达驱动的法拉第杯。在中心杯后装有 1 个电子倍增器，在最低质量数杯外侧装有 4 个离子计数器。激光剥蚀系统能够产生 213nm 的紫外激光，经过激光匀化将能量聚焦在样品表面，激光剥蚀光斑的直径可在 10~150μm 之间调节。激光的输出能量可以调节，最大实际输出功率可达 35J/cm^2。测试流程及数据采集分析参见侯可军等（2007）。

锆石原位 Lu-Hf 同位素测定用 $^{176}Lu/^{175}Lu$=0.02669 和 $^{176}Yb/^{172}Yb$=0.5886 进行同量异位干扰校正计算测定样品的 $^{176}Lu/^{177}Hf$ 值和 $^{176}Hf/^{177}Hf$ 值。在样品测定期间，对标准参考物质 MON-1、91500 和 GJ-1 进行分析，一方面进行仪器状态监控，另一方面以此来对样品进行校正。分析获得标准锆石 MON-1 的 $^{176}Hf/^{177}Hf$= 0.282730 ± 0.000015（n=4，2σ），91500 的 $^{176}Hf/^{177}Hf$=0.282305 ± 0.000027（n=10，2σ），GJ-1 的 $^{176}Hf/^{177}Hf$= 0.282001 ± 0.000015（n=6，2σ），分别与推荐值 0.282730 ± 51（2σ）、0.2823075 ± 58（2σ）和 0.282015 ± 0.000019（2σ）吻合。Hf 同位素研究中的有关计算公式如下（吴福元等，2007）：

$$\varepsilon_{Hf}(0)=[(^{176}Hf/^{177}Hf)_S/(^{176}Hf/^{177}Hf)_{CHUR,0}-1]\times 10000$$

$\varepsilon_{Hf}(t)=\{[(^{176}Hf/^{177}Hf)_S-(^{176}Lu/^{177}Hf)_s\times(e^{\lambda t}-1)]/[(^{176}Hf/^{177}Hf)_{CHUR,0}-(^{176}Lu/^{177}Hf)_{CHUR}\times(e^{\lambda t}-1)]-1\}\times 10000$

$T_{DM1}=1/\lambda\times\ln\{1+[(^{176}Hf/^{177}Hf)_S-(^{176}Hf/^{177}Hf)_{DM}]/[(^{176}Lu/^{177}Hf)_S-(^{176}Lu/^{177}Hf)_{DM}]\}$

$T_{DM2}=T_{DM1}-(T_{DM1}-t)[(f_{CC}-f_S)/(f_{CC}-f_{DM})]$

$f_{Lu/Hf}=(^{176}Lu/^{177}Hf)_S/(^{176}Lu/^{177}Hf)_{CHUR}-1$

式中，$(^{176}Lu/^{177}Hf)_S$、$(^{176}Hf/^{177}Hf)_S$为样品测定值；$(^{176}Lu/^{177}Hf)_{CHUR}=0.0332$，$(^{176}Hf/^{177}Hf)_{CHUR,0}=0.282772$；$(^{176}Lu/^{177}Hf)_{DM}=0.0384$，$(^{176}Hf/^{177}Hf)_{DM}=0.28325$；$f_{CC}$，$f_S$，$f_{DM}$分别为大陆地壳、样品和亏损地幔的$f_{Lu/Hf}$；$t$为样品形成时间；$\lambda=1.867\times10^{-11}a^{-1}$。

7. 硫化物 LA-ICP-MS 微量元素原位分析

辉钼矿和黄铁矿 LA-ICP-MS 原位分析工作均在澳大利亚塔斯马尼亚大学完成。在对挑选出来的代表性样品进行大量显微镜观察的基础上，选择并标记出要分析的颗粒或区域进行电子探针分析。电子探针分析在澳大利亚塔斯马尼亚大学的中心实验室完成，实验的负荷为 15kV，电子束能量为 20nA，斑束直径为 2μm，大多数元素的分析精度高于 1%。在对电子探针分析结果进行校正计算之后，对同一颗粒的相同位置进行 LA-ICP-MS 分析，这部分实验在澳大利亚塔斯马尼亚大学优秀矿床研究中心（CODES）LA-ICP-MS 室完成。分析仪器为 HP4500 型四极杆质谱仪和 UP-213 Nd：YAG 激光剥蚀系统。实验过程中采用 He 作为剥蚀物质的载气，采用 35~50μm 的激光束对分析样品进行斑点式剥蚀，频率为 5Hz，激光的能量为 2.4~2.7J/cm^2。每个样品分析点的分析时间为 90s，其中包括 30s 的剥蚀前的背景值测定，接下来激光开启后的 60s 的时间内接收的数据为有效分析数据。所有的分析数据都必须用 NIST612 标样值来进行校正（Danyushevsky et al.，2004），且以 Ca 作为内标元素来进行元素含量的计算。其中 NIST612 标样是一个添加了部分元素的人工合成的玻璃圆盘，在每分析一小时之后，都必须重新分析两次标样。

相关的实验步骤如下（周涛发等，2010；Danyushevsky et al.，2004，2011；Flem et al.，2002）：

（1）将矿石样品磨制成小光片，并固定在靶上。

（2）在偏光显微镜下对光片进行初步观察，主要目的是了解矿物的形态、粒度、裂纹的发育程度及含有的矿物包体情况等。

（3）为了进一步弄清矿石结构及矿物颗粒的分布情况，我们拍摄了光片的图像，并结合镜下观察进一步圈定拟测矿物颗粒及分析点位置。

（4）将待测的样品靶和标样（STDGL2b-2）一起放入激光探针分析仪样品室，并通入载气。

（5）利用激光探针分析仪的控制电脑找到标样，调节聚焦按钮，使图像足够清晰，选定分析点，并设置激光剥蚀时间为 90s。

（6）在另外一台质谱仪的控制电脑上设定好所要分析的元素和数据的保存路径后，启动仪器开始读数。

（7）回到激光探针分析仪的控制电脑上，待数据开始采集约 30s 后启动激光剥蚀系统，仪器将自动获得该分析点的数据。

（8）重复步骤（5）（6）（7）对标样和待测样品的各分析点进行分析。

（9）在激光探针分析点的对应位置进行电子探针分析。这时需要注意的是电子探针的分析点要选在已进行激光探针分析的剥蚀坑边缘光滑平整的待测矿物表面。

8. 石英阴极发光拍摄

实验在加拿大纽芬兰纪念大学扫描电子显微镜实验室进行，扫描电子显微镜（SEM）型号为JSM-7100F，CL阴极发光利用Deben公司的Centaurus CL，使用加速电压为10kV，由于该仪器所加电压有限，因此获得的图像虽能显示不同世代石英存在差异，但图像清晰度略低。

9. 流体包裹体测温

分析的矿物主要为含石英脉，将样品打磨成双面抛光的薄片（约0.30mm厚），先在偏光显微镜下进行观察工作，记录不同成矿阶段、不同类型的包裹体的直径、形状、气液比以及丰度分布等岩相学特征，为下一步测温做准备。

显微热力学工作在合肥工业大学资源与环境工程学院流体包裹体实验室完成。应用的方法主要包括均一法和冷冻法。所用仪器为英国Linkam THMS600型冷热台。流体包裹体显微测温的基本流程如下：

（1）观察包裹体片，寻找容易发现包裹体的部分，将其卸下一小片置于冷热台中。

（2）在较高倍镜（40×10）下观察流体包裹体，辨认其产状、分布等特点，以区分其成因类型是原生、次生还是假次生包裹体。

（3）换高倍镜（50×10），进行冷冻和均一实验。

（4）在室温状态下以液氮为介质进行冷冻实验，以40℃/min的速度降温，一般降至–60℃；此时流体被速冻为“冰”，然后以20~30℃/min的速度升温至–20℃，其间少数包裹体可见冰晶初融现象，大部分冰晶融化现象明显；然后以5℃/min的速度升温，一般可见明显的冰晶融化现象，有些冰晶附着于气泡上，随着冰晶的融化，气泡发生强烈的抖动并向包裹体其他部位移动。在冰晶即将完全融化时，一般仅剩最后一小块冰晶附着在气泡上；为避免亚稳定因素的影响，此时应快速降温，令冰晶再生长一点，然后以0.1℃/min速度缓缓升温，记录冰晶完全融化时的温度T_M，这样可以控制测试冰点的精度在±0.1℃。

（5）恢复至常温状态下，可以50℃/min速度加热，往往可见包裹体中的气泡移动，并在加热到一定时候开始变小，此时降低加热速率至20℃/min；在接近最终的气体向液体均一时，气泡变得很小，加热速率应在2℃/min，这样会使测定精度达到±1℃的范围；在气泡变得极小时，往往见极小的气泡快速抖动直至消失，此时应令温度快速降低10~20℃，如果低于气泡消失温度T_h，气泡会再出现；如果高于T_h，将无任何气泡出现。在气泡完全消失时记下包裹体最终均一的温度；以20℃/min降温，记录气泡再现的温度，恢复至室温状态下，仔细观察包裹体的气液比例，若与初始有较大的差距，则舍弃此点数据甚至此范围数据继续测温。

（6）选择其他包裹体，重复上述步骤。

10. S 同位素

硫同位素分析测试工作在中国科学院地球化学研究所完成。质谱仪型号为美国产 MAT-253，以 V-CDT 为标准，分析精度为 ±0.2‰。利用 Cu_2O 氧化方法进行 $\delta^{34}S$ 分析，在真空系统下混合粉末样品与 Cu_2O，置于真空石英管中，收集纯净的 SO_2 气体，在质谱仪中测定 $^{34}S/^{32}S$ 的值，外标包括 GBW04415 和 GBW04414 Ag_2S，硫同位素值以 CDT 标准的形式列出，精度控制在 ±0.2‰，详细实验流程及规范见中国科学院地球化学研究所同位素实验室网站及发表的文献。

A.3 参考文献

侯可军，李延河，邹天人，等，2007. LA-MC-ICP-MS 锆石 Hf 同位素的分析方法及地质应用. 岩石学报，23(10): 2595-2604.

靳新娣，朱和平，2000. 岩石样品中 43 种元素的高分辨等离子质谱测定. 分析化学，5: 563-567.

吴福元，李献华，郑永飞，等，2007. Lu-Hf 同位素体系及其岩石学应用. 岩石学报，23 (2): 185-220.

周涛发，张乐骏，袁峰，等，2010. 安徽铜陵新桥 Cu-Au-S 矿床黄铁矿微量元素 LA-ICP-MS 原位测定及其对矿床成因的制约. 地学前缘，17(2): 306-319.

Andersen T, 2002. Correction of common lead in U-Pb analyses that do not report ^{204}Pb. Chemical Geology, 192(1): 59-79.

Chen F K, Hegner E, Todt W, 2000. Zircon ages and Nd isotopic and chemical compositions of orthogneisses from the Black Forest, Germany: evidence for a Cambrian magmatic arc. International Journal of Earth Sciences, 88: 791-802.

Chen F K, Siebel W, Satir M, et al., 2002. Geochronology of the Karadere basement (NW Turkey) and implications for the geological evolution of the Istanbul zone. International Journal of Earth Sciences, 91: 469-481.

Danyushevsky L, Robinson P, McGoldrick P, et al., 2004. Quantitative multi-element analysis of sulphide minerals by laser ablation ICPMS. Hobart: 17th Australian Geological Convention.

Danyushevsky L V, Robinson P, Gilbert S, et al., 2011. Routine quantitative multi-element analysis of sulphide minerals by laser ablation ICP-MS: standard development and consideration of matrix effects. Geochemistry: Exploration, Environment, Analysis, 11: 51-60.

DePaolo D J, 1998. Neodymium Isotope Geochemistry—an Introduction: Minerals and Rocks. New York: Springer.

Flem B, Larsen R B, Grimstvedt A, et al., 2002. In situ analysis of trace elements in quartz by using laser ablation inductively coupled plasma mass spectrometry. Chemical Geology, 182: 237-247.

Grant J A, 1986. The isocon diagram: a simple solution to Gresens' equation for metasomatic alteration. Economic Geology, 81(8): 1976-1982.

Jahn B M, Condie K C, 1995. Evolution of the Kaapvaal Craton as viewed from geochemical and Sm-Nd isotopic analyses of intracratonic pelites. Geochimica et Cosmochimica Acta, 59 (11): 2239-2258.

Liew T C, Hofmann A W, 1998. Precambrian crustal components, plutonic associations, plate environment of the Hereynian fold belt of central Europe: indications from a Nd and Sr isotopic study. Contribution to Mineralogy and Petrology, 98: 129-138.

Liu Y S, Hu Z C, Gao S, et al., 2008. In situ analysis of major and trace elements of anhydrous minerals by LA-ICP-MS without applying an internal standard. Chemical Geology, 257: 34-43.

Liu Y S, Hu Z C, Zong K Q, et al., 2010. Reappraisement and refinement of zircon U-Pb isotope and trace element analyses by LA-ICP-MS. Chinese Science Bulletin, 55(15): 1535-1546.

Ludwing K R, 2003. Isoplot 3.0: a Geochronological Toolkit for Microsoft Excel. Berkeley: Publication, Berkeley Geochronology Center.

Yuan H L, Gao S, Liu X M, 2004. Accurate U-Pb age and trace element determinations of zircon by laser ablation inductively coupled plasma mass spectrometry. Geostandards and Geoanalytical Research, 28(3): 353-370.

附录 B　沙坪沟地区岩浆岩 LA-ICP-MS 锆石 U-Pb 年代学分析结果

分析点		$U/10^{-6}$	$Th/10^{-6}$	Th/U	$^{207}Pb/^{206}Pb$		$^{207}Pb/^{235}U$		$^{206}Pb/^{238}U$		$^{208}Pb/^{232}Th$		$^{206}Pb/^{238}U$		$^{207}Pb/^{235}U$		$^{208}Pb/^{232}Th$	
					测值	1σ	测值	1σ	测值	1σ	测值	1σ	年龄 / Ma	1σ	年龄 /Ma	1σ	年龄 / Ma	1σ
二长花岗岩（SPG-50）	SPG-50-01	254	402	8.06	0.0503	0.0023	0.1440	0.0072	0.0209	0.0006	0.0065	0.0002	133.54	3.58	136.56	6.35	130.88	3.67
	SPG-50-02	455	580	14.13	0.0485	0.0018	0.1456	0.0061	0.0218	0.0006	0.0070	0.0002	138.89	3.60	138.04	5.45	140.52	3.93
	SPG-50-03	529	652	15.56	0.0496	0.0018	0.1470	0.0062	0.0214	0.0006	0.0065	0.0002	136.81	3.76	139.24	5.50	131.51	3.80
	SPG-50-05	168	324	6.06	0.0510	0.0027	0.1543	0.0088	0.0221	0.0006	0.0066	0.0002	140.67	3.90	145.72	7.70	132.93	3.91
	SPG-50-12	368	513	11.97	0.0500	0.0019	0.1506	0.0065	0.0218	0.0006	0.0070	0.0002	139.08	3.68	142.47	5.76	141.79	3.89
	SPG-50-16	262	375	8.24	0.0498	0.0023	0.1436	0.0075	0.0211	0.0006	0.0066	0.0002	134.46	3.60	136.29	6.64	132.33	3.90
	SPG-50-19	341	749	12.30	0.0480	0.0021	0.1403	0.0067	0.0212	0.0006	0.0063	0.0002	135.31	3.52	133.32	5.93	126.28	3.38
	SPG-50-21	136	160	4.26	0.0509	0.0029	0.1523	0.0089	0.0219	0.0006	0.0073	0.0002	139.86	4.00	143.91	7.83	146.04	4.57
	SPG-50-24	579	807	17.37	0.0502	0.0020	0.1435	0.0066	0.0207	0.0006	0.0063	0.0002	132.28	3.61	136.15	5.85	127.52	3.61
	SPG-50-28	349	516	11.10	0.0490	0.0020	0.1432	0.0064	0.0213	0.0006	0.0068	0.0002	136.08	3.58	135.87	5.64	136.50	3.73
	SPG-50-29	312	337	9.41	0.0508	0.0021	0.1489	0.0069	0.0213	0.0006	0.0076	0.0002	135.59	3.58	140.95	6.08	152.58	4.37
角闪石岩(C-4)	C-4-03	1008	2982	67.18	0.0487	0.0018	0.1396	0.0048	0.0210	0.0002	0.0072	0.0001	133.91	1.37	132.66	4.30	145.93	2.89
	C-4-04	449	658	17.52	0.0514	0.0026	0.1442	0.0068	0.0203	0.0003	0.0064	0.0002	129.67	1.76	136.78	5.99	129.28	3.22
	C-4-06	387	458	14.05	0.0494	0.0029	0.1376	0.0076	0.0206	0.0003	0.0070	0.0002	131.41	1.74	130.95	6.81	141.54	3.49
	C-4-07	1021	2309	55.39	0.0490	0.0020	0.1441	0.0058	0.0215	0.0002	0.0070	0.0001	137.05	1.56	136.69	5.15	141.18	2.86
	C-4-10	1546	7173	136.98	0.0485	0.0015	0.1410	0.0043	0.0211	0.0002	0.0068	0.0001	134.85	1.24	133.96	3.81	137.65	2.88

续表

分析点		U/10^{-6}	Th/10^{-6}	Th/U	$^{207}Pb/^{206}Pb$		$^{207}Pb/^{235}U$		$^{206}Pb/^{238}U$		$^{208}Pb/^{232}Th$		$^{206}Pb/^{238}U$		$^{207}Pb/^{235}U$		$^{208}Pb/^{232}Th$	
					测值	1σ	测值	1σ	测值	1σ	测值	1σ	年龄 / Ma	1σ	年龄 /Ma	1σ	年龄 / Ma	1σ
角闪石岩 (C-4)	C-4-11	1194	4451	85.47	0.0488	0.0016	0.1357	0.0043	0.0202	0.0002	0.0065	0.0001	128.98	1.32	129.25	3.83	130.24	2.47
	C-4-14	547	1276	27.26	0.0514	0.0023	0.1450	0.0063	0.0206	0.0003	0.0061	0.0001	131.40	1.71	137.48	5.62	123.12	2.63
	C-4-15	272	451	11.15	0.0481	0.0030	0.1348	0.0077	0.0201	0.0003	0.0064	0.0002	128.27	2.09	128.37	6.88	128.12	3.32
	C-4-16	328	464	12.57	0.0516	0.0033	0.1442	0.0083	0.0207	0.0003	0.0063	0.0002	131.91	2.16	136.80	7.37	127.45	3.40
	C-4-18	390	693	17.50	0.0475	0.0024	0.1369	0.0062	0.0205	0.0003	0.0066	0.0001	131.03	1.69	130.24	5.55	132.83	3.00
	C-4-22	1014	3608	73.18	0.0515	0.0017	0.1474	0.0052	0.0208	0.0002	0.0067	0.0001	132.40	1.33	139.58	4.60	134.82	2.38
	C-4-23	147	201	5.47	0.0469	0.0040	0.1400	0.0106	0.0200	0.0004	0.0065	0.0002	127.35	2.46	133.05	9.48	131.87	3.94
	C-4-24	1283	4980	97.94	0.0488	0.0019	0.1424	0.0058	0.0212	0.0002	0.0068	0.0001	135.23	1.38	135.17	5.11	136.40	2.66
	C-4-25	1189	1371	41.44	0.0482	0.0016	0.1363	0.0047	0.0205	0.0002	0.0069	0.0002	130.90	1.36	129.72	4.16	139.74	3.35
	C-4-26	295	48	5.89	0.0481	0.0026	0.1338	0.0070	0.0203	0.0003	0.0073	0.0004	129.66	1.91	127.47	6.25	147.80	7.93
	C-4-27	723	1478	34.80	0.0473	0.0019	0.1365	0.0057	0.0209	0.0002	0.0067	0.0001	133.40	1.46	129.88	5.05	135.80	2.79
	C-4-28	440	588	16.43	0.0492	0.0023	0.1410	0.0065	0.0210	0.0003	0.0065	0.0001	134.04	1.79	133.95	5.79	131.78	2.84
	C-4-29	839	2067	46.87	0.0502	0.0018	0.1470	0.0054	0.0212	0.0002	0.0069	0.0001	135.55	1.42	139.26	4.77	138.28	2.56
辉石岩 (G-24)	G-24-15	1563	1236	45.38	0.0475	0.0036	0.1367	0.0093	0.0205	0.0005	0.0065	0.0003	130.73	3.03	130.10	8.30	130.07	6.36
	G-24-22	2333	1811	69.49	0.0496	0.0028	0.1440	0.0076	0.0211	0.0004	0.0062	0.0003	134.82	2.42	136.64	6.75	125.34	6.35
	G-24-25	2150	1964	70.76	0.0441	0.0036	0.1399	0.0097	0.0223	0.0005	0.0064	0.0004	141.93	3.21	132.91	8.65	128.85	8.81
含斜长辉石岩 (C-8)	C-8-03	214	553	11.50	0.0468	0.0037	0.1378	0.0092	0.0206	0.0005	0.0062	0.0002	131.16	3.46	131.10	8.25	124.19	3.19
	C-8-07	282	552	13.27	0.0512	0.0032	0.1455	0.0087	0.0202	0.0003	0.0063	0.0001	128.83	2.15	137.91	7.71	127.18	2.99

续表

分析点		U/10^{-6}	Th/10^{-6}	Th/U	$^{207}Pb/^{206}Pb$		$^{207}Pb/^{235}U$		$^{206}Pb/^{238}U$		$^{208}Pb/^{232}Th$		$^{206}Pb/^{238}U$		$^{207}Pb/^{235}U$		$^{208}Pb/^{232}Th$	
					测值	1σ	测值	1σ	测值	1σ	测值	1σ	年龄 / Ma	1σ	年龄 /Ma	1σ	年龄 / Ma	1σ
含斜长辉石岩 (C-8)	C-8-12	303	950	19.06	0.0484	0.0033	0.1356	0.0088	0.0202	0.0003	0.0064	0.0001	128.80	1.66	129.13	7.88	129.10	2.83
	C-8-13	240	714	13.99	0.0467	0.0033	0.1346	0.0081	0.0201	0.0004	0.0061	0.0001	128.39	2.49	128.26	7.24	122.95	2.83
	C-8-14	400	751	19.28	0.0476	0.0034	0.1437	0.0094	0.0210	0.0003	0.0070	0.0002	134.18	1.83	136.37	8.36	140.80	3.42
	C-8-18	247	845	15.94	0.0510	0.0032	0.1472	0.0079	0.0203	0.0003	0.0061	0.0001	129.66	2.14	139.44	6.98	123.52	2.72
	C-8-19	151	301	6.93	0.0469	0.0049	0.1413	0.0120	0.0201	0.0004	0.0063	0.0002	128.37	2.48	134.23	10.66	127.49	3.59
	C-8-24	523	1609	33.98	0.0498	0.0023	0.1435	0.0066	0.0210	0.0003	0.0069	0.0001	134.12	1.90	136.15	5.83	139.89	2.98
	C-8-27	358	722	17.38	0.0479	0.0028	0.1371	0.0073	0.0205	0.0003	0.0065	0.0001	130.59	1.69	130.42	6.53	130.82	2.94
花岗闪长岩(HS-10、HS-17、SPG-36)	HS-10-03	179	306	5.68	0.0494	0.0031	0.1367	0.0094	0.0203	0.0006	0.0060	0.0002	129.54	3.71	130.10	8.40	121.45	3.86
	HS-10-04	225	602	9.22	0.0526	0.0026	0.1477	0.0083	0.0205	0.0006	0.0063	0.0002	130.73	3.71	139.88	7.38	127.88	3.59
	HS-10-07	1347	1419	36.23	0.0510	0.0018	0.1382	0.0059	0.0198	0.0005	0.0060	0.0002	126.43	3.40	131.44	5.29	120.66	3.29
	HS-10-10	815	1809	28.49	0.0498	0.0018	0.1393	0.0058	0.0204	0.0005	0.0057	0.0002	129.93	3.35	132.42	5.17	115.85	3.20
	HS-10-12	764	1041	22.39	0.0503	0.0025	0.1363	0.0081	0.0195	0.0005	0.0063	0.0002	124.37	3.34	129.75	7.24	127.73	4.19
	HS-10-24	129	143	3.74	0.0467	0.0030	0.1264	0.0089	0.0200	0.0006	0.0065	0.0002	127.43	3.70	120.82	8.07	131.76	4.60
	HS-17-02	94	123	2.75	0.0550	0.0043	0.1430	0.0113	0.0195	0.0007	0.0059	0.0002	124.77	4.24	135.74	10.08	118.60	4.90
	HS-17-04	152	323	5.29	0.0527	0.0040	0.1444	0.0117	0.0199	0.0006	0.0064	0.0002	127.09	3.76	136.95	10.35	128.91	4.44
	HS-17-08	264	540	9.15	0.0541	0.0038	0.1482	0.0107	0.0201	0.0006	0.0064	0.0002	128.19	3.83	140.33	9.46	128.51	3.84
	HS-17-19	162	371	5.75	0.0493	0.0036	0.1311	0.0099	0.0198	0.0006	0.0059	0.0002	126.10	3.86	125.05	8.86	119.09	3.93

续表

分析点		U/10^{-6}	Th/10^{-6}	Th/U	$^{207}Pb/^{206}Pb$		$^{207}Pb/^{235}U$		$^{206}Pb/^{238}U$		$^{208}Pb/^{232}Th$		$^{206}Pb/^{238}U$		$^{207}Pb/^{235}U$		$^{208}Pb/^{232}Th$	
					测值	1σ	测值	1σ	测值	1σ	测值	1σ	年龄/Ma	1σ	年龄/Ma	1σ	年龄/Ma	1σ
花岗闪长岩(HS-10、HS-17、SPG-36)	HS-17-23	267	401	8.24	0.0485	0.0036	0.1305	0.0109	0.0194	0.0006	0.0065	0.0002	124.08	3.51	124.58	9.82	130.15	4.10
	HS-17-26	108	133	3.29	0.0547	0.0044	0.1513	0.0117	0.0205	0.0007	0.0065	0.0002	130.92	4.15	143.08	10.30	131.76	4.95
	HS-17-29	237	216	6.67	0.0526	0.0036	0.1471	0.0100	0.0207	0.0006	0.0068	0.0002	131.84	3.78	139.33	8.86	137.77	4.95
	SPG-36-07	223	741	8.97	0.0471	0.0025	0.1265	0.0069	0.0196	0.0005	0.0061	0.0002	124.86	3.32	120.93	6.25	122.77	3.30
	SPG-36-08	187	464	6.30	0.0498	0.0025	0.1295	0.0064	0.0193	0.0005	0.0058	0.0002	123.07	3.40	123.67	5.75	116.91	3.28
	SPG-36-09	243	656	8.46	0.0484	0.0022	0.1268	0.0059	0.0192	0.0005	0.0059	0.0002	122.41	3.33	121.26	5.35	118.54	3.20
	SPG-36-10	266	351	7.40	0.0490	0.0028	0.1338	0.0077	0.0201	0.0006	0.0064	0.0002	128.36	3.51	127.46	6.86	129.91	3.82
	SPG-36-13	147	380	5.19	0.0488	0.0028	0.1276	0.0074	0.0193	0.0005	0.0060	0.0002	123.17	3.33	121.97	6.65	120.32	3.29
	SPG-36-14	119	216	3.82	0.0523	0.0030	0.1490	0.0087	0.0206	0.0006	0.0064	0.0002	131.19	3.80	141.05	7.72	128.87	3.82
	SPG-36-17	196	516	7.19	0.0480	0.0024	0.1310	0.0065	0.0199	0.0005	0.0060	0.0002	126.74	3.36	124.97	5.86	121.39	3.32
	SPG-36-18	114	176	3.60	0.0519	0.0030	0.1444	0.0085	0.0203	0.0006	0.0066	0.0002	129.57	3.64	136.91	7.53	133.61	4.23
	SPG-36-21	174	529	6.93	0.0483	0.0030	0.1256	0.0080	0.0190	0.0005	0.0061	0.0002	121.37	3.32	120.12	7.21	122.61	3.48
	SPG-36-22	159	358	5.69	0.0524	0.0027	0.1402	0.0076	0.0195	0.0005	0.0064	0.0002	124.28	3.45	133.24	6.78	128.89	3.69
	SPG-36-23	102	169	3.17	0.0528	0.0032	0.1363	0.0083	0.0189	0.0005	0.0061	0.0002	120.94	3.29	129.72	7.38	122.27	3.77
	SPG-36-24	218	399	7.58	0.0491	0.0024	0.1354	0.0071	0.0202	0.0006	0.0067	0.0002	128.74	3.57	128.91	6.36	135.30	3.82
	SPG-36-25	166	344	5.99	0.0490	0.0026	0.1363	0.0076	0.0204	0.0006	0.0065	0.0002	129.94	3.58	129.76	6.81	130.84	3.73
	SPG-36-26	137	338	4.89	0.0499	0.0032	0.1290	0.0081	0.0190	0.0005	0.0060	0.0002	121.54	3.33	123.21	7.29	120.30	3.43

续表

分析点		U/10^{-6}	Th/10^{-6}	Th/U	$^{207}Pb/^{206}Pb$		$^{207}Pb/^{235}U$		$^{206}Pb/^{238}U$		$^{208}Pb/^{232}Th$		$^{206}Pb/^{238}U$		$^{207}Pb/^{235}U$		$^{208}Pb/^{232}Th$	
					测值	1σ	测值	1σ	测值	1σ	测值	1σ	年龄 / Ma	1σ	年龄 /Ma	1σ	年龄 / Ma	1σ
花岗闪长岩(HS-10、HS-17、SPG-36)	SPG-36-28	149	313	5.23	0.0497	0.0029	0.1346	0.0081	0.0196	0.0005	0.0065	0.0002	125.32	3.46	128.22	7.26	131.61	3.85
	SPG-36-30	108	188	3.61	0.0525	0.0031	0.1464	0.0085	0.0205	0.0006	0.0068	0.0002	130.52	3.81	138.73	7.54	136.66	4.25
石英正长岩 (SPG-16)	SPG-16-02	2324	2507	58.40	0.0478	0.0014	0.1212	0.0042	0.0183	0.0005	0.0057	0.0001	117.16	2.97	116.12	3.76	115.33	2.98
	SPG-16-08	904	2197	28.46	0.0504	0.0017	0.1255	0.0048	0.0180	0.0005	0.0053	0.0001	115.17	3.03	120.04	4.34	106.61	2.76
	SPG-16-09	722	1847	22.80	0.0479	0.0017	0.1189	0.0047	0.0180	0.0005	0.0049	0.0001	114.87	2.94	114.06	4.26	99.48	2.60
	SPG-16-10	511	1607	17.53	0.0486	0.0019	0.1193	0.0052	0.0179	0.0005	0.0049	0.0001	114.20	2.94	114.46	4.72	98.85	2.58
	SPG-16-13	291	987	10.89	0.0484	0.0024	0.1240	0.0064	0.0187	0.0005	0.0054	0.0001	119.49	3.17	118.65	5.75	108.64	2.97
	SPG-16-14	718	2034	24.30	0.0510	0.0019	0.1306	0.0055	0.0185	0.0005	0.0053	0.0001	118.38	3.08	124.61	4.92	106.09	2.79
	SPG-16-15	411	635	11.52	0.0483	0.0022	0.1225	0.0058	0.0186	0.0005	0.0058	0.0002	118.78	3.12	117.32	5.20	117.22	3.20
	SPG-16-16	302	772	10.19	0.0494	0.0025	0.1274	0.0066	0.0187	0.0005	0.0056	0.0002	119.74	3.18	121.77	5.99	112.84	3.14
	SPG-16-17	184	486	6.36	0.0517	0.0032	0.1285	0.0077	0.0183	0.0005	0.0059	0.0002	117.14	3.23	122.75	6.93	118.09	3.33
	SPG-16-19	1091	2779	35.33	0.0480	0.0015	0.1188	0.0044	0.0179	0.0005	0.0055	0.0001	114.34	3.03	113.94	4.00	110.74	2.90
	SPG-16-21	465	1489	16.97	0.0485	0.0025	0.1225	0.0068	0.0183	0.0005	0.0055	0.0001	117.16	3.05	117.33	6.13	111.05	2.99
	SPG-16-22	285	932	11.09	0.0486	0.0025	0.1229	0.0066	0.0184	0.0005	0.0061	0.0002	117.41	3.29	117.67	5.94	122.68	3.59
	SPG-16-26	154	275	4.52	0.0508	0.0030	0.1271	0.0080	0.0182	0.0005	0.0057	0.0002	116.54	3.29	121.51	7.23	114.67	3.42
	SPG-16-28	143	386	5.06	0.0510	0.0032	0.1310	0.0086	0.0187	0.0005	0.0060	0.0002	119.16	3.34	124.98	7.76	121.78	3.57
	SPG-16-30	270	538	8.44	0.0464	0.0024	0.1204	0.0070	0.0189	0.0005	0.0059	0.0002	120.94	3.25	115.47	6.36	118.94	3.32

续表

分析点		U/10⁻⁶	Th/10⁻⁶	Th/U	$^{207}Pb/^{206}Pb$		$^{207}Pb/^{235}U$		$^{206}Pb/^{238}U$		$^{208}Pb/^{232}Th$		$^{206}Pb/^{238}U$		$^{207}Pb/^{235}U$		$^{208}Pb/^{232}Th$	
					测值	1σ	测值	1σ	测值	1σ	测值	1σ	年龄 / Ma	1σ	年龄 /Ma	1σ	年龄 / Ma	1σ
石英正长斑岩（94-807、95-132、102-52）	94-807-01	1461	1434	42.45	0.0493	0.0016	0.1207	0.0038	0.0178	0.0002	0.0058	0.0001	113.47	1.20	115.71	3.41	117.42	2.40
	94-807-02	962	685	25.21	0.0493	0.0020	0.1221	0.0047	0.0178	0.0002	0.0053	0.0001	113.78	1.26	116.97	4.25	106.03	2.26
	94-807-04	1185	829	28.96	0.0490	0.0018	0.1180	0.0041	0.0177	0.0002	0.0055	0.0001	113.11	1.25	113.28	3.70	109.87	2.39
	94-807-10	512	153	9.91	0.0480	0.0024	0.1127	0.0053	0.0173	0.0002	0.0057	0.0002	110.35	1.42	108.45	4.81	115.22	3.91
	94-807-16	1499	1039	38.43	0.0490	0.0018	0.1231	0.0045	0.0181	0.0002	0.0053	0.0001	115.71	1.17	117.87	4.03	106.60	2.32
	94-807-19	1224	951	32.25	0.0506	0.0017	0.1269	0.0043	0.0182	0.0002	0.0057	0.0001	116.18	1.29	121.31	3.85	115.58	2.51
	94-807-21	1970	1752	60.19	0.0483	0.0016	0.1204	0.0040	0.0181	0.0002	0.0056	0.0001	115.48	1.17	115.39	3.61	112.91	2.43
	94-807-23	737	562	20.39	0.0506	0.0024	0.1253	0.0060	0.0181	0.0002	0.0058	0.0001	115.38	1.33	119.85	5.37	116.82	2.77
	94-807-26	1576	1168	41.27	0.0474	0.0020	0.1184	0.0050	0.0180	0.0002	0.0054	0.0001	114.76	1.12	113.66	4.52	109.82	2.45
	94-807-28	1224	762	31.90	0.0516	0.0020	0.1293	0.0052	0.0181	0.0002	0.0060	0.0001	115.93	1.19	123.46	4.68	121.78	2.68
	95-132-01	305	374	9.01	0.0466	0.0031	0.1180	0.0071	0.0175	0.0003	0.0051	0.0002	112.11	1.75	113.29	6.43	103.31	3.04
	95-132-03	254	367	8.28	0.0480	0.0032	0.1193	0.0073	0.0173	0.0003	0.0054	0.0002	110.81	1.93	114.47	6.64	108.11	3.26
	95-132-06	1507	1692	45.23	0.0476	0.0018	0.1246	0.0044	0.0183	0.0002	0.0057	0.0001	116.94	1.40	119.26	3.93	115.08	2.82
	95-132-07	475	649	14.96	0.0477	0.0026	0.1144	0.0061	0.0175	0.0003	0.0055	0.0001	112.02	1.61	109.95	5.53	110.13	2.85
	95-132-08	781	1094	25.08	0.0471	0.0019	0.1158	0.0047	0.0179	0.0002	0.0055	0.0001	114.14	1.31	111.28	4.31	110.42	2.64
	95-132-09	1086	1228	30.83	0.0484	0.0016	0.1148	0.0040	0.0172	0.0002	0.0054	0.0001	109.63	1.30	110.33	3.64	109.74	2.59
	95-132-10	707	1001	22.82	0.0471	0.0022	0.1140	0.0050	0.0174	0.0002	0.0056	0.0001	111.37	1.49	109.62	4.59	112.87	2.80
	95-132-12	397	627	13.98	0.0479	0.0030	0.1169	0.0073	0.0175	0.0003	0.0057	0.0001	111.85	1.89	112.29	6.64	114.70	2.77

续表

分析点		U/10^{-6}	Th/10^{-6}	Th/U	$^{207}Pb/^{206}Pb$		$^{207}Pb/^{235}U$		$^{206}Pb/^{238}U$		$^{208}Pb/^{232}Th$		$^{206}Pb/^{238}U$		$^{207}Pb/^{235}U$		$^{208}Pb/^{232}Th$	
					测值	1σ	测值	1σ	测值	1σ	测值	1σ	年龄 / Ma	1σ	年龄 /Ma	1σ	年龄 / Ma	1σ
石英正长斑岩（94-807、95-132、102-52）	95-132-13	569	801	19.45	0.0471	0.0019	0.1156	0.0047	0.0174	0.0003	0.0062	0.0003	111.51	1.71	111.06	4.27	125.16	5.13
	95-132-20	420	799	16.82	0.0501	0.0026	0.1300	0.0061	0.0183	0.0003	0.0055	0.0001	116.92	1.98	124.12	5.52	110.81	2.76
	95-132-21	499	513	14.23	0.0485	0.0022	0.1189	0.0056	0.0178	0.0002	0.0055	0.0001	113.86	1.57	114.07	5.05	110.11	2.91
	95-132-22	806	1063	26.43	0.0490	0.0017	0.1242	0.0044	0.0183	0.0002	0.0055	0.0001	117.06	1.40	118.87	3.96	110.02	2.56
	95-132-24	355	629	13.78	0.0499	0.0026	0.1223	0.0063	0.0178	0.0003	0.0056	0.0002	113.93	1.73	117.15	5.74	112.18	3.26
	102-52-01	348	524	12.39	0.0479	0.0035	0.1225	0.0093	0.0176	0.0003	0.0056	0.0002	112.76	2.13	117.32	8.40	113.07	3.44
	102-52-02	452	629	14.84	0.0493	0.0026	0.1200	0.0062	0.0179	0.0003	0.0054	0.0001	114.49	1.67	115.07	5.58	107.87	2.44
	102-52-04	341	402	10.21	0.0475	0.0032	0.1152	0.0073	0.0174	0.0003	0.0054	0.0002	111.10	1.89	110.68	6.69	109.29	3.20
	102-52-05	385	601	13.67	0.0461	0.0031	0.1177	0.0076	0.0178	0.0003	0.0054	0.0002	113.65	1.60	112.97	6.91	109.70	3.08
	102-52-06	297	497	10.96	0.0513	0.0033	0.1217	0.0081	0.0175	0.0003	0.0056	0.0002	111.79	1.89	116.63	7.33	112.74	3.52
	102-52-09	389	532	12.57	0.0485	0.0029	0.1160	0.0064	0.0175	0.0002	0.0055	0.0002	111.55	1.58	111.41	5.84	110.63	3.06
	102-52-10	453	664	15.75	0.0477	0.0028	0.1191	0.0070	0.0175	0.0003	0.0059	0.0002	112.10	1.71	114.24	6.34	118.10	3.32
	102-52-12	525	840	18.79	0.0484	0.0026	0.1177	0.0059	0.0176	0.0002	0.0057	0.0003	112.50	1.41	112.98	5.37	114.35	6.37
	102-52-14	363	471	11.73	0.0486	0.0030	0.1171	0.0069	0.0177	0.0003	0.0057	0.0002	112.81	1.85	112.40	6.24	115.75	3.08
	102-52-15	414	631	14.48	0.0497	0.0026	0.1231	0.0065	0.0183	0.0004	0.0055	0.0001	116.89	2.44	117.86	5.87	110.76	2.98
	102-52-16	435	510	13.35	0.0483	0.0029	0.1189	0.0067	0.0179	0.0003	0.0056	0.0002	114.37	1.75	114.11	6.06	113.43	4.27
	102-52-18	465	619	15.02	0.0505	0.0026	0.1263	0.0060	0.0179	0.0002	0.0054	0.0001	114.35	1.53	120.77	5.43	108.49	2.74
	102-52-19	453	716	15.90	0.0511	0.0029	0.1257	0.0065	0.0177	0.0002	0.0055	0.0001	113.41	1.49	120.18	5.84	110.08	2.65

续表

分析点		U/10^{-6}	Th/10^{-6}	Th/U	$^{207}Pb/^{206}Pb$		$^{207}Pb/^{235}U$		$^{206}Pb/^{238}U$		$^{208}Pb/^{232}Th$		$^{206}Pb/^{238}U$		$^{207}Pb/^{235}U$		$^{208}Pb/^{232}Th$	
					测值	1σ	测值	1σ	测值	1σ	测值	1σ	年龄 / Ma	1σ	年龄 /Ma	1σ	年龄 / Ma	1σ
石英正长斑岩（94-807、95-132、102-52）	102-52-20	428	513	13.18	0.0509	0.0027	0.1250	0.0063	0.0178	0.0002	0.0056	0.0002	113.85	1.56	119.58	5.66	113.74	3.15
	102-52-23	450	605	14.65	0.0483	0.0028	0.1209	0.0068	0.0179	0.0002	0.0056	0.0001	114.67	1.42	115.89	6.12	112.76	2.64
	102-52-25	490	644	15.77	0.0502	0.0029	0.1203	0.0066	0.0175	0.0002	0.0057	0.0001	111.96	1.58	115.34	5.99	114.61	2.98
	102-52-29	519	842	18.66	0.0492	0.0033	0.1214	0.0087	0.0178	0.0004	0.0057	0.0001	113.98	2.30	116.31	7.84	113.92	2.90
花岗斑岩（52-477、52-986）	ZK52-477-04	1208	913	29.14	0.0474	0.0017	0.1111	0.0046	0.0170	0.0005	0.0053	0.0001	108.45	2.89	106.95	4.18	107.67	3.00
	ZK52-477-05	1032	990	27.84	0.0498	0.0020	0.1202	0.0055	0.0174	0.0005	0.0056	0.0002	111.46	2.94	115.23	4.97	112.81	3.07
	ZK52-477-08	1001	1070	28.29	0.0499	0.0020	0.1229	0.0055	0.0178	0.0005	0.0057	0.0002	113.56	2.94	117.68	4.95	114.97	3.17
	ZK52-477-09	1210	1466	35.44	0.0492	0.0019	0.1225	0.0052	0.0180	0.0005	0.0059	0.0002	114.73	3.05	117.36	4.68	118.81	3.38
	ZK52-477-10	1020	983	27.64	0.0476	0.0019	0.1176	0.0050	0.0179	0.0005	0.0058	0.0002	114.15	2.99	112.92	4.56	117.33	3.24
	ZK52-477-11	933	883	24.45	0.0484	0.0018	0.1178	0.0050	0.0176	0.0005	0.0059	0.0002	112.47	2.99	113.11	4.51	118.94	3.39
	ZK52-477-12	972	1165	28.43	0.0493	0.0019	0.1212	0.0052	0.0178	0.0005	0.0060	0.0002	113.52	3.00	116.16	4.73	120.04	3.37
	ZK52-477-13	1353	1843	37.46	0.0494	0.0018	0.1152	0.0049	0.0169	0.0005	0.0053	0.0001	107.83	2.94	110.72	4.50	107.85	2.96
	ZK52-477-19	1043	1293	29.97	0.0486	0.0019	0.1201	0.0053	0.0180	0.0005	0.0055	0.0002	114.78	3.01	115.19	4.84	111.61	3.15
	ZK52-477-20	916	893	24.49	0.0484	0.0021	0.1190	0.0060	0.0178	0.0005	0.0058	0.0002	113.59	3.00	114.20	5.44	117.00	3.44
	ZK52-477-22	885	851	23.34	0.0485	0.0019	0.1174	0.0050	0.0175	0.0005	0.0056	0.0002	111.93	2.94	112.71	4.57	112.80	3.27
	ZK52-477-23	964	993	25.97	0.0469	0.0021	0.1135	0.0051	0.0176	0.0005	0.0056	0.0002	112.32	2.98	109.13	4.69	111.88	3.31
	ZK52-477-24	956	2682	39.77	0.0496	0.0020	0.1230	0.0054	0.0182	0.0006	0.0051	0.0002	116.11	3.95	117.82	4.89	102.98	3.62
	ZK52-477-25	762	885	20.97	0.0462	0.0020	0.1107	0.0050	0.0174	0.0005	0.0054	0.0002	110.93	3.01	106.61	4.56	109.01	3.54

续表

分析点		U/10^{-6}	Th/10^{-6}	Th/U	^{207}Pb/^{206}Pb		^{207}Pb/^{235}U		^{206}Pb/^{238}U		^{208}Pb/^{232}Th		^{206}Pb/^{238}U		^{207}Pb/^{235}U		^{208}Pb/^{232}Th	
					测值	1σ	测值	1σ	测值	1σ	测值	1σ	年龄 / Ma	1σ	年龄 /Ma	1σ	年龄 / Ma	1σ
花岗斑岩（52-477、52-986）	ZK52-477-26	543	498	15.12	0.0490	0.0024	0.1236	0.0058	0.0184	0.0005	0.0058	0.0002	117.29	3.21	118.35	5.23	117.42	3.99
	ZK52-477-28	965	873	25.53	0.0490	0.0020	0.1226	0.0053	0.0181	0.0005	0.0054	0.0002	115.65	3.12	117.44	4.78	109.02	3.27
	ZK52-477-29	280	627	11.21	0.0511	0.0030	0.1251	0.0075	0.0180	0.0005	0.0053	0.0002	115.27	3.32	119.67	6.80	106.43	3.17
	ZK94-986-01	562	595	13.71	0.0486	0.0026	0.1160	0.0061	0.0175	0.0005	0.0057	0.0002	112.04	3.13	111.41	5.51	114.50	3.29
	ZK94-986-05	995	1256	25.09	0.0493	0.0017	0.1194	0.0049	0.0176	0.0005	0.0057	0.0002	112.57	3.18	114.53	4.48	115.59	3.37
	ZK94-986-06	964	988	22.63	0.0482	0.0017	0.1142	0.0046	0.0172	0.0005	0.0055	0.0002	109.69	2.88	109.78	4.15	110.62	3.10
	ZK94-807-10	425	792	12.22	0.0492	0.0021	0.1224	0.0057	0.0180	0.0005	0.0054	0.0002	115.16	3.11	117.20	5.15	108.12	3.11
	ZK94-986-11	765	666	19.04	0.0490	0.0019	0.1259	0.0054	0.0186	0.0005	0.0058	0.0002	118.52	3.05	120.42	4.86	116.92	3.30
	ZK94-986-12	910	850	20.81	0.0477	0.0017	0.1123	0.0046	0.0171	0.0005	0.0053	0.0001	109.34	2.92	108.06	4.17	107.12	3.01
	ZK94-986-13	519	712	13.93	0.0489	0.0019	0.1195	0.0054	0.0176	0.0005	0.0057	0.0002	112.76	3.00	114.58	4.86	114.60	3.22
	ZK94-986-15	1248	1062	27.67	0.0486	0.0015	0.1145	0.0049	0.0171	0.0005	0.0054	0.0002	109.07	3.00	110.12	4.43	107.95	3.03
	ZK94-986-16	797	775	18.88	0.0493	0.0018	0.1168	0.0051	0.0171	0.0004	0.0053	0.0001	109.54	2.84	112.17	4.64	107.16	3.00
	ZK94-986-18	1000	1115	24.45	0.0473	0.0017	0.1142	0.0049	0.0175	0.0005	0.0054	0.0002	111.59	3.01	109.78	4.47	108.76	3.07
	ZK94-986-19	546	622	14.13	0.0503	0.0021	0.1240	0.0056	0.0179	0.0005	0.0056	0.0002	114.35	2.99	118.68	5.07	113.21	3.20
	ZK94-986-20	668	1141	17.99	0.0480	0.0017	0.1151	0.0049	0.0173	0.0004	0.0048	0.0001	110.39	2.85	110.64	4.44	96.22	2.59
	ZK94-986-21	1043	1380	26.02	0.0481	0.0017	0.1136	0.0046	0.0172	0.0005	0.0052	0.0001	109.84	2.89	109.26	4.21	104.86	2.97
	ZK94-986-22	759	794	18.50	0.0495	0.0017	0.1203	0.0045	0.0177	0.0005	0.0054	0.0002	112.80	2.97	115.35	4.12	108.07	3.04
	ZK94-986-23	1178	1302	27.52	0.0473	0.0016	0.1092	0.0041	0.0168	0.0005	0.0052	0.0001	107.52	2.88	105.23	3.73	104.50	2.96

续表

分析点		U/10⁻⁶	Th/10⁻⁶	Th/U	$^{207}Pb/^{206}Pb$		$^{207}Pb/^{235}U$		$^{206}Pb/^{238}U$		$^{208}Pb/^{232}Th$		$^{206}Pb/^{238}U$		$^{207}Pb/^{235}U$		$^{208}Pb/^{232}Th$	
					测值	1σ	测值	1σ	测值	1σ	测值	1σ	年龄 / Ma	1σ	年龄 /Ma	1σ	年龄 / Ma	1σ
花岗斑岩（52-477、52-986）	ZK94-986-24	702	754	17.60	0.0478	0.0017	0.1184	0.0046	0.0180	0.0005	0.0057	0.0002	114.73	3.01	113.63	4.13	114.60	3.10
	ZK94-986-28	903	1328	24.58	0.0502	0.0017	0.1292	0.0048	0.0186	0.0005	0.0054	0.0002	119.10	3.25	123.39	4.32	109.59	3.11
	ZK94-986-29	813	830	19.51	0.0481	0.0018	0.1178	0.0046	0.0178	0.0005	0.0057	0.0002	113.47	3.04	113.07	4.19	114.47	3.19
	ZK94-986-30	862	1165	22.03	0.0495	0.0019	0.1213	0.0048	0.0178	0.0005	0.0056	0.0002	113.59	3.16	116.24	4.37	113.36	3.50
闪长玢岩(132-72)	132-72-01	578	627	16.21	0.0498	0.0021	0.1183	0.0047	0.0171	0.0002	0.0052	0.0001	109.60	1.34	113.52	4.24	105.63	2.61
	132-72-03	546	617	16.47	0.0471	0.0021	0.1159	0.0051	0.0180	0.0003	0.0056	0.0001	115.09	1.61	111.33	4.64	112.77	2.66
	132-72-05	565	620	16.58	0.0512	0.0024	0.1251	0.0059	0.0178	0.0003	0.0055	0.0002	113.93	2.22	119.69	5.35	110.91	3.72
	132-72-06	608	696	17.91	0.0465	0.0022	0.1149	0.0054	0.0179	0.0002	0.0053	0.0001	114.64	1.53	110.44	4.92	106.46	2.78
	132-72-07	744	927	22.86	0.0469	0.0020	0.1153	0.0052	0.0178	0.0002	0.0053	0.0001	113.88	1.46	110.80	4.78	106.49	2.55
	132-72-08	446	406	11.92	0.0483	0.0027	0.1154	0.0062	0.0175	0.0003	0.0054	0.0001	111.97	1.59	110.89	5.69	109.01	2.76
	132-72-09	455	621	14.92	0.0469	0.0033	0.1163	0.0085	0.0181	0.0002	0.0053	0.0001	115.45	1.57	111.67	7.71	107.76	2.90
	132-72-10	586	599	16.39	0.0469	0.0022	0.1110	0.0050	0.0173	0.0002	0.0053	0.0001	110.88	1.48	106.88	4.61	106.71	2.80
	132-72-11	994	1487	34.95	0.0480	0.0017	0.1152	0.0041	0.0175	0.0002	0.0057	0.0001	112.06	1.31	110.75	3.70	114.08	2.99
	132-72-12	517	616	16.17	0.0469	0.0024	0.1145	0.0056	0.0175	0.0002	0.0057	0.0001	111.95	1.45	110.03	5.11	114.70	2.96
	132-72-13	599	697	18.30	0.0467	0.0021	0.1119	0.0050	0.0176	0.0002	0.0056	0.0001	112.75	1.33	107.71	4.53	111.99	2.77
	132-72-14	630	650	17.75	0.0473	0.0022	0.1131	0.0051	0.0176	0.0002	0.0054	0.0001	112.39	1.42	108.75	4.66	108.02	2.71
	132-72-15	482	545	14.22	0.0473	0.0030	0.1095	0.0067	0.0172	0.0002	0.0056	0.0001	109.75	1.55	105.50	6.09	112.53	2.90

续表

分析点		U/10^{-6}	Th/10^{-6}	Th/U	$^{207}Pb/^{206}Pb$		$^{207}Pb/^{235}U$		$^{206}Pb/^{238}U$		$^{208}Pb/^{232}Th$		$^{206}Pb/^{238}U$		$^{207}Pb/^{235}U$		$^{208}Pb/^{232}Th$	
					测值	1σ	测值	1σ	测值	1σ	测值	1σ	年龄 / Ma	1σ	年龄 /Ma	1σ	年龄 / Ma	1σ
闪长玢岩 (132-72)	132-72-16	346	424	10.53	0.0515	0.0032	0.1216	0.0070	0.0174	0.0003	0.0054	0.0001	110.93	1.81	116.56	6.35	109.84	2.94
	132-72-17	665	829	20.80	0.0485	0.0021	0.1172	0.0048	0.0177	0.0002	0.0056	0.0001	113.26	1.37	112.49	4.38	113.70	2.68
	132-72-18	740	943	22.68	0.0474	0.0020	0.1127	0.0045	0.0174	0.0002	0.0053	0.0001	111.51	1.26	108.46	4.09	107.41	2.55
	132-72-20	567	710	17.16	0.0468	0.0021	0.1081	0.0047	0.0169	0.0002	0.0054	0.0001	107.85	1.31	104.19	4.33	108.88	2.68
	132-72-21	602	761	18.33	0.0490	0.0022	0.1169	0.0047	0.0172	0.0002	0.0053	0.0001	109.93	1.44	112.30	4.30	106.01	2.32
	132-72-22	599	720	17.87	0.0508	0.0023	0.1206	0.0053	0.0172	0.0002	0.0054	0.0001	109.98	1.34	115.62	4.82	108.63	2.43
	132-72-25	625	776	19.93	0.0480	0.0022	0.1155	0.0051	0.0175	0.0002	0.0058	0.0003	111.71	1.33	111.00	4.60	117.39	6.36
	132-72-29	642	788	19.47	0.0481	0.0021	0.1157	0.0051	0.0176	0.0002	0.0054	0.0001	112.22	1.29	111.21	4.67	107.87	2.28
	132-72-30	792	1180	26.39	0.0493	0.0020	0.1188	0.0044	0.0177	0.0002	0.0052	0.0001	112.88	1.14	113.96	4.01	105.16	1.99

注：锆石 LA-ICP-MS U-Pb 分析在合肥工业大学资源与环境工程学院 LA-ICP-MS 实验室完成，采用仪器为 GeoLasPro 和 Agilent 7500a，样品的同位素数据处理采用 ICPMS Data Cal 软件进行。以上工作均由作者独立完成。

附录 C　主要造岩矿物探针分析数据表

C.1　长石探针分析数据表

（单位：%）

样号		SiO_2	TiO_2	Al_2O_3	FeO^T	MgO	MnO	CaO	Na_2O	K_2O	Cr_2O_3	总和	Si	Al	Ti	Fe	Mn	Mg	Ca	Na	K	Or	Ab	An
钾长石	1-KF-1	65.584	0.028	17.886	0.075	—	—	0.018	1.416	15.666	—	100.673	3.011	0.968	0.001	0.003	0.000	0.000	0.001	0.126	0.917	87.845	12.070	0.085
	1-KF-2	65.297	—	18.118	0.018	—	0.006	—	0.641	16.585	0.017	100.682	3.005	0.983	0.000	0.001	0.000	0.000	0.000	0.057	0.973	94.451	5.549	0.000
	1-KF-3	65.268	—	17.915	0.101	—	—	0.061	0.96	16.101	—	100.406	3.008	0.973	0.000	0.004	0.000	0.000	0.003	0.086	0.947	91.423	8.286	0.291
	1-KF-4	65.38	0.016	17.905	0.041	—	—	—	0.696	16.422	—	100.46	3.013	0.972	0.001	0.002	0.000	0.000	0.000	0.062	0.965	93.947	6.053	0.000
	1-KF-5	63.929	0.027	17.818	0.014	—	—	—	0.163	17.161	—	99.112	2.999	0.985	0.001	0.001	0.000	0.000	0.000	0.015	1.027	98.577	1.423	0.000
	1-KF-6	63.381	—	17.827	0.038	—	0.012	—	0.139	17.293	—	98.69	2.992	0.992	0.000	0.002	0.000	0.000	0.000	0.013	1.041	98.793	1.207	0.000
	1-KF-7	63.534	—	17.776	—	—	0.034	—	0.378	16.942	—	98.664	2.995	0.988	0.000	0.000	0.001	0.000	0.000	0.035	1.019	96.720	3.280	0.000
	1-KF-8	63.656	—	17.709	0.01	—	0.025	—	0.198	17.322	—	98.92	2.998	0.983	0.000	0.000	0.001	0.000	0.000	0.018	1.040	98.292	1.708	0.000
	1-KF-9	63.695	—	18.006	0.002	—	0.068	—	0.342	16.807	—	98.92	2.992	0.997	0.000	0.000	0.003	0.000	0.000	0.031	1.007	96.999	3.001	0.000
	1-KF-10	62.78	—	17.617	0.026	—	—	—	0.124	17.506	—	98.053	2.989	0.989	0.000	0.001	0.000	0.000	0.000	0.011	1.063	98.935	1.065	0.000
	1-KF-11	62.995	—	18.139	0.022	—	0.025	—	0.293	17.126	—	98.6	2.977	1.010	0.000	0.001	0.001	0.000	0.000	0.027	1.032	97.465	2.535	0.000
	1-KF-12	63.612	0.041	18.101	0.012	—	—	0.003	0.227	17.298	—	99.294	2.984	1.001	0.001	0.000	0.000	0.000	0.000	0.021	1.035	98.030	1.956	0.014
	1-KF-13	64.473	0.032	17.928	0.036	—	0.01	—	0.164	16.435	0.013	99.091	3.010	0.986	0.001	0.001	0.000	0.000	0.000	0.015	0.979	98.506	1.494	0.000
	1-KF-14	65.977	0.007	18.038	0.083	—	—	—	0.793	15.529	0.018	100.445	3.023	0.974	0.000	0.003	0.000	0.000	0.000	0.070	0.908	92.796	7.204	0.000

续表

	样号	SiO_2	TiO_2	Al_2O_3	FeO^T	MgO	MnO	CaO	Na_2O	K_2O	Cr_2O_3	总和	Si	Al	Ti	Fe	Mn	Mg	Ca	Na	K	Or	Ab	An
钾长石	1-KF-15	64.486	0.053	17.994	0.051	—	—	—	1.249	15.322	0.003	99.158	3.001	0.987	0.002	0.002	0.000	0.000	0.000	0.113	0.910	88.974	11.026	0.000
	1-KF-16	64.366	0.026	17.958	0.057	—	0.021	—	0.934	15.586	0.012	98.96	3.004	0.988	0.001	0.002	0.001	0.000	0.000	0.085	0.928	91.651	8.349	0.000
	1-KF-17	63.88	—	17.821	0.063	—	0.021	0.001	0.841	15.76	0.016	98.403	3.002	0.987	0.000	0.002	0.001	0.000	0.000	0.077	0.945	92.492	7.503	0.005
	1-KF-18	64.092	0.051	17.86	0.074	—	0.012	—	1.27	15.158	—	98.517	3.002	0.986	0.002	0.003	0.000	0.000	0.000	0.115	0.906	88.702	11.298	0.000
	1-KF-19	64.171	0.023	17.859	0.119	—	0.022	0.009	1.249	15.155	—	98.607	3.003	0.985	0.001	0.005	0.001	0.000	0.000	0.113	0.905	88.827	11.129	0.044
	1-KF-20	64.476	—	17.949	0.1	0.003	0.01	—	1.042	15.408	0.009	98.997	3.006	0.986	0.000	0.004	0.000	0.000	0.000	0.094	0.916	90.678	9.322	0.000
	1-KF-21	65.415	0.016	17.889	0.008	—	0.026	0.024	0.137	16.538	0.02	100.073	3.021	0.974	0.001	0.000	0.001	0.000	0.001	0.012	0.974	98.638	1.242	0.120
	1-KF-22	64.333	—	17.724	—	0.012	—	—	0.128	16.583	0.006	98.786	3.015	0.979	0.000	0.000	0.000	0.001	0.000	0.012	0.991	98.840	1.160	0.000
	1-KF-23	64.341	0.026	17.645	0.003	—	0.012	—	0.79	15.736	—	98.553	3.015	0.975	0.001	0.000	0.000	0.000	0.000	0.072	0.940	92.909	7.091	0.000
	1-KF-24	65.706	—	17.559	0.013	—	0.003	—	0.141	16.405	0.026	99.853	3.037	0.957	0.000	0.001	0.000	0.000	0.000	0.013	0.967	98.710	1.290	0.000
	1-KF-25	65.978	0.053	17.668	0.007	—	0.012	—	0.263	16.603	0.029	100.613	3.031	0.957	0.002	0.000	0.000	0.000	0.000	0.023	0.973	97.649	2.351	0.000
	1-KF-26	66.048	—	17.603	0.011	—	0.015	—	0.207	16.676	—	100.56	3.035	0.954	0.000	0.000	0.001	0.000	0.000	0.018	0.978	98.148	1.852	0.000
	1-KF-27	65.105	0.03	18.049	0.131	—	—	0.084	2.583	14.166	—	100.148	2.995	0.979	0.001	0.005	0.000	0.000	0.004	0.230	0.831	77.993	21.618	0.389
	1-KF-28	65.457	0.03	18.199	0.129	—	0.025	0.071	2.392	14.326	0.016	100.645	2.996	0.982	0.001	0.005	0.001	0.000	0.003	0.212	0.836	79.492	20.177	0.331
	1-KF-29	65.231	0.028	17.795	0.078	—	0.024	0.062	2.46	14.535	0.031	100.244	3.003	0.966	0.001	0.003	0.001	0.000	0.003	0.220	0.854	79.311	20.405	0.284
	1-KF-30	64.289	0.063	17.629	0.087	—	0.002	0.045	2.282	14.47	0.003	98.87	3.001	0.970	0.002	0.003	0.000	0.000	0.002	0.207	0.861	80.493	19.297	0.210
斜长石	2-PL-1	61.502	0.039	21.66	0.073	0.006	0.015	3.52	12.606	0.52	—	99.941	2.768	1.149	0.001	0.003	0.001	0.000	0.170	1.100	0.030	2.297	84.642	13.061
	2-PL-2	61.458	0.053	21.787	0.08	0.008	0.027	3.569	12.801	0.641	—	100.424	2.758	1.152	0.002	0.003	0.001	0.001	0.172	1.114	0.037	2.775	84.245	12.980
	2-PL-3	61.003	0.018	21.893	0.116	0.009	0.007	3.631	12.614	0.891	0.026	100.208	2.749	1.163	0.001	0.004	0.000	0.001	0.175	1.102	0.051	3.854	82.951	13.195

续表

样号		SiO_2	TiO_2	Al_2O_3	FeO^T	MgO	MnO	CaO	Na_2O	K_2O	Cr_2O_3	总和	Si	Al	Ti	Fe	Mn	Mg	Ca	Na	K	Or	Ab	An
斜长石	2-PL-4	61.999	—	21.739	0.081	0.007	—	3.196	13.078	0.321	—	100.421	2.774	1.146	0.000	0.003	0.000	0.000	0.153	1.134	0.018	1.403	86.867	11.731
	2-PL-5	61.861	0.002	21.637	0.07	0.005	0.026	3.085	13.145	0.583	0.004	100.418	2.773	1.143	0.000	0.003	0.001	0.000	0.148	1.142	0.033	2.518	86.291	11.191
	2-PL-6	61.948	—	21.721	0.056	—	0.029	3.146	13.373	0.387	0.022	100.682	2.769	1.145	0.000	0.002	0.001	0.000	0.151	1.159	0.022	1.657	87.029	11.314
	2-PL-7	59.549	0.035	22.862	0.095	0.01	0.017	4.913	12.206	0.244	—	99.931	2.692	1.218	0.001	0.004	0.001	0.001	0.238	1.070	0.014	1.064	80.934	18.002
	2-PL-8	57.84	—	23.818	0.103	0.024	—	6.539	10.862	0.701	—	99.887	2.631	1.277	0.000	0.004	0.000	0.002	0.319	0.958	0.041	3.087	72.721	24.192
	2-PL-9	58.262	0.014	24.092	0.094	0.001	—	6.402	11.103	0.653	0.005	100.626	2.629	1.282	0.000	0.004	0.000	0.000	0.310	0.972	0.038	2.850	73.675	23.475
	2-PL-10	57.994	0.016	24.048	0.081	0.015	—	6.54	11.215	0.452	0.008	100.369	2.624	1.283	0.001	0.003	0.000	0.001	0.317	0.984	0.026	1.966	74.142	23.892
	2-PL-11	58.412	—	23.893	0.079	0.006	—	5.921	11.415	0.791	0.005	100.522	2.639	1.272	0.000	0.003	0.000	0.000	0.287	1.000	0.046	3.422	75.063	21.516
	2-PL-12	68.28	0.013	19.177	0.011	0.01	—	0.081	11.779	0.135	—	99.486	3.000	0.993	0.000	0.000	0.000	0.001	0.004	1.003	0.008	0.745	98.879	0.376
	2-PL-13	68.768	—	18.933	0.048	0.008	—	0.021	11.809	0.172	—	99.759	3.012	0.977	0.000	0.002	0.000	0.001	0.001	1.003	0.010	0.948	98.955	0.097
	2-PL-14	67.751	0.018	19.432	0.012	0.01	—	0.259	12.629	0.19	0.008	100.309	2.969	1.004	0.001	0.000	0.000	0.001	0.012	1.073	0.011	0.969	97.921	1.110
	2-PL-15	67.897	—	18.97	0.017	0.013	0.006	0.047	12.854	0.171	—	99.975	2.985	0.983	0.000	0.001	0.000	0.001	0.002	1.096	0.010	0.866	98.934	0.200
	2-PL-16	67.847	0.03	19.384	0.084	0.001	0.007	0.34	12.407	0.201	—	100.301	2.972	1.001	0.001	0.003	0.000	0.000	0.016	1.054	0.011	1.039	97.485	1.476
	2-PL-17	67.716	—	19.085	0.154	—	0.004	0.166	12.761	0.196	—	100.082	2.977	0.989	0.000	0.006	0.000	0.000	0.008	1.088	0.011	0.993	98.300	0.707
	2-PL-18	67.4	0.002	19.376	0.111	0.004	0.023	0.524	12.368	0.18	—	99.988	2.965	1.005	0.000	0.004	0.001	0.000	0.025	1.055	0.010	0.927	96.807	2.266
	2-PL-19	67.758	0.007	19.199	0.028	0.017	—	0.043	12.776	0.194	0.005	100.027	2.977	0.994	0.000	0.001	0.000	0.001	0.002	1.088	0.011	0.987	98.829	0.184
	2-PL-20	68.23	—	19.304	0.127	0.01	—	0.072	12.582	0.231	—	100.556	2.981	0.994	0.000	0.005	0.000	0.001	0.003	1.066	0.013	1.190	98.499	0.311
	2-PL-21	67.824	—	19.167	0.061	—	0.018	0.181	13.066	0.232	0.006	100.555	2.971	0.990	0.000	0.002	0.001	0.000	0.008	1.110	0.013	1.146	98.103	0.751

续表

样号		SiO_2	TiO_2	Al_2O_3	FeO^T	MgO	MnO	CaO	Na_2O	K_2O	Cr_2O_3	总和	Si	Al	Ti	Fe	Mn	Mg	Ca	Na	K	Or	Ab	An
斜长石	2-PL-22	67.85	—	18.79	0.074	—	0.023	0.126	12.839	0.207	—	99.909	2.987	0.975	0.000	0.003	0.001	0.000	0.006	1.096	0.012	1.044	98.422	0.534
	2-PL-23	66.966	0.037	19.094	0.013	0.011	—	0.266	12.497	0.189	0.023	99.096	2.971	0.999	0.001	0.000	0.000	0.001	0.013	1.075	0.011	0.974	97.875	1.151
	2-PL-24	67.006	—	19.191	0.046	—	0.01	0.267	12.607	0.166	—	99.293	2.968	1.002	0.000	0.002	0.000	0.000	0.013	1.083	0.009	0.849	98.004	1.147
	2-PL-25	67.48	0.025	19.268	0.013	0.018	—	0.145	12.667	0.148	—	99.764	2.972	1.000	0.001	0.000	0.000	0.001	0.007	1.082	0.008	0.758	98.618	0.624
	2-PL-26	67.779	0.023	18.892	0.02	0.004	0.018	0.054	12.98	0.187	0.024	99.981	2.983	0.980	0.001	0.001	0.001	0.000	0.003	1.108	0.010	0.937	98.836	0.227
	2-PL-27	67.572	—	19.69	0.006	—	0.007	0.755	12.26	0.135	0.014	100.439	2.958	1.016	0.000	0.000	0.000	0.000	0.035	1.041	0.008	0.696	96.036	3.268
	2-PL-28	68.096	—	19.224	0.016	0.003	—	0.169	12.846	0.161	0.028	100.543	2.978	0.991	0.000	0.001	0.000	0.000	0.008	1.089	0.009	0.812	98.472	0.716
	2-PL-29	67.526	—	19.503	0.011	—	0.003	0.594	12.267	0.171	0.001	100.076	2.965	1.009	0.000	0.000	0.000	0.000	0.028	1.044	0.010	0.885	96.532	2.583
	2-PL-30	67.925	0.034	19.197	0.004	0.011	—	0.188	12.583	0.132	—	100.074	2.980	0.993	0.001	0.000	0.000	0.001	0.009	1.070	0.007	0.680	98.507	0.813

C.2　黑云母探针分析数据表

样号	SiO_2 /%	TiO_2 /%	Al_2O_3 /%	FeO^T /%	MgO /%	MnO /%	CaO /%	Na_2O /%	K_2O /%	Cr_2O_3 /%	部分总和 /%	Li_2O^* /%	H_2O^* /%	总和 /%	Si	Al^{IV}	Al^{VI}	Ti	Cr	Fe^{3+}	Fe^{2+}	Mn	Mg	Li^*	Ca	Na	K	MF	$Al^{VI}+Fe^{3+}+Ti$	$Fe^{2+}+Mn$	$Fe^{2+}/(Fe^{2+}+Mg)$
BT-1	38.32	2.92	14.26	18.39	13.23	0.49	0.01	0.12	9.23	—	96.97	1.45	4.11	102.53	5.60	2.41	0.05	0.32	0.00	0.07	2.10	0.06	2.88	0.85	0.00	0.04	1.72	0.63	0.44	2.16	0.42
BT-2	38.06	3.00	13.75	18.96	12.52	0.48	0.02	0.10	9.56	—	96.45	1.37	4.06	101.88	5.63	2.37	0.02	0.33	0.00	0.00	2.24	0.06	2.76	0.82	0.00	0.03	1.80	0.63	0.35	2.30	0.45
BT-3	37.83	4.33	14.38	18.12	11.24	0.48	0.02	0.12	9.78	0.01	96.31	1.31	4.06	101.68	5.59	2.41	0.09	0.48	0.00	0.07	2.06	0.06	2.48	0.78	0.00	0.03	1.84	0.63	0.64	2.12	0.45
BT-4	38.32	4.31	14.64	18.32	11.41	0.39	0.03	0.17	9.69	0.01	97.29	1.45	4.11	102.85	5.58	2.42	0.10	0.47	0.00	0.09	2.04	0.05	2.48	0.85	0.00	0.05	1.80	0.64	0.66	2.09	0.45

续表

样号	SiO_2 /%	TiO_2 /%	Al_2O_3 /%	FeO^T /%	MgO /%	MnO /%	CaO /%	Na_2O /%	K_2O /%	Cr_2O_3 /%	部分总和 /%	Li_2O^* /%	H_2O^* /%	总和 /%	Si	Al^{IV}	Al^{VI}	Ti	Cr	Fe^{3+}	Fe^{2+}	Mn	Mg	Li^*	Ca	Na	K	MF	$Al^{VI}+Fe^{3+}+Ti$	$Fe^{2+}+Mn$	$Fe^{2+}/(Fe^{2+}+Mg)$
BT-5	37.37	2.85	13.83	18.94	12.39	0.50	—	0.10	9.58	—	95.56	1.17	4.00	100.73	5.60	2.40	0.04	0.32	0.00	0.00	2.26	0.06	2.77	0.71	0.00	0.03	1.83	0.63	0.36	2.32	0.45
BT-6	37.87	2.75	13.99	18.60	12.52	0.55	0.00	0.09	9.47	0.02	95.86	1.32	4.04	101.22	5.63	2.37	0.08	0.31	0.00	0.00	2.22	0.07	2.77	0.79	0.00	0.03	1.79	0.63	0.39	2.29	0.44
BT-7	43.91	1.76	10.03	10.62	18.57	0.20	0.02	0.10	10.26	—	95.47	3.05	4.30	102.82	6.12	1.65	0.00	0.19	0.00	1.01	0.39	0.02	3.86	1.71	0.00	0.03	1.83	0.64	1.20	0.41	0.09
BT-8	43.44	2.18	9.81	12.03	17.55	0.19	0.02	0.03	10.13	0.03	95.41	2.92	4.26	102.59	6.11	1.63	0.00	0.23	0.00	0.87	0.69	0.02	3.68	1.65	0.00	0.01	1.82	0.64	1.10	0.71	0.16
BT-9	44.24	1.87	9.81	10.82	18.00	0.17	0.02	0.12	10.29	0.01	95.35	3.15	4.30	102.80	6.17	1.61	0.00	0.20	0.00	1.00	0.42	0.02	3.74	1.77	0.00	0.03	1.83	0.64	1.20	0.44	0.10
BT-10	43.22	1.89	10.16	11.63	17.90	0.22	0.00	0.10	10.37	0.02	95.51	2.85	4.26	102.62	6.08	1.69	0.00	0.20	0.00	0.84	0.67	0.03	3.76	1.61	0.00	0.03	1.86	0.64	1.04	0.70	0.15
BT-11	38.32	4.89	12.90	18.82	12.59	0.17	—	0.07	8.44	—	96.20	1.45	4.08	101.73	5.63	2.23	0.00	0.54	0.00	0.22	2.00	0.02	2.76	0.85	0.00	0.02	1.58	0.64	0.76	2.02	0.42
BT-12	38.02	4.74	13.78	19.08	12.73	0.33	0.01	0.18	9.42	—	98.29	1.36	4.13	103.78	5.52	2.36	0.00	0.52	0.00	0.05	2.17	0.04	2.75	0.79	0.00	0.05	1.74	0.64	0.57	2.21	0.44
BT-13	37.83	4.14	13.81	19.01	12.84	0.21	0.02	0.16	9.37	0.00	97.39	1.30	4.10	102.79	5.54	2.38	0.00	0.46	0.00	0.02	2.21	0.03	2.80	0.77	0.00	0.05	1.75	0.64	0.48	2.24	0.44
BT-14	38.65	4.14	13.23	19.02	12.38	0.18	0.02	0.08	9.43	0.04	97.17	1.54	4.11	102.82	5.64	2.28	0.00	0.46	0.01	0.07	2.15	0.02	2.70	0.90	0.00	0.02	1.76	0.64	0.53	2.17	0.44
BT-15	38.96	4.11	13.16	19.04	12.41	0.27	0.01	0.16	9.50	0.02	97.64	1.63	4.13	103.40	5.66	2.25	0.00	0.45	0.00	0.06	2.15	0.03	2.69	0.95	0.00	0.05	1.76	0.64	0.51	2.18	0.44
BT-16	37.09	2.66	14.67	17.85	13.13	0.28	0.01	0.08	9.67	—	95.44	1.09	4.02	100.55	5.54	2.46	0.12	0.30	0.00	0.00	2.16	0.04	2.92	0.66	0.00	0.02	1.84	0.64	0.42	2.20	0.43
BT-17	37.30	3.07	14.47	18.92	12.15	0.31	0.01	0.12	9.49	0.03	95.87	1.15	4.02	101.04	5.56	2.44	0.11	0.35	0.00	0.00	2.24	0.04	2.70	0.69	0.00	0.04	1.80	0.64	0.46	2.28	0.45
BT-18	37.15	4.15	14.61	19.32	11.67	0.27	0.05	0.12	9.58	—	96.92	1.11	4.05	102.08	5.50	2.50	0.05	0.46	0.00	0.00	2.25	0.03	2.58	0.66	0.01	0.03	1.81	0.64	0.51	2.28	0.47
BT-19	37.80	2.88	14.60	19.01	12.23	0.35	0.01	0.06	9.67	—	96.61	1.30	4.06	101.97	5.58	2.42	0.12	0.32	0.00	0.00	2.23	0.04	2.69	0.77	0.00	0.02	1.82	0.64	0.44	2.27	0.45
BT-20	37.27	3.50	14.87	19.01	12.39	0.24	—	0.11	9.41	—	96.80	1.15	4.06	102.01	5.50	2.50	0.09	0.39	0.00	0.00	2.23	0.03	2.73	0.68	0.00	0.03	1.77	0.64	0.48	2.26	0.45

* 代表计算值，而非测试值。

C.3 角闪石探针分析数据表

样号	SiO_2 /%	TiO_2 /%	Al_2O_3 /%	FeO /%	MgO /%	MnO /%	CaO /%	Na_2O /%	K_2O /%	Cr_2O_3 /%	总和 /%	Si	Al^{IV}	Al^{VI}	Ti	Fe^{3+}	Fe^{2+}	Mn	Mg	Ca	Na	K	Si^T	Al^T	Al^C	Fe^{3+C}	Ti^C	Mg^C	Fe^{2+C}	Mn^C	Ca^B	Na^B
AMP-1	47.63	1.08	6.28	15.38	10.29	0.79	11.69	1.68	1.37	0.00	96.19	7.21	0.79	0.33	0.12	0.52	1.43	0.10	2.32	1.90	0.49	0.26	7.21	0.79	0.33	0.52	0.12	2.32	1.43	0.10	1.90	0.10
AMP-2	46.23	1.42	7.05	15.70	11.26	0.76	11.22	2.49	1.47	0.01	97.61	6.95	1.05	0.20	0.16	0.23	1.74	0.10	2.52	1.81	0.73	0.28	6.95	1.05	0.20	0.23	0.16	2.52	1.74	0.10	1.81	0.19
AMP-3	46.43	1.35	7.07	15.73	11.32	0.81	11.39	2.49	1.54	0.01	98.14	6.95	1.05	0.19	0.15	0.22	1.75	0.10	2.53	1.83	0.72	0.29	6.95	1.05	0.19	0.22	0.15	2.53	1.75	0.10	1.83	0.17
AMP-4	46.22	1.47	7.03	15.97	11.33	0.81	11.28	2.39	1.61	0.02	98.13	6.93	1.07	0.17	0.17	0.21	1.79	0.10	2.53	1.81	0.70	0.31	6.93	1.07	0.17	0.21	0.17	2.53	1.79	0.10	1.81	0.19
AMP-5	47.53	1.15	6.31	14.74	13.10	0.61	11.51	1.33	0.12	—	96.40	7.10	0.90	0.21	0.13	0.58	1.26	0.08	2.92	1.84	0.39	0.02	7.10	0.90	0.21	0.58	0.13	2.92	1.17		1.83	
AMP-6	46.80	1.39	6.92	15.14	12.59	0.64	11.50	1.39	0.16	—	96.53	7.00	1.00	0.22	0.16	0.55	1.34	0.08	2.81	1.84	0.40	0.03	7.00	1.00	0.22	0.55	0.16	2.81	1.25		1.83	
AMP-7	46.09	1.47	6.92	14.40	13.27	0.55	11.31	2.03	0.15	—	96.19	6.92	1.08	0.15	0.17	0.39	1.42	0.07	2.97	1.82	0.59	0.03	6.92	1.08	0.15	0.39	0.17	2.97	1.32		1.82	0.01
AMP-8	49.34	0.60	4.10	12.38	15.44	0.68	11.41	1.21	0.07	—	95.23	7.36	0.64	0.08	0.07	0.61	0.94	0.09	3.43	1.82	0.35	0.01	7.36	0.64	0.08	0.61	0.07	3.43	0.81		1.79	
AMP-9	48.50	1.12	5.98	14.04	14.08	0.60	11.51	1.52	0.13	—	97.48	7.13	0.87	0.17	0.12	0.55	1.18	0.07	3.09	1.81	0.43	0.02	7.13	0.87	0.17	0.55	0.12	3.09	1.07		1.81	0.00
AMP-10	46.08	1.22	6.74	13.96	13.42	0.53	11.51	1.79	0.14	—	95.39	6.96	1.04	0.16	0.14	0.43	1.34	0.07	3.02	1.86	0.52	0.03	6.96	1.04	0.16	0.43	0.14	3.02	1.25		1.84	

附录 D　锆石 LA-ICP-MS 微量元素数据表

D.1　锆石 LA-ICP-MS 微量元素数据表 (a)

岩性及点号	分析点	$^{206}Pb/^{238}U$ 年龄 /Ma	1σ	SiO_2 /%	ZrO_2 /%	Zr /10^{-6}	P /10^{-6}	Ti /10^{-6}	Y /10^{-6}	Nb /10^{-6}	La /10^{-6}	Ce /10^{-6}	Pr /10^{-6}	Nd /10^{-6}	Sm /10^{-6}	Eu /10^{-6}	Gd /10^{-6}	Tb /10^{-6}	Dy /10^{-6}	Ho /10^{-6}	Er /10^{-6}	Tm /10^{-6}	Yb /10^{-6}	Lu /10^{-6}	$(Eu/Eu^*)_N$
二长花岗岩（SPG-50）	SPG-50-01	133.54	3.58	33.37	64.86	479841.11	486.75	6.94	1613.12	6.46	0.31	77.09	0.21	2.88	4.39	2.01	28.24	9.94	122.49	49.63	234.31	52.59	516.99	110.16	0.42
	SPG-50-02	138.89	3.60	32.76	65.29	483066.61	223.73	3.83	1541.48	8.25	0.14	77.63	0.12	1.81	3.34	1.42	20.80	7.55	101.32	43.86	223.73	53.51	559.92	122.28	0.40
	SPG-50-03	136.81	3.76	32.78	65.03	481088.16	376.76	3.40	1705.92	10.40	0.03	78.13	0.06	1.18	3.33	0.91	23.99	9.28	122.27	50.81	247.88	56.45	553.68	114.98	0.23
	SPG-50-05	140.67	3.90	31.87	66.58	492550.89	280.62	7.23	1255.82	2.62	0.01	61.87	0.20	3.46	6.36	2.88	31.20	10.08	114.46	41.65	180.61	37.89	352.01	71.80	0.51
	SPG-50-12	139.08	3.68	31.93	66.31	490619.68	191.86	4.15	1284.80	6.09	0.01	76.84	0.10	1.99	3.35	1.56	21.04	7.34	90.59	36.66	180.80	41.76	425.14	90.53	0.43
	SPG-50-16	134.46	3.60	32.68	65.68	485921.18	189.41	4.58	1622.54	5.87	0.01	88.78	0.12	1.93	4.36	2.12	24.74	9.25	117.00	48.56	232.22	52.26	520.02	106.66	0.49
	SPG-50-19	135.31	3.52	32.11	66.13	489219.01	396.78	9.23	1977.85	5.54	1.18	126.54	0.53	5.13	8.28	3.92	46.92	14.72	168.51	61.66	263.49	55.79	514.90	100.54	0.48
	SPG-50-21	139.86	4.00	32.65	65.95	487944.55	235.75	6.76	861.47	2.28	0.00	45.60	0.10	1.83	3.51	1.57	18.37	6.13	72.99	28.37	129.85	28.96	280.12	57.22	0.48
	SPG-50-24	132.28	3.61	33.62	64.26	475408.96	392.16	2.83	1759.74	11.42	0.04	87.28	0.08	1.46	3.83	0.82	27.02	10.28	129.56	52.99	244.84	55.35	522.87	103.42	0.18
	SPG-50-28	136.08	3.58	32.69	65.52	484723.44	333.02	9.63	2144.39	6.78	0.41	98.32	0.31	3.93	7.25	3.67	42.09	14.51	168.59	64.82	292.68	64.84	621.45	123.28	0.50
	SPG-50-29	135.59	3.58	33.54	64.76	479100.98	139.09	2.45	764.73	3.44	0.01	45.95	0.07	0.69	1.53	0.79	9.91	3.85	49.17	22.52	115.22	29.52	318.23	69.58	0.47
角闪石岩(C-4)	C-4-03	133.91	1.37	33.85	63.92	472931.13	263.78	5.68	2797.10	20.82	0.02	319.20	0.46	8.31	14.63	7.57	67.70	20.71	238.96	83.42	376.11	77.88	820.05	127.94	0.61
	C-4-04	129.67	1.76	33.22	64.97	480673.13	276.14	3.04	2049.29	4.99	0.07	77.45	0.21	2.50	4.40	2.89	27.27	10.17	138.83	56.89	295.87	67.70	789.53	139.05	0.62

续表

岩性及点号	分析点	$^{206}Pb/^{238}U$年龄/Ma	1σ	SiO_2/%	ZrO_2/%	Zr/10^{-6}	P/10^{-6}	Ti/10^{-6}	Y/10^{-6}	Nb/10^{-6}	La/10^{-6}	Ce/10^{-6}	Pr/10^{-6}	Nd/10^{-6}	Sm/10^{-6}	Eu/10^{-6}	Gd/10^{-6}	Tb/10^{-6}	Dy/10^{-6}	Ho/10^{-6}	Er/10^{-6}	Tm/10^{-6}	Yb/10^{-6}	Lu/10^{-6}	$(Eu/Eu^*)_N$
角闪石岩(C-4)	C-4-06	131.41	1.74	31.70	66.67	493240.88	183.47	2.19	1611.74	3.72	0.01	84.73	0.14	2.07	5.40	2.88	27.88	9.82	121.65	46.31	216.01	46.67	511.92	86.09	0.58
	C-4-07	137.05	1.56	31.70	66.13	489220.62	161.12	3.91	1576.04	7.34	0.09	116.64	0.13	2.54	6.15	3.20	31.45	9.93	119.93	45.44	219.49	47.92	540.54	95.55	0.57
	C-4-10	134.85	1.24	31.23	65.77	486584.83	322.11	8.52	4020.17	29.20	0.08	545.95	0.87	15.63	26.09	12.65	109.89	31.98	360.78	122.69	530.28	107.19	1078.15	164.03	0.62
	C-4-11	128.98	1.32	31.96	65.61	485382.17	204.14	4.69	2297.28	14.13	0.08	217.74	0.34	5.91	11.08	6.12	55.94	16.97	194.37	68.49	307.98	63.94	672.00	106.50	0.61
	C-4-14	131.40	1.71	33.35	64.99	480854.13	160.71	5.97	1372.10	6.74	0.37	115.72	0.40	3.68	5.83	3.11	27.84	8.63	107.66	38.69	182.78	39.42	429.73	70.20	0.62
	C-4-15	128.27	2.09	31.56	66.62	492879.20	117.63	1.85	2013.45	2.20	0.02	58.26	0.40	6.49	9.99	5.13	44.71	13.94	163.53	59.44	273.69	58.90	639.93	107.49	0.63
	C-4-16	131.91	2.16	31.98	66.47	491747.64	109.94	3.00	1656.95	3.62	0.07	86.87	0.25	4.26	7.38	3.64	36.03	10.90	133.13	48.76	223.32	47.33	521.35	87.74	0.56
	C-4-18	131.03	1.69	32.76	65.59	485228.24	281.92	2.33	2249.11	5.65	0.02	131.38	0.18	3.46	6.83	3.33	36.00	12.63	165.04	63.86	318.38	72.02	834.91	143.00	0.52
	C-4-22	132.40	1.33	33.26	64.50	477188.24	233.22	5.62	2635.58	17.82	0.05	339.93	0.63	11.11	16.81	8.28	72.65	21.28	235.91	79.79	341.47	68.63	724.09	109.91	0.62
	C-4-23	127.35	2.46	32.28	66.27	490265.19	85.86	1.95	1109.92	1.86	0.07	42.20	0.18	2.54	4.45	2.49	21.03	7.05	86.92	31.49	150.05	32.23	355.64	58.19	0.65
	C-4-24	135.23	1.38	31.61	65.85	487150.26	190.40	5.90	2247.26	14.01	0.17	225.43	0.45	7.42	12.10	6.48	57.55	16.64	192.98	67.18	304.59	63.85	678.61	108.65	0.62
	C-4-25	130.90	1.36	31.76	66.32	490656.96	194.79	2.77	2694.71	6.10	0.21	194.06	1.07	14.61	17.23	6.88	68.35	20.21	239.15	81.97	369.73	78.42	869.46	144.26	0.53
	C-4-26	129.66	1.91	32.70	65.87	487362.79	33.34	0.90	139.22	0.59	0.00	5.90	0.00	0.14	0.13	0.10	1.56	0.62	7.92	3.57	20.53	5.13	73.79	15.98	0.41
	C-4-27	133.40	1.46	33.30	64.75	479053.05	142.53	3.32	1178.93	4.77	0.00	79.75	0.08	1.56	3.96	2.21	21.26	7.07	86.83	33.45	164.07	36.85	422.69	74.34	0.59
	C-4-28	134.04	1.79	32.05	66.20	489769.23	130.24	3.24	1314.50	4.57	0.02	76.09	0.06	1.21	3.81	2.21	21.38	7.34	94.55	37.58	189.39	42.47	497.21	87.89	0.59
	C-4-29	135.55	1.42	30.87	67.08	496288.08	150.29	3.92	1488.65	6.18	0.07	107.47	0.15	3.12	5.84	3.32	30.11	9.92	114.87	42.49	203.63	44.41	492.73	83.22	0.62
辉石岩(G-24)	G-24-15	130.73	3.03	32.25	66.45	491633.59	83.14	1.91	397.18	0.49	0.22	10.24	0.07	0.60	1.11	0.90	7.02	2.39	30.17	11.78	57.55	12.84	152.26	29.98	0.75
	G-24-22	134.82	2.42	31.03	67.34	498237.12	122.57	1.96	673.17	0.83	0.03	15.56	0.05	0.72	1.93	1.22	11.39	3.93	50.94	19.63	95.44	20.90	241.63	47.37	0.62

续表

岩性及点号	分析点	$^{206}Pb/^{238}U$ 年龄/Ma	1σ	SiO_2 /%	ZrO_2 /%	Zr /10^{-6}	P /10^{-6}	Ti /10^{-6}	Y /10^{-6}	Nb /10^{-6}	La /10^{-6}	Ce /10^{-6}	Pr /10^{-6}	Nd /10^{-6}	Sm /10^{-6}	Eu /10^{-6}	Gd /10^{-6}	Tb /10^{-6}	Dy /10^{-6}	Ho /10^{-6}	Er /10^{-6}	Tm /10^{-6}	Yb /10^{-6}	Lu /10^{-6}	$(Eu/Eu^*)_N$
辉石岩(G-24)	G-24-25	141.93	3.21	33.80	64.94	480451.66	192.40	3.30	864.96	0.67	0.23	28.08	0.40	4.62	7.97	5.82	37.62	9.80	93.69	26.39	98.08	16.92	168.92	25.76	0.85
含斜长辉石岩(C-8)	C-8-03	131.16	3.46	34.65	64.28	475530.79	174.88	3.36	760.32	0.75	0.22	35.09	0.60	6.34	6.43	4.57	25.62	7.01	70.74	24.17	106.15	22.88	254.56	47.73	0.94
	C-8-07	128.83	2.15	33.24	65.62	485499.16	128.63	3.91	688.68	1.10	0.04	50.01	0.10	1.32	2.23	1.26	12.61	4.14	52.67	20.03	97.96	22.17	261.61	48.72	0.57
	C-8-12	128.80	1.66	33.19	65.53	484789.24	216.41	3.49	1163.91	1.02	0.32	60.16	0.79	10.21	11.22	6.31	40.13	10.94	110.39	35.60	153.20	32.82	349.43	62.10	0.81
	C-8-13	128.39	2.49	33.87	64.99	480811.37	221.33	4.02	959.36	0.87	0.25	49.71	0.68	8.79	8.98	5.19	33.16	8.83	92.69	29.64	125.26	26.71	290.88	52.98	0.81
	C-8-14	134.18	1.83	33.89	64.75	479032.15	127.16	3.78	888.98	1.50	0.04	65.07	0.09	1.26	2.16	1.46	14.65	4.96	64.39	25.52	130.46	29.49	337.47	63.96	0.59
	C-8-18	129.66	2.14	32.08	66.67	493263.58	302.43	5.29	1369.08	1.23	0.27	58.45	0.95	11.79	15.24	8.23	51.86	13.00	130.58	42.03	178.45	37.29	400.62	70.85	0.81
	C-8-19	128.37	2.48	32.64	66.33	490718.75	110.72	2.44	549.90	0.47	0.13	25.29	0.41	3.99	4.25	2.30	17.16	4.59	49.06	16.54	76.06	16.69	183.89	34.35	0.71
	C-8-24	134.12	1.90	34.02	64.55	477541.44	203.38	6.22	1277.98	1.53	0.24	116.41	0.60	7.09	9.83	4.85	35.33	9.97	111.88	38.86	171.32	37.31	404.06	71.15	0.71
	C-8-27	130.59	1.69	33.00	65.61	485411.61	143.37	2.53	943.13	0.84	0.07	54.01	0.25	3.37	4.93	2.74	21.95	6.54	76.14	28.13	135.95	30.99	351.18	66.07	0.68
花岗闪长岩(HS-10、HS-17、SPG-36)	HS-10-03	129.54	3.71	32.48	66.04	488594.42	249.08	6.70	835.40	2.06	0.01	57.58	0.13	2.30	3.60	1.80	21.61	6.60	77.26	28.50	124.95	26.36	251.66	52.27	0.48
	HS-10-04	130.73	3.71	32.47	66.04	488577.45	246.51	8.47	972.32	2.61	0.01	75.10	0.18	2.79	5.54	2.65	27.17	8.36	92.61	33.07	143.95	30.89	285.52	57.76	0.54
	HS-10-07	126.43	3.40	32.39	64.70	478704.32	461.90	2.93	2587.46	27.39	0.25	120.67	0.11	1.60	4.39	0.72	32.71	13.36	181.53	75.43	371.77	85.09	840.00	171.45	0.13
	HS-10-10	129.93	3.35	32.59	65.18	482232.70	461.67	6.07	2408.55	14.95	0.02	159.27	0.26	3.86	7.92	2.82	47.81	16.10	198.05	75.14	333.64	69.40	643.04	121.59	0.34
	HS-10-12	124.37	3.34	32.64	64.91	480264.99	672.64	2.43	2336.41	13.05	0.07	92.84	0.11	1.63	4.32	0.74	30.18	12.02	161.61	67.52	330.41	74.79	723.47	140.02	0.15
	HS-10-24	127.43	3.70	33.08	65.54	484885.81	368.33	4.92	842.68	2.19	0.01	48.84	0.08	1.46	3.10	1.20	17.02	5.93	72.62	27.77	128.91	28.91	283.92	55.96	0.40
	HS-17-02	124.77	4.24	32.33	66.13	489247.12	261.25	13.18	721.50	1.49	0.00	34.14	0.12	2.04	3.58	1.01	18.24	5.64	65.02	24.35	110.84	24.82	231.74	47.07	0.31

续表

岩性及点号	分析点	$^{206}Pb/^{238}U$ 年龄/Ma	1σ	SiO_2 /%	ZrO_2 /%	Zr /10^{-6}	P /10^{-6}	Ti /10^{-6}	Y /10^{-6}	Nb /10^{-6}	La /10^{-6}	Ce /10^{-6}	Pr /10^{-6}	Nd /10^{-6}	Sm /10^{-6}	Eu /10^{-6}	Gd /10^{-6}	Tb /10^{-6}	Dy /10^{-6}	Ho /10^{-6}	Er /10^{-6}	Tm /10^{-6}	Yb /10^{-6}	Lu /10^{-6}	$(Eu/Eu^*)_N$
花岗闪长岩(HS-10、HS-17、SPG-36)	HS-17-04	127.09	3.76	32.55	65.65	485705.50	510.33	16.18	2162.02	1.88	3.05	56.19	1.46	13.98	16.19	3.71	65.73	19.39	209.35	72.13	303.51	61.31	549.08	104.22	0.30
	HS-17-08	128.19	3.83	35.79	62.70	463859.32	231.54	8.82	1068.32	3.24	0.09	67.27	0.18	2.61	4.63	2.23	26.19	8.36	98.29	36.54	164.30	35.52	343.79	68.03	0.49
	HS-17-19	126.10	3.86	34.30	64.20	474974.19	470.51	19.01	1110.91	1.79	0.00	42.00	0.22	4.00	6.02	1.83	27.97	8.91	101.42	37.70	167.20	36.56	347.06	65.39	0.36
	HS-17-23	124.08	3.51	33.50	64.87	479952.79	209.36	4.63	955.90	4.11	0.07	69.77	0.10	1.53	3.48	1.27	19.00	6.60	82.00	31.53	148.46	34.07	339.18	64.97	0.38
	HS-17-26	130.92	4.15	33.79	64.73	478899.75	366.01	12.50	754.70	1.75	0.00	35.92	0.08	2.51	4.16	0.87	18.60	6.07	67.41	25.65	115.44	25.80	256.59	47.44	0.25
	HS-17-29	131.84	3.78	34.05	64.51	477240.56	139.33	3.89	591.90	2.20	0.00	40.20	0.08	1.19	2.03	1.07	11.60	3.82	48.12	18.79	92.53	22.00	230.57	48.03	0.53
	SPG-36-07	124.86	3.32	30.06	68.45	506449.53	321.28	3.48	2113.80	1.77	0.47	123.51	2.75	31.19	25.09	12.45	71.92	19.07	192.24	64.92	283.08	63.51	640.74	129.38	0.84
	SPG-36-08	123.07	3.40	29.17	69.46	513900.33	225.52	2.93	1540.73	1.09	0.33	77.52	1.55	17.79	15.26	7.73	45.51	12.86	130.90	46.96	211.78	49.09	505.72	105.03	0.83
	SPG-36-09	122.41	3.33	28.95	69.51	514270.32	269.55	3.35	1968.40	1.57	0.39	105.34	2.09	23.15	19.21	10.04	60.24	16.40	169.93	60.22	267.16	61.14	621.98	128.07	0.83
	SPG-36-10	128.36	3.51	30.02	68.52	506943.38	143.29	3.05	976.37	1.19	0.01	39.95	0.10	1.45	2.92	1.48	17.40	5.78	73.34	30.78	152.11	36.63	389.05	87.49	0.49
	SPG-36-13	123.17	3.33	33.50	65.18	482259.70	231.40	2.63	1285.89	0.99	0.18	62.74	1.25	15.08	12.86	6.85	40.24	10.77	111.70	39.44	175.26	40.22	411.56	84.81	0.84
	SPG-36-14	131.19	3.80	33.79	64.95	480500.58	96.84	2.42	826.69	0.60	0.14	38.84	0.67	8.03	7.14	3.50	22.53	6.40	69.67	25.51	117.57	27.95	288.99	61.73	0.77
	SPG-36-17	126.74	3.36	33.83	64.87	479897.86	285.59	3.13	1665.71	1.23	0.31	85.81	1.87	21.18	17.16	8.43	49.23	13.66	142.01	49.92	222.03	50.87	524.10	108.83	0.83
	SPG-36-18	129.57	3.64	34.02	64.54	477506.35	86.09	1.68	497.02	0.44	0.07	24.86	0.38	4.20	4.11	2.17	14.02	3.96	41.96	15.81	73.59	17.41	186.24	39.50	0.79
	SPG-36-21	121.37	3.32	33.05	65.59	485274.59	275.47	3.19	1594.61	1.35	0.31	84.59	1.68	19.78	17.11	8.23	50.92	13.78	139.68	48.10	211.46	48.15	486.58	98.72	0.79
	SPG-36-22	124.28	3.45	33.39	65.24	482685.77	205.45	3.13	1215.61	0.96	0.18	59.90	1.07	13.06	11.71	5.65	35.69	9.92	105.48	37.31	169.29	39.46	406.03	84.67	0.78
	SPG-36-23	120.94	3.29	33.00	65.92	487680.11	120.24	1.81	691.07	0.48	0.12	33.51	0.57	6.05	5.83	2.82	18.17	5.28	57.35	21.53	99.87	23.88	256.75	53.92	0.77

续表

岩性及点号	分析点	$^{206}Pb/^{238}U$ 年龄/Ma	1σ	SiO_2/%	ZrO_2/%	Zr/10^{-6}	P/10^{-6}	Ti/10^{-6}	Y/10^{-6}	Nb/10^{-6}	La/10^{-6}	Ce/10^{-6}	Pr/10^{-6}	Nd/10^{-6}	Sm/10^{-6}	Eu/10^{-6}	Gd/10^{-6}	Tb/10^{-6}	Dy/10^{-6}	Ho/10^{-6}	Er/10^{-6}	Tm/10^{-6}	Yb/10^{-6}	Lu/10^{-6}	$(Eu/Eu^*)_N$
花岗闪长岩(HS-10、HS-17、SPG-36)	SPG-36-24	128.74	3.57	32.73	65.94	487833.77	210.38	2.56	1314.34	0.93	0.14	57.87	0.82	8.74	9.60	4.63	31.20	9.19	101.78	38.73	180.03	43.12	451.23	95.11	0.74
	SPG-36-25	129.94	3.58	33.46	65.34	483389.20	212.62	3.00	1264.09	0.91	0.16	59.34	0.98	12.22	11.02	5.68	34.88	9.73	105.20	38.44	173.66	41.18	424.55	88.40	0.81
	SPG-36-26	121.54	3.33	32.13	66.65	493080.18	195.11	3.25	1103.76	0.95	0.19	55.72	1.00	11.41	10.12	4.96	31.44	8.81	94.73	33.99	154.40	36.06	377.42	77.79	0.78
	SPG-36-28	125.32	3.46	33.03	65.81	486877.93	143.49	2.72	1134.54	0.79	0.18	56.26	1.03	12.60	10.20	5.09	32.45	9.03	96.87	35.18	159.61	37.63	389.74	81.48	0.78
	SPG-36-30	130.52	3.81	32.50	66.28	490384.18	171.39	1.92	727.17	0.44	0.12	35.21	0.62	6.68	6.47	3.26	19.72	5.79	61.98	22.62	105.96	25.37	265.88	57.01	0.81
石英正长岩(SPG-16)	SPG-16-02	117.16	2.97	33.71	66.15	489392.64	112.87	2.75	1475.21	11.95	0.09	80.14	0.12	1.40	3.29	1.33	20.24	6.93	89.85	38.72	199.98	48.61	512.80	116.04	0.38
	SPG-16-08	115.17	3.03	34.91	66.15	489392.64	164.03	9.28	3184.67	23.73	0.28	258.11	0.65	9.95	17.90	3.36	77.67	24.73	281.12	99.91	424.25	87.86	771.10	141.06	0.23
	SPG-16-09	114.87	2.94	34.40	66.15	489392.64	227.83	12.39	2930.21	20.77	0.14	260.60	0.85	12.51	21.29	4.04	82.95	25.88	273.45	92.11	385.39	80.81	698.54	129.39	0.26
	SPG-16-10	114.20	2.94	33.60	66.15	489392.64	246.55	12.73	3192.12	12.73	0.22	300.37	1.50	22.25	32.81	6.03	111.24	31.05	318.30	103.53	421.34	85.02	759.25	142.14	0.27
	SPG-16-13	119.49	3.17	34.22	66.15	489392.64	321.53	14.97	1198.00	4.47	0.35	147.25	0.53	7.20	10.57	2.08	41.06	11.64	117.09	39.68	166.09	34.09	311.30	61.41	0.27
	SPG-16-14	118.38	3.08	35.11	66.15	489392.64	232.61	12.58	2426.43	16.74	0.04	257.48	0.58	10.05	18.36	3.28	73.36	21.58	229.63	77.37	321.69	65.00	569.51	104.25	0.24
	SPG-16-15	118.78	3.12	34.52	66.15	489392.64	68.22	10.68	1175.37	8.02	0.15	104.87	0.23	3.67	5.93	1.16	27.10	9.10	103.50	37.50	166.16	35.96	331.69	62.14	0.23
	SPG-16-16	119.74	3.18	34.82	66.15	489392.64	251.15	12.83	1689.76	8.75	0.08	206.09	0.58	7.87	12.15	2.70	47.61	14.50	153.75	54.52	230.28	48.74	448.78	89.09	0.30
	SPG-16-17	117.14	3.23	36.15	66.15	489392.64	241.12	17.42	1108.75	4.48	0.34	112.00	0.53	6.28	8.65	1.89	31.65	9.47	105.82	37.37	162.64	34.34	327.17	65.58	0.31
	SPG-16-19	114.34	3.03	36.08	66.15	489392.64	154.52	10.19	2248.44	19.00	0.06	221.58	0.44	6.81	13.18	2.54	56.92	18.34	201.46	70.78	296.83	62.00	561.48	100.23	0.24
	SPG-16-21	117.16	3.05	35.89	66.15	489392.64	271.66	15.38	1470.19	8.05	0.06	198.19	0.51	8.37	12.49	2.37	50.41	14.07	144.23	49.16	203.33	41.89	381.31	71.42	0.25
	SPG-16-22	117.41	3.29	35.28	66.15	489392.64	344.94	16.51	1078.00	4.14	0.05	116.68	0.43	6.26	8.87	2.05	36.35	10.60	108.49	37.31	157.04	31.76	293.68	55.74	0.30

续表

岩性及点号	分析点	$^{206}Pb/^{238}U$ 年龄/Ma	1σ	SiO_2 /%	ZrO_2 /%	Zr /10^{-6}	P /10^{-6}	Ti /10^{-6}	Y /10^{-6}	Nb /10^{-6}	La /10^{-6}	Ce /10^{-6}	Pr /10^{-6}	Nd /10^{-6}	Sm /10^{-6}	Eu /10^{-6}	Gd /10^{-6}	Tb /10^{-6}	Dy /10^{-6}	Ho /10^{-6}	Er /10^{-6}	Tm /10^{-6}	Yb /10^{-6}	Lu /10^{-6}	$(Eu/Eu^*)_N$
石英正长岩(SPG-16)	SPG-16-26	116.54	3.29	34.67	66.15	489392.64	236.69	14.16	1046.25	5.46	0.04	86.71	0.28	3.98	6.16	1.15	25.33	8.18	93.72	35.37	161.98	36.34	349.50	71.24	0.24
	SPG-16-28	119.16	3.34	33.22	66.15	489392.64	302.07	16.56	1044.82	2.84	0.08	70.95	0.44	6.58	7.92	1.88	30.43	9.22	100.59	35.68	152.72	32.50	304.67	60.19	0.33
	SPG-16-30	120.94	3.25	35.24	66.15	489392.64	209.22	11.62	938.20	4.86	0.05	97.71	0.29	4.02	6.61	1.18	27.56	8.59	94.98	33.01	136.79	29.10	261.60	49.12	0.23
石英正长斑岩（92-159、95-132、102-52）	94-807-01	113.47	1.20	31.25	66.56	492438.86	186.57	4.19	1301.67	34.56	0.06	102.67	0.13	2.21	4.22	0.73	21.39	7.19	92.07	34.99	180.34	43.73	545.05	102.24	0.19
	94-807-02	113.78	1.26	31.90	66.15	489421.93	202.30	2.74	987.45	15.90	1.66	61.08	0.40	2.41	2.80	0.49	12.51	4.69	61.77	25.40	141.68	36.39	470.78	92.78	0.21
	94-807-04	113.11	1.25	31.34	66.71	493533.53	213.60	3.06	819.72	18.40	1.92	66.81	0.41	2.37	2.15	0.45	9.68	3.56	46.59	20.47	119.60	31.30	434.98	87.42	0.25
	94-807-10	110.35	1.42	31.72	66.44	491563.63	39.26	1.30	342.63	6.75	0.00	24.18	0.03	0.14	0.30	0.12	2.45	0.89	14.53	7.40	51.73	15.98	255.11	57.69	0.31
	94-807-16	115.71	1.17	32.11	65.86	487226.82	119.90	2.45	876.87	24.60	0.02	67.19	0.05	0.82	1.62	0.40	8.18	3.25	44.54	20.62	125.83	34.68	484.03	96.56	0.28
	94-807-19	116.18	1.29	34.35	63.74	471563.47	150.97	2.83	936.26	24.93	0.23	66.39	0.04	1.03	2.21	0.44	11.14	4.17	57.22	24.12	135.29	34.40	441.80	84.57	0.22
	94-807-21	115.48	1.17	33.17	64.55	477598.88	234.54	3.55	1395.67	33.29	2.29	119.76	0.50	3.94	4.88	1.02	22.16	7.23	93.87	36.80	192.57	47.64	606.95	116.24	0.25
	94-807-23	115.38	1.33	32.18	65.10	481643.27	4148.24	2.93	753.02	16.16	93.25	206.25	14.52	49.42	7.22	0.85	12.87	3.74	48.76	19.61	106.79	27.00	346.17	65.86	0.27
	94-807-26	114.76	1.12	31.92	66.00	488256.83	140.20	5.48	1077.63	29.16	0.20	79.60	0.10	1.01	2.03	0.54	11.23	4.30	60.45	26.04	154.01	42.43	565.03	112.86	0.27
	94-807-28	115.93	1.19	33.43	64.56	477671.68	111.47	2.33	677.88	29.31	4.24	54.61	0.20	0.39	1.31	0.35	7.01	2.47	36.11	15.81	95.54	27.85	397.19	84.14	0.28
	95-132-01	112.11	1.75	32.89	65.76	486544.70	132.01	9.22	884.79	7.83	0.02	53.00	0.10	1.45	3.84	0.88	14.98	4.84	63.84	24.44	123.34	29.58	357.22	62.54	0.31
	95-132-03	110.81	1.93	33.40	65.32	483257.43	139.87	10.04	594.65	4.15	0.00	43.24	0.13	1.75	2.92	0.72	11.23	3.71	44.77	16.51	80.67	18.84	220.27	38.27	0.34
	95-132-06	116.94	1.40	32.49	65.44	484160.43	183.37	6.93	1290.30	27.23	0.93	85.03	0.33	2.57	4.13	0.78	18.14	6.81	86.55	33.53	178.13	43.87	526.59	94.72	0.23
	95-132-07	112.02	1.61	33.25	65.17	482124.13	158.35	8.15	1329.01	10.65	0.30	64.34	0.27	3.43	6.13	1.37	26.82	8.22	102.15	38.16	184.03	41.68	489.41	83.91	0.28

续表

岩性及点号	分析点	$^{206}Pb/^{238}U$ 年龄/Ma	1σ	SiO_2/%	ZrO_2/%	Zr/10^{-6}	P/10^{-6}	Ti/10^{-6}	Y/10^{-6}	Nb/10^{-6}	La/10^{-6}	Ce/10^{-6}	Pr/10^{-6}	Nd/10^{-6}	Sm/10^{-6}	Eu/10^{-6}	Gd/10^{-6}	Tb/10^{-6}	Dy/10^{-6}	Ho/10^{-6}	Er/10^{-6}	Tm/10^{-6}	Yb/10^{-6}	Lu/10^{-6}	$(Eu/Eu^*)_N$
石英正长斑岩（92-159、95-132、102-52）	95-132-08	114.14	1.31	33.46	64.85	479807.09	172.20	7.99	1012.79	11.44	0.04	69.04	0.14	2.10	3.76	0.90	17.32	6.04	76.83	28.04	138.68	31.94	368.57	63.50	0.29
	95-132-09	109.63	1.30	32.25	65.81	486899.20	170.58	7.35	1185.99	19.90	0.66	75.49	0.32	2.82	3.81	0.69	17.02	6.30	81.92	31.59	164.86	39.58	468.28	82.55	0.22
	95-132-10	111.37	1.49	31.83	66.48	491857.38	194.53	9.40	1224.82	13.95	0.63	80.38	0.25	3.02	4.77	1.07	21.88	7.45	93.06	34.17	169.26	38.10	435.62	73.71	0.27
	95-132-12	111.85	1.89	35.12	63.54	470088.81	172.92	11.15	787.34	6.00	0.05	61.64	0.21	2.52	4.08	0.85	16.12	5.11	62.83	22.26	109.65	24.57	288.79	49.05	0.28
	95-132-13	111.51	1.71	34.77	63.60	470525.80	352.74	9.00	1378.26	12.10	7.89	90.02	1.77	9.64	6.99	1.60	30.04	9.24	110.98	39.90	193.75	42.88	501.20	83.84	0.29
	95-132-20	116.92	1.98	33.83	64.81	479508.19	228.03	11.84	765.43	4.90	1.03	62.62	0.38	3.39	3.95	1.07	15.76	5.26	61.77	21.66	104.31	23.17	271.02	44.98	0.36
	95-132-21	113.86	1.57	32.32	66.17	489526.53	189.77	9.40	1062.23	13.60	0.37	64.99	0.19	2.03	4.10	0.95	17.16	5.71	76.61	29.24	153.37	36.03	443.82	77.61	0.30
	95-132-22	117.06	1.40	32.79	65.50	484584.76	329.86	7.30	1024.25	12.90	5.05	80.93	1.27	6.28	4.54	1.01	18.10	6.12	78.51	28.10	143.07	32.85	386.20	63.91	0.30
	95-132-24	113.93	1.73	33.72	64.98	480753.09	174.86	11.39	734.26	4.47	0.02	56.66	0.19	2.63	3.88	1.13	15.05	4.95	58.64	20.64	102.26	22.46	266.54	44.61	0.40
	102-52-01	112.76	2.13	36.10	62.48	462224.03	237.89	12.28	943.40	8.72	0.60	55.29	0.28	2.28	4.16	1.30	17.99	6.18	75.06	28.40	136.78	31.74	370.77	65.55	0.39
	102-52-02	114.49	1.67	35.13	63.29	468224.84	260.15	10.13	834.00	9.65	0.69	62.19	0.31	2.71	3.45	0.91	16.91	5.55	67.99	24.86	118.93	27.59	317.99	55.93	0.30
	102-52-04	111.10	1.89	35.73	62.77	464428.25	162.85	8.49	649.24	8.59	0.03	47.56	0.09	1.40	3.05	0.69	10.47	4.24	52.11	19.72	93.05	22.28	256.86	45.24	0.34
	102-52-05	113.65	1.60	35.65	62.89	465247.37	211.23	10.26	726.80	6.86	0.03	54.60	0.18	2.20	3.78	0.88	14.49	4.90	59.75	21.79	105.60	23.98	270.81	48.84	0.32
	102-52-06	111.79	1.89	33.66	64.36	476164.18	2255.67	11.94	1238.16	6.22	55.55	149.15	11.52	49.74	14.84	2.79	32.75	9.36	107.05	37.72	174.64	38.69	434.51	76.67	0.38
	102-52-09	111.55	1.58	34.28	64.20	474957.96	201.22	9.37	697.23	7.79	0.02	52.33	0.09	1.45	3.08	0.75	13.48	4.73	56.05	20.55	99.42	23.16	263.84	48.48	0.30
	102-52-10	112.10	1.71	34.19	64.24	475297.90	194.66	10.20	778.44	9.07	0.04	58.26	0.15	1.75	3.47	0.87	14.76	5.41	65.72	23.74	113.56	26.14	294.53	53.44	0.32
	102-52-12	112.50	1.41	33.61	64.78	479261.30	241.70	9.99	865.51	9.94	2.00	68.61	0.52	3.87	4.22	0.87	17.26	5.66	70.33	25.99	122.03	27.85	321.88	57.53	0.27

续表

岩性及点号	分析点	$^{206}Pb/^{238}U$ 年龄/Ma	1σ	SiO_2/%	ZrO_2/%	Zr/10^{-6}	P/10^{-6}	Ti/10^{-6}	Y/10^{-6}	Nb/10^{-6}	La/10^{-6}	Ce/10^{-6}	Pr/10^{-6}	Nd/10^{-6}	Sm/10^{-6}	Eu/10^{-6}	Gd/10^{-6}	Tb/10^{-6}	Dy/10^{-6}	Ho/10^{-6}	Er/10^{-6}	Tm/10^{-6}	Yb/10^{-6}	Lu/10^{-6}	$(Eu/Eu^*)_N$
石英正长斑岩（92-159、95-132、102-52）	102-52-14	112.81	1.85	34.51	63.97	473267.23	258.68	9.94	728.25	8.23	1.00	54.56	0.35	2.83	2.87	0.70	13.80	4.85	58.04	21.49	103.69	24.24	277.08	49.18	0.28
	102-52-15	116.89	2.44	34.06	64.42	476610.28	226.83	11.55	899.43	9.33	0.03	59.02	0.16	2.12	4.19	1.01	17.98	5.92	72.02	26.99	128.88	30.43	349.08	62.73	0.30
	102-52-16	114.37	1.75	33.99	64.42	476593.28	182.21	8.41	730.42	9.69	0.00	52.03	0.08	1.71	2.95	0.68	13.92	4.43	57.18	21.66	104.38	24.82	285.13	50.55	0.27
	102-52-18	114.35	1.53	34.02	64.39	476410.50	192.75	8.89	982.54	12.60	0.03	67.48	0.19	2.72	3.94	0.88	17.59	6.50	78.46	28.98	139.62	32.94	379.89	67.85	0.27
	102-52-19	113.41	1.49	34.67	63.79	471946.07	195.72	9.78	795.93	8.87	0.00	59.09	0.12	2.44	3.95	0.92	14.55	5.23	63.54	23.54	112.90	26.56	296.72	52.76	0.33
	102-52-20	113.85	1.56	34.27	64.15	474575.74	166.43	30.87	781.18	10.61	21.43	85.03	2.66	8.67	3.91	0.74	14.36	4.91	60.65	23.06	111.67	25.68	302.69	53.70	0.27
	102-52-23	114.67	1.42	34.73	63.68	471122.29	184.60	9.64	766.97	9.24	0.00	57.75	0.10	2.00	3.35	0.76	14.49	4.99	61.51	23.12	112.72	25.96	300.40	53.37	0.28
	102-52-25	111.96	1.58	33.68	64.66	478406.42	194.03	9.07	853.89	10.95	0.01	60.17	0.13	1.63	3.62	0.81	16.54	5.69	71.00	26.35	127.72	30.30	344.44	61.67	0.27
	102-52-29	113.98	2.30	35.19	63.23	467831.95	226.10	10.71	917.01	10.80	0.04	67.70	0.13	2.33	3.50	1.01	18.85	6.16	72.17	26.99	128.46	29.30	328.57	58.25	0.30
花岗斑岩（52-477、52-986）	ZK52-477-04	108.45	2.89	33.44	64.73	478905.48	84.16	4.65	594.25	12.43	0.16	62.90	0.07	1.09	1.37	0.51	7.58	2.71	36.26	16.48	93.45	26.68	335.75	80.64	0.38
	ZK52-477-05	111.46	2.94	33.26	64.90	480174.56	228.41	5.54	1009.93	20.97	0.54	88.55	0.20	2.25	3.75	1.20	19.22	6.56	82.27	32.10	156.09	38.69	409.76	84.89	0.35
	ZK52-477-08	113.56	2.94	34.30	63.84	472311.99	293.38	12.99	1331.05	32.65	0.73	102.45	0.32	3.73	5.28	1.22	25.56	9.18	111.60	42.91	205.00	48.20	495.59	95.81	0.27
	ZK52-477-09	114.73	3.05	33.55	64.44	476766.38	465.71	5.21	1219.83	25.23	5.41	110.04	1.15	6.02	5.56	1.47	23.60	8.11	101.06	38.77	186.89	44.86	466.52	93.07	0.34
	ZK52-477-10	114.15	2.99	33.84	64.31	475773.91	183.83	4.47	926.69	17.35	1.93	75.04	0.60	3.89	3.62	1.01	16.10	5.98	75.00	29.33	142.91	35.16	374.39	76.36	0.34

续表

岩性及点号	分析点	$^{206}Pb/^{238}U$ 年龄/Ma	1σ	SiO_2/%	ZrO_2/%	Zr/10^{-6}	P/10^{-6}	Ti/10^{-6}	Y/10^{-6}	Nb/10^{-6}	La/10^{-6}	Ce/10^{-6}	Pr/10^{-6}	Nd/10^{-6}	Sm/10^{-6}	Eu/10^{-6}	Gd/10^{-6}	Tb/10^{-6}	Dy/10^{-6}	Ho/10^{-6}	Er/10^{-6}	Tm/10^{-6}	Yb/10^{-6}	Lu/10^{-6}	$(Eu/Eu^*)_N$
花岗斑岩（52-477、52-986）	ZK52-477-11	112.47	2.99	33.08	65.02	481022.35	230.55	7.22	1313.98	24.11	0.54	90.15	0.25	2.61	3.99	1.35	25.37	8.64	110.83	43.46	208.02	49.87	512.77	99.80	0.31
	ZK52-477-12	113.52	3.00	32.53	65.44	484148.39	553.19	5.80	1260.15	22.69	14.81	127.91	2.55	11.42	6.70	1.57	27.03	9.26	110.20	42.02	197.98	45.72	467.60	90.76	0.31
	ZK52-477-13	107.83	2.94	32.03	65.71	486145.77	657.94	5.46	1460.84	28.65	12.00	142.61	3.14	15.00	8.45	1.80	31.50	10.80	126.97	48.37	229.06	54.26	552.71	105.77	0.30
	ZK52-477-19	114.78	3.01	33.71	64.39	476388.91	262.70	4.70	1226.45	24.21	1.09	91.42	0.36	2.87	4.51	1.18	21.79	8.07	97.76	38.16	184.74	43.71	451.70	87.73	0.30
	ZK52-477-20	113.59	3.00	32.98	65.24	482695.37	213.70	5.78	1246.71	25.97	0.19	87.60	0.16	2.33	4.45	1.26	21.94	7.79	96.32	39.03	192.59	47.03	507.07	101.72	0.32
	ZK52-477-22	111.93	2.94	33.61	64.61	477975.62	144.11	4.01	899.90	17.80	0.01	72.79	0.07	1.73	3.21	0.84	16.18	5.85	72.35	28.81	139.15	34.58	372.94	74.49	0.29
	ZK52-477-23	112.32	2.98	33.43	64.77	479209.43	232.37	6.69	1018.76	21.25	0.01	82.80	0.12	1.98	4.09	1.10	19.96	7.15	85.58	33.34	157.04	38.06	396.09	77.40	0.31
	ZK52-477-24	116.11	3.95	33.79	64.14	474505.12	666.12	12.69	1908.38	30.88	8.37	224.66	2.64	16.72	14.81	3.47	55.49	16.67	181.50	62.49	269.41	59.51	574.08	103.12	0.33
	ZK52-477-25	110.93	3.01	33.60	64.57	477725.02	630.83	10.41	1069.30	19.91	8.42	100.63	2.17	10.49	6.46	1.43	24.59	7.97	92.84	35.63	163.87	38.68	399.28	75.49	0.30
	ZK52-477-26	117.29	3.21	34.26	64.14	474533.05	255.72	10.76	853.05	12.08	1.44	57.55	0.45	3.42	3.76	1.14	17.59	5.78	73.13	27.28	132.95	31.58	341.00	67.77	0.36

续表

岩性及点号	分析点	$^{206}Pb/^{238}U$ 年龄 /Ma	1σ	SiO_2 /%	ZrO_2 /%	Zr /10^{-6}	P /10^{-6}	Ti /10^{-6}	Y /10^{-6}	Nb /10^{-6}	La /10^{-6}	Ce /10^{-6}	Pr /10^{-6}	Nd /10^{-6}	Sm /10^{-6}	Eu /10^{-6}	Gd /10^{-6}	Tb /10^{-6}	Dy /10^{-6}	Ho /10^{-6}	Er /10^{-6}	Tm /10^{-6}	Yb /10^{-6}	Lu /10^{-6}	$(Eu/Eu^*)_N$
花岗斑岩（52-477、52-986）	ZK52-477-28	115.65	3.12	33.58	64.61	478017.16	134.28	3.97	807.89	16.85	0.09	72.26	0.12	1.57	2.94	0.79	14.11	4.92	62.53	25.20	124.76	32.47	359.02	75.89	0.31
	ZK52-477-29	115.27	3.32	34.19	64.10	474208.18	357.80	16.04	2397.91	6.93	0.28	92.94	1.13	14.56	19.78	5.53	76.49	22.54	238.12	80.56	331.61	68.59	642.04	113.64	0.38
	52-986-01	112.04	3.13	32.19	66.01	488334.37	156.44	6.00	760.33	11.54	0.03	55.82	0.10	1.64	2.99	0.78	14.21	5.23	61.56	23.84	113.40	27.26	276.38	58.12	0.30
	52-986-05	112.57	3.18	31.70	66.06	488757.38	861.84	6.40	1592.49	24.31	16.59	134.95	3.98	18.61	9.23	1.87	33.77	11.18	133.95	51.48	235.57	53.64	511.91	99.90	0.29
	52-986-06	109.69	2.88	33.60	64.37	476264.88	237.64	5.70	1744.23	23.40	0.69	87.30	0.31	3.86	5.93	1.63	31.03	10.81	133.12	51.80	249.57	57.74	561.32	112.29	0.30
	52-986-10	115.16	3.11	32.61	65.76	486524.34	292.31	14.02	1389.36	9.68	0.04	86.81	0.38	5.58	7.27	1.99	31.34	10.09	116.59	43.61	200.31	44.85	434.27	87.29	0.34
	52-986-11	118.52	3.05	34.11	64.00	473516.41	163.25	3.95	996.06	14.72	0.91	52.96	0.16	1.68	3.01	0.80	16.29	6.10	74.98	31.41	155.58	37.80	391.00	80.89	0.28
	52-986-12	109.34	2.92	31.96	66.12	489167.75	141.14	4.19	968.81	19.45	0.02	66.06	0.08	1.32	3.23	0.71	16.37	5.81	74.91	30.34	150.38	36.11	369.16	74.97	0.24
	52-986-13	112.76	3.00	32.26	66.05	488668.98	345.29	12.54	1542.20	14.04	0.22	75.32	0.39	5.45	7.45	2.52	34.68	11.59	131.63	48.79	214.11	47.25	444.92	87.24	0.40
	52-986-15	109.07	3.00	32.82	65.15	481987.62	177.60	3.84	1009.56	22.22	0.03	70.26	0.09	1.29	2.89	0.70	15.06	5.90	73.86	30.06	152.19	38.28	403.09	82.30	0.26
	52-986-16	109.54	2.84	31.76	65.88	487377.95	2503.99	5.39	1007.79	17.95	53.94	169.63	11.31	44.45	9.68	1.54	22.23	7.26	84.15	32.15	156.86	36.64	367.16	73.69	0.31
	52-986-18	111.59	3.01	32.31	65.80	486839.34	260.96	5.98	1066.05	20.64	1.75	80.32	0.45	2.75	4.14	0.80	20.13	7.01	86.03	33.39	162.60	37.36	382.03	75.14	0.22
	52-986-19	114.35	2.99	32.62	65.50	484596.54	862.23	6.07	1428.27	19.23	13.59	108.60	3.56	17.77	7.82	1.84	29.26	9.80	118.53	45.20	211.09	46.92	453.83	88.34	0.33
	52-986-20	110.39	2.85	31.16	67.06	496142.10	236.21	7.28	1078.89	18.26	0.90	99.24	0.43	4.04	5.88	1.29	24.28	8.11	93.81	34.96	159.97	35.87	346.81	65.98	0.28
	52-986-21	109.84	2.89	32.47	65.54	484896.09	360.58	5.60	1364.48	26.69	7.02	120.32	1.48	7.95	6.90	1.51	28.61	9.52	111.57	42.35	197.67	44.88	446.74	87.68	0.28
	52-986-22	112.80	2.97	31.78	66.47	491757.60	235.16	8.69	1082.71	16.79	0.04	68.40	0.17	2.38	3.34	1.17	18.87	6.79	84.03	33.67	161.30	38.34	386.48	79.31	0.36

续表

岩性及点号	分析点	$^{206}Pb/^{238}U$年龄/Ma	1σ	SiO_2/%	ZrO_2/%	Zr/10^{-6}	P/10^{-6}	Ti/10^{-6}	Y/10^{-6}	Nb/10^{-6}	La/10^{-6}	Ce/10^{-6}	Pr/10^{-6}	Nd/10^{-6}	Sm/10^{-6}	Eu/10^{-6}	Gd/10^{-6}	Tb/10^{-6}	Dy/10^{-6}	Ho/10^{-6}	Er/10^{-6}	Tm/10^{-6}	Yb/10^{-6}	Lu/10^{-6}	$(Eu/Eu^*)_N$
花岗斑岩（52-477、52-986）	52-986-23	107.52	2.88	32.21	65.86	487250.65	200.20	5.76	1144.05	23.18	0.84	84.81	0.31	3.15	4.90	1.10	22.11	7.70	92.60	35.76	171.40	40.38	407.86	81.61	0.27
	52-986-24	114.73	3.01	31.90	66.41	491358.52	236.41	6.81	980.48	15.57	0.01	68.64	0.11	2.00	3.89	0.91	19.72	6.80	83.70	31.60	149.52	34.31	333.81	63.59	0.26
	52-986-28	119.10	3.25	32.75	65.38	483694.45	261.95	7.65	1295.68	23.48	0.84	100.68	0.33	3.57	5.51	1.34	27.37	9.00	106.78	40.91	188.16	43.16	433.79	82.96	0.27
	52-986-29	113.47	3.04	32.42	65.77	486583.24	253.72	4.80	1046.52	18.90	1.02	73.43	0.27	2.39	3.81	1.01	19.48	6.92	86.23	33.30	157.63	36.81	370.56	70.99	0.29
	52-986-30	113.59	3.16	32.30	65.90	487528.11	248.66	7.56	1375.18	21.59	0.03	100.86	0.23	3.01	5.45	1.42	28.42	9.54	115.15	43.50	200.95	44.83	439.12	81.96	0.28
闪长玢岩(132-72)	132-72-01	109.60	1.34	32.71	65.54	484854.26	418.20	5.68	1081.32	17.19	6.44	73.26	1.71	7.80	4.38	0.68	16.39	5.84	77.68	29.87	157.21	36.96	432.09	74.45	0.22
	132-72-03	115.09	1.61	30.87	67.35	498290.87	510.58	5.69	996.53	14.88	3.06	63.77	0.94	5.08	3.87	0.70	14.84	5.57	72.83	27.85	142.08	33.21	389.66	67.26	0.25
	132-72-05	113.93	2.22	31.41	66.89	494893.44	196.44	4.97	946.28	14.16	0.02	54.46	0.08	1.45	2.85	0.56	13.90	5.02	68.22	26.23	136.23	31.77	384.53	65.84	0.22
	132-72-06	114.64	1.53	30.42	67.72	501036.21	253.33	5.34	1101.18	16.35	1.61	62.91	0.43	3.22	3.40	0.62	16.26	5.85	79.36	30.88	159.20	38.05	436.57	75.00	0.21
	132-72-07	113.88	1.46	32.20	66.05	488672.52	227.48	5.57	1225.72	19.60	0.00	66.97	0.10	1.73	3.74	0.79	18.95	6.94	91.72	34.54	175.41	39.82	466.55	76.32	0.23
	132-72-08	111.97	1.59	32.41	65.97	488048.27	225.82	5.98	1081.28	18.59	0.01	50.20	0.07	0.98	2.60	0.50	14.61	5.55	76.10	30.60	160.30	38.50	466.79	80.09	0.20
	132-72-09	115.45	1.57	33.01	65.36	483545.60	259.03	9.00	1082.09	12.91	0.03	62.54	0.11	1.98	3.89	0.94	19.25	6.31	81.54	31.11	155.52	34.81	406.55	68.54	0.27
	132-72-10	110.88	1.48	32.43	65.86	487280.62	220.08	5.77	1192.16	20.18	0.02	60.29	0.08	1.72	2.98	0.50	16.87	6.25	85.19	33.58	177.63	42.75	498.74	86.17	0.17
	132-72-11	112.06	1.31	32.65	65.31	483161.07	354.60	7.69	1852.13	33.22	3.89	119.62	1.12	6.88	7.59	1.43	33.76	11.19	145.06	53.01	266.21	58.43	669.25	107.89	0.23
	132-72-12	111.95	1.45	32.53	65.86	487293.52	220.23	5.65	1079.23	16.59	0.00	62.07	0.10	1.61	3.34	0.69	17.51	6.10	79.83	30.58	157.03	36.43	429.05	72.01	0.22
	132-72-13	112.75	1.33	30.92	67.37	498459.08	201.88	5.57	1036.57	14.95	0.10	60.64	0.11	1.68	3.07	0.58	15.97	5.91	76.05	28.86	150.08	35.23	407.16	68.53	0.21
	132-72-14	112.39	1.42	32.06	66.14	489335.84	219.18	5.26	1151.02	21.15	0.55	59.51	0.20	1.77	2.89	0.60	15.37	5.81	80.96	31.92	170.41	40.72	496.34	84.56	0.22

续表

岩性及点号	分析点	$^{206}Pb/^{238}U$ 年龄/Ma	1σ	SiO_2/%	ZrO_2/%	Zr/10^{-6}	P/10^{-6}	Ti/10^{-6}	Y/10^{-6}	Nb/10^{-6}	La/10^{-6}	Ce/10^{-6}	Pr/10^{-6}	Nd/10^{-6}	Sm/10^{-6}	Eu/10^{-6}	Gd/10^{-6}	Tb/10^{-6}	Dy/10^{-6}	Ho/10^{-6}	Er/10^{-6}	Tm/10^{-6}	Yb/10^{-6}	Lu/10^{-6}	$(Eu/Eu^*)_N$
闪长玢岩(132-72)	132-72-15	109.75	1.55	31.14	67.21	497244.46	263.84	6.79	925.29	13.50	2.70	59.96	0.68	3.88	3.14	0.60	14.98	5.36	68.14	25.85	133.01	30.43	363.67	60.28	0.22
	132-72-16	110.93	1.81	31.99	66.51	492049.74	177.21	9.67	931.27	10.43	0.02	57.67	0.12	1.89	3.42	0.86	16.10	5.51	69.97	26.48	131.39	29.96	349.74	59.44	0.30
	132-72-17	113.26	1.37	31.47	66.80	494244.55	226.96	6.46	1147.54	16.91	0.00	64.55	0.12	2.03	3.58	0.68	18.07	6.38	84.21	32.18	164.25	38.12	447.49	75.72	0.21
	132-72-18	111.51	1.26	31.43	66.77	493977.52	204.93	5.70	1209.11	19.86	0.01	68.70	0.10	1.84	3.54	0.69	18.49	6.71	88.75	33.82	174.55	40.54	476.10	80.48	0.21
	132-72-20	107.85	1.31	29.87	68.34	505600.12	249.91	6.73	1208.98	16.73	0.33	65.78	0.19	2.22	3.73	0.78	18.35	6.88	89.86	34.30	174.75	40.00	463.70	78.16	0.24
	132-72-21	109.93	1.44	30.85	67.39	498563.45	206.46	6.42	1140.41	15.34	0.01	63.59	0.08	1.78	3.45	0.64	17.11	6.17	81.61	31.84	164.97	37.63	451.09	75.00	0.21
	132-72-22	109.98	1.34	31.04	67.24	497502.22	233.69	6.59	1027.02	16.49	0.07	58.93	0.10	1.85	2.91	0.61	16.11	5.80	74.95	29.10	149.44	34.54	410.26	68.58	0.21
	132-72-25	111.71	1.33	31.37	66.89	494890.79	216.96	6.47	1100.57	16.52	0.00	63.22	0.08	1.72	3.51	0.69	17.61	6.14	79.20	30.36	157.68	36.30	432.06	72.89	0.22
	132-72-29	112.22	1.29	30.13	68.11	503870.27	227.23	6.32	1123.61	15.78	0.02	62.64	0.08	1.68	3.34	0.72	17.86	6.20	81.46	31.04	161.76	37.19	439.20	72.45	0.23
	132-72-30	112.88	1.14	30.62	67.58	500011.95	280.45	6.91	1298.18	19.56	0.44	78.91	0.23	2.76	4.69	0.84	22.21	7.92	97.29	36.45	184.43	41.62	492.65	79.93	0.21

D.2 锆石LA-ICP-MS微量元素数据表(b)

岩性及点号	Hf/10^{-6}	Ta/10^{-6}	Y/Ho	Zr/Hf	Pb总和/10^{-6}	Th/10^{-6}	U/10^{-6}	普通Pb	Th/U	含水量 HfO_2 %	T_{max}/K	T_{min}/K	T_{ave}/K	T_{ave}/℃	ΔT	$10^4/T$/K^{-1}	球粒陨石标准化值 $(Ce/Ce^*)_{CHUR}$	锆石 $\lg(f_{O_2})$	FMQ buffer $\lg(f_{O_2})$	ΔFMQ
二长花岗岩(SPG-50)	10520.43	1.65	32.50	45.61	8.06	401.73	253.54	2.92	1.58	1.24	994.45	971.43	982.94	709.94	11.51	10.17	74.97	−13.74	−16.87	3.13
	12176.34	1.89	35.14	39.67	14.13	580.25	454.57	1.61	1.28	1.44	946.80	925.40	936.10	663.10	10.70	10.68	142.64	−13.98	−18.14	4.16
	13568.55	2.68	33.58	35.46	15.56	651.59	528.55	2.51	1.23	1.60	937.86	916.75	927.31	654.31	10.55	10.78	419.22	−10.46	−18.40	7.94

续表

岩性及点号	Hf /10^{-6}	Ta /10^{-6}	Y/Ho	Zr/Hf	Pb 总和 /10^{-6}	Th /10^{-6}	U /10^{-6}	普通 Pb	Th/U	含水量 HfO_2 %	T_{max}/K	T_{min}/K	T_{ave} /K	T_{ave}/℃	ΔT	10^4/ T/K^{-1}	球粒陨石标准化值 $(Ce/Ce^*)_{CHUR}$	锆石 lg(f_{O_2})	FMQ buffer lg(f_{O_2})	ΔFMQ
二长花岗岩（SPG-50）	9843.11	0.81	30.15	50.04	6.06	324.39	168.10	1.98	1.93	1.16	997.91	974.77	986.34	713.34	11.57	10.14	290.18	−8.48	−16.79	8.31
	11242.13	1.58	35.04	43.64	11.97	512.87	368.01	0.97	1.39	1.33	952.95	931.34	942.14	669.14	10.81	10.61	564.12	−8.46	−17.97	9.52
	9979.07	1.36	33.41	48.69	8.24	375.45	262.34	3.38	1.43	1.18	960.65	938.78	949.72	676.72	10.93	10.53	589.62	−7.85	−17.76	9.91
	9602.26	1.32	32.08	50.95	12.30	748.84	341.24	2.25	2.19	1.13	1018.99	995.12	1007.05	734.05	11.94	9.93	39.09	−14.92	−16.27	1.34
	9514.72	0.74	30.37	51.28	4.26	160.25	135.63	1.59	1.18	1.12	992.24	969.30	980.77	707.77	11.47	10.20	752.31	−5.20	−16.93	11.73
	12729.60	2.72	33.21	37.35	17.37	807.46	578.69	2.01	1.40	1.50	924.47	903.81	914.14	641.14	10.33	10.94	368.68	−11.75	−18.78	7.04
	9920.28	1.41	33.08	48.86	11.10	515.81	348.63	1.26	1.48	1.17	1022.79	998.78	1010.79	737.79	12.00	9.89	67.43	−12.68	−16.17	3.49
	12006.69	1.02	33.95	39.90	9.41	337.06	311.92	1.34	1.08	1.42	913.89	893.57	903.73	630.73	10.16	11.07	398.21	−12.11	−19.10	6.99
角闪石岩 (C-4)	9150.96	3.46	33.53	51.68	67.18	2982.28	1007.98	6.32	2.96	1.08	977.85	955.40	966.62	693.62	11.23	10.35	904.74	−5.28	−17.30	12.02
	9935.02	1.41	36.02	48.38	17.52	657.98	449.43	8.25	1.46	1.17	929.64	908.81	919.22	646.22	10.42	10.88	159.16	−14.59	−18.63	4.04
	9738.07	0.99	34.80	50.65	14.05	458.34	386.83	0.00	1.18	1.15	905.96	885.90	895.93	622.93	10.03	11.16	505.31	−11.72	−19.34	7.62
	11852.26	2.10	34.68	41.28	55.39	2309.25	1021.46	1.45	2.26	1.40	948.45	926.99	937.72	664.72	10.73	10.66	262.75	−11.59	−18.10	6.51
	8666.24	4.34	32.77	56.15	136.98	7173.21	1546.15	7.17	4.64	1.02	1012.02	988.39	1000.20	727.20	11.81	10.00	515.00	−5.59	−16.44	10.84
	10402.61	3.27	33.54	46.66	85.47	4451.21	1194.40	1.50	3.73	1.23	962.56	940.63	951.60	678.60	10.97	10.51	318.57	−10.05	−17.71	7.65
	9409.09	1.86	35.46	51.11	27.26	1276.45	546.74	1.03	2.33	1.11	981.89	959.30	970.59	697.59	11.29	10.30	73.64	−14.49	−17.20	2.71
	10872.41	0.77	33.87	45.33	11.15	451.04	272.38	0.98	1.66	1.28	894.42	874.73	884.58	611.58	9.84	11.30	183.87	−16.26	−19.70	3.44
	9177.99	0.90	33.98	53.58	12.57	463.53	327.67	3.09	1.41	1.08	928.53	907.73	918.13	645.13	10.40	10.89	163.03	−14.56	−18.67	4.10
	8190.79	1.36	35.22	59.24	17.50	692.68	390.00	0.00	1.78	0.97	910.51	890.30	900.41	627.41	10.10	11.11	535.54	−11.21	−19.20	7.99
	9046.15	3.41	33.03	52.75	73.18	3608.35	1013.55	0.00	3.56	1.07	977.01	954.59	965.80	692.80	11.21	10.35	461.41	−7.86	−17.32	9.47

续表

岩性及点号	Hf /10^{-6}	Ta /10^{-6}	Y/Ho	Zr/Hf	Pb 总和 /10^{-6}	Th /10^{-6}	U /10^{-6}	普通 Pb	Th/U	含水量 HfO_2 %	T_{max}/K	T_{min}/K	T_{ave} /K	T_{ave}/℃	ΔT	10^4/ T/K^{-1}	球粒陨石标准化值 (Ce/Ce^*)$_{CHUR}$	锆石 lg(f_{O_2})	FMQ buffer lg(f_{O_2})	ΔFMQ
角闪石岩 (C-4)	9804.89	0.58	35.24	50.00	5.47	200.99	146.93	0.00	1.37	1.16	897.92	878.12	888.02	615.02	9.90	11.26	90.04	−18.72	−19.59	0.87
	10756.44	3.46	33.45	45.29	97.94	4979.66	1282.80	6.75	3.88	1.27	980.91	958.35	969.63	696.63	11.28	10.31	196.99	−10.84	−17.22	6.38
	8369.20	0.99	32.87	58.63	41.44	1371.25	1189.13	0.00	1.15	0.99	922.87	902.26	912.57	639.57	10.31	10.96	100.45	−16.73	−18.83	2.10
	11362.19	0.10	39.00	42.89	5.89	48.11	294.67	0.00	0.16	1.34	848.06	829.84	838.95	565.95	9.11	11.92	0.00	0.00	−21.24	0.00
	11845.83	1.36	35.25	40.44	34.80	1478.47	722.76	0.00	2.05	1.40	935.98	914.94	925.46	652.46	10.52	10.81	1366.51	−6.13	−18.45	12.32
	11074.08	1.69	34.98	44.23	16.43	588.10	439.62	0.00	1.34	1.31	934.22	913.23	923.72	650.72	10.49	10.83	552.64	−9.64	−18.50	8.86
	11469.86	2.03	35.04	43.27	46.87	2066.85	839.26	2.26	2.46	1.35	948.69	927.22	937.96	664.96	10.73	10.66	258.89	−11.63	−18.09	6.46
辉石岩 (G-24)	7278.19	0.12	33.70	67.55	45.38	1235.70	1562.87	0.00	0.79	0.86	896.69	876.93	886.81	613.81	9.88	11.28	20.58	−24.34	−19.63	−4.71
	8082.37	0.28	34.29	61.64	69.49	1810.62	2332.61	2.18	0.78	0.95	898.49	878.67	888.58	615.58	9.91	11.25	92.84	−18.57	−19.57	1.01
	4669.03	0.33	32.77	102.90	70.76	1964.10	2149.70	3.15	0.91	0.55	935.60	914.57	925.08	652.08	10.52	10.81	22.93	−21.51	−18.46	−3.05
含斜长辉石岩 (C-8)	6566.12	0.22	31.46	72.42	11.50	552.51	214.00	0.00	2.58	0.77	937.05	915.97	926.51	653.51	10.54	10.79	23.73	−21.29	−18.42	−2.87
	7279.87	0.37	34.38	66.69	13.27	551.79	281.71	4.76	1.96	0.86	948.39	926.94	937.66	664.66	10.73	10.66	191.98	−12.77	−18.10	5.33
	7074.28	0.27	32.70	68.53	19.06	949.74	302.94	4.45	3.14	0.83	939.77	918.60	929.18	656.18	10.59	10.76	29.22	−20.35	−18.34	−2.01
	6503.15	0.19	32.37	73.94	13.99	714.01	239.97	1.64	2.98	0.77	950.54	929.01	939.77	666.77	10.76	10.64	29.42	−19.69	−18.04	−1.65
	8444.78	0.52	34.84	56.73	19.28	750.97	399.61	4.02	1.88	1.00	945.76	924.39	935.08	662.08	10.69	10.69	269.33	−11.65	−18.17	6.52
	6391.32	0.27	32.58	77.18	15.94	845.46	247.12	3.97	3.42	0.75	972.12	949.86	960.99	687.99	11.13	10.41	28.22	−18.62	−17.45	−1.17
	7080.37	0.14	33.25	69.31	6.93	301.31	151.17	5.77	1.99	0.83	913.77	893.45	903.61	630.61	10.16	11.07	26.45	−22.31	−19.10	−3.21
	7219.19	0.47	32.88	66.15	33.98	1609.11	523.06	2.87	3.08	0.85	985.25	962.55	973.90	700.90	11.35	10.27	74.88	−14.24	−17.11	2.87
	8627.64	0.30	33.52	56.26	17.38	722.45	358.18	3.57	2.02	1.02	916.37	895.97	906.17	633.17	10.20	11.04	100.32	−17.14	−19.03	1.89

续表

岩性及点号	Hf /10^{-6}	Ta /10^{-6}	Y/Ho	Zr/Hf	Pb 总和 /10^{-6}	Th /10^{-6}	U /10^{-6}	普通 Pb	Th/U	含水量 HfO_2 %	T_{max}/K	T_{min}/K	T_{ave} /K	T_{ave}/℃	Δ*T*	10^4/ *T*/K^{-1}	球粒陨石标准化值 $(Ce/Ce^*)_{CHUR}$	锆石 $\lg(f_{O_2})$	FMQ buffer $\lg(f_{O_2})$	ΔFMQ
花岗闪长岩 (HS-10、HS-17、SPG-36)	10004.03	0.76	29.31	48.84	5.68	305.91	179.29	3.32	1.71	1.18	991.49	968.57	980.03	707.03	11.46	10.20	357.91	−8.03	−16.95	8.92
	9520.41	0.80	29.40	51.32	9.22	602.37	225.34	5.90	2.67	1.12	1011.44	987.83	999.63	726.63	11.80	10.00	374.67	−6.82	−16.45	9.63
	16293.74	6.80	34.30	29.38	36.23	1419.10	1347.35	4.15	1.05	1.92	926.93	906.18	916.55	643.55	10.37	10.91	177.79	−14.34	−18.71	4.37
	11136.75	3.69	32.05	43.30	28.49	1809.32	814.53	5.30	2.22	1.31	983.34	960.71	972.03	699.03	11.32	10.29	519.26	−7.07	−17.16	10.09
	13510.87	3.00	34.60	35.55	22.39	1040.85	763.72	4.89	1.36	1.59	913.40	893.10	903.25	630.25	10.15	11.07	269.26	−13.61	−19.11	5.50
	9118.25	0.66	30.35	53.18	3.74	142.64	129.03	2.87	1.11	1.08	966.27	944.21	955.24	682.24	11.03	10.47	462.36	−8.45	−17.61	9.16
	10952.92	0.71	29.63	44.67	2.75	123.45	94.45	3.19	1.31	1.29	1051.43	1026.41	1038.92	765.92	12.51	9.63	0.00	0.00	−15.51	0.00
	10030.84	0.76	29.97	48.42	5.29	322.84	152.27	2.20	2.12	1.18	1071.05	1045.32	1058.18	785.18	12.86	9.45	6.53	−19.15	−15.07	−4.08
	9607.02	1.07	29.24	48.28	9.15	539.95	264.50	4.67	2.04	1.13	1014.96	991.23	1003.09	730.09	11.87	9.97	128.31	−10.66	−16.36	5.70
	9253.42	0.77	29.46	51.33	5.75	370.52	161.86	4.24	2.29	1.09	1086.99	1060.69	1073.84	800.84	13.15	9.31	380.62	−3.16	−14.73	11.57
	10936.03	1.23	30.31	43.89	8.24	401.06	266.59	3.90	1.50	1.29	961.58	939.68	950.63	677.63	10.95	10.52	197.68	−11.90	−17.74	5.83
	10186.65	0.79	29.42	47.01	3.29	133.49	108.27	4.02	1.23	1.20	1046.50	1021.66	1034.08	761.08	12.42	9.67	471.96	−4.21	−15.62	11.41
	10391.87	0.77	31.51	45.92	6.67	215.73	237.39	3.51	0.91	1.23	948.06	926.61	937.33	664.33	10.72	10.67	642.78	−8.25	−18.11	9.86
	7093.73	0.43	32.56	71.39	8.97	741.25	223.43	1.94	3.32	0.84	939.72	918.55	929.13	656.13	10.58	10.76	26.60	−20.70	−18.34	−2.36
	7685.96	0.38	32.81	66.86	6.30	463.84	187.00	1.67	2.48	0.91	926.89	906.14	916.51	643.51	10.37	10.91	26.66	−21.47	−18.71	−2.75
	8028.44	0.43	32.69	64.06	8.46	656.33	242.57	1.72	2.71	0.95	936.74	915.67	926.20	653.20	10.54	10.80	28.69	−20.60	−18.43	−2.17
	9635.09	0.23	31.72	52.61	7.40	351.38	265.94	2.63	1.32	1.14	929.71	908.87	919.29	646.29	10.42	10.88	261.73	−12.72	−18.63	5.92
	7826.65	0.27	32.60	61.62	5.19	380.30	146.87	3.68	2.59	0.92	918.98	898.49	908.74	635.74	10.24	11.00	32.37	−21.23	−18.95	−2.28
	8651.30	0.25	32.40	55.54	3.82	216.47	118.77	3.79	1.82	1.02	913.01	892.72	902.87	629.87	10.15	11.08	30.97	−21.76	−19.13	−2.64

续表

岩性及点号	Hf /10^{-6}	Ta /10^{-6}	Y/Ho	Zr/Hf	Pb总和 /10^{-6}	Th /10^{-6}	U /10^{-6}	普通Pb	Th/U	含水量 HfO_2 %	T_{max}/K	T_{min}/K	T_{ave} /K	T_{ave}/℃	ΔT	10^4/T/K^{-1}	球粒陨石标准化值 (Ce/Ce^*)$_{CHUR}$	锆石 lg(f_{O_2})	FMQ buffer lg(f_{O_2})	ΔFMQ
花岗闪长岩(HS-10、HS-17、SPG-36)	6714.09	0.35	33.37	71.48	7.19	516.14	196.01	2.38	2.63	0.79	931.77	910.86	921.31	648.31	10.45	10.85	27.50	–21.06	–18.57	–2.48
	10783.50	0.14	31.44	44.28	3.60	175.63	113.61	2.23	1.55	1.27	887.99	868.50	878.24	605.24	9.74	11.39	36.64	–22.75	–19.90	–2.84
	7339.28	0.33	33.15	66.12	6.93	529.27	174.09	1.91	3.04	0.87	933.05	912.10	922.57	649.57	10.47	10.84	28.81	–20.80	–18.53	–2.27
	8389.54	0.30	32.58	57.53	5.69	357.65	158.71	2.12	2.25	0.99	931.80	910.90	921.35	648.35	10.45	10.85	33.48	–20.31	–18.57	–1.74
	7329.18	0.22	32.10	66.54	3.17	168.73	101.71	1.91	1.66	0.86	893.06	873.41	883.24	610.24	9.82	11.32	30.84	–23.06	–19.74	–3.32
	7807.64	0.38	33.93	62.48	7.58	398.83	218.46	1.42	1.83	0.92	917.24	896.82	907.03	634.03	10.21	11.02	41.65	–20.39	–19.00	–1.39
	6961.50	0.38	32.89	69.44	5.99	344.45	165.87	2.23	2.08	0.82	928.68	907.87	918.28	645.28	10.40	10.89	36.12	–20.22	–18.66	–1.56
	7479.18	0.29	32.48	65.93	4.89	337.90	137.36	1.19	2.46	0.88	934.54	913.54	924.04	651.04	10.50	10.82	31.15	–20.42	–18.49	–1.93
	6950.94	0.33	32.25	70.04	5.23	312.56	149.03	1.72	2.10	0.82	921.58	901.01	911.29	638.29	10.29	10.97	32.34	–21.07	–18.87	–2.20
	8306.03	0.24	32.14	59.04	3.61	187.58	107.71	1.57	1.74	0.98	896.98	877.21	887.10	614.10	9.89	11.27	32.40	–22.62	–19.62	–3.00
石英正长岩(SPG-16)	13316.90	2.73	38.10	36.75	58.40	2507.19	2324.26	1.59	1.08	1.57	922.40	901.80	912.10	639.10	10.30	10.96	190.51	–14.35	–18.85	4.49
	7928.00	5.02	31.88	61.73	28.46	2197.29	903.73	1.57	2.43	0.93	1019.42	995.53	1007.48	734.48	11.94	9.93	147.29	–9.92	–16.26	6.34
	7694.97	4.50	31.81	63.60	22.80	1846.53	721.61	0.88	2.56	0.91	1045.61	1020.80	1033.21	760.21	12.40	9.68	187.53	–7.72	–15.64	7.92
	7580.62	3.23	30.83	64.56	17.53	1607.27	510.64	1.19	3.15	0.89	1048.16	1023.26	1035.71	762.71	12.45	9.66	127.67	–9.05	–15.58	6.54
	7289.57	1.63	30.19	67.14	10.89	987.13	290.55	2.00	3.40	0.86	1063.50	1038.05	1050.77	777.77	12.72	9.52	84.26	–9.89	–15.24	5.35
	7619.25	4.53	31.36	64.23	24.30	2034.31	717.61	1.57	2.83	0.90	1047.06	1022.20	1034.63	761.63	12.43	9.67	403.97	–4.77	–15.61	10.84
	8183.88	2.77	31.34	59.80	11.52	635.25	411.33	1.53	1.54	0.97	1032.03	1007.70	1019.87	746.87	12.16	9.81	137.50	–9.55	–15.96	6.41
	7540.86	2.43	30.99	64.90	10.19	771.92	302.09	4.44	2.56	0.89	1048.90	1023.97	1036.43	763.43	12.46	9.65	235.14	–6.72	–15.57	8.85
	7275.64	1.29	29.67	67.26	6.36	485.81	183.93	0.97	2.64	0.86	1078.28	1052.29	1065.29	792.29	12.99	9.39	65.18	–10.18	–14.92	4.74

续表

岩性及点号	Hf /10^{-6}	Ta /10^{-6}	Y/Ho	Zr/Hf	Pb 总和 /10^{-6}	Th /10^{-6}	U /10^{-6}	普通 Pb	Th/U	含水量 HfO_2 %	T_{max}/K	T_{min}/K	T_{ave}/K	T_{ave}/℃	ΔT	10^4/T/K^{-1}	球粒陨石标准化值 $(Ce/Ce^*)_{CHUR}$	锆石 $lg(f_{O_2})$	FMQ buffer $lg(f_{O_2})$	ΔFMQ
石英正长岩(SPG-16)	7943.26	5.07	31.77	61.61	35.33	2779.43	1091.16	2.13	2.55	0.94	1027.75	1003.58	1015.66	742.66	12.09	9.85	343.27	–6.32	–16.06	9.73
	7708.52	2.70	29.90	63.49	16.97	1489.12	465.18	1.65	3.20	0.91	1066.12	1040.58	1053.35	780.35	12.77	9.49	285.74	–5.18	–15.18	10.00
	7170.37	1.46	28.89	68.25	11.09	932.24	285.27	0.93	3.27	0.85	1073.03	1047.24	1060.14	787.14	12.90	9.43	189.13	–6.41	–15.03	8.62
	7628.48	1.77	29.58	64.15	4.52	275.46	153.90	2.10	1.79	0.90	1058.19	1032.93	1045.56	772.56	12.63	9.56	193.31	–7.01	–15.36	8.34
	6942.25	1.07	29.29	70.49	5.06	385.84	143.29	0.22	2.69	0.82	1073.34	1047.53	1060.44	787.44	12.90	9.43	91.94	–9.11	–15.02	5.92
	8316.42	1.89	28.42	58.85	8.44	537.63	270.47	1.07	1.99	0.98	1039.70	1015.10	1027.40	754.40	12.30	9.73	193.71	–7.89	–15.78	7.89
石英正长斑岩（92-159、95-132、102-52）	12741.68	7.69	37.20	38.65	42.45	1434.35	1461.12	0.00	0.98	1.50	953.77	932.14	942.95	669.95	10.82	10.60	283.97	–10.99	–17.95	6.96
	12376.34	5.75	38.88	39.54	25.21	685.03	962.22	122.23	0.71	1.46	921.91	901.32	911.62	638.62	10.29	10.97	18.32	–23.18	–18.86	–4.32
	12390.75	5.16	40.05	39.83	28.96	828.86	1184.67	0.00	0.70	1.46	930.02	909.17	919.59	646.59	10.42	10.87	18.44	–22.66	–18.62	–4.04
	13992.40	2.45	46.29	35.13	9.91	153.24	512.29	0.72	0.30	1.65	871.28	852.33	861.80	588.80	9.47	11.60	0.00	0.00	–20.45	0.00
	12485.94	6.76	42.52	39.02	38.43	1039.05	1498.96	120.03	0.69	1.47	914.08	893.75	903.91	630.91	10.16	11.06	599.38	–10.57	–19.09	8.53
	11857.13	6.80	38.82	39.77	32.25	950.55	1224.43	0.00	0.78	1.40	924.35	903.69	914.02	641.02	10.33	10.94	173.68	–14.58	–18.79	4.21
	11905.07	8.35	37.92	40.12	60.19	1751.61	1969.58	413.70	0.89	1.40	941.05	919.84	930.45	657.45	10.61	10.75	27.34	–20.52	–18.30	–2.22
	11807.74	5.39	38.41	40.79	20.39	561.93	736.93	58.97	0.76	1.39	926.97	906.22	916.60	643.60	10.37	10.91	1.37	–32.60	–18.71	–13.89
	12330.17	8.10	41.39	39.60	41.27	1168.24	1576.28	69.30	0.74	1.45	974.93	952.58	963.76	690.76	11.18	10.38	135.94	–12.56	–17.38	4.81
	13193.73	7.36	42.88	36.20	31.90	762.37	1223.68	64.75	0.62	1.56	910.46	890.25	900.35	627.35	10.10	11.11	14.38	–24.81	–19.20	–5.60
	8776.92	2.64	36.21	55.43	9.01	373.87	305.44	7.69	1.22	1.04	1018.88	995.01	1006.95	733.95	11.93	9.93	280.58	–7.52	–16.27	8.75
	8813.16	1.72	36.02	54.83	8.28	366.51	254.39	10.47	1.44	1.04	1026.48	1002.34	1014.41	741.41	12.07	9.86	1224.40	–1.61	–16.09	14.48
	11511.76	6.74	38.48	42.06	45.23	1691.52	1506.69	0.93	1.12	1.36	994.29	971.27	982.78	709.78	11.51	10.18	37.83	–16.32	–16.88	0.55

续表

岩性及点号	Hf /10^{-6}	Ta /10^{-6}	Y/Ho	Zr/Hf	Pb 总和 /10^{-6}	Th /10^{-6}	U /10^{-6}	普通 Pb	Th/U	含水量 HfO_2 %	T_{max}/K	T_{min}/K	T_{ave}/K	T_{ave}/℃	ΔT	10^4/T/K^{-1}	球粒陨石标准化值 $(Ce/Ce^*)_{CHUR}$	锆石 $\lg(f_{O_2})$	FMQ buffer $\lg(f_{O_2})$	ΔFMQ
石英正长斑岩（92-159、95-132、102-52）	9523.20	3.59	34.82	50.63	14.96	649.37	474.97	4.33	1.37	1.12	1008.17	984.67	996.42	723.42	11.75	10.04	55.05	−14.19	−16.53	2.34
	10153.18	4.04	36.11	47.26	25.08	1094.43	781.28	0.08	1.40	1.20	1006.37	982.94	994.65	721.65	11.72	10.05	234.94	−8.83	−16.57	7.74
	11484.52	5.49	37.55	42.40	30.83	1228.46	1085.55	8.32	1.13	1.35	999.24	976.05	987.65	714.65	11.59	10.13	40.48	−15.81	−16.75	0.94
	9964.51	4.44	35.84	49.36	22.82	1000.67	707.19	0.00	1.41	1.18	1020.61	996.68	1008.64	735.64	11.96	9.91	49.57	−13.95	−16.23	2.28
	8529.38	2.41	35.37	55.11	13.98	627.32	396.60	8.68	1.58	1.01	1035.97	1011.50	1023.74	750.74	12.23	9.77	150.04	−9.03	−15.86	6.84
	9156.55	3.71	34.54	51.39	19.45	801.07	568.63	3.23	1.41	1.08	1016.73	992.94	1004.84	731.84	11.90	9.95	5.91	−22.13	−16.32	−5.81
	8400.23	2.12	35.33	57.08	16.82	799.22	420.14	12.96	1.90	0.99	1041.46	1016.80	1029.13	756.13	12.33	9.72	24.63	−15.55	−15.74	0.19
	9356.56	4.32	36.33	52.32	14.23	512.87	499.34	9.55	1.03	1.10	1020.61	996.69	1008.65	735.65	11.96	9.91	60.71	−13.19	−16.23	3.04
	10034.22	4.25	36.45	48.29	26.43	1063.44	806.19	8.31	1.32	1.18	998.68	975.52	987.10	714.10	11.58	10.13	7.85	−22.00	−16.77	−5.23
	8314.89	1.81	35.57	57.82	13.78	629.32	354.85	7.45	1.77	0.98	1037.91	1013.37	1025.64	752.64	12.27	9.75	212.93	−7.62	−15.82	8.20
	8898.04	3.33	33.22	51.95	12.39	524.34	348.19	18.41	1.51	1.05	1044.80	1020.02	1032.41	759.41	12.39	9.69	32.71	−14.32	−15.66	1.34
	10254.35	3.72	33.55	45.66	14.84	628.67	451.66	0.00	1.39	1.21	1027.28	1003.12	1015.20	742.20	12.08	9.85	33.02	−15.14	−16.07	0.93
	10351.87	3.46	32.93	44.86	10.21	402.39	340.82	3.59	1.18	1.22	1011.68	988.06	999.87	726.87	11.81	10.00	224.07	−8.73	−16.44	7.71
	9620.11	2.88	33.35	48.36	13.67	600.62	384.81	7.89	1.56	1.13	1028.37	1004.17	1016.27	743.27	12.10	9.84	189.79	−8.52	−16.04	7.52
	9092.38	2.42	32.83	52.37	10.96	497.07	296.75	0.73	1.68	1.07	1042.23	1017.54	1029.88	756.88	12.34	9.71	1.45	−26.16	−15.72	−10.45
	10287.15	3.28	33.94	46.17	12.57	532.32	389.20	0.00	1.37	1.21	1020.33	996.41	1008.37	735.37	11.96	9.92	329.56	−6.85	−16.23	9.39
	10266.08	3.50	32.80	46.30	15.75	664.04	453.33	0.00	1.46	1.21	1027.92	1003.74	1015.83	742.83	12.09	9.84	198.50	−8.37	−16.05	7.68
	10125.80	4.08	33.30	47.33	18.79	839.59	525.12	1.63	1.60	1.19	1026.06	1001.94	1014.00	741.00	12.06	9.86	16.54	−17.80	−16.10	−1.70
	10145.61	3.34	33.89	46.65	11.73	471.16	363.48	7.84	1.30	1.20	1025.56	1001.46	1013.51	740.51	12.05	9.87	22.55	−16.66	−16.11	−0.55

续表

岩性及点号	Hf /10^{-6}	Ta /10^{-6}	Y/Ho	Zr/Hf	Pb 总和 /10^{-6}	Th /10^{-6}	U /10^{-6}	普通 Pb	Th/U	含水量 HfO_2 %	T_{max}/K	T_{min}/K	T_{ave}/K	T_{ave}/℃	ΔT	10^4/ T/K^{-1}	球粒陨石标准化值 $(Ce/Ce^*)_{CHUR}$	锆石 $\lg(f_{O_2})$	FMQ buffer $\lg(f_{O_2})$	ΔFMQ
石英正长斑岩（92-159、95-132、102-52）	9601.74	3.48	33.33	49.64	14.48	631.32	414.07	10.89	1.52	1.13	1039.16	1014.58	1026.87	753.87	12.29	9.74	225.90	−7.33	−15.79	8.45
	10764.15	3.86	33.72	44.28	13.35	509.87	435.42	7.39	1.17	1.27	1010.79	987.20	999.00	726.00	11.79	10.01	0.00	0.00	−16.47	0.00
	10076.14	4.51	33.91	47.28	15.02	618.64	465.05	8.51	1.33	1.19	1015.66	991.90	1003.78	730.78	11.88	9.96	218.82	−8.62	−16.35	7.73
	10007.94	3.48	33.82	47.16	15.90	716.22	453.05	0.98	1.58	1.18	1024.08	1000.03	1012.05	739.05	12.02	9.88	623.28	−4.26	−16.14	11.88
	10598.32	3.98	33.88	44.78	13.18	513.45	427.74	2.12	1.20	1.25	1137.98	1109.79	1123.89	850.89	14.10	8.90	2.76	−19.50	−13.70	−5.80
	10591.26	3.64	33.17	44.48	14.65	604.91	450.45	0.00	1.34	1.25	1022.86	998.85	1010.85	737.85	12.00	9.89	0.00	0.00	−16.17	0.00
	10819.19	4.31	32.41	44.22	15.77	644.32	490.45	1.91	1.31	1.28	1017.46	993.64	1005.55	732.55	11.91	9.94	346.11	−6.81	−16.30	9.50
	9811.44	3.85	33.97	47.68	18.66	841.95	519.20	8.17	1.62	1.16	1032.27	1007.93	1020.10	747.10	12.17	9.80	218.26	−7.80	−15.95	8.15
花岗斑岩（52-477、52-986）	11814.45	3.21	36.06	40.54	29.14	913.13	1207.60	39.81	0.76	1.39	961.84	939.94	950.89	677.89	10.95	10.52	142.90	−13.11	−17.73	4.62
	11056.22	5.81	31.47	43.43	27.84	990.07	1032.38	30.75	0.96	1.30	975.79	953.41	964.60	691.60	11.19	10.37	66.48	−15.20	−17.35	2.15
	10449.13	7.36	31.02	45.20	28.29	1069.61	1000.85	37.40	1.07	1.23	1050.09	1025.12	1037.61	764.61	12.48	9.64	51.79	−12.34	−15.54	3.20
	10973.82	6.13	31.46	43.45	35.44	1465.80	1209.73	22.68	1.21	1.29	970.82	948.61	959.72	686.72	11.11	10.42	10.82	−22.30	−17.49	−4.81
	11487.72	5.13	31.60	41.42	27.64	983.24	1019.77	29.43	0.96	1.35	958.84	937.03	947.94	674.94	10.90	10.55	17.05	−21.26	−17.81	−3.45
	11243.68	6.77	30.23	42.78	24.45	883.40	932.96	20.79	0.95	1.33	997.77	974.64	986.21	713.21	11.57	10.14	60.12	−14.40	−16.79	2.39
	11437.53	6.52	29.99	42.33	28.43	1165.39	972.15	29.02	1.20	1.35	979.57	957.06	968.32	695.32	11.25	10.33	5.10	−24.64	−17.26	−7.39
	11753.97	7.66	30.20	41.36	37.46	1842.52	1353.11	32.80	1.36	1.39	974.71	952.37	963.54	690.54	11.17	10.38	5.70	−24.49	−17.38	−7.11
	10846.89	6.33	32.14	43.92	29.97	1293.21	1043.37	20.66	1.24	1.28	962.65	940.72	951.69	678.69	10.97	10.51	35.61	−18.28	−17.71	−0.58
	10317.95	6.20	31.94	46.78	24.49	892.54	916.09	30.03	0.97	1.22	979.24	956.75	967.99	694.99	11.25	10.33	125.23	−12.63	−17.26	4.63
	11280.94	4.81	31.24	42.37	23.34	851.15	884.85	27.28	0.96	1.33	950.41	928.89	939.65	666.65	10.76	10.64	669.51	−7.96	−18.04	10.08

续表

岩性及点号	Hf /10^{-6}	Ta /10^{-6}	Y/Ho	Zr/Hf	Pb 总和 /10^{-6}	Th /10^{-6}	U /10^{-6}	普通 Pb	Th/U	含水量 HfO_2 %	T_{max}/K	T_{min}/K	T_{ave} /K	T_{ave}/℃	ΔT	10^4/ T/K^{-1}	球粒陨石标准化值 (Ce/ Ce^*)$_{CHUR}$	锆石 lg(f_{O_2})	FMQ buffer lg(f_{O_2})	ΔFMQ
花岗斑岩（52-477、52-986）	10772.55	6.10	30.56	44.48	25.97	992.72	964.28	27.53	1.03	1.27	991.34	968.43	979.88	706.88	11.46	10.21	778.13	–5.12	–16.95	11.83
	8939.90	7.05	30.54	53.08	39.77	2682.35	955.98	32.69	2.81	1.05	1047.90	1023.01	1035.45	762.45	12.45	9.66	11.72	–18.03	–15.59	–2.44
	10472.93	5.29	30.01	45.62	20.97	885.23	762.36	21.05	1.16	1.24	1029.67	1005.43	1017.55	744.55	12.12	9.83	5.77	–21.58	–16.01	–5.57
	10256.57	3.35	31.27	46.27	15.12	497.63	542.92	24.14	0.92	1.21	1032.74	1008.38	1020.56	747.56	12.18	9.80	17.59	–17.24	–15.94	–1.30
	11514.86	4.37	32.06	41.51	25.53	872.76	964.83	18.27	0.90	1.36	949.54	928.04	938.79	665.79	10.75	10.65	172.01	–13.12	–18.07	4.95
	8655.54	2.32	29.77	54.79	11.21	627.17	279.90	18.30	2.24	1.02	1070.20	1044.51	1057.36	784.36	12.85	9.46	40.76	–12.31	–15.09	2.79
	12380.93	3.89	31.89	39.44	13.71	594.56	561.58	6.65	1.06	1.46	982.29	959.69	970.99	697.99	11.30	10.30	245.31	–9.94	–17.18	7.24
	11963.55	7.11	30.93	40.85	25.09	1255.66	995.16	2.96	1.26	1.41	987.70	964.91	976.30	703.30	11.39	10.24	4.07	–25.05	–17.04	–8.00
	11543.34	6.60	33.67	41.26	22.63	988.47	964.20	4.14	1.03	1.36	978.22	955.75	966.99	693.99	11.23	10.34	46.15	–16.44	–17.29	0.85
	9489.78	3.15	31.86	51.27	12.22	791.64	425.19	3.11	1.86	1.12	1057.25	1032.02	1044.63	771.63	12.61	9.57	171.19	–7.51	–15.38	7.86
	12269.68	4.66	31.71	38.59	19.04	666.27	765.19	4.39	0.87	1.45	949.22	927.73	938.48	665.48	10.74	10.66	33.94	–19.23	–18.08	–1.16
	12352.92	5.71	31.93	39.60	20.81	849.56	909.52	2.91	0.93	1.46	953.69	932.05	942.87	669.87	10.82	10.61	366.71	–10.03	–17.95	7.92
	9650.59	4.03	31.61	50.64	13.93	711.91	518.56	3.44	1.37	1.14	1046.77	1021.91	1034.34	761.34	12.43	9.67	63.04	–11.76	–15.61	3.85
	12590.13	6.43	33.59	38.28	27.67	1061.75	1248.50	2.02	0.85	1.48	947.13	925.71	936.42	663.42	10.71	10.68	358.57	–10.50	–18.13	7.64
	11432.05	5.76	31.35	42.63	18.88	775.29	797.13	4.11	0.97	1.35	973.58	951.27	962.43	689.43	11.15	10.39	1.68	–29.13	–17.41	–11.72
	11331.99	5.85	31.93	42.96	24.45	1114.90	1000.39	3.06	1.11	1.34	982.08	959.49	970.79	697.79	11.30	10.30	22.12	–18.99	–17.19	–1.80
	10386.65	5.41	31.60	46.66	14.13	621.68	546.38	3.75	1.14	1.22	983.28	960.65	971.96	698.96	11.32	10.29	3.83	–25.52	–17.16	–8.36
	10756.34	5.17	30.86	46.13	17.99	1140.56	667.64	2.16	1.71	1.27	998.51	975.35	986.93	713.93	11.58	10.13	39.21	–15.97	–16.77	0.80
	11176.84	6.55	32.22	43.38	26.02	1380.35	1042.55	2.41	1.32	1.32	976.72	954.31	965.52	692.52	11.21	10.36	9.16	–22.60	–17.33	–5.27

续表

岩性及点号	Hf /10^{-6}	Ta /10^{-6}	Y/Ho	Zr/Hf	Pb 总和 /10^{-6}	Th /10^{-6}	U /10^{-6}	普通 Pb	Th/U	含水量 HfO_2 %	T_{max}/K	T_{min}/K	T_{ave}/K	T_{ave}/℃	ΔT	10^4/ T/K^{-1}	球粒陨石标准化值 $(Ce/Ce^*)_{CHUR}$	锆石 $lg(f_{O_2})$	FMQ buffer $lg(f_{O_2})$	ΔFMQ
花岗斑岩（52-477、52-986）	10760.25	4.82	32.16	45.70	18.50	793.75	758.74	1.78	1.05	1.27	1013.72	990.03	1001.88	728.88	11.84	9.98	204.71	−8.97	−16.39	7.42
	11248.90	6.56	31.99	43.32	27.52	1301.99	1178.30	3.43	1.10	1.33	978.97	956.48	967.72	694.72	11.24	10.33	40.99	−16.85	−17.27	0.43
	10499.06	5.02	31.03	46.80	17.60	753.65	702.00	2.27	1.07	1.24	992.88	969.91	981.39	708.39	11.48	10.19	431.72	−7.25	−16.91	9.66
	10701.76	5.86	31.67	45.20	24.58	1327.96	903.00	2.91	1.47	1.26	1002.72	979.42	991.07	718.07	11.65	10.09	47.12	−15.05	−16.66	1.61
	11181.17	5.67	31.42	43.52	19.51	829.79	812.83	2.31	1.02	1.32	964.45	942.46	953.46	680.46	11.00	10.49	34.18	−18.33	−17.66	−0.68
	10172.25	6.05	31.61	47.93	22.03	1164.56	861.50	2.37	1.35	1.20	1001.68	978.41	990.04	717.04	11.63	10.10	307.63	−8.06	−16.69	8.63
闪长玢岩(132-72)	10784.11	5.38	36.21	44.96	16.21	627.06	578.17	2.02	1.08	1.27	977.94	955.48	966.71	693.71	11.23	10.34	5.42	−24.50	−17.30	−7.21
	11006.72	4.77	35.78	45.27	16.47	617.28	545.79	1.08	1.13	1.30	977.99	955.53	966.76	693.76	11.23	10.34	9.20	−22.51	−17.30	−5.21
	11015.99	4.75	36.07	44.93	16.58	620.19	565.49	0.00	1.10	1.30	967.10	945.02	956.06	683.06	11.04	10.46	387.25	−9.07	−17.59	8.52
	11846.23	5.07	35.66	42.30	17.91	696.18	607.94	0.00	1.15	1.40	972.87	950.59	961.73	688.73	11.14	10.40	18.43	−20.18	−17.43	−2.75
	10393.89	5.89	35.49	47.02	22.86	926.53	744.31	4.14	1.24	1.23	976.27	953.87	965.07	692.07	11.20	10.36	0.00	0.00	−17.34	0.00
	10355.66	5.77	35.33	47.13	11.92	406.46	446.44	0.00	0.91	1.22	982.08	959.48	970.78	697.78	11.30	10.30	371.85	−8.39	−17.19	8.80
	10190.82	3.84	34.79	47.45	14.92	620.70	454.64	0.00	1.37	1.20	1016.75	992.96	1004.86	731.86	11.90	9.95	280.87	−7.63	−16.32	8.69
	10546.21	6.41	35.51	46.20	16.39	599.29	585.90	0.00	1.02	1.24	979.09	956.60	967.84	694.84	11.25	10.33	377.32	−8.50	−17.27	8.77
	10661.21	7.73	34.94	45.32	34.95	1487.26	993.86	0.00	1.50	1.26	1003.12	979.80	991.46	718.46	11.66	10.09	14.06	−19.58	−16.65	−2.92
	10017.41	4.97	35.29	48.64	16.17	616.25	516.55	0.00	1.19	1.18	977.46	955.03	966.25	693.25	11.22	10.35	0.00	0.00	−17.31	0.00
	10800.66	4.93	35.91	46.15	18.30	697.18	599.50	5.30	1.16	1.27	976.26	953.87	965.06	692.06	11.20	10.36	147.92	−12.17	−17.34	5.17
	11281.04	6.07	36.06	43.38	17.75	649.69	630.32	1.79	1.03	1.33	971.69	949.45	960.57	687.57	11.12	10.41	44.23	−16.96	−17.46	0.50
	10629.85	4.44	35.80	46.78	14.22	545.38	481.73	3.62	1.13	1.25	992.64	969.68	981.16	708.16	11.48	10.19	10.89	−21.09	−16.92	−4.17

续表

岩性及点号	Hf /10^{-6}	Ta /10^{-6}	Y/Ho	Zr/Hf	Pb 总和 /10^{-6}	Th /10^{-6}	U /10^{-6}	普通 Pb	Th/U	含水量 HfO_2 %	T_{max}/K	T_{min}/K	T_{ave}/K	T_{ave}/℃	ΔT	10^4/T/K^{-1}	球粒陨石标准化值 $(Ce/Ce^*)_{CHUR}$	锆石 $\lg(f_{O_2})$	FMQ buffer $\lg(f_{O_2})$	ΔFMQ
闪长玢岩 (132-72)	9815.17	2.80	35.17	50.13	10.53	424.42	346.12	0.00	1.23	1.16	1023.10	999.08	1011.09	738.09	12.01	9.89	315.01	–6.88	–16.17	9.29
	10543.15	5.51	35.66	46.88	20.80	829.33	665.04	2.97	1.25	1.24	988.43	965.62	977.02	704.02	11.41	10.24	0.00	0.00	–17.03	0.00
	10848.91	5.92	35.76	45.53	22.68	943.17	740.23	0.00	1.27	1.28	978.21	955.74	966.98	693.98	11.23	10.34	476.95	–7.67	–17.29	9.62
	11087.22	5.20	35.25	45.60	17.16	709.84	566.94	3.74	1.25	1.31	991.79	968.86	980.33	707.33	11.46	10.20	65.60	–14.39	–16.94	2.55
	10963.13	4.87	35.81	45.48	18.33	760.86	601.50	4.48	1.26	1.29	987.90	965.10	976.50	703.50	11.40	10.24	565.27	–6.50	–17.04	10.54
	10795.79	5.06	35.29	46.08	17.87	720.40	598.71	0.42	1.20	1.27	990.12	967.25	978.68	705.68	11.44	10.22	169.88	–10.90	–16.98	6.08
	10772.38	5.19	36.25	45.94	19.93	775.86	625.05	0.00	1.24	1.27	988.53	965.72	977.12	704.12	11.41	10.23	909.15	–4.68	–17.02	12.34
	10930.85	5.04	36.20	46.10	19.47	788.25	642.44	0.00	1.23	1.29	986.64	963.88	975.26	702.26	11.38	10.25	376.78	–8.10	–17.07	8.98
	10272.21	6.04	35.62	48.68	26.39	1179.60	792.04	1.51	1.49	1.21	994.08	971.07	982.57	709.57	11.50	10.18	60.26	–14.58	–16.88	2.30

附录 E　锆石 Hf 同位素分析数据表

分析点	t/Ma	$^{176}Yb/^{177}Hf$	$^{176}Lu/^{177}Hf$	2σ	$^{176}Hf/^{177}Hf$	2σ	$\varepsilon_{Hf}(0)$	$\varepsilon_{Hf}(t)$	$\varepsilon_{Hf}(t)2\sigma$	T_{DM1}	T_{DM2}	$F_{Lu/Hf}$
SPG-16-07	114.4	0.125044	0.002750	0.000075	0.282304	0.000026	−16.54	−14.25	0.93	1402.53	2071.86	−0.92
SPG-16-08	115.2	0.160377	0.003267	0.000041	0.282380	0.000024	−13.87	−11.59	0.85	1310.34	1905.00	−0.90
SPG-16-09	114.9	0.213760	0.004164	0.000055	0.282400	0.000026	−13.17	−10.97	0.92	1314.31	1865.25	−0.87
SPG-16-10	114.2	0.147082	0.003535	0.000114	0.282318	0.000031	−16.05	−13.82	1.11	1412.81	2044.13	−0.89
SPG-16-13	119.5	0.139497	0.003130	0.000013	0.282283	0.000024	−17.31	−14.94	0.85	1449.43	2118.92	−0.91
SPG-16-14	118.4	0.235450	0.004767	0.000083	0.282337	0.000026	−15.38	−13.16	0.93	1434.54	2005.23	−0.86
SPG-16-15	118.8	0.101892	0.002324	0.000051	0.282294	0.000021	−16.92	−14.50	0.75	1401.38	2091.13	−0.93
SPG-16-16	119.7	0.142012	0.003342	0.000046	0.282343	0.000028	−15.16	−12.80	0.99	1367.72	1984.69	−0.90
SPG-16-17	117.1	0.104611	0.002476	0.000034	0.282239	0.000021	−18.85	−16.48	0.75	1486.60	2214.19	−0.93
SPG-16-19	114.3	0.230528	0.004956	0.000005	0.282359	0.000026	−14.61	−12.48	0.92	1408.34	1959.07	−0.85
SPG-16-20	117.4	0.064708	0.001595	0.000019	0.282233	0.000018	−19.06	−16.61	0.64	1459.88	2223.54	−0.95
SPG-16-21	117.2	0.150843	0.003395	0.000027	0.282311	0.000024	−16.30	−13.99	0.85	1417.60	2057.55	−0.90
SPG-16-22	117.4	0.058744	0.001438	0.000012	0.282281	0.000021	−17.37	−14.91	0.74	1386.51	2116.91	−0.96
SPG-16-23	115.3	0.039154	0.001005	0.000015	0.282264	0.000018	−17.97	−15.52	0.64	1394.15	2153.77	−0.97
SPG-16-24	112.3	0.098191	0.002265	0.000013	0.282306	0.000022	−16.48	−14.18	0.78	1381.15	2066.70	−0.93
SPG-16-26	116.5	0.075821	0.001908	0.000077	0.282259	0.000020	−18.13	−15.73	0.71	1434.74	2166.99	−0.94

续表

分析点	t/Ma	$^{176}Yb/^{177}Hf$	$^{176}Lu/^{177}Hf$	2σ	$^{176}Hf/^{177}Hf$	2σ	$\varepsilon_{Hf}(0)$	$\varepsilon_{Hf}(t)$	$\varepsilon_{Hf}(t)2\sigma$	T_{DM1}	T_{DM2}	$F_{Lu/Hf}$
SPG-16-27	115.2	0.044915	0.001262	0.000061	0.282358	0.000034	−14.62	−12.19	1.21	1270.58	1944.21	−0.96
SPG-16-28	119.2	0.066948	0.001659	0.000009	0.282318	0.000021	−16.05	−13.57	0.74	1341.43	2033.36	−0.95
SPG-16-30	120.9	0.061746	0.001477	0.000021	0.282268	0.000019	−17.82	−15.29	0.67	1405.66	2142.96	−0.96
SPG-50-02	138.9	0.110682	0.003502	0.000167	0.282036	0.000026	−26.02	−23.30	0.94	1831.31	2656.43	−0.89
SPG-50-03	136.8	0.089150	0.002367	0.000058	0.281993	0.000024	−27.56	−24.78	0.85	1837.19	2748.45	−0.93
SPG-50-08	139.2	0.068085	0.001675	0.000029	0.282002	0.000019	−27.23	−24.33	0.67	1789.69	2722.95	−0.95
SPG-50-09	135.4	0.089161	0.001994	0.000035	0.282054	0.000019	−25.38	−22.59	0.68	1730.76	2611.15	−0.94
SPG-50-16	134.5	0.076277	0.002095	0.000023	0.282032	0.000020	−26.17	−23.42	0.71	1767.63	2661.85	−0.94
SPG-50-18	142.5	0.046406	0.001054	0.000018	0.282029	0.000019	−26.29	−23.27	0.67	1723.71	2659.63	−0.97
SPG-50-21	139.9	0.066209	0.001551	0.000024	0.282034	0.000017	−26.11	−23.19	0.60	1739.33	2652.17	−0.95
SPG-50-22	132.5	0.085656	0.001888	0.000019	0.282056	0.000025	−25.31	−22.58	0.89	1723.24	2608.24	−0.94
SPG-50-24	132.3	0.083209	0.002576	0.000031	0.282092	0.000016	−24.05	−21.38	0.57	1704.16	2532.57	−0.92
SPG-50-27	137.5	0.073684	0.002025	0.000023	0.282026	0.000022	−26.37	−23.55	0.78	1772.32	2672.32	−0.94
SPG-50-28	136.1	0.072955	0.002153	0.000034	0.282029	0.000018	−26.28	−23.49	0.64	1774.58	2667.68	−0.94
SPG-50-29	135.6	0.067167	0.001620	0.000013	0.282047	0.000021	−25.65	−22.83	0.74	1724.47	2626.60	−0.95
zk52-477-01	112.5	0.036282518	0.00094257	1.80×10^{-5}	0.282240371	0.000018	−18.80	−16.41	0.64	1424.59	2207.48	−0.97
zk52-477-02	114.8	0.0596786	0.001232862	2.94×10^{-5}	0.282286785	0.000020	−17.16	−14.74	0.69	1370.41	2104.05	−0.96
zk52-477-03	113.6	0.093715397	0.002233816	7.30×10^{-5}	0.282385312	0.000028	−13.67	−11.35	1.00	1265.53	1889.43	−0.93
zk52-477-08	108.4	0.053634377	0.001197114	1.17×10^{-5}	0.282295302	0.000021	−16.86	−14.57	0.74	1357.16	2088.66	−0.96

续表

分析点	t/Ma	$^{176}Yb/^{177}Hf$	$^{176}Lu/^{177}Hf$	2σ	$^{176}Hf/^{177}Hf$	2σ	$\varepsilon_{Hf}(0)$	$\varepsilon_{Hf}(t)$	$\varepsilon_{Hf}(t)2\sigma$	T_{DM1}	T_{DM2}	$F_{Lu/Hf}$
zk52-477-09	114.2	0.081404104	0.00176473	1.47×10^{-5}	0.282237441	0.000018	−18.90	−16.54	0.66	1460.30	2216.31	−0.95
zk52-477-12	114.7	0.057256877	0.001246277	9.80×10^{-6}	0.282262792	0.000017	−18.01	−15.59	0.60	1404.61	2157.51	−0.96
zk52-477-13	113.5	0.09528234	0.002908045	7.44×10^{-5}	0.282208212	0.000025	−19.94	−17.67	0.88	1549.56	2286.06	−0.91
zk52-477-16	107.8	0.070666958	0.001928846	3.62×10^{-5}	0.282242066	0.000020	−18.74	−16.52	0.73	1460.18	2210.20	−0.94
zk52-477-19	111.5	0.09737466	0.002983188	4.32×10^{-5}	0.282261773	0.000023	−18.04	−15.82	0.80	1474.05	2168.52	−0.91
zk52-477-24	110.5	0.156884977	0.003663753	9.85×10^{-5}	0.282292611	0.000024	−16.95	−14.80	0.87	1456.28	2103.12	−0.89
zk52-477-25	111.6	0.067685232	0.001525025	1.26×10^{-5}	0.282235514	0.000019	−18.97	−16.64	0.66	1453.66	2221.10	−0.95
zk52-477-26	114.0	0.062234808	0.001758104	2.62×10^{-5}	0.282258576	0.000024	−18.16	−15.79	0.85	1429.97	2169.41	−0.95
zk52-477-28	111.5	0.071955209	0.001782515	3.28×10^{-5}	0.282259908	0.000018	−18.11	−15.80	0.65	1429.01	2167.96	−0.95
zk52-477-29	111.0	0.074059156	0.001697438	1.22×10^{-5}	0.282224057	0.000020	−19.38	−17.07	0.72	1476.67	2247.56	−0.95
ZK94-807-01	112	0.073073854	0.001445595	1.34×10^{-5}	0.282235867	0.000022	−18.96	−16.61	0.76	1450.08	2219.76	−0.96
ZK94-807-02	113.3	0.094113089	0.001892655	9.22×10^{-5}	0.28221164	0.000029	−19.82	−17.48	1.04	1502.17	2274.59	−0.94
ZK94-807-03	109.6	0.116302598	0.002164871	7.26×10^{-5}	0.282369229	0.000025	−14.24	−12.00	0.88	1286.36	1927.17	−0.93
ZK94-807-05	112.6	0.092940278	0.001885008	4.67×10^{-5}	0.28227346	0.000021	−17.63	−15.30	0.75	1413.61	2137.60	−0.94
ZK94-807-06	109.7	0.101001919	0.002120294	8.37×10^{-5}	0.282295202	0.000023	−16.86	−14.61	0.82	1391.40	2091.78	−0.94
ZK94-807-08	109	0.058963605	0.001156414	1.05×10^{-5}	0.282296569	0.000028	−16.81	−14.51	0.98	1353.92	2085.35	−0.97
ZK94-807-13	112.8	0.073492673	0.001406317	3.31×10^{-5}	0.282253508	0.000025	−18.34	−15.97	0.88	1423.70	2179.93	−0.96
ZK94-807-15	109.1	0.083722677	0.001654109	4.03×10^{-5}	0.28222713	0.000024	−19.27	−17.00	0.84	1470.59	2241.63	−0.95
ZK94-807-16	109.5	0.071815074	0.001419947	2.67×10^{-5}	0.282204958	0.000025	−20.05	−17.76	0.89	1492.65	2289.75	−0.96

续表

分析点	t/Ma	$^{176}Yb/^{177}Hf$	$^{176}Lu/^{177}Hf$	2σ	$^{176}Hf/^{177}Hf$	2σ	$\varepsilon_{Hf}(0)$	$\varepsilon_{Hf}(t)$	$\varepsilon_{Hf}(t)2\sigma$	T_{DM1}	T_{DM2}	$F_{Lu/Hf}$
ZK94-807-18	111.6	0.084363956	0.001708033	4.42×10^{-5}	0.282217193	0.000025	−19.62	−17.30	0.88	1486.83	2262.50	−0.95
ZK94-807-19	114.3	0.116846906	0.002283408	3.55×10^{-5}	0.282300086	0.000024	−16.69	−14.36	0.85	1390.54	2079.07	−0.93
ZK94-807-20	110.4	0.074483647	0.001627657	9.67×10^{-5}	0.282227039	0.000027	−19.27	−16.97	0.95	1469.68	2240.99	−0.95
ZK94-807-21	109.8	0.092892936	0.001967085	3.66×10^{-5}	0.282237724	0.000031	−18.89	−16.63	1.09	1467.90	2218.90	−0.94
ZK94-807-22	112.8	0.058844164	0.001521816	0.000108087	0.282190553	0.000027	−20.56	−18.21	0.95	1517.05	2320.23	−0.95
ZK94-807-24	114.7	0.085594172	0.001543509	7.79×10^{-6}	0.28226248	0.000023	−18.02	−15.62	0.81	1416.23	2159.45	−0.95
ZK94-807-29	113.5	0.087622566	0.00153607	1.11×10^{-5}	0.282255865	0.000020	−18.25	−15.88	0.71	1425.31	2174.81	−0.95
ZK94-807-30	113.6	0.089811742	0.001588071	2.14×10^{-5}	0.282282559	0.000024	−17.31	−14.94	0.85	1389.46	2115.60	−0.95
HS-17-02	124.8	0.069052907	0.001441062	0.000019	0.282066164	0.000022	−24.96	−22.35	0.78	1688.74	2588.65	−0.96
HS-17-04	127.1	0.086974258	0.001756128	0.000063	0.282117031	0.000024	−23.16	−20.53	0.85	1630.96	2476.09	−0.95
HS-17-08	128.2	0.095822919	0.002056633	0.000027	0.282155838	0.000021	−21.79	−19.16	0.75	1588.75	2390.83	−0.94
HS-17-19	126.1	0.061873294	0.0012741	0.000012	0.282105842	0.000022	−23.56	−20.90	0.78	1625.76	2499.35	−0.96
HS-17-23	124.1	0.081040979	0.001715054	0.00003	0.282061684	0.000021	−25.12	−22.54	0.75	1707.49	2600.10	−0.95
HS-17-26	130.9	0.057343632	0.001174431	0.000009	0.282106912	0.000021	−23.52	−20.75	0.74	1619.98	2493.71	−0.96
HS-17-29	131.8	0.039253597	0.00090615	0.000008	0.281943658	0.000022	−29.29	−26.49	0.78	1834.40	2852.88	−0.97